AGRICULTURA
Y SEGURIDAD ALIMENTARIA

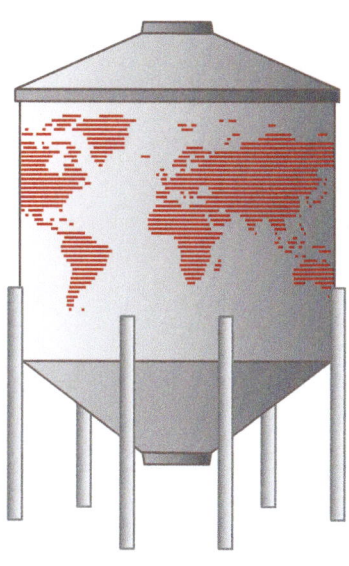

AGRICULTURA Y SEGURIDAD ALIMENTARIA

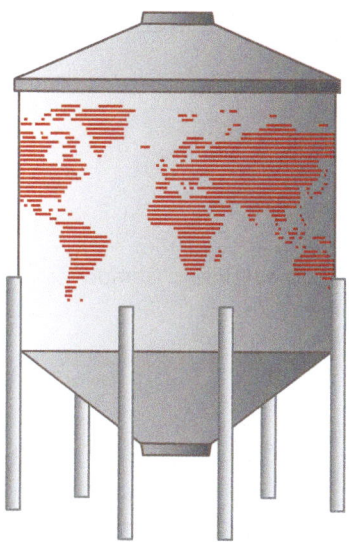

Luis López Bellido

Catedrático Emérito de Agronomía
Universidad de Córdoba, España

Editorial ACRIBIA, S.A.
Zaragoza (España)

Agricultura y seguridad alimentaria
Autores: Luis López Bellido

©   Luis López Bellido
©   De la edición en lengua española
Editorial Acribia, S.A.,
Santuario de Cabañas, 5
50013 ZARAGOZA (España)

Diseño de la cubierta: Rafael J. López–Bellido Garrido
Maquetación: Roberto Menéndez González
Diseminando Diseño Editorial

ISBN: 978-84-200-1340-4

www.editorialacribia.com

Depósito legal: Z-1045-2025   Editorial ACRIBIA, S.A.- Santuario de Cabañas, 5, 50013 Zaragoza (España)

Imprime: PODIPRINT   2025

"¿Con qué compraremos pan para que coman estos?...

Felipe contestó:

Doscientos denarios de pan no bastan
para que a cada uno le toque un pedazo

Se sentaron; solo los hombres eran unos cinco mil.
Jesús tomó los panes, dijo la acción de gracias
y los repartió a los que estaban sentados.
Cuando se saciaron, dice a sus discípulos:

Recoged los pedazos que han sobrado; que nada se pierda

Los recogieron y llenaron doce canastos
con los pedazos de los cinco panes de cebada
que sobraron a los que habían comido"

Evangelio de San Juan 6, 1–15

"La agricultura es el cimiento de cualquier sociedad,
por lo que debemos invertir en su desarrollo
y mejorar las prácticas agrícolas para garantizar
la seguridad alimentaria"

Norman E. Borlaug
Premio Nobel

"El verdadero discípulo es el que supera al maestro"
Aristóteles

A Rafael J. López–Bellido Garrido y Francisco J. López–Bellido Garrido
Catedráticos de Agronomía

ÍNDICE DE CONTENIDO

ÍNDICE DE FIGURAS

ÍNDICE DE TABLAS

PRÓLOGO

Según la Organización de las Naciones Unidas para la Alimentación y la Agricultura (FAO), la seguridad alimentaria es la "situación que se da cuando todas las personas tienen, en todo momento, acceso físico, social y económico a suficientes alimentos inocuos y nutritivos para satisfacer sus necesidades alimenticias y sus preferencias en cuanto a los alimentos, a fin de llevar una vida activa y sana". La seguridad alimentaria se sostiene sobre cuatro pilares: disponibilidad, acceso físico y económico, estabilidad y utilización.

El futuro es incierto para la seguridad alimentaria mundial, en un contexto marcado por un fuerte crecimiento en el consumo mundial de alimentos, alta volatilidad de los precios agrícolas, alteración climática y bajas reservas mundiales de alimentos. Uno de los más importantes desafíos con los que se enfrenta la sociedad actual, es cómo alimentar a una población en torno a los 9.000 millones prevista para mediados del siglo XXI. Para satisfacer esta demanda se ha estimado que será necesario producir el 70% más de alimentos respecto a la producción actual.

La seguridad alimentaria es una preocupación creciente en todo el mundo aunque su concepto y medida aún permanecen difíciles. Existe, entre los científicos, un amplio consenso de que los factores demográficos y ambientales son cruciales. Actualmente no se cumple suficientemente la tarea básica del suministro de calorías y nutrientes. Casi mil millones de los actuales 8.000 millones de personas están desnutridas; y tal vez la mitad de la población mundial, muchos, pero no todos, de los países pobres y de medianos ingresos, les falta acceso a uno o más nutrientes esenciales. Incluso cuando las calorías adecuadas estén disponibles, las dietas están lejos del ideal, incrementando el impacto de las enfermedades.

El logro de la seguridad alimentaria es un gran desafío en un mundo con una población en expansión, consumo acelerado y muchas señales de un entorno global deteriorado. Para algunos, el tamaño de la población y el crecimiento son irrelevantes y la solución consiste en una distribución más equitativa de los ingresos, la riqueza y los alimentos disponibles. Para otros, las limitaciones biofísicas en la cantidad de alimentos que se pueden producir, junto con el tamaño y el crecimiento de la población humana, implican que pronto puede no ser suficiente para todos, incluso con una distribución equitativa.

Hay necesidad de pasar de un enfoque centrado exclusivamente en el hambre y la desnutrición como principal problema de seguridad alimentaria y nutrición (aunque sigue siendo un reto enorme y no debe subestimarse) a un planteamiento que incluya todas las formas de malnutrición, no solo la subalimentación crónica, sino también el sobrepeso y la obesidad, las carencias de micronutrientes y las enfermedades no transmisibles relacionadas con la alimentación.

La soberanía alimentaria es definida como el derecho de los pueblos y los estados soberanos a determinar democráticamente sus propias políticas agrícolas y alimentarias. Se han discutido los objetivos a veces conflictivos que se persiguen bajo esta definición. Si bien se reconocen los méritos de la misma, como el fortalecimiento de las perspectivas sociales y ecológicas sobre los sistemas alimentarios y se señalan las dificultades conceptuales y operativas que presenta. En contraste con la categoría de seguridad alimentaria definida por la FAO, que, como se ha dicho, se centra en la disponibilidad de alimentos nutritivos y culturalmente adecuados, la soberanía alimentaria incide también en la importancia del modo de producción de los alimentos y su origen.

La capacidad futura de la humanidad para alimentarse está en peligro a causa de la creciente presión sobre los recursos naturales, el aumento de la desigualdad y los efectos ambientales. Aunque en las últimas décadas se han logrado avances reales y muy importantes en la reducción del hambre en el mundo, el aumento de la producción alimentaria y el crecimiento económico tienen a menudo un alto coste para el medio ambiente.

En el futuro habrá más personas consumiendo menos cereales y mayores cantidades de carne, frutas, hortalizas y alimentos procesados, resultado de una transición en curso de los hábitos alimentarios a nivel global, que seguirá añadiendo mayor presión; lo que causará más deforestación, degradación del suelo y emisiones de gases de efecto invernadero. Junto a estas tendencias, el clima cambiante del planeta creará obstáculos adicionales, afectando a todos los aspectos de la producción alimentaria, según los expertos. Aquí se incluye una mayor variabilidad de las lluvias y el aumento de la frecuencia de sequías e inundaciones.

La pregunta clave que se plantea hoy es si, de cara al futuro, los sistemas agrícolas y alimentarios mundiales serán capaces de satisfacer de manera sostenible las necesidades de una creciente población mundial. La respuesta es positiva. Los sistemas alimentarios del planeta son capaces de producir alimentos suficientes para hacerlo, y de manera sostenible, pero aprovechar ese potencial —y asegurar que toda la humanidad se beneficie de ello— requerirá profundas transformaciones.

El mundo tendrá que cambiar a sistemas alimentarios más sostenibles que hagan un uso más eficiente de la tierra, el agua y otros inputs y reduzcan enormemente el uso de combustibles fósiles; lo que conducirá a un drástico recorte de las emisiones de gases de efecto invernadero, y una disminución de los residuos. Esto exigirá mayores inversiones en los sistemas agrícolas y agroalimentarios, así como un mayor gasto en investigación y desarrollo, para promover la innovación, apoyar el aumento sostenible de la producción y encontrar formas mejores de abordar cuestiones como la escasez de agua y la alteración del clima.

El mundo es una gran despensa de alimentos. No hay ejemplo más evidente que el ocurrido en los últimos 50 años del siglo xx. Mientras la población del planeta se multiplicaba por dos veces y media, una serie de avances científicos permitía incrementar los rendimientos agrícolas de forma espectacular en lo que se ha denominado la Revolución Verde. Esto ha conseguido que la producción de alimentos se triplicara con creces; aunque después hemos sabido que el precio medioambiental pagado por todo ello ha sido elevado, pero por lo pronto los alimentos han seguido ganando a la demografía.

El sistema alimentario mundial necesita una renovación, en las políticas e instituciones, así como en los frentes social, empresarial y tecnológico. La ciencia es una lente para asegurarse de que los cambios se integren y entreguen colectivamente mejores resultados. Pero la tarea es desafiante. Los alimentos abarcan muchas disciplinas, entre ellas la agricultura, la salud, la ciencia del clima, la inteligencia artificial y la ciencia digital, la ciencia política y la economía.

Eliminar el hambre es pues posible. Sabemos cómo hacerlo y tenemos los recursos suficientes. No se trata solo de producir más alimentos, sino de hacerlo de forma sostenible, implantando al mismo tiempo políticas que permitan el acceso a los alimentos de todas las capas de la población, y un crecimiento sin dejar a nadie atrás. Pero no solo es posible, sino que es un escándalo ético, moral y político no lograrlo con todos los medios que tenemos a nuestro alcance en la actualidad. Es el reto de la humanidad para esta generación.

La agricultura es el sector clave que puede garantizar la seguridad alimentaria. Se han señalado diferentes aspectos que la caracterizan: sin agricultura podría alimentarse solo el 10% de la población mundial; el 99% del suministro de alimentos procede de la tierra; el 92% de la dieta humana son productos de origen vegetal; solo 30 cultivos aportan la mayor parte de las calorías y proteínas; la agricultura de regadío utiliza el 70% de los recursos hídricos mundiales; la agricultura de regadío produce el 40% de la producción mundial de alimentos y el 56% de los cereales; y solo con abonos orgánicos se producirían alimentos para aproximadamente 4.000 millones de personas.

La agricultura moderna se enfrenta a enormes desafíos, incluso con los recientes aumentos de la productividad. Dado el escaso margen para expandir el uso agrícola de más tierras y recursos hídricos, los aumentos de la producción necesarios para satisfacer la creciente demanda de alimentos tendrán que venir principalmente de mejoras en la productividad y de la eficiencia en el uso de los recursos.

Una cuarta parte de los alimentos producidos se pierde a lo largo de la cadena de suministro de alimentos, y esta pérdida de producción representa el 24% de los recursos de agua dulce, el 23% de la superficie total de tierras de cultivo y el 23% del uso global de fertilizantes.

Las iniciativas encaminadas a afrontar las pérdidas y el desperdicio de alimentos también contribuyen a reducir la inseguridad alimentaria y a promover un uso más eficiente de los recursos. Desde una perspectiva ambiental, la reducción de las pérdidas y el desperdicio de alimentos ayudan a reducir las huellas de carbono, agua y tierra. Se considera que prestar especial atención a la reducción de las pérdidas de alimentos en las etapas de producción primaria en los países en desarrollo con una alta inseguridad alimentaria, tiene un gran efecto positivo en la seguridad alimentaria.

La agricultura puede contribuir a la mitigación de las alteraciones del clima secuestrando carbono en los suelos; pero los impactos en la seguridad alimentaria pueden ser muy diversos dependiendo de las futuras políticas de mitigación de tales alteraciones.

Hay un consenso general en el sentido de que el progreso tecnológico y su transferencia siguen representando uno de los principales instrumentos, si no el principal, para enfrentarse al reto de la seguridad alimentaria.

Junto a la "Revolución Verde" del siglo xx, ingeniería genética incluida, habrá de conseguirse, como se ha dicho, la "Revolución Azul" o del agua en el siglo xxi. El incremento de la productividad agrícola deberá centrarse en mejorar la conservación del suelo y el agua, reducir el laboreo, optimizar la fertilización y la eficiencia en el uso del agua, el control de malas hierbas, plagas y enfermedades y el tratamiento poscosecha.

La agricultura sostenible es definida como un sistema integrado de técnicas de producción de plantas y animales, que tiene una aplicación específica a cada ambiente, haciendo un uso más eficiente de los recursos no renovables y mejorando la calidad ambiental y la base de recursos naturales. Numerosos modelos de agricultura han surgido al amparo de la sostenibilidad y el respeto al medio ambiente, entre ellos la agricultura integrada y la agricultura de precisión. Alcanzar la sostenibilidad de los agroecosistemas es el reto del siglo xxi Los temas de calidad y seguridad alimentaria, productividad y eficiencia son y serán los más importantes en el futuro.

La "intensificación sostenible" es un concepto que en los últimos años ha tenido mucha repercusión en la agricultura. Como para otros sectores económicos, la principal acción a emprender es la de asumir que el impacto ambiental es parte íntegra de los procesos productivos. Hay que reconocer que la intensificación sostenible de la agricultura es un concepto nuevo y en evolución, y su significado y objetivos están sometidos a debate. Para muchos constituye un paradigma que puede definirse y traducirse en un marco operativo para el desarrollo agrícola. La intensificación sostenible es solo una parte de lo que se necesita para mejorar la viabilidad y sostenibilidad del sistema alimentario, y no es sinónimo de seguridad alimentaria. Tanto la sostenibilidad como la seguridad alimentaria tienen múltiples dimensiones sociales, éticas y ambientales. Lograr un sistema alimentario sostenible y que mejore la salud para todos requerirá algo más que cambios en la producción agrícola, aunque estos son esenciales. Para lograr la intensificación sostenible de la agricultura, ecológicamente eficiente, se requerirá una mayor precisión en el uso de los inputs y la reducción de las ineficiencias y las pérdidas.

También se requerirá una visión más holística de la agricultura, considerando la eficiencia de los agrosistemas en su conjunto durante décadas.

En el futuro, el sistema alimentario mundial podría tomar direcciones muy diferentes. Una posibilidad es que la degradación ambiental, el aumento de la desigualdad y la injusticia, la dependencia exclusiva de las redes de distribución globales y la homogeneización de las dietas ricas en energía desestabilicen los sistemas alimentarios. En este escenario, la investigación podría centrarse en cultivos básicos, biofortificación, alimentos ultraprocesados, largas cadenas de suministro y robótica. El resultado sería un sistema alimentario caracterizado por una baja diversidad, altos niveles continuos de desperdicios, dependencia de inputs externos y desigualdades.

Un futuro alternativo es que el sistema alimentario mundial sea más equitativo y justo, más respetuoso de las cuestiones culturales y de género, más biodiverso a través de la gestión agroecológica, menos despilfarrador y más seguro alimentario. La agenda de investigación podría entonces centrarse en dietas más variadas para proporcionar nutrientes, sistemas agrícolas más variados, agricultura a menor escala, eficiencia sistémica, bajo desperdicio, alimentos integrales, alimentos menos procesados y cadenas de suministro cortas.

El presente libro contiene 16 capítulos, donde se analizan los diferentes aspectos que influyen y relacionan la seguridad alimentaria y la producción de alimentos por la agricultura. En los mismos se estudian los principios de la seguridad y la soberanía alimentaria, los sistemas alimentarios sostenibles y la relación alimentación y población (Cap. 1); los retos de la agricultura en la producción de alimentos y su futuro (Cap. 2); los factores que influyen, tales como la mejora genética y biotecnología, la salud del suelo y los recursos hídricos y energéticos (Caps. 3, 4 y 5); las distintas tecnologías de la nueva agricultura sostenible: de conservación, regenerativa, agroecología, de precisión, etc. (Cap. 6); el papel de la agricultura urbana y su relación con la seguridad alimentaria, cada día más relevante (Cap. 7); el impacto del cambio climático en la agricultura y la producción de alimentos (Cap. 8); la calidad nutricional de los alimentos y su influencia en la seguridad alimentaria (Cap. 9); el consumo de carne en el futuro y nuevas fuentes de proteínas (Cap. 10); el papel fundamental de las legumbres en la nutrición humana (Cap. 11); la relevancia de las pérdidas y los desperdicios de alimentos (Cap. 12); el mercado y comercio de alimentos y la influencia de las políticas agrarias (Cap. 13); la producción agrícola y la seguridad alimentaria en la Unión Europea (Cap. 14); el caso de África y la revolución verde africana (Cap. 15); y por último, la investigación en los sistemas agrícolas y seguridad alimentaria en el siglo XXI (Cap. 16).

En la elaboración del texto se ha utilizado abundante bibliografía científica y técnica, referenciada al final de cada capítulo. Caben destacar los documentos y bibliografía de la Organización de las Naciones Unidas para la Agricultura y la Alimentación (FAO) que nos han proporcionado una valiosa información para la redacción del manuscrito.

Luis López Bellido

ABREVIATURAS Y ACRÓNIMOS

ADN	Ácido desoxirribonucleico
AfCFTA	Área de Libre Comercio Continental Africana
AGRA	Alianza para la Revolución Verde en África
AgTech	Agrotecnología
AIA	Agriculture Improvement Act
AP	Agricultura de Precisión
ARN	Ácido ribonucleico
As	Arsénico
ASA	Sociedad Americana de Agronomía
ASS	África Subsahariana
AU	Agricultura Urbana
AUP	Agricultura Urbana y Periurbana
C	Carbono
Ca	Calcio
Cd	Cadmio
CE	Comisión Europea
CGIAR	Grupo Consultivo sobre Investigación Agrícola Internacional
CH$_4$	Metano
CIMMYT	Centro Internacional de Mejoramiento de Maíz y Trigo
cm	Centímetros
CO$_2$	Dióxido de Carbono
COS	Carbono Orgánico del Suelo
Cr	Cromo
CSA	Comité de Seguridad Alimentaria Mundial

Cu	Cobre
DA	Digestión Anaeróbica
DSSAT	Decision Support System for Agrotechnology Transfer
EJ	Exajulio
eq	Equivalentes
F2F	Farm to Fork (de la granja a la mesa)
FABLE	Food Agriculture, Biodiversity, Land and Energy
FAO	Organización de las Naciones Unidas para la Alimentación y la Agricultura
Fe	Hierro
FERG	Grupo de Referencia de Epidemiología de la Carga de Enfermedades Transmitidas por Alimentos
FIDA	Fondo Internacional de Desarrollo Agrícola
FIES	Escala de Experiencias de Inseguridad Alimentaria
FMI	Fondo Monetario Internacional
g	Gramos
GANESAN	Grupo de Alto Nivel de Expertos en Seguridad Alimentaria y Nutrición
GEI	Gases de Efecto Invernadero
G x E x M	Relación Genotipo, Medio Ambiente y Manejo
GFN	The Global FoodBanking Network
GM	Cultivos Genéticamente Modificados
Gt	Gigatonelada
ha	Hectárea

I	Yodo	**OI**	Ósmosis Inversa
IA	Inteligencía Artificial	**OMC**	Organización Mundial del Comercio
IARC	Centros Internacionales de Investigación Agrícola	**OMG**	Organismos Modificados Genéticamente
IDA	Índice de Desperdicio de Alimentos	**OMS**	Organización Mundial de la Salud
IFPRI	Instituto Internacional de Investigación sobre Políticas Alimentarias	**ONG**	Organización no gubernamental
IPA	Índice de Pérdida de Alimentos	**ONU**	Organización de las Naciones Unidas
IRRI	Instituto Internacional de Investigación del Arroz	**P**	Fósforo
		PAC	Política Agrícola Común
J	Julios	**PAAC**	Política Agrícola y Alimentaria Común
K	Potasio	**Pb**	Plomo
kcal	Kilocaloría	**pH**	Potencial de Hidrógeno
kg	Kilogramo	**PIB**	Producto Interno Bruto
km	Kilómetro	**PMA**	Programa Mundial de Alimentos
km²	Kilómetro cuadrado	**PNUD**	Programa de las Naciones Unidas para el Desarrollo
km³	Kilómetro cúbico	**PNUMA**	Programa de las Naciones Unidas para el Medio Ambiente
l	Litro		
m	Metro	**ppm**	Partes por millón
m³	Metro cúbico	**S**	Azufre
Mg	Magnesio	**Se**	Selenio
Mn	Manganeso	**t**	Tonelada
MOMAGRI	Movimiento para una Organización Mundial de la Agricultura	**TCA**	Contabilidad de Costos Reales
		TFP	Productividad Total de los Factores
N	Nitrógeno	**TIC**	Tecnologías de la Información y Comunicación
N₂	Dinitrógeno	**UE**	Unión Europea
N₂O	Óxido nitroso	**UNFSS**	Foro de las Naciones Unidas sobre Estándares de Sostenibilidad
Na	Sodio		
NDVI	Índice de Vegetación de Diferencia Normalizada	**UNICEF**	Fondo de las Naciones Unidas para la Infancia
NEPAD	Nueva Alianza para el Desarrollo de África	**USDA**	Departamento de Agricultura de Estados Unidos
NF	Nanofertilizantes en la Agricultura	**VANT**	Vehículos Aéreos No Tripulados
nm	Nanómetro	**WUE**	Eficiencia en el Uso del Agua
OCDE	Organización para la Cooperación y el Desarrollo Económico	**WWAP**	World Water Assessment Programme
ODM	Objetivos de Desarrollo del Milenio	**WWF**	Fondo Mundial para la Naturaleza
ODS	Objetivos de Desarrollo Sostenible	**Zn**	Zinc
OGM	Organismo Genéticamente Modificado	**µg**	Microgramo

1

LOS PRINCIPIOS DE LA SEGURIDAD ALIMENTARIA

1.1. CONCEPTO DE SEGURIDAD ALIMENTARIA

La comprensión del concepto de seguridad alimentaria ha cambiado y evolucionado de manera importante durante los últimos 50 años. El término "seguridad alimentaria" fue definido por primera vez en la Conferencia Mundial de la Alimentación en 1974, en un momento de aumento de los precios de los alimentos y una preocupación generalizada sobre los efectos de las turbulencias de los mercados en el hambre mundial. En ese contexto, la seguridad alimentaria se definió como la "disponibilidad en todo momento de suficientes suministros mundiales de alimentos básicos para sostener el aumento constante del consumo de alimentos y compensar las fluctuaciones en la producción y los precios". La definición reflejaba el pensamiento dominante en ese momento de que el hambre era predominantemente el producto de la falta de disponibilidad de suministros alimentarios suficientes.

Según la Organización de las Naciones Unidas para la Alimentación y la Agricultura (FAO), la seguridad alimentaria es la "situación que se da cuando todas las personas tienen, en todo momento, acceso físico, social y económico a suficientes alimentos inocuos y nutritivos para satisfacer sus necesidades alimenticias y sus preferencias en cuanto a los alimentos, a fin de llevar una vida activa y sana". La seguridad alimentaria se sostiene sobre cuatro pilares: disponibilidad, acceso físico y económico, estabilidad y utilización. Mientras el primero de ellos habla de existencia de alimentos en cantidad suficiente, el segundo versa sobre la accesibilidad real y económica de las personas hacia los alimentos (sea como productores o compradores). A su vez, la estabilidad se refiere a un suministro constante, y la utilización, a que los seres humanos se alimenten en forma nutritiva.

Todos los componentes de la seguridad alimentaria se relacionan con la agricultura y los suelos, algunos más directamente que otros. La *disponibilidad* de alimentos (es decir, la producción) requiere un suministro mundial suficiente de alimentos y la mayor parte debe ser producida por la agricultura en suelos agrícolas. Por esta razón, mantener y mejorar la capacidad productiva de los suelos es una dimensión importante en los esfuerzos para mejorar la seguridad alimentaria. Sin embargo, aunque una producción suficiente es una condición previa necesaria para la seguridad alimentaria, no garantiza automáticamente el acceso a los alimentos. La *accesibilidad* a los alimentos es, por lo tanto, otra preocupación clave. La pobreza, el poder adquisitivo insuficiente, una baja posición social y otros factores limitantes pueden impedir que las personas tengan acceso a los alimentos, a pesar de su disponibilidad en los mercados. Los procesos que pueden conducir a un acceso reducido a la tierra y la tendencia insegura de la misma incluyen el desarrollo urbano, la privatización, cerramiento de tierras, adquisición a gran escala de tierras agrícolas, reducción de la disponibilidad de agua debido al desarrollo urbano e industrial, acaparamiento verde (uso exclusivo o casi exclusivo de la tierra con fines ambientales) y otros. La *estabilidad* es la capacidad de recuperación del sistema alimentario frente a las incidencias climáticas, la infestación de enfermedades y plagas; así también las interrupciones económicas y sociales, son de gran importancia. La gestión adecuada de la tierra puede apoyar la resiliencia de los sistemas agrícolas y alimentarios. Finalmente, la *utilización* se refiere a cómo se usan los alimentos e incluye cuestiones de calidad nutricional y seguridad alimentaria, que pueden verse afectadas por el uso de pesticidas u otras prácticas agrícolas relacionadas con la salud.

El futuro es incierto para la seguridad alimentaria mundial, en un contexto marcado por un fuerte crecimiento en el consumo mundial de alimentos, alta volatilidad de los precios agrícolas, alteración climática y bajas reservas mundiales de alimentos. Uno de los más importantes desafíos con el que se enfrenta la sociedad actual es cómo alimentar a una población en torno a los 9.000 millones prevista para mediados del siglo XXI. Para satisfacer esta demanda se ha estimado que es necesario producir el 70% más de alimentos respecto a la producción actual.

La seguridad alimentaria es una preocupación creciente en todo el mundo, aunque su concepto y medida aún permanecen difíciles. Existe, entre los científicos, un amplio consenso de que los factores demográficos y ambientales son cruciales. Actualmente no se cumple suficientemente la tarea básica de suministro de calorías y nutrientes. Casi mil millones de los actuales 8.000 millones de personas están desnutridos; y tal vez la mitad de la población mundial, muchos pero no todos, de los países pobres y de medianos ingresos, les falta acceso a uno o más nutrientes esenciales. Incluso cuando las calorías adecuadas estén disponibles, las dietas están lejos del ideal, incrementando el impacto de las enfermedades. El logro de la seguridad alimentaria es un gran desafío en un mundo con una población en expansión, consumo acelerado y muchas señales de un entorno global deteriorado. Para algunos, el tamaño de la población y el crecimiento son irrelevantes y la solución consiste en una distribución más equitativa de los ingresos, la riqueza y los alimentos disponibles. Para otros, las limitaciones biofísicas en la cantidad de alimentos que se pueden producir, junto con el tamaño y el crecimiento de la población humana, implican que pronto puede no ser suficiente para todos, incluso con una distribución equitativa.

El concepto de seguridad alimentaria ha evolucionado de tal modo que reconoce la importancia esencial del *arbitrio* y la *sostenibilidad*, junto con las otras cuatro dimensiones ya mencionadas: *disponibilidad, acceso, utilización y estabilidad*. Estas seis dimensiones de la seguridad alimentaria se ven reforzadas en la comprensión conceptual y jurídica del derecho a la alimentación (Fig. 1.1).

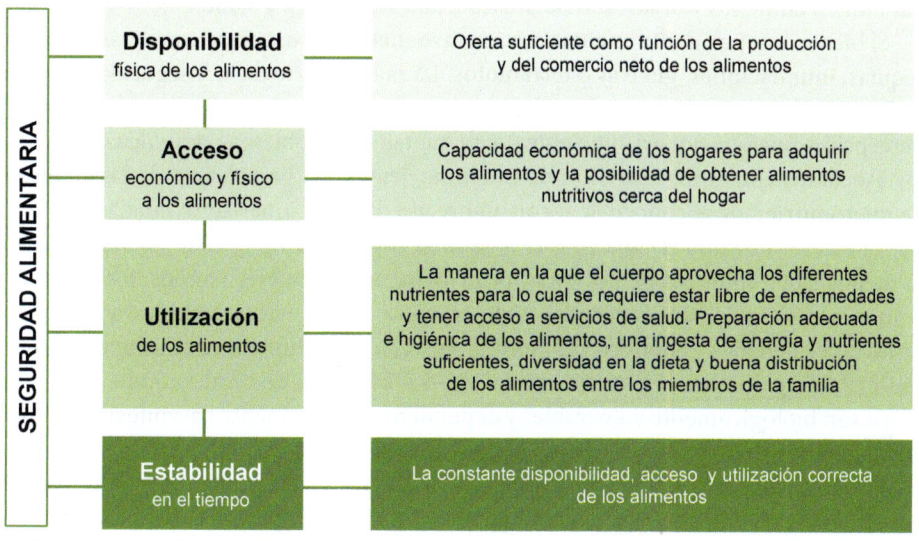

Figura 1.1 Las cuatro dimensiones de la seguridad alimentaria (adaptado de FAO, 2011)

El *arbitrio* se refiere a la capacidad de las personas o los grupos para tomar sus propias decisiones sobre los alimentos que consumen, los alimentos que producen, la manera en que se producen, elaboran y distribuyen esos alimentos en los sistemas alimentarios, y su capacidad de participar en procesos que determinan las políticas y la gobernanza de los sistemas alimentarios. La *sostenibilidad* hace referencia a la capacidad a largo plazo de los sistemas alimentarios para proporcionar seguridad alimentaria y nutrición sin comprometer las bases económicas, sociales y ambientales que propician la seguridad alimentaria y la nutrición de generaciones futuras.

El estado de la seguridad alimentaria y la nutrición en el mundo se muestra en un informe anual, elaborado conjuntamente por la FAO, Fondo Internacional de Desarrollo Agrícola (FIDA), Fondo de las Naciones Unidas para la Infancia (UNICEF), Programa Mundial de Alimentos (PMA) y la Organización Mundial de la Salud (OMS). En el mismo se detallan los avances hacia la erradicación del hambre, el logro de la seguridad alimentaria y la mejora de la nutrición, proporcionándose un análisis en profundidad de los principales desafíos para lograr este objetivo en el contexto de la Agenda 2030 para el desarrollo sostenible.

¿Qué es la inseguridad alimentaria?

La inseguridad alimentaria va más allá del hambre; una persona tiene inseguridad alimentaria cuando carece de acceso regular a suficientes alimentos seguros y nutritivos, para un crecimiento y desarrollo normales y una vida activa y saludable.

Si bien la inseguridad alimentaria más grave suele estar asociada con desastres como sequías, inundaciones, guerras o terremotos. La mayor parte de la inseguridad alimentaria no está asociada con catástrofes, sino con pobreza crónica. Incluso los datos de percepción pueden no ser suficientes para captar los problemas de *utilización*, como los asociados con la desnutrición de micronutrientes. La prevalencia de las carencias de micronutrientes se conoce de forma imprecisa. Estimaciones aproximadas, sugieren que la escasez de yodo (I), hierro (Fe), vitamina A y zinc (Zn) afectan por sí solas a por lo menos 2.000 millones de personas, principalmente a mujeres y niños. Esto conduce a un mayor riesgo de enfermedades tanto crónicas como infecciosas, agrava los efectos de las enfermedades y conduce a la pérdida irreversible de funciones cognitivas y físicas, especialmente durante el período crucial de -9 a 24 meses de edad, durante el cual los niños son biológicamente vulnerables y dependen completamente del conocimiento del cuidador para utilizar los alimentos adecuadamente.

Los procesos logrados en relación con los objetivos de desarrollo sostenible (ODS 2) en relación con el hambre han sido desiguales. El número de personas que pasan hambre ha aumentado en los últimos años, y la crisis del COVID–19 ha agravado la situación. Las diferentes formas de malnutrición, como el sobrepeso, la obesidad y las carencias de micronutrientes, están creciendo a un ritmo alarmante. Los entornos alimentarios en distintos contextos están empeorando, y la inocuidad de los alimentos constituye un motivo de preocupación. Los medios de vida de los sistemas alimentarios siguen siendo precarios para muchas de las personas más vulnerables y marginadas del mundo. También existen enormes costes externos en la forma en que operan actualmente los sistemas alimentarios.

El derecho a una alimentación adecuada está inseparablemente vinculado a la dignidad inherente de la persona humana y es inseparable de la justicia social, requiriendo la adopción de políticas económicas, ambientales y sociales adecuadas, en los planos nacional e internacional, que estén orientadas a la erradicación de la pobreza y al disfrute de todos los derechos humanos por todos.

No existe una forma única de medir todas las múltiples dimensiones del hambre y la inseguridad alimentaria. Durante muchos años, el hambre se ha medido utilizando la prevalencia de la desnutrición. La FAO calcula esto cada año y para cada país, estimando cuántos alimentos hay disponibles, cuántos alimentos se necesitan y determinando qué proporción de la población puede no tener acceso a los alimentos que precisa. Ello es útil para monitorear las tendencias nacionales y regionales, pero un inconveniente es que no identifica quién está desnutrido y dónde vive.

En 2019, por primera vez, la FAO publicó cifras sobre inseguridad alimentaria moderada o grave, basada en la Escala de Experiencias de Inseguridad Alimentaria (FIES); la cual proporciona información sobre la adecuación del acceso a los alimentos de la persona y la gravedad de su inseguridad alimentaria, preguntándoles directamente en encuestas sobre sus experiencias. Nos ayuda a comprender mejor quién padece inseguridad alimentaria y dónde vive, y puede arrojar luz sobre las causas de la inseguridad alimentaria y sus efectos en diferentes lugares.

Terminar con el hambre y todas las formas de desnutrición para 2030 es un desafío inmenso, y en los años transcurridos desde que todos los países miembros de la Organización de las Naciones Unidas (ONU) acordaron los Objetivos de Desarrollo Sostenible, hemos visto que el progreso ha sido demasiado lento.

Hay necesidad de pasar de un enfoque centrado exclusivamente en el hambre y la desnutrición como principal problema de seguridad alimentaria y nutrición (aunque sigue siendo un reto enorme y no debe subestimarse) a un planteamiento que incluya todas las formas de malnutrición, no solo la subalimentación crónica, sino también el sobrepeso y la obesidad, las carencias de micronutrientes y las enfermedades no transmisibles relacionadas con la alimentación.

Los alimentos nocivos son responsables de un gran número de enfermedades y muertes en todo el mundo, lo que tiene un efecto importante en el desarrollo socioeconómico. Estas enfermedades pueden ser agudas o crónicas y pueden ser causadas por agentes como bacterias, virus, parásitos, micotoxinas, contaminantes químicos, metales pesados y toxinas naturales. De acuerdo con el Grupo de Referencia sobre Epidemiología de la Carga de Enfermedades Transmitidas por los Alimentos (FERG) de la OMS, 31 peligros transmitidos por los alimentos fueron responsables de alrededor de 600 millones de enfermedades transmitidas por los alimentos y 420.000 muertes en 2010. Es probable que estas cifras subestimen la magnitud del problema, en particular porque muchas personas no consultan a un médico para tratar la diarrea, un síntoma común de las enfermedades transmitidas por los alimentos. La carga estimada de enfermedades transmitidas por los alimentos es comparable a la de otras enfermedades infecciosas importantes como el VIH/Sida, la malaria y la tuberculosis. Si bien la inocuidad de los alimentos ha mejorado en las últimas décadas, han surgido nuevos riesgos a medida que los sistemas y entornos alimentarios cambian y se vuelven más complejos.

Estamos a solo 5 años de 2030, pero la distancia para alcanzar muchas de las metas del ODS 2 es cada año mayor. De hecho, hay esfuerzos para avanzar hacia el ODS 2, pero están demostrando ser insuficientes frente a un contexto más desafiante e incierto. La intensificación de los principales impulsores detrás de las tendencias recientes de inseguridad alimentaria y desnutrición (es decir, conflictos, extremos climáticos y crisis económicas), combinada con el alto coste de los alimentos nutritivos y las crecientes desigualdades, seguirán desafiando la seguridad alimentaria y la nutrición. Así será hasta que se transformen los sistemas agroalimentarios.

Debe destacarse que en los últimos años el hambre ha estado creciendo en muchos países en los que el crecimiento económico disminuye. Resulta sorprendente que la mayoría de estos países no sean de ingresos bajos, sino medianos, y que sean países dependientes en gran medida del comercio internacional de productos básicos primarios. Las perturbaciones económicas también están prolongando e intensificando la gravedad de la inseguridad alimentaria aguda en contextos sujetos a crisis alimentarias. Si no se toman medidas, estas tendencias pueden tener repercusiones muy inoportunas en lo que se refiere a la malnutrición en todas sus formas. Por otro lado, se observa que las desaceleraciones y debilitamientos de la economía suponen un desafío desproporcionado para la seguridad alimentaria y la nutrición, allí donde las desigualdades en la distribución de los ingresos y otros recursos son profundas.

Actualmente, más de 820 millones de personas siguen padeciendo hambre en todo el mundo, lo que destaca el inmenso reto que supone alcanzar el objetivo de hambre cero para 2030. El hambre está aumentando en casi todas las subregiones de África y, en menor medida, en América Latina y Asia occidental. Satisface el gran progreso registrado en Asia meridional en los últimos cinco años, pero la prevalencia de la subalimentación de esta subregión sigue siendo la más elevada de Asia. Otro hecho alarmante es que cerca de 2.000 millones de personas padecen inseguridad alimentaria moderada o grave en el mundo. La falta de acceso regular a alimentos nutritivos y suficientes que estas personas padecen las pone en un mayor riesgo de malnutrición y mala salud, aunque se halle concentrada en países de ingresos bajos y medianos. Un examen más detenido de las estimaciones de inseguridad alimentaria (moderada y grave) también apunta a una brecha de género. En todos los continentes, la prevalencia de la inseguridad alimentaria es ligeramente más elevada entre las mujeres que entre los hombres; las diferencias más acusadas se encuentran en América Latina.

Uno de cada siete recién nacidos, es decir, 20,5 millones de niños de todo el mundo, tuvieron bajo peso al nacer en 2015, y no se han registrado progresos en la reducción del bajo peso al nacer desde 2012. Por el contrario, el número de niños menores de cinco años afectados por retraso del crecimiento en el mundo ha disminuido un 10% en los últimos seis años. No obstante, dado que aún hay 149 millones de niños con retraso del crecimiento, el avance es demasiado lento como para llegar a la meta de reducir a la mitad el número de niños afectados por esta lacra en 2030. El sobrepeso y la obesidad siguen aumentando en todas las regiones, especialmente entre los niños en edad escolar y los adultos. En 2018 se calculó que el sobrepeso afectaba a 40 millones de niños menores de cinco años. En 2016, 131 millones de niños entre cinco y nueve años, 207 millones de adolescentes y 2.000 millones de adultos padecían sobrepeso. Casi un tercio de los adolescentes y adultos que padecen sobrepeso, y el 44% de niños entre cinco y nueve años que también lo padecen, eran obesos. Los costes económicos de la malnutrición son abrumadores.

También en los países de ingresos altos, una proporción importante de la población carece de acceso a alimentos nutritivos y suficientes. Se estima que el 8% de la población

de América septentrional y Europa se ve afectada principalmente por un nivel moderado de inseguridad alimentaria.

El riesgo de que se mantengan las indeseables tendencias del hambre, la inseguridad
alimentaria y la malnutrición antes descritas es especialmente elevado hoy en día; considerando la frágil situación y las preocupantes perspectivas de la economía mundial.
Las perspectivas económicas mundiales más recientes advierten acerca de una desaceleración y estancamiento del crecimiento económico en muchos países, incluso en las
economías emergentes y en desarrollo. La mayoría de las regiones repuntaron tras el
marcado debilitamiento de la economía mundial de 2008–09, pero la recuperación ha
sido desigual y efímera, puesto que muchos países han experimentado una tendencia
general a la baja en el crecimiento económico desde 2011. Los episodios de dificultades
financieras, la intensificación de las tensiones comerciales y las condiciones financieras
más restrictivas están ensombreciendo las perspectivas económicas mundiales (Fig. 1.2).

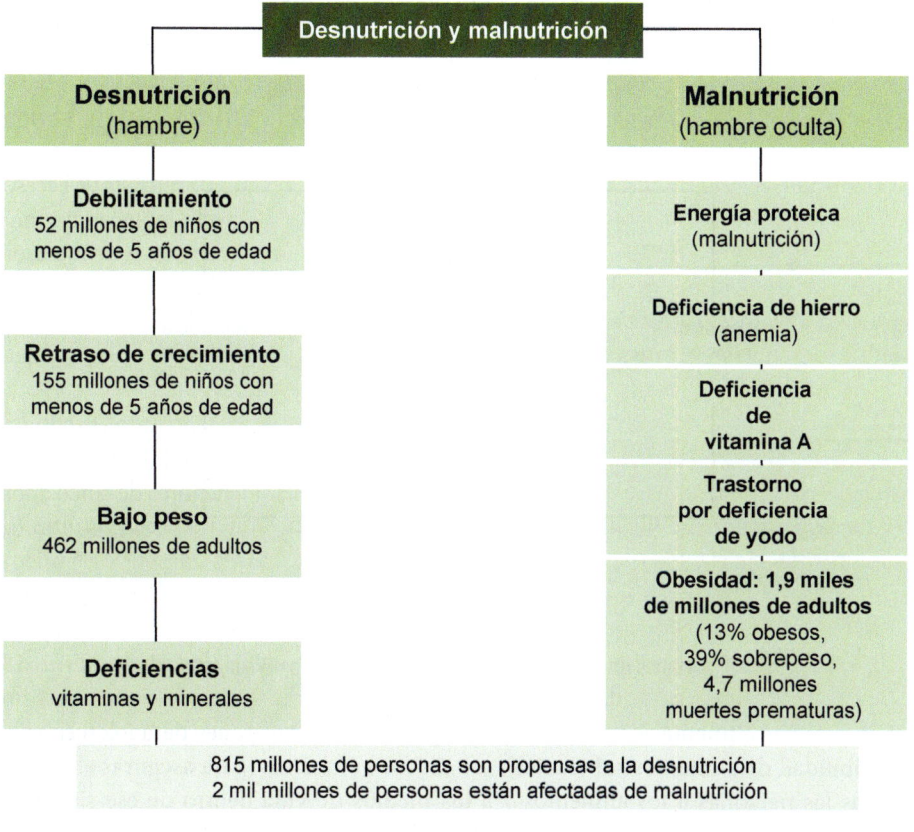

Figura 1.2 Prevalencia mundial de la desnutrición y la malnutrición (adaptado de Lal, 2020)

Las tendencias de los últimos decenios, así como las desigualdades socioeconómicas y geográficas persistentes en cuanto a la inseguridad alimentaria y la malnutrición, ponen de relieve la necesidad de abordar los factores que actúan a nivel comunitario, nacional e internacional que contribuyen a aumentar estas desigualdades.

1.2. SISTEMAS ALIMENTARIOS SOSTENIBLES

La mejor manera de abordar las políticas de seguridad alimentaria y nutrición es dentro del marco de un sistema alimentario sostenible respaldado por el derecho a la alimentación. Los sistemas alimentarios abarcan los diversos elementos y actividades que se relacionan con la producción, procesamiento, distribución, preparación y consumo de alimentos, así como el resultado de estas actividades, incluidos los resultados socioeconómicos y ambientales. Los sistemas alimentarios sostenibles incorporan cualidades que respaldan las seis dimensiones de la seguridad alimentaria (Fig. 1.3).

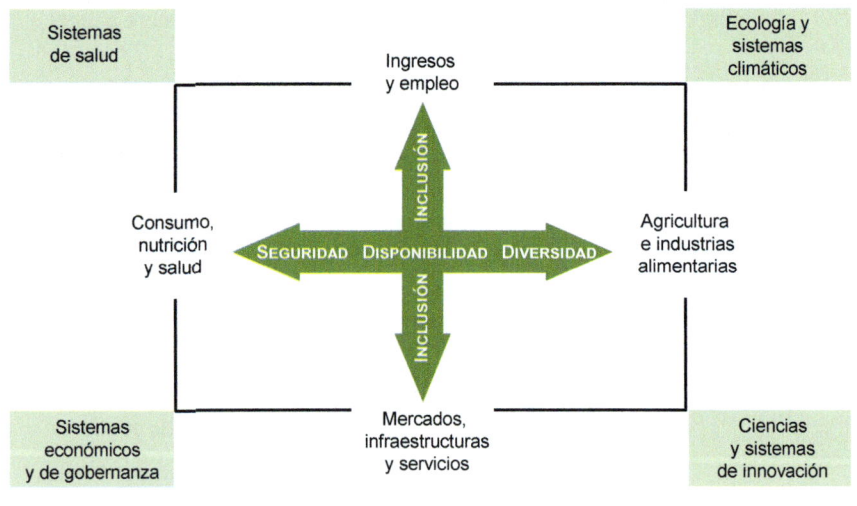

Figura 1.3 Sistemas alimentarios sostenibles (adaptado de Von Braun, *et al.*, 2023)

Los sistemas alimentarios sostenibles son: *productivos y prósperos* (para garantizar la disponibilidad de alimentos suficientes); *equitativos e inclusivos* (para asegurar el acceso de todas las personas a los alimentos y a los medios de vida dentro de ese sistema); *empoderadores y respetuosos* (para garantizar el arbitrio de todas las personas y grupos, incluidos los más vulnerables y marginados, a fin de realizar elecciones y participar en la configuración de esos sistemas); *resilientes* (para asegurar la estabilidad frente a perturbaciones y crisis); *regenerativos* (para velar por la sostenibilidad en todas sus dimensiones); y *saludables* y *nutritivos* (para asegurar la absorción y utilización de nutrientes).

Para los sistemas alimentarios, el concepto y el parámetro de la huella ecológica proporcionan una representación útil de la dimensión de la sostenibilidad, en el sentido de que tiene en cuenta no solo cuáles son los alimentos que consumen las personas, sino también el modo en que estos se producen, elaboran, transportan y utilizan.

Según la FAO, los sistemas alimentarios son sostenibles cuando proporcionan seguridad alimentaria y nutrición para todos, de tal manera que no se ponen en peligro las bases económicas, sociales y ambientales necesarias a fin de generar seguridad alimentaria y nutrición para las generaciones futuras.

El sistema alimentario mundial es "una enorme máquina". Es una estructura compleja creada por el hombre, heredada de muchos siglos de evolución social, cultural, económica y tecnológica. En un mundo donde la globalización se ha acelerado constantemente, esta estructura sigue siendo heterogénea, extraordinariamente diversa y conserva características que reflejan su historia local. El sistema alimentario mundial implica muchas escalas anidadas diferentes y muchos procesos no lineales interconectados que implican efectos de retroalimentación y avance. Es debido a la complejidad de estas escalas y procesos que el sistema se revela extremadamente frágil en algunas de sus partes y, sin embargo, extraordinariamente resistente en otras. Esto se ha demostrado en muchas crisis a las que se ha enfrentado la humanidad, incluidos los conflictos, los desastres ambientales, las crisis mundiales de precios de los alimentos de 1974 y 2007–2008, las recesiones económicas como la Gran Depresión mundial de la década de 1930 y las pandemias de enfermedades humanas, incluidas las plagas de la Edad Media europea y de la China imperial, así como la actual epidemia de COVID–19.

Hay diferentes maneras de considerar el sistema alimentario global. Una consiste en considerar una serie de componentes que contribuyen a la seguridad alimentaria. Estos componentes pueden verse como etapas sucesivas en el proceso hacia el logro de la seguridad alimentaria, desde la producción, hasta el almacenamiento, el transporte, el acceso económico y el consumo. Otra visión más reciente considera tres componentes principales de los sistemas alimentarios (la cadena de suministro de alimentos, el entorno alimentario y el comportamiento del consumidor), en relación con las dietas, los medios de vida y los resultados ambientales; y con énfasis en un conjunto de factores que influyen en los sistemas alimentarios: biofísico y ambiental, innovación y tecnología, políticos y económicos, socioculturales y demográficos.

La literatura científica sobre seguridad alimentaria normalmente considera seis componentes:

- *Producción primaria de alimentos:* es la producción primigenia de alimentos, incluido el potencial de cualquier sistema para generar alimentos a largo plazo.
- *Estabilidad de la producción:* es la capacidad de un sistema alimentario para generar un suministro regular de alimentos, incluida su capacidad de resistencia a crisis de muchos tipos.

- *Reservas y existencias de alimentos:* son las entradas y salidas regulares, hacia y desde los sistemas de almacenamiento, incluidas las reservas que pueden establecerse a nivel local y nacional.

- *Acceso físico a los alimentos:* son las infraestructuras físicas, incluidos ferrocarriles, canales y carreteras, así como mercados físicos donde las personas pueden canalizar, comercializar y comprar alimentos.

- *Acceso económico a los alimentos:* es la capacidad de las personas y los hogares para comprar alimentos, e incluye elementos relacionados con el precio de los alimentos y los ingresos del hogar disponibles para la compra de alimentos.

- *Dietas:* es el conjunto de la utilidad de los alimentos, incluido el valor nutricional, cualitativo y cuantitativo para los hogares, y de manera importante para las personas, incluidos los ancianos, los niños y las mujeres.

1.3. QUÉ ES LA SOBERANÍA ALIMENTARIA

La soberanía alimentaria es definida como el derecho de los pueblos y los estados soberanos a determinar democráticamente sus propias políticas agrícolas y alimentarias. Se han discutido los objetivos a veces conflictivos que se persiguen bajo esta definición. Si bien se reconocen los méritos de la misma como el fortalecimiento de las perspectivas sociales y ecológicas sobre los sistemas alimentarios y se señalan las dificultades conceptuales y operativas que presentan; por ejemplo, en la búsqueda de la suficiencia alimentaria nacional, o las posibles contradicciones entre las elecciones individuales de los agricultores, las expectativas de los grupos de agricultores, las cuestiones de género y las preocupaciones nacionales de desarrollo.

En contraste con la categoría de seguridad alimentaria definida por la FAO, que, como se ha dicho, se centra en la disponibilidad de alimentos nutritivos y culturalmente adecuados, la soberanía alimentaria incide también en la importancia del modo de producción de los alimentos y su origen. Resalta la relación que tiene la importación de alimentos baratos con el debilitamiento de la producción y poblaciones agrarias locales (vaciamiento rural), la salud y el medio ambiente. También constituye una ruptura con relación a la organización actual de los mercados agrícolas y financieros puesta en práctica por la OMC.

La política más antigua con la cual se puede relacionar este concepto, surge en 1948, con el reconocimiento del derecho a la alimentación por parte de la ONU en la Declaración Universal de Derechos Humanos de dicho año, firmada en París. Allí, se describe como "el derecho de todo hombre, mujer o niño, ya sea solo o en común con otros, de tener acceso físico y económico, en todo momento, a la alimentación adecuada o a medios para obtenerla de forma consistente con la dignidad humana".

Posteriormente, en 1974, surge con fuerza el término seguridad alimentaria, el cual está íntimamente relacionado con el término de soberanía alimentaria. Sin embargo, el concepto de soberanía alimentaria no existe como tal hasta 1996. En dicho año, la joven organización Vía Campesina, de tan solo 3 años en aquel entonces, lo mencionó por primera vez en la Declaración de Tlaxcala en 1996. En ese mismo año, se llevó este concepto a la ONU, dentro del Foro Mundial por la Seguridad Alimentaria que se organizó en paralelo a la Cumbre Mundial de la Alimentación; allí por primera vez tomó relevancia a nivel internacional. Ese mismo año, se crea el Movimiento por la Soberanía Alimentaria, lo que deriva en la creación del Comité Internacional de Planificación para la Soberanía Alimentaria, el cual comenzó a tener más influencia en las decisiones internacionales.

El tema fue retomado en junio del 2002, en el foro ONG de la FAO, que consideró que "las políticas neoliberales no van de la mano con este concepto, puesto que estas priorizan el comercio internacional ante la alimentación de los pueblos, incrementando la dependencia de los mismos de las importaciones y fortaleciendo la industrialización de la agricultura, que dañan severamente nuestra salud y el medio ambiente". Según dicho Foro "estas políticas fueron fuertemente implementadas por el FMI, el Banco Mundial y la OMC, obedeciendo los intereses de las empresas multinacionales y transnacionales; como por ejemplo se pueden encontrar en los acuerdos internacionales, regionales o bilaterales de la OMC, que permiten a las empresas monopolizar el mercado".

Existen otros tres eventos mundiales que unieron a los distintos movimientos sociales y la sociedad civil en su conjunto para avanzar en este concepto: (1) Foro Mundial por la Soberanía Alimentaria de La Habana, celebrado en agosto del 2001; (2) Foros ONG para la Soberanía Alimentaria celebrados en 2002 y 2009 en Roma; y (3) Foro Internacional sobre Soberanía Alimentaria, denominado "Declaración de Nyéléni", celebrado en febrero de 2007 en Mali. En este, más de 500 representantes de más de 80 países, de organizaciones de productores de alimentos a pequeña escala, trabajadores rurales, migrantes, mujeres, juventud, consumidores y movimientos ecologistas y urbanos, se reunieron en la aldea de Nyéléni (Malí) para fortalecer el movimiento mundial por la soberanía alimentaria.

El concepto de soberanía alimentaria ha cobrado impulso desde la pandemia, y la actual guerra de Ucrania; y su impacto en el transporte y el comercio ha reavivado el miedo a quedarse sin alimentos. A menudo confundido con la noción de seguridad alimentaria, este concepto implica tomar decisiones sobre la definición del origen de los alimentos de un país.

El programa de soberanía alimentaria se centra principalmente en las siguientes propuestas:

- Acceso a alimentos de calidad a un precio razonable.
- Derecho a conocer el origen de lo que se consume.
- Acceso de los agricultores y de personas sin tierras al agua, a las semillas y a las tierras.

- Derecho de los países a protegerse de las importaciones, imponiéndoles impuestos mayores que a las producciones locales.

- Activa participación de los pueblos en los aspectos relacionados con la política agraria, ya que el reconocimiento de los derechos de los mismos representa un papel esencial en la producción agrícola y la alimentación.

- Las formas de producción no pueden atentar contra la ecología, el ambiente, ni los modos de vida de las comunidades.

La soberanía alimentaria es un movimiento político y, como tal, sus promotores consideran que es un camino hacia la transformación fundamental de nuestro sistema alimentario fallido y de nuestras sociedades. Como trayectoria viva, la soberanía alimentaria representa principios tales como la alimentación como derecho humano y no como mercancía; y la solidaridad, cooperación, internacionalismo y justicia por encima del libre mercado, las ganancias y el individualismo. Reivindica el derecho de los pueblos a participar en la toma de decisiones y reúne la pugna por la justicia ambiental, social, económica, de género, racial e intergeneracional. Asimismo, sus defensores estiman que la soberanía alimentaria significa defender los derechos de los pueblos, la tierra, los territorios, las semillas y la biodiversidad, promover la agroecología y luchar contra el modelo del agronegocio y las políticas neoliberales de comercio e inversiones.

La soberanía alimentaria reconoce y promueve el papel central de las mujeres en la producción de alimentos y el derecho de las/os trabajadoras/es y productoras/es a pequeña escala a gozar de condiciones de vida y trabajo dignas y a recibir remuneraciones justas; y el derecho de las clases trabajadoras a acceder a alimentos saludables y culturalmente apropiados en cantidades suficientes y a precios justos.

La soberanía alimentaria incluye un comercio internacional justo. No está en contra de los intercambios, sino de la prioridad dada a las exportaciones, lo que permite garantizar a los pueblos la seguridad alimentaria, a la vez que intercambian con otras regiones unas producciones específicas que constituyen la diversidad de nuestro planeta. Se valora que hace falta, bajo la protección de las Naciones Unidas, dotar estos intercambios de un nuevo marco que:

- Priorice la producción local, regional frente a la exportación, y autorice a los países a protegerse contra las importaciones a precios demasiado bajos.

- Permita unas ayudas públicas a los agricultores, siempre que no sirvan directa o indirectamente para exportar a precios bajos.

- Garantice la estabilidad de los precios agrícolas a escala internacional mediante unos acuerdos internacionales de control de la producción.

Los partidarios del concepto de soberanía alimentaria plantean un marco para la gobernanza de las políticas agrícolas y alimentarias que incorpora una amplia serie de temas, tales como la reforma agraria, el control del territorio, los mercados locales, la biodiversidad, la autonomía, la cooperación, la deuda, la salud, y otros relacionados con la capacidad de producir alimentos localmente. Abarca políticas referidas no solo a localizar el control de la producción y de los mercados, sino también a promover el derecho a la alimentación, el acceso y el control de los pueblos a la tierra, agua y recursos genéticos, y a la promoción de un uso ambientalmente sostenible de la producción.

También preconizan que el acceso a los mercados internacionales no es una solución para los agricultores. El problema de estos es, antes que nada la falta de acceso a sus propios mercados locales por unos precios demasiado bajos para sus productos y el *dumping* a través de importaciones que deben afrontar. El acceso a los mercados internacionales afecta solo al 10% de la producción mundial; está controlado por unas empresas transnacionales y por las más grandes empresas agro-industriales. El ejemplo de los productos tropicales (café, plátanos, etc.) lo ilustra claramente: benefician de un acceso casi libre a los países del norte y, a pesar de eso, los agricultores del sur no pueden mejorar su situación.

Para los valedores de la soberanía alimentaria, las políticas de libre mercado, la destruyen, pues estas priorizan el comercio internacional, y no la alimentación de los pueblos; que no han contribuido en absoluto a la erradicación del hambre en el mundo. Al contrario, han incrementado la dependencia de los pueblos de las importaciones agrícolas, y han reforzado la industrialización de la agricultura, peligrando así el patrimonio genético, cultural y medioambiental del planeta, así como nuestra salud. Han empujado a millones de agricultores a abandonar sus prácticas agrícolas tradicionales, al éxodo rural o a la emigración. Opinan que instituciones internacionales como el FMI, el Banco Mundial y la OMC han aplicado estas políticas dictadas por los intereses de las empresas transnacionales y de las grandes potencias. Unos acuerdos internacionales (OMC), regionales (Acuerdo de Libre Comercio para las Américas-ALCA) o bilaterales de "libre" cambio de productos agrícolas, permiten a dichas empresas controlar el mercado globalizado de la alimentación. Mantienen que la OMC es una institución totalmente inadecuada para tratar los temas relativos a la alimentación y a la agricultura; por estos motivos, Vía Campesina quiere a la OMC fuera de la agricultura.

Finalmente, los defensores de la soberanía alimentaria sostienen que décadas de control empresarial y el fundamentalismo del libre mercado han dejado al sistema alimentario en crisis. A nivel mundial, hay 2.000 millones de personas con hambre o malnutridas, como ya se ha dicho, a pesar de los niveles de producción sin precedentes; un tercio de los alimentos que se producen se pierden o desechan; y más de un tercio de la población adulta tiene sobrepeso u obesidad. La amplia mayoría de las poblaciones rurales son empujadas a la pobreza extrema, son discriminadas y se violan sus derechos humanos, y en particular sufren desplazamientos, desalojos forzados y expropiaciones de tierras. La mayoría de los trabajadores asalariados, independientes y familiares en el sector agrícola y rural son eventuales, lo que afecta negativamente a sus condiciones de trabajo, ingresos y protección social, tal como ha quedado demostrado en la pandemia del COVID-19. Estas realidades ponen al descubierto los enormes desequilibrios de poder que existen en el sistema alimentario.

1.4. ALIMENTACIÓN Y POBLACIÓN

La alimentación es fundamental para el bienestar y el desarrollo humano. El aumento de la producción de alimentos sigue siendo una estrategia fundamental en el esfuerzo por aliviar la inseguridad alimentaria mundial. Pero a pesar de que la producción mundial de alimentos durante el último medio siglo se ha mantenido por delante de la demanda, hoy en día alrededor de mil millones de personas no tienen suficiente para comer, y otros mil millones carecen de una nutrición adecuada, como ya se ha mencionado. La inseguridad alimentaria se enfrenta a crecientes presiones del lado de la oferta y del lado de la demanda; entre ellas, las variaciones del clima, la urbanización, la globalización, los aumentos de población, las enfermedades y otros factores que están cambiando los patrones de consumo de alimentos. Muchos de los desafíos para el acceso equitativo a los alimentos se concentran en los países en desarrollo, donde se juntan las presiones ambientales, el crecimiento de la población y otros problemas socioeconómicos. Juntos, estos factores impiden el acceso de las personas a alimentos suficientes y nutritivos, principalmente al afectar los medios de vida, los ingresos y los precios de los alimentos.

A pesar de un crecimiento significativo en la producción de alimentos durante el último medio siglo, uno de los desafíos más importantes que enfrenta la sociedad actual es cómo alimentar a una población prevista de unos 9.000 millones para mediados del siglo XXI. Para satisfacer la demanda prevista de alimentos sin aumentos significativos de los precios, se ha estimado que necesitamos producir entre un 70 y un 100% más de alimentos, a la luz de los crecientes impactos del clima, las preocupaciones sobre la seguridad energética y los cambios alimentarios regionales.

El sistema alimentario mundial está en desorden. Una de cada diez personas está desnutrida. Uno de cada cuatro tiene sobrepeso. Más de un tercio de la población mundial no puede permitirse una dieta saludable. Los suministros de alimentos se ven interrumpidos por olas de calor, inundaciones, sequías y guerras. El número de personas que pasaban hambre en 2020 fue un 15% más alto que en 2019, debido a la pandemia del COVID–19 y los conflictos armados.

Nuestro hábitat planetario también sufre. El sector alimentario emite alrededor del 30% de los gases de efecto invernadero del mundo. La expansión de las tierras de cultivo, los pastos y las plantaciones de árboles genera dos tercios de la pérdida de bosques (5,5 millones de has por año), principalmente en los trópicos. Las malas prácticas agrícolas degradan los suelos, contaminan y agotan los suministros de agua y reducen la biodiversidad.

La capacidad futura de la humanidad para alimentarse está en peligro a causa de la creciente presión sobre los recursos naturales, el aumento de la desigualdad y los efectos ambientales, según un reciente informe publicado por la FAO. Aunque en los últimos 35 años se han logrado avances reales y muy importantes en la reducción del hambre en el mundo, el aumento de la producción alimentaria y el crecimiento económico tienen a menudo un alto coste para el medio ambiente, advierte dicho informe ("El futuro de la alimentación y la agricultura: tendencias y desafíos").

Para el año 2050, habrá más personas consumiendo menos cereales y mayores cantidades de carne, frutas, hortalizas y alimentos procesados, resultado de una transición en curso de los hábitos alimentarios a nivel global que seguirá añadiendo mayor presión, lo que causará más deforestación, degradación del suelo y emisiones de gases de efecto invernadero. Junto a estas tendencias, el clima cambiante del planeta creará obstáculos adicionales, afectando a todos los aspectos de la producción alimentaria, según los expertos. Aquí se incluye una mayor variabilidad de las lluvias y el aumento de la frecuencia de sequías e inundaciones. La pregunta clave que se plantea hoy es si, de cara al futuro, los sistemas agrícolas y alimentarios mundiales serán capaces de satisfacer de manera sostenible las necesidades de una creciente población mundial.

La respuesta es positiva. Los sistemas alimentarios del planeta son capaces de producir alimentos suficientes para hacerlo, y de manera sostenible, pero aprovechar ese potencial —y asegurar que toda la humanidad se beneficie de ello— requerirá profundas transformaciones. Sin un impulso por invertir y readaptar los sistemas alimentarios, demasiadas personas seguirán padeciendo hambre en 2030, año en el que la agenda de los nuevos ODS ha fijado la erradicación de la inseguridad alimentaria y la malnutrición crónica. Sin esfuerzos adicionales para promover el desarrollo en favor de los pobres, reducir las desigualdades y proteger a las personas vulnerables, más de 600 millones de personas estarán todavía subalimentadas en 2030. De hecho, el ritmo actual de progreso ni siquiera sería suficiente para erradicar el hambre para 2050.

El principal reto es producir más con menos, preservando y mejorando al tiempo los medios de subsistencia de los pequeños agricultores familiares y asegurando el acceso de los más vulnerables a los alimentos. Para ello, se necesita un enfoque de doble vía que combine la inversión en protección social, para abordar de inmediato la subalimentación, e inversiones en actividades productivas en favor de los pobres, en especial la agricultura y en las economías rurales, para aumentar de forma sostenible sus oportunidades de obtener ingresos.

El mundo tendrá que cambiar a sistemas alimentarios más sostenibles que hagan un uso más eficiente de la tierra, el agua y otros inputs y reduzcan enormemente el uso de combustibles fósiles, lo que conducirá a un drástico recorte de las emisiones de gases de efecto invernadero (GEI) y una disminución de los residuos. Esto exigirá más inversiones en sistemas agrícolas y agroalimentarios, así como un mayor gasto en investigación y desarrollo, para promover la innovación, apoyar el aumento sostenible de la producción y encontrar formas mejores de abordar cuestiones como la escasez de agua y la alteración del clima.

El mencionado informe de la FAO, identifica 15 tendencias y 10 desafíos que afectan a los sistemas alimentarios mundiales: Estas tendencias son:

- Una población mundial en rápida expansión marcada por "puntos críticos" de crecimiento, urbanización y envejecimiento.

- Diversas tendencias en el crecimiento económico, ingresos familiares, inversión agrícola y desigualdad económica.

- Gran incremento de la competencia por los recursos naturales.

- Cambio climático.

- Estancamiento de la productividad agrícola.

- Enfermedades transfronterizas.

- Aumento de conflictos, crisis y desastres naturales.

- Pobreza, desigualdad e inseguridad alimentaria persistentes.

- Transición alimentaria que afecta a la nutrición y la salud.

- Cambios estructurales en los sistemas económicos e implicaciones en el empleo.

- Aumento de la migración.

- Cambios en los sistemas alimentarios y sus repercusiones en los medios de subsistencia de los agricultores.

- Persistencia de las pérdidas y el desperdicio de alimentos.

- Nuevos mecanismos de gobernanza internacional para responder a los problemas de seguridad alimentaria y nutricional.

- Cambios en la financiación internacional para el desarrollo.

Los desafíos que implican son:

- Mejora sostenible de la productividad agrícola para satisfacer la creciente demanda.

- Garantizar una base sostenible de recursos naturales.

- Abordar el cambio climático y la intensificación de las amenazas naturales.

- Erradicar la pobreza extrema y reducir la desigualdad.

- Acabar con el hambre y todas las formas de malnutrición.

- Hacer que los sistemas alimentarios sean más eficientes, inclusivos y resilientes.

- Mejorar las oportunidades de obtener ingresos en las zonas rurales y abordar las causas profundas de la migración.

- Reforzar la resiliencia frente a las crisis prolongadas, desastres y conflictos.

- Prevenir amenazas transfronterizas y emergentes para los sistemas agrícolas y alimentarios.

- Abordar la necesidad de una gobernanza nacional e internacional coherente y eficaz.

Producción de alimentos

El mundo es una gran despensa de alimentos. No hay ejemplo más evidente que el ocurrido en los últimos 50 años del siglo xx. Mientras la población del planeta se multiplicaba por dos veces y media, una serie de avances científicos permitía incrementar los rendimientos agrícolas de forma espectacular en lo que se ha denominado la Revolución Verde. Esto consiguió que la producción de alimentos se triplicara con creces; aunque después hemos sabido que el precio medioambiental pagado por todo ello ha sido elevado, por lo pronto los alimentos han seguido ganando a la demografía.

En la actualidad, tres cuartas partes de la comida que consumimos son arroz, trigo o maíz. Solo el arroz supone la mitad de la comida mundial. Pero esa dieta está cambiando a un ritmo tan acelerado como nuestro propio mundo. En 1980, los chinos comían, de media, unos 14 kg de carne por persona al año; ahora unos 55 kg. En las últimas décadas el consumo de carne ha aumentado el doble que la población.

El sistema alimentario mundial necesita una renovación, en las políticas e instituciones, así como en los frentes social, empresarial y tecnológico. La ciencia es una lente para asegurarse de que los cambios se integren y entreguen colectivamente mejores resultados. Pero la tarea es desafiante. Los alimentos abarcan muchas disciplinas, entre ellas la agricultura, la salud, la ciencia del clima, la inteligencia artificial y la ciencia digital, la ciencia política y la economía.

Nunca como hasta ahora la población de los países desarrollados ha dispuesto de un suministro de alimentos objetivamente tan abundante, variado y seguro. Sin embargo, la desconfianza del público en el sistema de control de la seguridad de los alimentos es, sorprendentemente, cada vez mayor, en especial en lo que respecta a la presencia de residuos de plaguicidas en los alimentos de origen vegetal.

Evolución de la población

El rápido aumento de la población a lo largo del siglo xx fue impulsado por los avances en la salud pública y la medicina, que permitieron que más niños sobrevivieran hasta la edad adulta. Al mismo tiempo, las tasas de fertilidad (definidas como el número de hijos por mujer) se mantuvieron altas en los países de bajos ingresos.

Los demógrafos tienen especial interés en las tasas de fertilidad y en cómo se espera que cambien, porque estos factores ayudan a determinar lo que sucederá con la población mundial en el futuro. Las diferencias en las tasas de fertilidad asumidas han sido una razón importante detrás de una desviación notable, en lo que varios modelos habían pronosticado previamente para la población mundial en 2100, por ejemplo. Esos resultados sugirieron una variación que oscilaría entre 8.800 millones y casi 11.000 millones para finales de siglo.

Según los modelos de la ONU, la población mundial alcanzaría los 8.000 millones de personas en el 2023, apenas 12 años después de que superó los 7.000 millones y menos de un siglo después de que el planeta sustentara a solo 2.000 millones de personas. La última actualización de población de la ONU, publicada en julio de 2023, también revisa su proyección a largo plazo de 11 mil millones de personas a 10,4 mil millones para 2100 (Fig. 1.4).

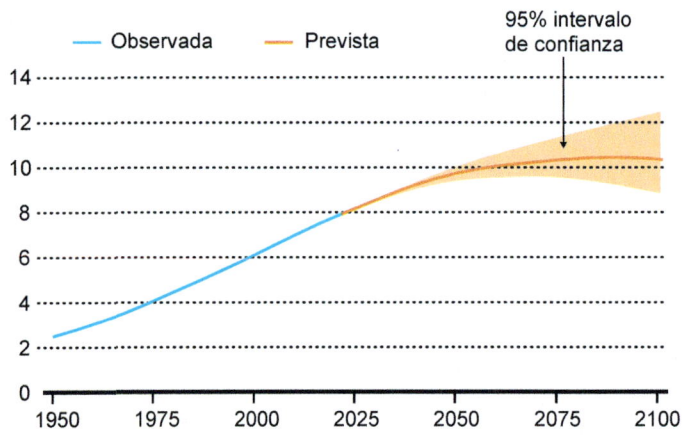

Figura 1.4 Evolución de la población mundial (adaptado de la División de la Población de la ONU)

Los demógrafos nunca estarán seguros del día exacto en que se alcanzaron realmente los 8.000 millones, como lo ha establecido la ONU, pero sí están de acuerdo en una cosa: aunque la población humana ha crecido rápidamente, ese crecimiento se está desacelerando, y dentro de unas pocas décadas la población de la Tierra comenzará a reducirse.

La población mundial ha aumentado constantemente y en la actualidad la mayoría vive en zonas urbanas. La tecnología ha evolucionado a un ritmo vertiginoso, en tanto que la economía ha pasado a estar cada vez más interconectada y globalizada. No obstante, muchos países no han experimentado un crecimiento económico sostenido como parte de esta nueva economía. La economía mundial en su conjunto no está creciendo tanto como se esperaba. Los conflictos y la inestabilidad han crecido y se han hecho más inextricables, desencadenando un mayor desplazamiento de población.

Hasta la época moderna tardía, alrededor de un 90% de la población mundial vivía de la agricultura. Dicha cifra fue reduciéndose a medida que no era ya necesaria tanta gente para producir suficientes alimentos. Hoy, más de la mitad de los habitantes del planeta vive en grandes ciudades. En los Estados Unidos, tan solo el 2% de la población vive de la agricultura, pero esa cifra ínfima produce no solo lo suficiente para alimentar al resto del país, sino para exportar sus excedentes. En Europa, la cifra dedicada a la agricultura es apenas del 3% de su población. Las ciudades del mundo ocupan un escaso 3% del terreno del planeta, pero albergan al 54% de la humanidad, unos 3.500 millones de personas que viven en zonas urbanas. Y está previsto que esta población urbana aumente hasta el 65% para 2050, especialmente en los países en desarrollo, donde tendrá lugar el incremento mayor.

Lograr la seguridad alimentaria universal es un desafío asombroso, especialmente en un mundo con una población en expansión, un consumo acelerado y muchas señales de un entorno global en deterioro. Algunos afirman que el tamaño y el crecimiento de la población son irrelevantes y que la solución es una distribución más equitativa del ingreso, la riqueza y los alimentos disponibles. Desde este punto de vista, la seguridad alimentaria futura es alcanzable, incluso si la población mundial crece a 10.000 millones o más en el transcurso de este siglo. Para otros, las limitaciones biofísicas en la cantidad de alimentos que se pueden producir, combinadas con el tamaño y el crecimiento de la población humana, implican que pronto podría no haber suficiente para todos, incluso con una distribución equitativa.

¿Hambre cero?

Los desafíos para acabar con el hambre, la inseguridad alimentaria y todas las formas de malnutrición siguen aumentando. La pandemia de la enfermedad por el coronavirus (COVID–19) ha puesto de relieve nuevamente las fragilidades de nuestros sistemas agroalimentarios y las desigualdades en nuestras sociedades, que están causando nuevos aumentos del hambre y la inseguridad alimentaria grave en el mundo. A pesar de los progresos logrados, las tendencias de la desnutrición infantil, en particular el retraso del crecimiento y la emaciación, las carencias de micronutrientes esenciales y el sobrepeso y la obesidad infantiles siguen siendo motivo de gran preocupación. Además, la anemia materna y la obesidad en adultos siguen siendo alarmantes.

Los datos más recientes disponibles sugieren que el número de personas que no se pueden permitir una dieta saludable a nivel mundial aumentó en 112 millones (hasta alcanzar casi los 3.100 millones), lo cual refleja las repercusiones del incremento de los precios de los alimentos al consumidor durante la pandemia. Este número podría ser incluso mayor cuando se disponga de datos sobre las pérdidas de ingresos en 2020. Las guerras en curso en Ucrania y Gaza están perturbando las cadenas de suministro y afectando aún más a los precios de los cereales, los fertilizantes y la energía. En la primera mitad de 2022, esto dio lugar a incrementos adicionales de los precios de los alimentos. Al mismo tiempo, fenómenos climáticos extremos más frecuentes y graves están perturbando las cadenas de suministro, especialmente en los países de ingresos bajos.

De cara al futuro, los progresos realizados en la reducción en un tercio de la prevalencia del retraso del crecimiento infantil en los dos decenios anteriores (que representan

55 millones de niñas y niños con menos retraso del crecimiento) están en peligro por la triple crisis del clima, los conflictos y la pandemia del COVID-19. Si no se intensifican los esfuerzos, seguirá aumentando el número de niños y niñas aquejados de emaciación.

También existe una brecha de género cada vez mayor en relación con la inseguridad alimentaria. En 2021, el 31,9% de las mujeres del mundo padecía inseguridad alimentaria moderada o grave, en comparación con el 27,6% de los hombres, una diferencia de más de 4 puntos, en comparación con los 3 puntos porcentuales registrados en 2020.

Sabemos que es posible eliminar el hambre y que esta debe ser la Generación Hambre Cero. Pero eso no es posible a cualquier precio. Los recursos del planeta a nuestra disposición no son infinitos y empiezan a dar muestra de agotamiento. La alteración climática, provocada, en parte, por la acción del hombre sobre nuestro entorno —en especial a partir de la revolución industrial— está acentuando los peligros. Según la FAO, el calentamiento global afecta de forma directa a la producción alimentaria: los rendimientos de los productos básicos están ya reduciéndose y, para 2050, es probable que la norma sea un descenso de dichos rendimientos de entre un 10% y un 25%.

Casi la mitad de los bosques que en tiempos cubrieron la Tierra han desaparecido. Solo desde 1990 se han perdido unos 129 millones de has de bosques (una superficie casi equivalente a la de Sudáfrica). Pero sabemos que no hace falta talar más árboles para producir más alimentos, como demuestran los estudios más recientes.

Finalmente, la meta de Hambre Cero a nivel mundial para el año 2030 fue establecida por toda la comunidad internacional, al ser incluida como uno de los objetivos de Desarrollo Sostenible en la ambiciosa agenda aprobada por todos los líderes mundiales en la sede de la ONU en 2015.

Eliminar el hambre es, pues, posible. Sabemos cómo hacerlo y tenemos los recursos suficientes. No se trata solo de producir más alimentos, sino de hacerlo de forma sostenible, implantando al mismo tiempo políticas que permitan el acceso a los alimentos de todas las capas de la población, y un crecimiento sin dejar a nadie atrás. Pero no solo es posible, sino que es un escándalo ético, moral y político no lograrlo con todos los medios que tenemos a nuestro alcance en la actualidad. Es el reto de la humanidad para esta generación.

Si hay alimentos suficientes, ¿por qué entonces millones de personas siguen muriendo de hambre? Por la pobreza o, dicho mejor de otra manera, por la riqueza: unos tienen mucho y otros muy poco. El ya tristemente famoso 1% de la población posee el 46% de toda la riqueza generada en el planeta. Estas desigualdades han generado una sociedad donde a una amplia capa no le llegan los beneficios colectivos.

Como hemos visto, la cuestión del hambre no es un problema de producción, ni de falta de alimentos. Mientras unos nadan en la abundancia, más de 800 millones de personas no tienen recursos para comprar alimentos. Una gran parte de esa cifra —alrededor de la mitad— está relacionada con conflictos bélicos de distinta naturaleza. En Yemen, dos tercios de la población tienen dificultades para obtener alimentos; lo mismo sucede en Sudán del Sur, Somalia y en la cuenca del lago Chad (donde la violencia del noroeste de Nigeria se ha extendido al norte de Camerún, oeste de Chad y sureste de Níger). El vínculo entre seguridad alimentaria (hambre) y seguridad (paz) es cada vez más evidente. No habrá paz sin seguridad alimentaria, ni seguridad alimentaria sin paz. Según un informe elaborado por el Food Policy Research Institute (IFPRI) y la FAO, los países con mayores niveles de inseguridad alimentaria son aquellos que están más afectados por conflictos. Los conflictos y la miseria han provocado que haya más de 65 millones de personas desplazadas. Desde la II Guerra Mundial no se vivía una situación similar.

Con todo, y a pesar de este sombrío panorama, lo cierto es que en las últimas décadas se han realizado importantes avances en la reducción del hambre, aunque los datos más recientes han vuelto a disparar las alarmas. En 2016, el número de personas desnutridas subió de nuevo hasta 815 millones comparado con los 777 millones del año anterior, pero todavía por debajo de la cifra de 900 que había en el año 2000. Durante las últimas décadas se ha avanzado, aunque sea lentamente.

Pero ya no se trata tan solo de producir más, como se hizo en la década de los sesenta y setenta del siglo pasado, sino de darle una prioridad política por parte de los gobiernos. Sabemos las experiencias que funcionan, como es el caso de Brasil. Al llegar al poder el Presidente Lula da Silva en 2003, el gobierno puso en marcha un exitoso programa denominado Hambre Cero, que en algo más de una década rescató de la extrema pobreza a más de 36 millones de brasileños, redujo la mortalidad infantil en un 45% en 11 años, disminuyó el número de personas subalimentadas en un 82% y consiguió que Brasil —el país más grande de Latinoamérica y donde la brecha entre ricos y pobres era mayor que en cualquier otro lugar del mundo— desapareciera del mapa del hambre que la FAO elabora anualmente.

Desde entonces, el Programa "Hambre Cero" —cuyo arquitecto fue el entonces Ministro Especial de Seguridad Alimentaria de Brasil y Director General de la FAO, el agrónomo José Graziano da Silva— está considerado como uno de los grandes éxitos en la reducción del hambre y la pobreza a nivel internacional y se ha convertido en un modelo que imitan y adaptan aquellos países que desean seguir el mismo rumbo. Latinoamérica fue pionera en asumir este reto y es la región que más ha avanzado en la reducción del hambre y la pobreza de todo el mundo desde el inicio del siglo xxi.

1.5. OBJETIVOS DE DESARROLLO SOSTENIBLE

Los 17 Objetivos de Desarrollo Sostenible (ODS) de la Agenda 2030 para el Desarrollo Sostenible —aprobada por los dirigentes mundiales en septiembre de 2015 en una cumbre histórica de las Naciones Unidas— entraron en vigor oficialmente el 1 de enero de 2016. Con estos nuevos objetivos de aplicación universal, en los próximos 15 años los países intensificarán los esfuerzos para poner fin a la pobreza en todas sus formas, reducir la desigualdad y luchar contra el cambio climático, garantizando al mismo tiempo que nadie se quede atrás.

Los ODS aprovechan el éxito de los Objetivos de Desarrollo del Milenio (ODM) y tratan de ir más allá para poner fin a la pobreza en todas sus formas. Los nuevos objetivos presentan la singularidad de instar a todos los países, ya sean ricos, pobres o de ingresos medianos, a adoptar medidas para promover la prosperidad al tiempo que protegen el planeta. Reconocen que las iniciativas para poner fin a la pobreza deben ir de la mano de estrategias que favorezcan el crecimiento económico y aborden una serie de necesidades sociales, entre las que cabe señalar la educación, la salud, la protección social y las oportunidades de empleo, a la vez que luchan contra la alteración del clima y promueven la protección del medio ambiente.

A pesar de que los ODS no son jurídicamente obligatorios, se espera que los gobiernos los adopten como propios y establezcan marcos nacionales para el logro de los 17 objetivos. Los países tienen la responsabilidad primordial del seguimiento y examen de los progresos conseguidos en el cumplimiento de dichos objetivos, para lo cual será necesario recopilar datos de calidad, accesibles y oportunos. Las actividades regionales de seguimiento y examen se basarán en análisis llevados a cabo a nivel nacional y contribuirán al seguimiento y examen a nivel mundial.

Entre tales objetivos, básicamente se relacionan con la seguridad alimentaria los objetivos 1 y 2:

Objetivo 1: Fin de la Pobreza (ODS1): Los índices de pobreza extrema se han reducido a la mitad desde 1990. Si bien se trata de un logro notable, una de cada cinco personas de las regiones en desarrollo aún vive con menos de 1,25 dólares al día, y hay muchos más millones de personas que ganan poco más de esa cantidad diaria, a lo que se añade que hay muchas personas en riesgo de recaer en la pobreza. La pobreza va más allá de la falta de ingresos y recursos para garantizar unos medios de vida sostenibles. Entre sus manifestaciones se incluyen el hambre y la malnutrición, el acceso limitado a la educación y a otros servicios básicos, la discriminación y la exclusión sociales y la falta de participación en la adopción de decisiones. El crecimiento económico debe ser inclusivo con el fin de crear empleos sostenibles y promover la igualdad.

Objetivo 2: Hambre Cero (ODS2): Si se hace bien, la agricultura, la silvicultura y las piscifactorías pueden suministrarnos comida nutritiva para todos y generar ingresos decentes, mientras se apoya el desarrollo de las gentes del campo y la protección del medio ambiente. Aunque en la actualidad, nuestros suelos, agua, océanos, bosques y nuestra biodiversidad están siendo degradados. La alteración del clima está poniendo mayor presión sobre los recursos de los que dependemos y aumentan los riesgos asociados a desastres tales como sequías e inundaciones. Muchos agricultores ya no pueden ganarse la vida en sus tierras, lo que les obliga a emigrar a las ciudades en busca de oportunidades. Necesitamos una profunda reforma del sistema mundial de agricultura y alimentación si queremos nutrir a los 925 millones de hambrientos que existen actualmente y los 2.000 millones adicionales de personas que vivirán en el año 2050. El sector alimentario y el sector agrícola pueden ofrecer soluciones clave para el desarrollo y son vitales para la eliminación del hambre y la pobreza.

Del mismo modo, las múltiples dimensiones sociales y ecológicas de la seguridad alimentaria son transversales a 14 de los 17 Objetivos de Desarrollo Sostenible (ODS) 2030 de las Naciones Unidas. Los procesos con respecto al ODS 2, sobre el hambre y la malnutrición, por ejemplo, tienen una influencia directa en lo relativo al ODS 3, sobre la salud, y viceversa. El ODS 6, sobre el agua limpia y el saneamiento, es necesario para la producción de alimentos y para una buena nutrición. El ODS 12 sobre la producción y el consumo responsables, es necesario para lograr la seguridad alimentaria y garantizar la nutrición de forma sostenible. El ODS 14, sobre la pesca, y el ODS 15, sobre la biodiversidad terrestre, también tienen una importancia directa para el ODS 2, ya que tanto los ecosistemas acuáticos como terrestres respaldan la producción de alimentos.

BIBLIOGRAFÍA

ADAM, D. 2022. World population hits eight billion – here's how researchers predict it will grow. Nature, 616 (7936). 7 pp.

BARRETT, C.B. 2010. Measuring Food Insecurity.Science, 327: 825–828.

BÉNÉ, C. 2020. Resilience of local food systems and links to food security – A review of some important concepts in the context of COVID–19 and other shocks. Food Security, 12: 805–822.

CARON, P., FERRERO DE LOMA–OSORIO, G., FERRONI, M., et al., 2022. Global food security: pool collective intelligence. Nature, 7941: 612–631.

CUI, Z., ZHANG, H., CHEN, X. 2018. Pursuing sustainable productivity with millions of smallholder farmers. Nature, 7696: 363–366.

DANGLES, O., STRUELENS, Q. 2023. Is food system research guided by the 2030 Agenda for Sustainable Development? Current Opinion in Environmental Sustainability, 64: 101331.

DE CASTRO, P. 2012. Hambre de tierras. Alimentos y agricultura en la era de la nueva escasez. Eumedia. 191 pp.

DE CASTRO P. 2015. Comida: el desafío global. Eumedia. 197 pp.

EHRLICH, P.R., HARTE, J. 2015. Opinion: To feed the world in 2050 will require a global revolution. Proceedings of the National Academy of Sciences, 112(48):14743–14744.

EMMA C. STEPHENS, ANDREW D. JONES, DAVID PARSONS. 2018. Agricultural systems research and global food security in the 21st century: An overview and roadmap for future opportunities. Agricultural Systems, 163: 1–6.

ERICKSON, B., & FAUSTI, S. W. 2021. The role of precision agriculture in food security. Agronomy Journal. 113: 4455–4462.

FAO. 2011. Una introducción a los conceptos básicos de la seguridad alimentaria: Guía Práctica. Organización de las Naciones Unidas para la Alimentación y la Agricultura. 4 pp.

FAO. 2017. El futuro de la alimentación y la agricultura. Tendencias y desafíos. Organización de las Naciones Unidas para la Alimentación y la Agricultura. 52 pp.

FAO. 2018. El estado del Planeta. Hambre cero: ¿Lograremos finalmente erradicar el hambre? Organización de las Naciones Unidas para la Alimentación y la Agricultura. 117 pp.

FAO. 2018. El estado del Planeta. La nueva revolución agrícola: ¿Cómo vamos a alimentar a 10.000 millones de personas? Organización de las Naciones Unidas para la Alimentación y la Agricultura. 117 pp.

FAO. 2018. El estado del Planeta. Los grandes desafíos: ¿Estamos a tiempo de salvar nuestro planeta? Organización de las Naciones Unidas para la Alimentación y la Agricultura. 117 pp.

FAO. 2019. El estado de la seguridad alimentaria y la nutrición en el mundo 2019. Progresos en la lucha contra la pérdida y el desperdicio de alimentos. Organización de las Naciones Unidas para la Alimentación y la Agricultura. 171 pp.

FAO. 2022. El estado de la seguridad alimentaria y la nutrición en el mundo 2022. Adaptación de las políticas alimentarias y agrícolas para hacer las dietas saludables más asequibles. Organización de las Naciones Unidas para la Alimentación y la Agricultura. 291 pp.

FOLEY, J.A., RAMANKUTTY, N., BRAUMAN, K.A. 2011. Solutions for a cultivated planet. Nature. 478: 337–342.

GAITÁN-CREMASCHI, D., KLERKX, L., DUNCAN, J. 2019. Characterizing diversity of food systems in view of sustainability transitions. A review. Agronomy Sustainable Development, 39 (1): 1–22.

GERTEN, D., HECK, V., JÄGERMEYR, J. et al., 2020. Feeding ten billion people is possible within four terrestrial planetary boundaries. Nature Sustainability, 3: 200–208.

GILLESPIE, S., VAN DEN BOLD, M. 2017. Agriculture, food systems, and nutrition: meeting the challenge. Global Challenge, 107: 1–12.

GODFRAY, H.C., BEDDINGTON, J.R., CRUTE, I.R., et al., 2010. Food security: the challenge of feeding 9 billion people. Science, 327(5967): 812–818.

GOULD, J. 2017. Nutrition: A world of insecurity. Nature 544, S6–S7.

HANSON, C. 2014. A menu of solution. In "Feeding the World in 2050. CSA News, 59 (11): 14–17.

HATFIELD, J.L. Y WALTHALL, C.L. 2015. Meeting global food needs: realizing the potential via genetics × environment × management interactions. Agronomy Journal, 107: 1215–1226.

HLPE (Panel de Expertos de Alto Nivel en Seguridad Alimentaria y Nutrición). 2020. Seguridad alimentaria y nutrición: elaborar una descripción global de cara a 2030. FAO, Roma. 91 pp.

HORTON, P., LONG, S.P., SMITH, P. et al., 2021. Technologies to deliver food and climate security through agriculture. Nature Plants 7: 250–255.

HUBERT, B., ROSEGRANT, M., van BOEKEL, M.A.J.S. y ORTIZ, R. 2010. The future of food: Scenarios for 2050. Crop Science, 50: 33–50.

HURNI, H., GIGER, M., LINIGER, H., et al., 2015. Soils, agriculture and food security: the interplay between ecosystem functioning and human well–being. Current Opinion in Environmental Sustainability, 15: 25–34.

INGRAM, J. 2011. A food systems approach to researching food security and its interactions with global environmental change. Food Security, 3: 417–431.

INGRAM, J. 2017. Look beyond production. Nature 544, S17.

KHONDKER, M., UMEHARA, M., HAYASHI, H., OMAR, M.N.A. 2021. Agriculture, biology, and environment: Twenty first century challenges and opportunities. Agronomy Journal. 113: 671–676.

KHOURY, C.K., BJORKMAN, A.D., DEMPEWOLF, H., et al., 2014. Increasing homogeneity in global food supplies and the implications for food security. Proceedings of the National Academy of Sciences. USA. 111(11):4001–4006.

LAL, R. 2020. Home gardening and urban agriculture for advancing food and nutritional security in response to the COVID–19 pandemic. Food Security, 12(4):871–876.

LEVI, R., RAJAN, M., SINGHVI, S., ZHENG, Y. 2020. The impact of unifying agricultural wholesale markets on prices and farmers' profitability. Proceedings of the National Academy of Sciences, USA. 117(5): 2366–2371.

LÓPEZ–BELLIDO, L. 2005. El ingeniero agrónomo en la producción agraria. Congreso conmemorativo del Sesquicentenario de la creación de la carrera de Ingeniero Agrónomo. Asociación Nacional de Ingenieros Agrónomos. Madrid, 20–22 Octubre 2005. 61–82.

LÓPEZ–BELLIDO, L. 2011. ¿Cómo alimentar al mundo?: "An evergreen revolution". Revista del Colegio Oficial de Ingenieros Agrónomos de Andalucía, 25: 36–38.

McCAULEY, D. 2022. Today's challenges to food security for smallholder farmers. CSA News, 67: 4–11.

McCOUCH, S., BAUTE, G., BRADEEN, J. et al., 2013, Feeding the future. Nature 499: 23–24.

MISSELHORN, A., AGGARWAL, P., ERICKSEN, P., et al., 2012. A vision for attaining food security. Current Opinion in Environmental Sustainability, 4: 7–17.

NATIONAL ACADEMY OF SCIENCE. 2021. The challenge of feeding the world sustainably. Summary of the US–UK Scientific Forum on Sustainable Agriculture. Washington, DC. The National Academies Press. 40pp.

NELSON, M.E., HAMM, M.W., HU, F.B., et al., 2016. Alignment of healthy dietary patterns and environmental sustainability: a systematic review. Advances Nutrition, 7(6): 1005–1025.

NICHOLSON, C.F., STEPHENS, E.C., KOPAINSKY, B., et al., 2021. Food security outcomes in agricultural systems models: Current status and recommended improvements. Agricultural Systems, 188: 1–10.

NLEYA, T., CLAY, S.A. 2021. Near–term problems in meeting world food demands at regional levels: a special issue overview. Agronomy Journal, 113: 4437–4443.

NYSTRÖM, M., JOUFFRAY, JB., NORSTRÖM, A.V. et al., 2019. Anatomy and resilience of the global production ecosystem. Nature, 575: 98–108.

OTEROS–ROZAS, E., RUIZ–ALMEIDA, A., AGUADO, M., RIVERA–FERRE, M.G. 2019. A social–ecological analysis of the global agrifood system. Proceedings of the National Academy of Sciences, 116 (52) 26465–26473.

RASTOIN, J.L. 2021. La souveraineté alimentaire est–elle une utopie face á la réalité des marchés agricoles? Agriculture Strategies, Newsletter, 28: 13 pp.

RISTAINO, J.B., ANDERSON, P.K., BEBBER, D.P., et al., 2021. The persistent threat of emerging plant disease pandemics to global food security. Proceedings of the National Academy of Sciences, 118 (23): 1–9.

Savary, S., Akter, S., Almekinders, C. *et al.,* 2020. Mapping disruption and resilience mechanisms in food systems. Food Security 12: 695–717.

Schmidt-Traub G, Obersteiner M, Mosnier A. 2019. Fix the broken food system in three steps. Nature., 569(7755):181–183.

Schulte, L.A., Dale, B.E., Bozzetto, S. *et al.,* 2022. Meeting global challenges with regenerative agriculture producing food and energy. Nature Sustainability, 5: 384–388.

Soulard, Ch. 2021. Souveraineté alimentaire: un enjeu capital pour l´agriculture. Agriculture Strategies–Newsletter, 30. 7 pp.

Spielman, D. J., Pandya-Lorch, R. 2009. Una Mirada al proyecto de Millions Fed. Éxitos demostrados en desarrollo agrícola. International Food Policy Research Institute. 24 pp.

Spiertz, H. 2012. Avenues to meet food security. The role of agronomy on solving complexity in food production and resource use. European Journal of Agronomy, 43: 1–8.

Springmann, M., Clark, M., Mason-D'Croz, D. *et al.,* 2018. Options for keeping the food system within environmental limits. Nature 562: 519–525.

Swaminathan, M.S. 2007. Can science and technology feed the world in 2025? Field Crops Research, 104: 3–9.

Syed Shan-e-Ali Zaidi, Vanderschuren, H., *et al.,* 2019. New plant breeding technologies for food security. Science, 363: 1390–1391.

Tilman, D., Balzer, C., Hill, J., Befort, B. 2011. Global food demand and the sustainable intensification of agriculture. Proceedings of the National Academy of Sciences, 108(50): 20260–20264.

Université de Montpellier, HLPE, CGIAR. 2022. The Montpellier statement: Feed, care, protect: intelligence to accelerate food systems´s transformation at local and global levels. 6 pp.

Vaidyanathan, G. 2021. Healthy diets for people and the planet. Nature, 600: 22–25.

Valiorgue, B. 2021. Rapport de l'Institut Montaigne sur la souveraineté alimentaire. Agriculture Stratégies, 4 de noviembre de 2021.

Van Ittersum, M.K., Cassman, K.G. 2013. Yield gap analysis—Rationale, methods and applications. Field Crops Research, 143: 1–3.

Von Braun, J., Afsana, K., Fresco, L.O., Hassan, M. 2021. Food systems: seven priorities to end hunger and protect the planet, Nature, 597: 28–30.

Von Braun, J., Afsana, K., Fresco, L.O., *et al.,* 2023. Food system concepts and definitions for science and political action. In "Science and Innovations for Food Systems Transformation" (Von Braun J., Afsana, K., Fresco, L.O., Hassan, M.H.A., eds). Springer. 11–20,

Warburtont, M.L., Clay, D. y Turco, R. 2022. The world's most essential industry: food, soils, and crops. CSA News, 67: 20–21.

Waterlander, W.E., Mhurchu, C.N., Eyles, H., *et al.,* 2018. Food futures: Developing effective food systems interventions to improve public health nutrition. Agricultural Systems, 160: 124–131.

West, P.C., Gerber, J.S., Engstrom, P.M., *et al.,* 2014. Leverage points for improving global food security and the environment. Science, 345(6194): 325–328.

AGRICULTURA Y PRODUCCIÓN DE ALIMENTOS

2.1. INTRODUCCIÓN

Desde el inicio de la agricultura hasta el comienzo de la era cristiana, la población mundial presumiblemente se multiplicó por cuatro hasta alcanzar alrededor de 250 millones de seres humanos y volvió a duplicarse —500 millones— al llegar al año 1650. La siguiente duplicación tan solo requirió 200 años para producir una población de mil millones de personas, en el año 1850. Esta última duplicación se debió sobre todo a la reducción en la tasa de mortalidad originada por el descubrimiento de las causas y de la naturaleza de las enfermedades infecciosas, producto de los avances en la investigación médica. La siguiente duplicación solo tardó ochenta años para llegar a los 2.000 millones, en 1930. Un poco después, el desarrollo de las drogas farmacéuticas, sulfamidas, antibióticos y vacunas, condujo a otra reducción sustancial de la tasa de mortalidad, sobre todo entre los niños y los recién nacidos. La siguiente duplicación solo tardó 45 años, es decir, para 1975, cuando la población global alcanzó los 4.000 millones de personas. La siguiente duplicación se ha alcanzado en el 2023, de nuevo en tan solo 48 años, lo que representará un incremento de 533 veces desde el comienzo de la agricultura. Mientras que el crecimiento global de la población se está ralentizando, la tasa actual de crecimiento demográfico en muchas partes del mundo en desarrollo sigue siendo alta.

Sin embargo, es después de la 2ª Guerra Mundial cuando se registra el avance más espectacular de toda la historia de la agricultura, tanto por el desarrollo de nuevas tecnologías como por la mejora sin precedentes de la productividad agraria. En este período tiene lugar el desarrollo de los productos agroquímicos de síntesis y comienza la era de la biotecnología, con la descripción de la doble estructura helicoidal del ADN por Watson y Crick en 1953 y el desarrollo de la ingeniería genética, a partir de 1973.

Desde los años sesenta del pasado siglo, las profecías apocalípticas nos persiguen. Entonces se decía que la Tierra ya no podía alimentar a una población desbocada. El "experto" más famoso de entonces, Paul Ehrlich, biólogo de la Universidad de Stanford, autor del *best-seller* mundial *The Population Bomb*, mantenía que "la batalla para alimentar a toda la población mundial estaba perdida", que morirían centenares de millones por hambrunas y que ni tan siquiera valía la pena ayudar a la India, que estaba condenada. Sin embargo, la Revolución Verde en la agricultura disparó la producción de alimentos, y la población mundial, que pasó de los 3.550 millones de entonces a los 8.000 millones hoy, come bastante mejor. No ha desaparecido la malnutrición, pero ha bajado del 28% en 1970 al 11,7% en 2022.

El término "Revolución Verde" fue acuñado en 1968 por el Dr. William S. Gaud, administrador de la Agencia Estadounidense para el Desarrollo Internacional, y se utilizó para describir los saltos cuantitativos en la productividad y producción del trigo y arroz, originados por las investigaciones del Centro Internacional de Mejoramiento de Maíz y Trigo (CIMMYT) en México y del Instituto Internacional de Investigación del Arroz (IRRI) en Filipinas. Más recientemente, el científico indio M.S. Swaminathan (2007) ha creado el término *"Evergreen Revolution"*, subrayando la necesidad de incrementar permanentemente la productividad agrícola, pero de forma que esta sea ambientalmente segura, económicamente viable y socialmente sostenible.

El potencial de expansión de las tierras de cultivo en el futuro es muy limitado en la mayoría de las regiones del mundo. Incluso algunos suelos, actualmente en cultivo, deberían dejar de cultivarse por su fragilidad, excesiva pendiente y elevada susceptibilidad a la erosión.

Se estima que más del 85% del futuro crecimiento de la producción de cereales debe provenir del aumento de rendimiento de las tierras actualmente cultivadas. Esta mejora de productividad requerirá nuevas variedades con mayor potencial genético de rendimiento y resistencia a plagas, enfermedades y estrés ambientales. Para ello serán necesarios avances en la investigación convencional y en ingeniería genética. La mejora tecnológica de los cultivos deberá centrarse en aumentar la conservación del suelo y del agua, reducir el laboreo del suelo, optimizar la fertilización, el control de plagas, enfermedades y malas hierbas, y el tratamiento post–cosecha.

La agricultura de regadío consume el 70% de los recursos hídricos globales, representa el 17% del total de la superficie cultivada (alrededor de 275 millones de ha) y es responsable del 40% de la producción mundial de alimentos y del 56% de la producción total de cereales. La Organización de las Naciones Unidas para la Alimentación y la Agricultura (FAO) estimó un aumento de 50 millones de ha de regadío para el 2020, a pesar de la creciente competencia por la demanda de agua para usos urbanos e industriales. Según estimaciones de las Naciones Unidas, relativas a los recursos mundiales de agua dulce, en el año 2025 alrededor de las dos terceras partes de la población mundial vivirá en condiciones de sequía. Para aumentar la producción de alimentos para una creciente población mundial, y considerando la disponibilidad limitada de agua en el futuro, el Premio Nobel Norman Borlaug, en el 2005, concluyó que inevitablemente durante el siglo XXI tendrá que conseguirse una Revolución Azul, para completar la Revolución Verde del siglo XX. En esta nueva Revolución Azul, la productividad en el uso del agua deberá ir unida con la productividad en el uso de la tierra.

La actual reacción en contra de la ciencia y la tecnología agrícola, evidente en algunos países industrializados, especialmente en Europa, es difícil de comprender. Gracias a la ciencia y a la tecnología, que han incrementado los rendimientos de los cultivos en los suelos más favorables para la agricultura, se han podido dedicar áreas enormes de tierra para otros propósitos (Fig. 2.1). Según Norman Borlaug, si hubiésemos intentado conseguir la producción mundial de cereales del año 2000 utilizando las técnicas agrícolas del año 1950, se necesitarían 1.100 millones de ha de tierras adicionales de la misma fertilidad, además de los 660 millones de ha que realmente se utilizaron. Durante los últimos 50 años se ha triplicado la producción mundial de cereales con tan solo un incremento del 10% en el área total dedicada a su cultivo, gracias al empleo de técnicas agronómicas de alto rendimiento. Si no hubiéramos dispuesto de estos avances tecnológicos, ¿qué hubiera ocurrido con los ecosistemas de vida silvestre, con nuestros bosques, humedales y praderas? Hubieran sido todos roturados, con pérdida de biodiversidad y los consiguientes procesos de erosión del suelo y degradación de los ambientes acuáticos. Mientras que algunos continentes (especialmente las Américas y África) aún tienen tierra adecuada para dedicar a la agricultura, las regiones más pobladas, tales como Asia y Europa, no disponen de ella. Con demasiada frecuencia, los críticos de la moderna agricultura, que utilizan argumentos medioambientales, no ven estos aspectos beneficiosos de la producción de más alimentos, forrajes y fibras, que pueden liberar tierras para otros usos, incluyendo pastos permanentes y bosques.

Otra crítica difícil de aceptar es la que se hace contra el uso de fertilizantes químicos. En términos bioquímicos, a la planta no le importa si el ion nitrato que absorbe procede de un saco de fertilizante o de materia orgánica descompuesta. Sin embargo, mucha gente desinformada considera que el fertilizante químico más que un nutriente es un veneno. También es errónea la idea que los «alimentos ecológicos» tienen un mayor valor nutritivo, lo cual no es así. Mientras los países ricos seguramente pueden pagar más por los alimentos producidos según los llamados «métodos ecológicos», los casi mil millones de personas con desnutrición crónica, que viven en los países de baja renta económica, y que son deficientes en la producción de alimentos, sencillamente no pueden permitirse ese lujo. La sola utilización de abonos orgánicos, procedentes de los residuos animales, permitiría producir alimentos para 4.000 millones de personas (y ahora somos al menos 8.000 millones). Si se intentase reemplazar todo el nitrógeno procedente de los fertilizantes químicos por nitrógeno producido por el ganado, la cabaña ganadera tendría que multiplicarse por 6 o 7 con la consiguiente sobreexplotación de pastos, erosión y destrucción de los ambientes naturales.

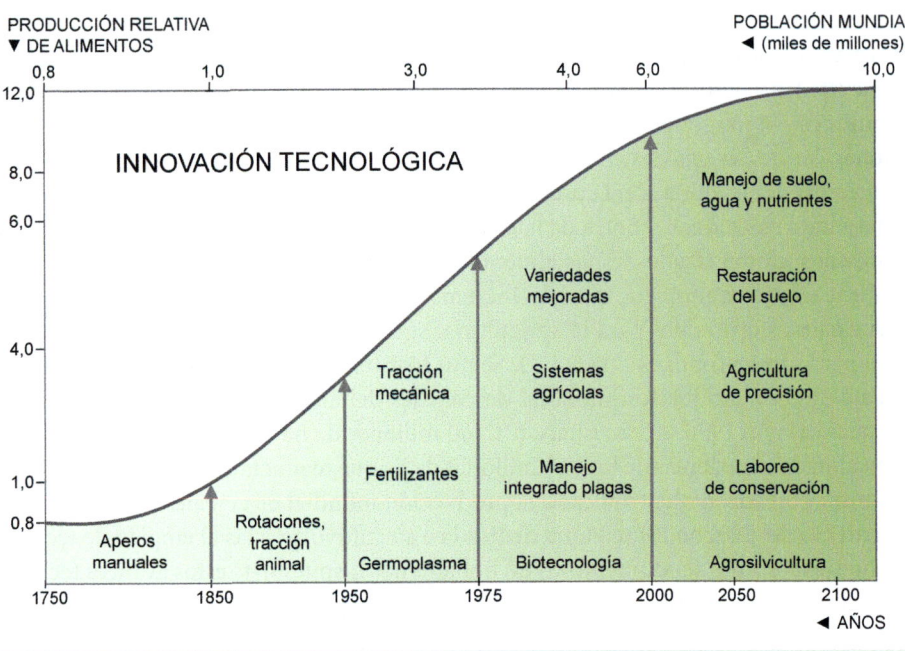

Figura 2.1 Evolución de la producción relativa de alimentos, población mundial y tecnología
(adaptado de López–Bellido, *et al.*, 2008)

Por otro lado, la agricultura actual y probablemente la del futuro se enfrenta a ser cada vez menos entendida por una sociedad urbana ignorante y mediatizada, que imputa toda serie de males ambientales a los agricultores y desconoce el papel estratégico e insustituible de su actividad para la alimentación humana. En un artículo en la revista *Plant Physiology* (del año 2000), titulado «Acabando con el hambre en el mundo. La amenaza del fanatismo anticientífico», Norman Borlaug afirmó que «uno de los grandes cambios que debe afrontar la sociedad en el siglo xxi es la modernización y la ampliación de la educación científica a todas las edades. En ninguna parte es más importante que en la producción de alimentos acabar con el miedo nacido de la ignorancia, al ser todavía la actividad humana más básica». La innecesaria confrontación de muchos consumidores contra el desarrollo de los cultivos transgénicos en Europa, podría haberse evitado si mucha más gente hubiese recibido una educación más adecuada en temas relacionados con la diversidad genética. Los científicos tienen la obligación moral de advertir a los líderes políticos, educativos y religiosos, de la magnitud y gravedad del problema de la disminución de tierra cultivable, de la producción de alimentos y de la superpoblación. Es preocupante, según el Premio Nobel, el perjuicio que la disminución de fondos públicos internacionales está causando a la investigación en mejora genética y manejo agronómico de los cultivos, y del impacto negativo que esta política está causando sobre la producción futura de alimentos.

En los países industrializados, la productividad agrícola y la competitividad económica han mejorado gracias a un proceso de modernización que comenzó en los años cincuenta. Esta modernización ha tomado la forma de especialización de los sistemas de producción: desarrollo de maquinaria agrícola, aumento del tamaño de las explotaciones, y un mayor uso de agua, inputs químicos y variedades de plantas y razas de animales con alto potencial de producción. Se han creado estructuras de asesoramiento y referencias técnicas para ayudar al sector agrícola a desarrollarse en esta línea, y el asesoramiento a los agricultores ha tenido como objetivo optimizar la producción a través de la eficiencia económica. Esto ha llevado a la homogeneización de los sistemas agrícolas y a ganancias económicas en todo el sector agroalimentario, desde la producción agrícola hasta los productos estandarizados para la industria agroalimentaria.

La agricultura ha evolucionado, industrializándose cada vez más, con una intensidad que varía según la región y el sector, lo que lleva a alimentos producidos en masa y de calidad homogénea. La industrialización ha generado externalidades que inicialmente se percibieron como positivas (p. ej., ambientes "limpios" sin plagas, alta productividad). Sin embargo, con el tiempo, se ha reconocido un número cada vez mayor de externalidades negativas (p. ej., contaminación del suelo, el agua y el aire; emisiones de gases de efecto invernadero; pérdida de biodiversidad).

En la actualidad existe un gran aumento de la demanda de energía y alimentos (cereales y ganaderos) debido al poder adquisitivo de los países emergentes. Las tasas de desarrollo económico de los países más poblados del mundo (China, India y Brasil, sobre todo) han superado ampliamente en un alto margen las proyecciones previstas. Como consecuencia de ello, se están produciendo mayores presiones sobre la tierra disponible y otros recursos naturales.

2.2. LOS RETOS DE LA AGRICULTURA EN LA PRODUCCIÓN DE ALIMENTOS

La agricultura es el sector clave que puede garantizar la seguridad alimentaria. Se han señalado diferentes aspectos que la caracterizan: (1) sin agricultura podría alimentarse solo el 10% de la población mundial; (2) el 99% del suministro de alimentos procede de la tierra; (3) el 92% de la dieta humana son productos de origen vegetal; (4) solo 30 cultivos aportan la mayor parte de las calorías y proteínas; (5) la agricultura de regadío utiliza el 70% de los recursos hídricos mundiales; (6) la agricultura de regadío produce el 40% de la producción mundial de alimentos y el 56% de los cereales; y (7) solo con abonos orgánicos se producirían alimentos para aproximadamente 4.000 millones de personas (Fig. 2.2).

El crecimiento de la población y los límites de las tierras de cultivo y de agua dulce y las alteraciones del clima tienen profundas implicaciones para la capacidad de la agricultura para satisfacer en este siglo las demandas de alimentos, piensos, fibras y combustibles, al tiempo que reduce el impacto ambiental de su producción. La agricultura moderna se enfrenta a enormes desafíos, incluso con los recientes aumentos de la productividad.

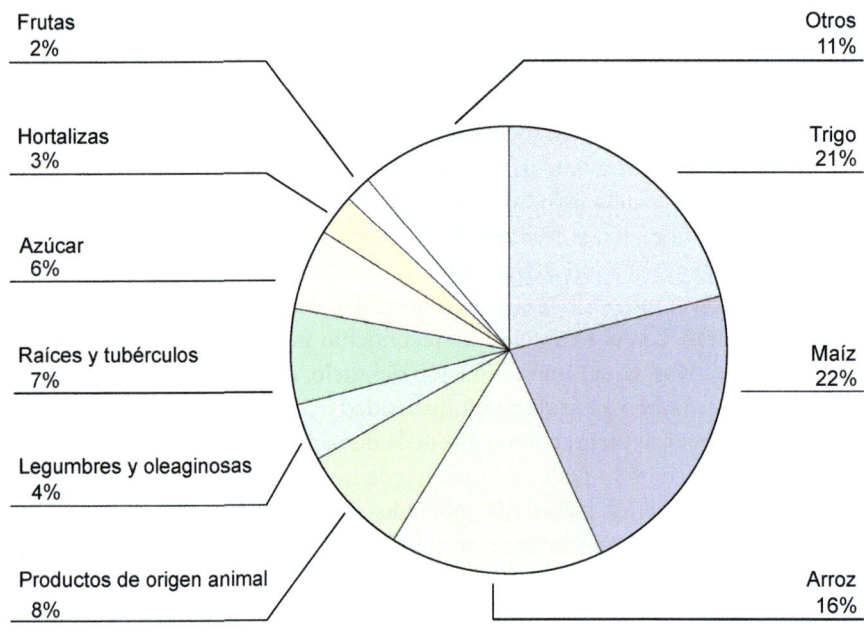

Frutas 2%
Otros 11%
Hortalizas 3%
Trigo 21%
Azúcar 6%
Raíces y tubérculos 7%
Maíz 22%
Legumbres y oleaginosas 4%
Productos de origen animal 8%
Arroz 16%

Figura 2.2 Participación de la agricultura en el suministro de alimentos (adaptado de FAO, 2000)

El potencial para la expansión futura en las tierras cultivables está bastante limitado en la mayoría de las regiones del mundo. Esto es especialmente verdadero para el densamente poblado continente asiático, en el que vive más de la mitad de la población humana, y donde queda muy poca tierra no cultivada. Se estima que más del 85% del crecimiento futuro en la producción de cereales, debe provenir del aumento en el rendimiento de las tierras actualmente cultivadas. Para alcanzar estas ganancias, se necesitarán avances en la investigación genética, tanto convencional como biotecnológica. Durante los últimos veinticinco años, la biotecnología, basada en el ADN recombinante, ha contribuido a desarrollar nuevos métodos científicos muy importantes para la obtención de alimentos y productos agrícolas.

Dado el escaso margen para expandir el uso agrícola de más tierras y recursos hídricos, los aumentos de la producción necesarios para satisfacer la creciente demanda de alimentos tendrán que venir principalmente de mejoras en la productividad y de la eficiencia en el uso de los recursos. Sin embargo, existen signos preocupantes de que el crecimiento de los rendimientos se está estabilizando para los principales cultivos. Desde la década de 1990, los aumentos medios en los rendimientos del maíz, arroz y trigo a nivel mundial se sitúan por lo general algo por encima del 1% anual.

Por ello, para hacer frente a estos y otros desafíos, el seguir funcionando como hasta ahora no es una opción. Será necesaria una profunda transformación en los sistemas agrícolas, las economías rurales y la gestión de los recursos naturales, si queremos hacer frente a los múltiples desafíos que tenemos ante nosotros y aprovechar todo el potencial de la alimentación y la agricultura para garantizar un futuro seguro y saludable para todas las personas y para todo el planeta. Los sistemas agrícolas que requieren un uso intensivo de inputs y recursos y que han causado deforestación masiva, escasez de agua, agotamiento del suelo y niveles elevados de emisiones de gases de efecto invernadero, no pueden ofrecer una producción agrícola y alimentaria sostenible.

Existen numerosas limitaciones al rendimiento de los cultivos, y estas limitaciones deben superarse para producir la cantidad de alimentos necesaria para la población proyectada para 2050. Sin embargo, hay aspectos adicionales del rompecabezas de la producción que requieren mayor discusión. Uno es la calidad de los productos para lograr la seguridad nutricional y suministrar las calorías necesarias para sustentar a la población. Un desafío emergente para los agrónomos es la necesidad de evaluar la calidad de los productos con tanto rigor como la evaluación de su rendimiento. Se han realizado estudios limitados sobre la calidad y su relación con el genotipo, medio ambiente y manejo (G × E × M).

Otro componente de la alimentación mundial es el desperdicio de alimentos, que a su vez se traduce en recursos derrochados. Una cuarta parte de los alimentos producidos se pierde a lo largo de la cadena de suministro de alimentos, y esta pérdida de producción representa el 24% de los recursos de agua dulce, el 23% de la superficie total de tierras de cultivo y el 23% del uso global de fertilizantes. Reducir las pérdidas y el desperdicio de alimentos aumentaría la seguridad alimentaria y aumentaría la eficiencia del uso de los recursos en la producción de alimentos.

Otro desafío será examinar críticamente la huella hídrica de la agricultura, la cual podría controlarse mediante una mejor gestión de todos los inputs de la producción de los cultivos; lo que en última instancia conduciría a un aumento de la eficiencia en el uso del agua (WUE).

Estos ejemplos muestran los grandes desafíos para la agricultura que necesitan atención. El impacto de las plagas, las enfermedades y las malas hierbas en la producción son parte de los componentes medioambientales y de manejo, y está justificado abordar estas interacciones como parte de G × E × M.

Satisfacer las necesidades alimentarias futuras conllevará algunos desafíos específicos, ya que los rendimientos en muchas áreas de cultivo están estancados, las brechas de rendimiento son a menudo extremadamente grandes y el aumento del rendimiento proyectado varía ampliamente, del 30 al 60%.

Se proyecta que la demanda de alimentos, basada en el sistema alimentario actual, requerirá, entre otros, duplicar la producción de cereales para 2050. Este aumento en la producción podría poner en peligro otros objetivos importantes como la conservación de la biodiversidad y el mantenimiento de un medio ambiente saludable. En consecuencia, es necesario reformular el debate sobre la seguridad alimentaria para centrarse en la relación global agua, energía, tierra y alimentos, para satisfacer la mayor demanda de manera sostenible.

Como ya se ha mencionado, el crecimiento del rendimiento de las principales materias primas se ha ralentizado de forma notable. Actualmente, los índices medios de incremento de la productividad son ligeramente superiores al 1% y las previsiones no contemplan mejorías apreciables para el futuro próximo. Según las estimaciones existentes, el crecimiento medio anual de la producción agrícola mundial de 2013 a 2022 estaría en torno al 1,5%, frente al 2,1% de la década anterior, y aproximadamente el 2% de los años setenta y ochenta. Uno de los factores que explica este declive es la caída de las inversiones públicas en la investigación agrícola que, desde los años noventa, ha caracterizado a todo el mundo desarrollado. Más de veinte años después, la situación en el norte del mundo apenas ha cambiado, mientras que los recursos invertidos en este sector por las economías emergentes, en particular China, India y Brasil, han aumentado progresivamente.

Nos encontramos, por tanto, en una fase de transición de los equilibrios económicos y políticos globales, que se refleja claramente en la actual fase de desarrollo de la agricultura y de la producción alimentaria mundial. El aumento de la productividad, tanto en la agricultura como en otros ámbitos, está guiado sobre todo por la innovación. La ya citada Revolución Verde ha sido un ejemplo claro del vínculo entre las nuevas técnicas y el incremento productivo. La transferencia de la innovación de las zonas desarrolladas a las menos desarrolladas ha permitido impulsar la productividad agrícola más allá de límites que se creían inalcanzables, rescatando del hambre a centenares de millones de personas. Pero ha tenido sus costes medioambientales sobre todo. Enmarcada en estrategias de política agrícola muy orientadas a la producción, la Revolución Verde no ha reducido, sino que ha alentado una explotación excesiva de los recursos naturales, y el reparto de los beneficios ha sido solo parcial: las regiones más pobres del África subsahariana representan un caso de estudio dentro del ámbito del fracaso de las políticas de transferencia de la innovación (como se refleja en el Capítulo 15).

La agricultura es la actividad productiva organizada más antigua de la historia entre hombres y ecosistemas, una relación con dos caras. La producción agrícola impacta sobre los ecosistemas, desgasta y contamina el agua dulce, en general empobrece la biodiversidad y contribuye a las emisiones de gases de efecto invernadero. Por otro lado, gracias a la agricultura es posible gestionar mejor el paisaje y el territorio, salvaguardándolo de la crisis hidrogeológica, mitigar los efectos de la alteración del clima y, con dosis suficientes de ingenio, audacia y apoyo económico público, incluso se puede "producir medio ambiente", es decir, favorecer la regeneración de los ecosistemas. Esta última visión es la que ha inspirado muchas de las políticas europeas de los años noventa del siglo pasado. La agricultura no produce solo alimentos, sino bienes públicos medioambientales. Estas políticas han sido una necesidad porque con el desarrollo intensivo de las pasadas décadas, en la agricultura el intercambio entre hombre y naturaleza ha empezado a presentar un saldo negativo en claro detrimento de esta última. Desde este punto de vista, la agricultura no constituye una excepción a otras actividades humanas.

La producción agrícola necesaria para obtener alimentos solo puede incrementarse de dos formas: aumentando las superficies cultivables y su productividad. Si el aumento de las tierras cultivables no puede ser la solución al problema, para desarrollar la oferta de provisiones agrícolas solo nos queda el camino de la eficiencia técnica. Como ya se ha dicho, hemos vivido un período de gran desarrollo de la capacidad agrícola a escala casi global, con referencia al sorprendente incremento de la productividad agrícola mundial entre principios de los años sesenta y finales de los ochenta. El progreso tecnológico experimentado por las economías más desarrolladas y su transferencia a otras regiones del mundo (Asia y América Latina en particular), llevaron en aquel momento a duplicar los rendimientos de algunos cereales fundamentales para la dieta de las personas, como el arroz, el trigo y el maíz, además de la productividad de otras especies vegetales y de la cría de ganado.

Este verdadero "boom" productivo permitió hacer frente al crecimiento de la demanda de los últimos treinta años y, a la vez, garantizó cierta estabilidad de los precios de las provisiones alimentarias. Una fase histórica en la que los pasos de gigante dados en el desarrollo de pesticidas y fertilizantes, junto con las mejoras de las técnicas de producción y de selección genética, han permitido incrementar rápidamente el rendimiento de las tierras cultivadas. Está claro que no ha sido igual en todos los sitios: en el continente asiático las cantidades producidas han aumentado casi sin ampliar las superficies cultivadas, mientras que en el africano los rendimientos se han quedado estancados a pesar del cultivo de nuevas tierras.

De todas formas, estamos hablando de un cuarto de siglo de aumento sostenido de la productividad, que coincidió con un marcado crecimiento de las inversiones públicas dedicadas a la investigación en agricultura, tanto en los países desarrollados, como en los en vías de desarrollo. El resultado fue una media global de los incrementos anuales de las cosechas de cereales de un 2% a nivel mundial, con los picos más altos vividos por el continente asiático (+2,5%). Todos consideraron que la Revolución Verde era el epitafio de la teoría maltusiana del crecimiento.

Sin embargo, algo ha cambiado; que está generando una alarma que hoy va mucho más allá del muy desatendido tema del hambre en las zonas pobres del mundo, poniendo en duda el logro de los objetivos de la lucha contra la malnutrición, deseados a nivel internacional.

Nos encontramos ante dos tipos de límites. Por un lado, la necesidad de una agricultura más sostenible y, por tanto, basada en un menor uso de inputs químicos, que fueron los protagonistas de la Revolución Verde. Por otro lado, la preocupación de haber llegado a un límite tecnológico tal que solo podría verse mejorado, en el futuro, de manera circunstancial, perdiendo así la contribución de lo que fue el principal impulso hacia el aumento de productividad.

Con respecto al primer tema, parece evidente la relación intrínseca entre la actividad agrícola y el medio ambiente. Una relación en la que la agricultura proporciona rendimientos positivos (salvaguarda territorial e hidrogeológica y ayuda a la retención de dióxido de carbono), pero también negativos (contaminación hídrica y emisión de gases invernadero). Estos últimos han llegado hasta unas tasas difícilmente sostenibles en el futuro próximo, debido a un constante proceso de intensificación que ha afectado, sobre todo, a los países emergentes.

Por otro lado, en cuanto al tema de la productividad agrícola, los temores nacen de datos objetivamente preocupantes, que señalan una brusca desaceleración de los rendimientos en los últimos años. Como ya se ha mencionado, es una tendencia que se manifiesta de manera drástica en algunas zonas como Europa, en las que se ha pasado de un crecimiento medio anual del 2,1% a incrementos inferiores al 1%. En otras, como en el caso de los países asiáticos, la desaceleración ha sido más leve, pero de proporciones no indiferentes.

Recientemente, la Organización para la Cooperación y el Desarrollo Económico (OCDE) y la FAO estimaron que para los primeros años el crecimiento anual de la producción seguirá siendo más lento que en el pasado; se pasará de un promedio del 2,4% en la década pasada a uno del 1,7%. Estos datos marcan inequívocamente el final de la Revolución Verde y la consecución de un nivel de eficiencia que será difícil de superar a corto y medio plazo. Aunque el debate está muy encendido y articulado sobre este frente. Podemos decir que hay consenso general sobre una cosa: el progreso tecnológico y su transferencia siguen representando uno de los principales instrumentos, si no el principal, para enfrentarse al reto de la seguridad alimentaria.

La carrera para el acaparamiento de tierras cultivables causada por la crisis alimentaria de 2007-2008 es un hecho que más que otros manifiesta el espíritu del tiempo de la escasez. El aumento de la demanda de tierra cultivable es un dato avalado también por el aumento de los precios a nivel global: en 2007 el valor de los terrenos agrícolas aumentó en un 16% en Brasil, en un 31% en Polonia, y en EE.UU. se registró un incremento de valor de entre el 20 y el 70%.

La "caza" de tierras es una manifestación directa de la incertidumbre en que está presente el sistema de aprovisionamiento agroalimentario global. En una fase de expansión demográfica y de aumento de la demanda de alimentos con bajos niveles de reservas agrícolas, ante la degradación progresiva de los recursos naturales que pone en peligro la futura capacidad productiva alimentaria, ante los temidos efectos de la variación climática sobre la producción de alimentos y las anomalías de funcionamiento en los mercados financieros globales y regionales y ante el fracaso de las políticas de distribución y de ayuda al desarrollo, los Estados buscan nuevos medios para producir géneros alimentarios y las empresas privadas descubren un negocio rentable y a largo plazo.

Los consumos crecen y cambian, pero la disponibilidad de recursos naturales es cada vez más limitada. Centrándonos en el caso de la tierra, hemos visto que la escasez lleva a estados enteros a considerar la compra de superficies fuera de sus fronteras, con implicaciones más que controvertidas (sobre todo para los países en vías de desarrollo, que acaban por ceder a precios mínimos las regiones más fértiles de sus territorios) (Fig. 2.3).

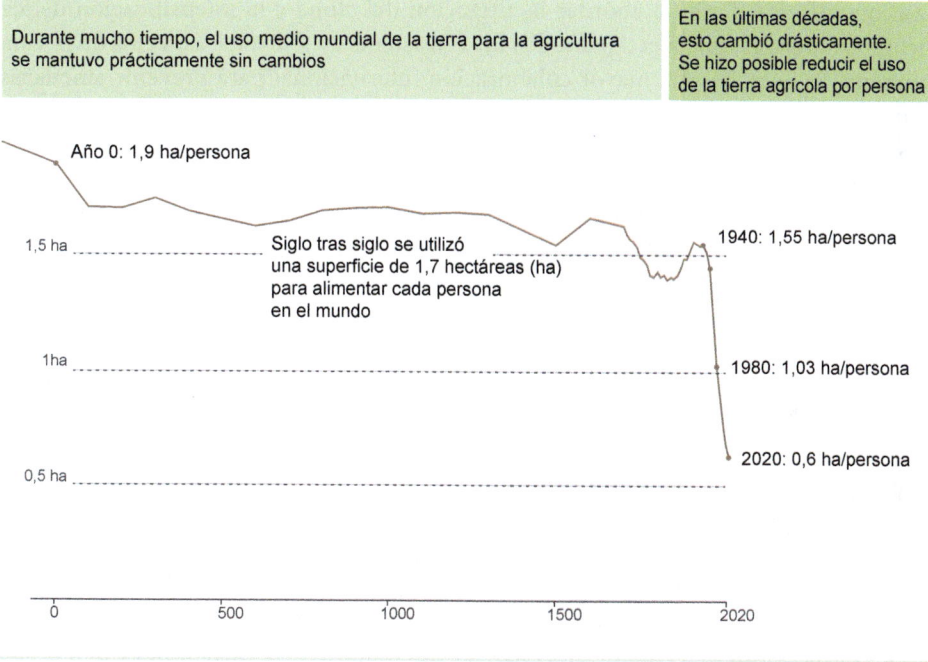

Figura 2.3 2000 años de uso de la tierra agrícola por persona (adaptado de Roser, 2023)

Principalmente, debemos producir más alimentos. Este es el reto más importante. Y tenemos que conquistarlo en condiciones más difíciles que nunca, ya que el coste de los inputs, como la energía o los fertilizantes sigue en aumento y las condiciones climáticas se anuncian cada vez menos favorables. Los países ricos deben ayudar a los que están en vías de desarrollo a promover la agricultura, por ejemplo, reduciendo las dificultades de los pequeños productores para acceder a préstamos y a microcréditos necesarios para poder invertir en semillas, fertilizantes y sistemas de riego eficientes. Hay que introducir reglas sobre la tenencia de tierras allá donde no las hay, para que la venta o el arrendamiento de terrenos agrícolas a extranjeros no impliquen un riesgo adicional para la estabilidad de las provisiones alimentarias de las comunidades locales.

Los sistemas agrícolas intensivos en inputs y recursos, que han causado deforestación masiva, escasez de agua, agotamiento del suelo y altos niveles de emisiones de gases de efecto invernadero, no pueden brindar una producción agrícola y alimentaria sostenible. Se necesitan sistemas innovadores que protejan y mejoren la base de recursos naturales, al mismo tiempo que aumentan la productividad. Se necesita un proceso de transformación hacia enfoques holísticos, como la agroecología, la agrosilvicultura, la agricultura climáticamente inteligente y la agricultura de conservación, que también se basan en el conocimiento indígena y tradicional. Las mejoras tecnológicas, junto con recortes drásticos en el uso de combustibles fósiles agrícolas y en toda la economía, ayudarían a abordar la alteración del clima y la intensificación de los peligros naturales, que afectan a todos los ecosistemas y todos los aspectos de la vida humana. Se necesita una mayor colaboración internacional para prevenir amenazas transfronterizas emergentes para la agricultura y los sistemas alimentarios, como plagas y enfermedades.

Junto a la "Revolución Verde" del siglo xx, ingeniería genética incluida, habrá de conseguirse, como se ha dicho, la "Revolución Azul" o del agua en el siglo xxi. El incremento de la productividad agrícola deberá centrarse en mejorar la conservación del suelo y el agua, reducir el laboreo, optimizar la fertilización, la eficiencia en el uso del agua, el control de malas hierbas, plagas y enfermedades y el tratamiento post-cosecha.

La agricultura sostenible es definida como un sistema integrado de técnicas de producción de plantas y animales, que tiene una aplicación específica a cada ambiente, haciendo un uso más eficiente de los recursos no renovables y mejorando la calidad ambiental y la base de recursos naturales. Numerosos modelos de agricultura han surgido al amparo de la sostenibilidad y el respeto al medio ambiente, entre ellos la agricultura integrada y la agricultura de precisión. Alcanzar la sostenibilidad de los agroecosistemas es el reto del siglo xxi. Los últimos 60 años han representado para la agricultura los cambios más drásticos de toda su dilatada historia, aunque existe una gran brecha, como se ha dicho, en la percepción pública de la agricultura y lo que ella significa para la humanidad.

La agricultura es un sector específico al que no pueden aplicarse las mismas reglas y mecanismos de otros sectores económicos. Es una actividad expuesta a múltiples riesgos económicos, políticos y ambientales, que son a la vez exógenos y endógenos al sector. Entre los que figuran el clima y el mercado, este con bruscos cambios de precios, hipervolatilidad, opacidad, etc., que socavan la supervivencia económica de los agricultores y la seguridad alimentaria de millones de consumidores. La magnitud y el impacto de estos riesgos requieren la acción de los gobiernos, al ser la agricultura un sector clave para la seguridad alimentaria, el desarrollo económico y social y la estabilidad y geopolítica de los estados. Debe ser un sector económicamente estable y eficiente, que pueda afrontar los riesgos climáticos y las crisis de precios, asegurando un ingreso estable a los productores.

2.3. LA BRECHA DE LOS RENDIMIENTOS

La brecha del rendimiento es definida como la diferencia entre el rendimiento de un cultivo observado en cualquier lugar y su rendimiento potencial en el mismo lugar, considerando las prácticas y tecnologías agrícolas actuales. Cerrar las brechas del rendimiento podría aumentar sustancialmente los suministros mundiales de alimentos. Un análisis muestra que conseguir rendimientos dentro del 95% de su potencial para 16 cultivos importantes de alimentos y piensos podría agregar 2.300 millones de t (5×10^{15} Kcal) de nueva producción, representando un aumento del 58%. Incluso si los rendimientos de estos 16 cultivos se elevaran a solo el 75% de su potencial, la producción mundial aumentaría en 1.100 millones de t ($2,8 \times 10^{15}$ Kcal), con un aumento del 28%.

Es probable que la mejora genética impulse ganancias adicionales en productividad, enfocadas en aumentar el rendimiento máximo de los cultivos clave. También pueden existir oportunidades significativas para mejorar el rendimiento y la resiliencia de los sistemas de cultivo al mejorar los "cultivos huérfanos" (aquellos cultivos que no han sido genéticamente mejorados o no han tenido mucha inversión) y preservar la diversidad de cultivos.

El análisis de la brecha del rendimiento es un concepto cada vez más popular. Es un poderoso método para revelar y comprender las oportunidades biofísicas para satisfacer el aumento previsto de la demanda de productos agrícolas hasta 2050, y para apoyar la toma de decisiones en la investigación, las políticas, el desarrollo y la inversión que son necesarias.

El aumento previsto del 60–70% en la demanda de la producción agrícola en 2050, según la FAO, es muy grande, pero no sin precedentes. Entre 1960 y 2010, la población mundial aumentó de 3.000 a 7.000 millones, mientras que al mismo tiempo la producción agrícola *per capita* subió, con solo el 10% más de tierras agrícolas para su producción. Este aumento de la producción fue posible gracias a la liberación de nuevos cultivares con mucha mayor proporción de rendimiento en relación con la biomasa total (mayor índice de cosecha), un aumento de los inputs externos de agua, nutrientes y productos fitosanitarios, y la masiva expansión del área de producción de cultivos de regadío.

Aumentar la producción de alimentos, sin la expansión de la superficie agrícola, implica que hay que aumentar la producción en las tierras agrícolas existentes. Las mejores zonas para mejorar el rendimiento de los cultivos pueden estar en áreas de bajos rendimientos, donde estos están actualmente por debajo de la media. Para cerrar la brecha de rendimiento global se deben abordar nuevamente los desafíos entrelazados de la producción y el medio ambiente. Los enfoques convencionales de la agricultura intensiva, especialmente el uso incontrolado del riego y los fertilizantes, han sido causas importantes de degradación ambiental. Cerrar las brechas de rendimiento sin degradación ambiental requerirá nuevos enfoques, incluida la reforma de la agricultura convencional y la adopción del conocimiento de los sistemas orgánicos y la agricultura de precisión. Además, cerrar las brechas de rendimiento requiere superar desafíos económicos y sociales, entre ellos mejorar la distribución de inputs agrícolas y variedades de semillas y la mejora de la infraestructura del mercado.

Análisis recientes han encontrado grandes variaciones en el rendimiento de los cultivos en todo el mundo, incluso entre regiones con condiciones de crecimiento similares, lo que sugiere la existencia de brechas de rendimiento determinado y el rendimiento potencial del cultivo en el mismo lugar, dadas las prácticas y tecnologías agrícolas actuales. Gran parte de la agricultura mundial experimenta brechas de rendimiento, donde la productividad puede verse limitada por el manejo. Hay importantes oportunidades significativas para aumentar los rendimientos en muchas partes de África, América Latina y Europa del este, donde las limitaciones de nutrientes y agua parecen ser más grandes. Una mayor amplitud de las variedades de cultivos existentes, con un manejo mejorado, debería poder cerrar muchas brechas de rendimiento; mientras que las mejoras continuas en la genética de los cultivos probablemente aumenten los rendimientos potenciales en el futuro.

El potencial de rendimiento supone un crecimiento sin restricciones de los cultivos y un manejo perfecto que evita las limitaciones de las deficiencias de nutrientes y el estrés hídrico, y las reducciones de malas hierbas, plagas y enfermedades. Por lo tanto, el potencial de rendimiento es específico para cada ubicación y depende de la radiación solar, la temperatura y el suministro de agua durante la temporada de crecimiento del cultivo, y puede calcularse tanto para la lluvia (potencial de rendimiento limitado en agua) como para las condiciones de riego.

La brecha de rendimiento puede ser una herramienta valiosa para evaluar la capacidad del sistema de producción agrícola para lograr la seguridad alimentaria. Esta herramienta se puede emplear de diversas formas. Una de ellas es llevar a cabo un análisis exhaustivo de la brecha de rendimiento de los principales cultivos del mundo, utilizando el rendimiento potencial, que representa el rendimiento alcanzable con la variedad mejor adaptada, con el mejor manejo y la ausencia de estrés biótico y abiótico; mientras que el rendimiento agrícola es el rendimiento registrado en el campo, zona, región, o a nivel nacional, y fácilmente disponible por análisis estadísticos. Asimismo, se ha utilizado un enfoque estadístico para derivar el rendimiento alcanzable a partir de los datos observados, asumiendo que los rendimientos más altos observados, a lo largo de un historial de rendimiento, serían un sustituto adecuado de los valores de rendimiento alcanzables. Este enfoque permite el uso de datos fácilmente disponibles de diferentes fuentes de información para evaluar las tendencias de rendimiento.

Un análisis ha proporcionado una evaluación de los cultivos en todo el mundo, concluyendo que las brechas de rendimiento son una visión compleja del entorno de producción (sistemas de riego *versus* sistemas de secano), el clima, la inversión en programas de mejoramiento del cultivo y el acceso a información para el manejo de este. Sin embargo, para otros cultivos críticos para la seguridad alimentaria mundial, el progreso no es tan evidente, posiblemente debido a la pequeña cantidad de tierra dedicada a ellos o a la falta de inversión en mejoramiento genético y mejores prácticas culturales. Por ejemplo, las leguminosas de grano son ricas en proteínas y una valiosa fuente de alimento para la dieta humana, pero la obtención de datos sobre el rendimiento potencial y agrícola es difícil debido a la pequeña superficie de cultivo; sin embargo, se han logrado algunos avances en la mejora del rendimiento de judía (*Phaseolus vulgaris* L.), guisante (*Pisum sativum* L.), y garbanzo

(*Cicer arietinum* L.). Estas especies a menudo se cultivan en áreas con limitaciones de agua y nutrientes y con estrés biótico, que conducen a brechas de rendimiento superiores al 100%.

Lo alentador de esta evaluación es que el rendimiento potencial está aumentando en varios cultivos, incluida la remolacha azucarera (*Beta vulgaris* L., 2,0%), canola (*Brassica napus* L., 1,4%), maíz (*Zea mays* L.,1,1%), girasol (*Helianthus annuus* L., 1,0%), arroz (*Oryza sativa* L.,0,8%), patata (*Solanum tuberosum* L., 0,8%); cebada (*Hordeum vulgare* L., 0,7%); soja (*Glycine max* L.,0,7%); y trigo (*Triticum* spp. L., 0,6%). Estos resultados demuestran que se están logrando avances en el rendimiento potencial de una serie de cultivos críticos para la seguridad alimentaria.

La producción también se verá afectada por los efectos indirectos de otros sistemas biológicos, incluidas las malas hierbas, las plagas y las enfermedades. La alteración climática también afectará a estos sistemas, generando nuevas amenazas a la seguridad alimentaria, tanto en cantidad como en calidad. Este es un tema complejo que se vincula estrechamente con las prácticas agronómicas, y los esfuerzos futuros para evaluar los sistemas de producción. Para aumentar la productividad, deben integrarse a fitopatólogos, entomólogos y científicos de malas hierbas en un enfoque más holístico para disminuir la brecha de rendimiento junto con el aumento del rendimiento potencial de los cultivos (Fig. 2.4). Los impactos indirectos debidos al clima han demostrado que se puede esperar que estas presiones aumenten en el futuro, lo que podría conducir a mayores reducciones en la productividad que las observadas actualmente. Sin embargo, la falta de información cuantitativa detallada que proporcione una evaluación de las interacciones entre las prácticas de manejo de cultivos, la alteración del clima y la dinámica de las plagas limita nuestra capacidad para desarrollar modelos cuantitativos de estas interacciones.

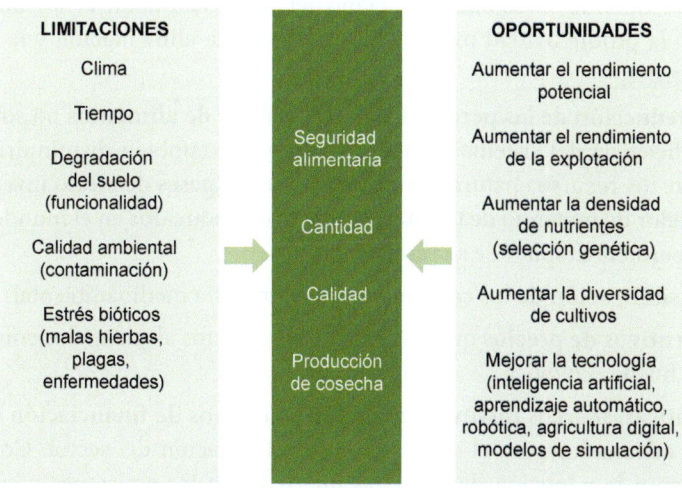

Figura 2.4 Estrategias de investigación y gestión para incrementar la seguridad alimentaria en sistemas agrícolas (adaptado de O`Brien, *et al.*, 2021)

2.4. EL FUTURO DE LA PRODUCCIÓN DE ALIMENTOS

El desafío principal de la agricultura del siglo XXI será alcanzar un incremento significativo de la productividad agrícola en la tierra disponible actual, con el objetivo de producir alimentos para una población en continuo aumento y a la misma vez conservar los recursos naturales. Obligados por esta necesidad, los agrónomos continuarán dirigiendo sus investigaciones a incrementar la productividad y eficiencia de los sistemas alimenticios y agrícolas y desarrollar agroecosistemas sostenibles. El sector de la alimentación de la agricultura a escala mundial tendrá que llegar a ser mucho más productivo para enfrentarse a las necesidades de alimentos en el futuro. Los temas de calidad y seguridad alimentaria, productividad y eficiencia son y serán los más importantes en el futuro. Producir suficientes alimentos para la población mundial en 2050 será fácil. Pero hacerlo a un coste aceptable para el planeta dependerá de la investigación global.

La FAO ha realizado varias propuestas para poder afrontar este futuro incierto:

- **Diversificación de actividad y cultivos** (Una forma de la diversificación consiste en integrar la producción de los cultivos, el ganado y los árboles).

- Adopción de prácticas como el **empleo de variedades de cultivos eficientes** en nitrógeno y tolerantes a las altas temperaturas, el laboreo cero y la gestión integrada de la fertilidad del suelo.

- **Apoyo a los pequeños agricultores** para fortalecer su capacidad para gestionar los riesgos y adoptar estrategias eficaces de adaptación al cambio climático.

- La adopción generalizada de **prácticas sostenibles en el sector ganadero**, podría reducir las emisiones de metano del ganado hasta un 41 % y aumentar también la productividad mediante la mejora de la alimentación y la salud de los animales.

- La **reducción de las pérdidas y el desperdicio de alimentos** no solo mejoraría la eficiencia del sistema alimentario, sino que también disminuiría la presión sobre los recursos naturales y las emisiones de gases de efecto invernadero. Alrededor de un tercio de todos los alimentos producidos en el mundo se pierde o desperdicia después de su recolección.

- **Sensibilización de los consumidores** en materia medioambiental.

- **Incentivos de precios** que favorezcan a productos alimenticios con mucha menor huella ecológica.

- **Políticas, marcos institucionales y mecanismos de financiación de inversiones adecuados** para el apoyo en la transformación del sector. Condicionar el apoyo a la adopción de prácticas que reducen las emisiones y conservan los recursos naturales es una manera de armonizar el desarrollo agrícola y los objetivos relacionados con el clima.

- Reforzar la cooperación regional e internacional para **facilitar el intercambio de información y conocimientos**, gestionar los recursos comunes y conservar y utilizar la biodiversidad agrícola. La alteración del clima dará lugar a nuevas plagas y enfermedades y aumentará los riesgos de que estas se desplacen más allá de las fronteras.

- Un **mayor flujo de financiación para la agricultura** con el fin de sufragar el coste de inversión relacionado con su necesaria transformación.

Lo que se necesita es una segunda Revolución Verde, un enfoque que la Royal Society de Gran Bretaña describe acertadamente como la "intensificación sostenible de la agricultura global". Tal revolución requerirá una realineación total de prioridades en la investigación agrícola. Existe una necesidad urgente de nuevas variedades de cultivos que ofrezcan mayores rendimientos, pero que usen menos agua, fertilizantes u otros inputs creados, por ejemplo, a través de una investigación, largamente descuidada, sobre la modificación de las raíces, y para cultivos que son más resistentes a la sequía, el calor y las plagas. Igualmente crucial es la investigación de baja tecnología en conceptos básicos como la rotación de cultivos, la agricultura mixta de animales y plantas en explotaciones de pequeños propietarios, el manejo del suelo y la contención de los desechos.

Las naciones en desarrollo podrían obtener ganancias sustanciales en productividad al hacer un mejor uso de las tecnologías y prácticas modernas. Pero eso requiere dinero: la FAO estima que para enfrentar el desafío de 2050, la inversión en toda la cadena agrícola en el mundo en desarrollo debe duplicarse a 83.000 millones de dólares al año. La mayor parte de ese dinero debe destinarse a mejorar la infraestructura agrícola, desde la producción hasta el almacenamiento y el procesamiento. En África, la falta de carreteras también obstaculiza la productividad agrícola, lo que hace que sea costoso y difícil para los agricultores obtener fertilizantes sintéticos. Las agendas de investigación deben centrarse en las necesidades de los países más pobres y con recursos limitados, donde vive la mayoría de la población mundial y donde el crecimiento de la población en las próximas décadas será mayor.

¿Cómo puede el mundo alimentar a más de 9.000 millones de personas para el año 2050 de forma que ofrezca oportunidades económicas para aliviar la pobreza y reducir la presión sobre el medio ambiente? Pregunta clave que enfrenta al mundo en las próximas cuatro décadas. Globalmente, se necesita cerrar la brecha entre los alimentos disponibles en la actualidad y los necesarios para el año 2050. Para aumentar de forma sostenible el suministro de alimentos, se requiere, entre otros factores: (1) incrementar los rendimientos de las tierras agrícolas actuales mediante la selección anual y adopción de semillas de alto rendimiento, acelerada por la ayuda de marcadores y la asistencia de la genómica a la mejora convencional; (2) incrementar los rendimientos de los cultivos mediante la implementación de mejores prácticas de manejo del suelo y el agua.

Entre las nuevas estrategias para incrementar la productividad y competitividad de la agricultura, cabe destacar:

- Utilización de tecnologías que propicien la reducción de inputs.

- Mejora de los estándares de calidad.

- Concentración y tipificación de la oferta.

- Fomentar la creación de empresas de servicios que mejoren las economías de escala, la rentabilidad del sector y la profesionalización del agricultor.

- Desarrollar nuevos cultivos y aprovechamientos destinados a ocupar las tierras de los secanos más marginales (en peligro de ser abandonadas) para producir biomasa (biocombustible).

- Valorizar el papel de las tierras de secano y marginales como sumideros de dióxido de carbono (CO_2) como nuevo ingreso de la explotación del futuro (agricultura de carbono).

Norman Borlaug ya afirmó que el mundo posee la tecnología, bien disponible en este momento o bien muy avanzada en términos de investigación, para alimentar a una población de 10.000 millones de personas en un contexto de medio ambiente sostenible. Estos incrementos en productividad pueden conseguirse en todos los aspectos del cultivo, es decir, mejorando la preparación de la tierra, el riego, la fertilización, y el control de malas hierbas e insectos, y las técnicas de recolección. Para ello, se requerirá una adecuada investigación tanto en la mejora genética convencional como en la biotecnología, para asegurar que la producción de los cultivos alimentarios continúe al ritmo necesario para adecuarse al crecimiento de la población mundial.

La cuestión más pertinente, hoy en día, es si se permitirá a los agricultores el uso de esta nueva tecnología. Los extremistas del movimiento medioambiental en las naciones ricas, parecen hacer todo lo que pueden para detener el progreso científico. Algunos grupos anticientíficos y antitecnológicos, pequeños y vociferantes, aunque bien financiados, están ralentizando la aplicación de las nuevas tecnologías, tanto derivadas de la biotecnología como incluso de los métodos convencionales de la ciencia agrícola.

Un pasado informe de la Comisión Europea, titulado «Plantas para el futuro: una visión de la biotecnología vegetal para 2005», afirmó cómo los avances en genómica y biotecnología vegetal pueden ayudar a Europa a afrontar los retos del futuro en cuanto a agricultura y a la fabricación de biocombustibles y biomateriales para la industria. El documento identifica tres prioridades: producir alimentos asequibles y seguros, promover la sustentabilidad y compatibilidad medioambiental de la agricultura y mejorar la competitividad de la agricultura, silvicultura e industria de la Unión Europea.

La producción mundial de alimentos sostenibles requiere que las personas cambien de una dieta basada en el ganado a una dieta basada en plantas. Este cambio requerirá una mayor producción de cultivos ricos en proteínas para el consumo humano directo y, por lo tanto, puede requerir un cambio de productos básicos de alto contenido calórico, como algunos cereales, a productos ricos en proteínas como las leguminosas. La rápida expansión del cultivo de la soja y su alta productividad sirven como guía para lograr estos objetivos con otras leguminosas. Muchas legumbres "huérfanas" con alto contenido proteico como, lentejas, altramuces y guisantes, etc., podrían aportar beneficios inmediatos. Un atractivo entre estas es el garbanzo resistente a la sequía, que puede crecer en el Medio Oriente seco o en los estados del norte de la India. Los científicos (agrónomos, ecólogos, nutricionistas, climatólogos, economistas y otros especialistas), deben acordar un enfoque general para describir los desafíos de integrar el uso de la tierra y los sistemas alimentarios, y para desarrollar soluciones. El Consorcio FABLE (Food, Agriculture, Biodiversity, Land and Energy) propone equilibrar tres pilares en la gestión de la tierra: agricultura eficiente y resiliente; conservación y restauración de la biodiversidad y dietas saludables (Fig. 2.5). Todos son igualmente importantes e interdependientes.

Figura 2.5 Tres prioridades para la tierra y los alimentos (adaptado de Schmidt–Traub, *et al.*, 2019)

Por ejemplo, los agrónomos deberían considerar los requisitos dietéticos y la biodiversidad al diseñar estrategias para proporcionar alimentos nutritivos para todos. En muchos países, esto significará cultivar más frutas, hortalizas y legumbres. Las prácticas agrícolas deben minimizar el daño al medio ambiente. Y se deben considerar las compensaciones entre conservar la biodiversidad y producir alimentos de manera intensiva.

Los investigadores tendrán que descubrir cómo producir más alimentos en tierras limitadas. Las mejoras en la genética vegetal y animal aumentarían los rendimientos. Deben ampliarse nuevas prácticas agrícolas que minimicen el daño ambiental y utilicen los recursos de manera eficiente. Estos incluyen la agricultura de precisión (que utiliza GPS y otras tecnologías para medir y responder a la variabilidad dentro y entre los sistemas de producción agrícola), el riego por goteo y el manejo integrado de plagas. La robótica, las redes de sensores y la inteligencia artificial podrían ayudar a aumentar los ingresos de los agricultores, al vincular los mercados, optimizar los inputs y reducir la pérdida y el desperdicio de alimentos.

Los gobiernos deben conservar los bosques, las turberas, los humedales, las sabanas y las áreas costeras y marinas para brindar servicios ecosistémicos cruciales y almacenar carbono. De manera similar, es necesario cambiar los patrones de consumo de alimentos; en la mayoría de los países, estos son insalubres, derrochadores y perjudiciales para el medio ambiente. Se necesitarán cambios sin precedentes en el comportamiento, los métodos de producción de alimentos y las cadenas de suministro para reducir el desperdicio de alimentos en la escala necesaria para cumplir con los Objetivos de Desarrollo Sostenible y para modificar las dietas de las personas para que contengan menos alimentos procesados y carnes, y más frutas, hortalizas y cereales integrales. Aunque ha habido éxitos aislados, como la prohibición de los ácidos grasos transinsaturados en algunos países, incluidos Dinamarca y los Estados Unidos, la mayoría de las intervenciones hasta ahora han sido insuficientes.

Los países deben tener en cuenta las demandas competitivas de suelo, incluida la expansión urbana, la industria y el desarrollo de infraestructuras. Y deberían examinar los impactos del comercio internacional y las cadenas de suministro globales sobre sus propios recursos. El objetivo es encontrar estrategias integradas que estén equilibradas entre los tres pilares señalados en la Figura 2.5.

Los países necesitan datos y herramientas para desarrollar políticas nacionales coherentes que abarquen todos los usos de la tierra. En primer lugar, los gobiernos deben recopilar datos sobre los tres pilares, incluidos el uso de la tierra, los recursos del suelo y el agua, la biodiversidad, las reservas de carbono, la infraestructura de transporte, los impactos climáticos, los patrones de consumo y el desperdicio de alimentos. También debería incluirse el comercio internacional de productos agrícolas, para identificar desequilibrios.

¿Cómo se pueden producir más alimentos de manera sostenible? En el pasado, la solución principal a la escasez de alimentos ha sido dedicar más tierras a la agricultura, como ya se ha mencionado. Sin embargo, en las últimas 5 décadas, aunque la producción de cereales y otros granos se ha más que duplicado, la cantidad de tierra dedicada a la agricultura a nivel mundial ha aumentado solo alrededor de un 9%. Se podrían cultivar algunas tierras nuevas, pero la competencia por la tierra de otras actividades humanas hace que esta sea una solución cada vez más improbable y costosa, especialmente si se protege la biodiversidad y los bienes públicos proporcionados por los ecosistemas naturales (p. ej., el almacenamiento de carbono en los bosques). En las últimas décadas, las tierras agrícolas que antes eran productivas se han perdido debido a la urbanización y otros usos humanos, así como a la desertificación, la salinización, la erosión del suelo y otras consecuencias del manejo insostenible de la tierra. Es probable que haya más pérdidas, que pueden verse exacerbadas por la alteración del clima. Las recientes decisiones políticas para producir biocombustibles de primera generación en tierras agrícolas de buena calidad se han sumado a las presiones competitivas. Por lo tanto, el escenario más probable es que será necesario producir más alimentos en la misma cantidad de tierra (o incluso menos).

No existe una solución simple para alimentar de manera sostenible a 9.000 millones de personas, especialmente porque muchas de ellas están cada vez mejor y convergen en patrones de consumo de países ricos. Es necesario buscar simultáneamente una amplia gama de opciones. Existe la esperanza de la innovación científica y tecnológica en el sistema alimentario, pero no como una excusa para retrasar las decisiones difíciles de hoy. Cualquier optimismo debe ser atenuado por los enormes desafíos de hacer que la producción de alimentos sea sostenible mientras se controlan las emisiones de gases de efecto invernadero y se conservan los suministros de agua en disminución, así como también se cumple el Objetivo de Desarrollo del Milenio (ODM) de acabar con el hambre.

La Revolución Verde logró, mediante el uso de la genética convencional, desarrollar variedades híbridas de maíz semi–enano, resistentes a enfermedades y también de trigo y arroz. Estas variedades podrían recibir más riego y fertilizantes sin el riesgo de grandes pérdidas del cultivo debido al encamado o graves epidemias de enfermedades. El aumento del rendimiento sigue siendo un objetivo importante, pero también es probable que aumente la importancia de una mayor eficiencia en el uso de agua y nutrientes, así como la tolerancia al estrés abiótico. Las técnicas genéticas modernas y una mejor comprensión de la fisiología del cultivo permiten un enfoque más dirigido a la selección de múltiples rasgos. La velocidad y los costes a los que los genomas de hoy se pueden secuenciar, ahora significa que estas técnicas se pueden aplicar más fácilmente para desarrollar variedades de especies de cultivos que rindan bien en entornos desafiantes. Estos incluyen cultivos como el sorgo, el mijo, la yuca y el plátano, especies que son alimentos básicos para muchas de las comunidades más pobres del mundo.

Actualmente, los principales cultivos genéticamente modificados (GM) comercializados implican manipulaciones relativamente simples, como la inserción de un gen para la resistencia a los herbicidas u otro para una toxina de plaga de insectos. La próxima década verá el desarrollo de combinaciones de rasgos deseables y la introducción de nuevos rasgos como la tolerancia a la sequía. A mediados de siglo, las opciones mucho más radicales que involucran rasgos altamente poligénicos pueden ser factibles. La biotecnología también podría producir plantas para alimentación animal con composición modificada que aumente la eficiencia de la producción de carne y reduzca las emisiones de metano.

Se proyecta que la demanda de alimentos, basada en el sistema alimentario actual, requerirá, entre otros, duplicar la producción de cereales para 2050. Este aumento en la producción podría poner en peligro otros objetivos importantes, como la conservación y el mantenimiento de un medio ambiente saludable. En este sentido es necesario el debate sobre la seguridad alimentaria para centrarse en toda la conexión agua, energía, tierra y alimentos para satisfacer la mayor demanda de manera sostenible.

Las compensaciones entre el aumento de la producción de alimentos y los objetivos ambientales como la conservación de la biodiversidad y la mitigación de la alteración del clima, son de gran alcance, aunque también existe el potencial de sinergias. Por ejemplo, aumentar la producción de alimentos probablemente implique aumentar las tierras de cultivo en un 10–25% para 2050, dependiendo de los niveles de rendimiento alcanzados. La agricultura puede contribuir a la mitigación de la emergencia climática secuestrando carbono en los suelos, pero los impactos en la seguridad alimentaria pueden ser muy diversos dependiendo de las futuras políticas de mitigación. Por ejemplo, las políticas que promueven la producción de cultivos energéticos para biocombustibles pueden generar competencia con los cultivos alimentarios; y la aplicación reducida de fertilizantes, destinada a reducir los aportes de energía en la agricultura, también podría reducir la producción de alimentos. Por otro lado, una aplicación de fertilizantes más oportuna y precisa podría aumentar simultáneamente la producción y reducir las emisiones de gases de efecto invernadero.

Un concepto que en estos últimos años ha tenido mucho eco es el de la "intensificación sostenible" de la agricultura (*sustainable intensification*). En la era de la abundancia, la palabra "intensificación" ha sido sinónimo de excelentes rendimientos y devastadores daños medioambientales. Pero este aparente oxímoron no es más que un concepto más amplio de eficiencia (producir con el mínimo empleo de recursos), con la ventaja de que puede adaptarse a distintos macro contextos y a objetivos de políticas diferentes. Si en algunas zonas del mundo es posible y deseable aumentar la producción para dar de comer a la población, en otras se han alcanzado niveles difícilmente mejorables; el principio de eficiencia e "intensificación" se sustenta necesariamente en la mejora de los ecosistemas. Tanto en el primer caso como en el segundo, para lograr el equilibrio adecuado entre las necesidades de la producción y las de los ecosistemas, es necesario aumentar los niveles de conocimiento de la gestión eficiente de los recursos. La "intensificación sostenible" no es emplear más fertilizantes o más maquinaria, sino que se mide en "conocimiento por ha". Solo aumentando el nivel de conocimientos aplicados a los agroecosistemas es posible una utilización más racional de los nutrientes, del agua y de la energía, una gestión del suelo que luche contra la erosión, un empleo consciente y extendido de los recursos biológicos para eliminar parásitos y fitopatías (la llamada "lucha integrada"). Desde este punto de vista, el sector agrícola puede ser candidato al papel de productor de datos y conocimiento, así como de laboratorio de innovación permanente para mejorar la relación entre el hombre y el medio ambiente.

La población mundial y los ingresos *per capita*, y por lo tanto la demanda de alimentos, seguirán aumentando, aunque a un ritmo más lento, hasta 2050 y más allá. La ciencia agrícola sigue siendo central para el suministro de alimentos en el futuro y para el desarrollo económico en las naciones más pobres, aunque por sí sola es obviamente insuficiente para la enorme tarea que se avecina.

Al mismo tiempo, existe un serio desafío emergente para la ciencia agrícola en los países desarrollados, donde las ganancias de rendimiento sustanciales anteriores se están desacelerando, mientras que se necesita un mayor aumento del rendimiento para alimentar a las grandes poblaciones nacionales y/o proporcionar las exportaciones de granos básicos que respaldan el déficit de alimentos de muchas regiones del mundo.

De cara al 2050, algunos científicos han llegado a la conclusión de que es necesario un aumento de rendimiento lineal objetivo mínimo de 1,1% anual para los cultivos básicos (en relación con los rendimientos de 2010). Desde entonces, las proyecciones de la población mundial han aumentado ligeramente hasta una media prevista de 9.800 millones para 2050 (un 31% por encima de los 7.500 millones de 2017 y una tasa actual de aumento del 1,09% anual). Por lo tanto, la conclusión anterior del 1,1% anual sigue siendo razonablemente válida, al igual que la conveniencia de elevar esa tasa al 1,2% o incluso al 1,3% anual para mayor seguridad. Otras estimaciones tienden a optar por tasas de crecimiento del rendimiento aún más altas si los precios deben mantenerse bajos; aunque los modelos de equilibrio económico recientes arrojan tal diversidad de precios reales proyectados para 2050 que revelan la gran incertidumbre de tales previsiones. Debido a que las tasas de crecimiento de la población están disminuyendo constantemente, la necesidad de tasas de crecimiento de mayor rendimiento será claramente mayor en las próximas dos décadas, momento en el cual se prevé que el crecimiento de la población mundial caerá al 0,74% anual.

De hecho, si no se logra un progreso acelerado en la seguridad alimentaria mucho antes de 2035, las consecuencias ya serán alarmantes. Muchos científicos concluyen que la forma preferida de satisfacer la creciente demanda mundial de alimentos es aumentar el rendimiento de los cultivos a través de la "intensificación sostenible". El aumento de la superficie de cultivo debido a la intensificación de los cultivos en las tierras cultivables existentes también es adecuado, pero su alcance ahora, como ya se ha dicho, es limitado y dependerá, en gran medida, del aumento de los cultivos dobles en latitudes más bajas a través de la expansión neta en las zonas de regadío, algo que se ha desacelerado notablemente. La tierra cultivable dedicada para el cultivo anual se sitúa actualmente en alrededor de 1.400 millones de ha.

La producción de alimentos adecuados para satisfacer la demanda mundial para 2050 es ampliamente reconocida como un gran desafío. El aumento de la volatilidad de los precios de los principales cultivos alimentarios y un aumento brusco de la superficie dedicada a la producción de cultivos, desde aproximadamente el año 2002, reflejan las poderosas fuerzas que sustentan este desafío. Varios estudios sostienen que es posible satisfacer la demanda mundial de alimentos proyectada en las tierras agrícolas existentes, si se reducen las brechas entre los rendimientos agrícolas reales y el potencial de rendimiento.

A menudo, el plazo de 2050 se ha utilizado para expresar las implicaciones a largo plazo de lo que debe ocurrir. Sin embargo, hay problemas emergentes que deben abordarse ahora, o en el futuro cercano, para mantener los agroecosistemas y suministros alimentarios saludables.

Los agricultores necesitarán producir, como se ha dicho, más del doble de alimentos que ahora para satisfacer la demanda de la población. Hoy en día utilizamos más de un tercio de la superficie del planeta para cultivar alimentos. Cuando se restan los desiertos, las montañas, los ríos, las ciudades y las carreteras, la producción de alimentos se distribuye en el 58% de la tierra. Si se prescinde de los parques nacionales y otras áreas protegidas, esta cifra se eleva al 70% de la superficie disponible del planeta.

En el Fondo Mundial para la Naturaleza (WWF), se han identificado siete pasos, que en su conjunto podrían producir suficientes alimentos para todos y aun así mantener un planeta vivo. Estos son:

1. *Eliminar el desperdicio en la cadena alimentaria*: hoy en día, se pierden una de cada tres calorías producidas. En los países en desarrollo, el desperdicio es el resultado de pérdidas poscosecha, la falta de infraestructuras y la falta de almacenamiento. En países como Estados Unidos y la Unión Europea, los residuos suelen producirse en los hogares o en los restaurantes, ya que se tiran los alimentos no utilizados. Si se eliminan actualmente los desperdicios en la cadena alimentaria (reciclando las pérdidas poscosecha, mejorando la infraestructura y la eliminación de los desperdicios posconsumo) podrían reducir a la mitad la cantidad de nuevos alimentos necesarios para 2050.

2. *Aprovechar la tecnología para avanzar en la mejora genética*: combinada con la tecnología del siglo XXI, puede ayudar a aumentar la cantidad de nutrientes en diferentes alimentos. Al mismo tiempo, se mejorará la productividad, la tolerancia a la sequía y la resistencia a las enfermedades en una era de alteración del clima.

3. *Compartir mejores prácticas más rápidamente*: hay que dirigirse a los productores de peor desempeño para mejorar la producción de alimentos, aumentar los ingresos y reducir los impactos ambientales. Hoy en día se necesitan unos diez años para difundir e implementar mejores prácticas en todo el mundo. Se puede hacerlo mejor en nuestra era digital y difundir esta información de manera más rápida y eficiente. También se necesitan a los gobiernos para hacer frente al sector inferior del 25% de los productores que son responsables de la mayoría de los impactos ambientales en los hábitats y las especies. Los gobiernos del mundo deben adoptar políticas que ayuden a cambiar toda la curva de rendimiento.

4. *Usar menos para producir más, eficiencia a través de la tecnología*: hay que duplicar la eficiencia de todos los inputs agrícolas, incluidos el agua, los fertilizantes, los pesticidas, la energía y la infraestructura. La agricultura representa el 70% del

uso mundial del agua, como se ha dicho. Ahora mismo, como promedio a nivel mundial, se necesita un litro de agua para producir una caloría de alimento. Hay que hacerlo mejor si se reduce a la mitad la cantidad de agua utilizada y se duplica la producción, cuadriplicaríamos la eficiencia. Existe la tecnología para hacer esto y los mejores productores ya pueden lograr estos resultados.

5. *Rehabilitar tierras degradadas*: en lugar de cultivar nuevas tierras, hay que rehabilitar tierras degradadas, abandonadas o de bajo rendimiento. Restaurar y cultivar estas tierras reduciría significativamente la presión sobre ecosistemas críticos como las selvas tropicales, las turberas y las sabanas de alta biodiversidad. Los estudios muestran que rehabilitar tierras degradadas para la agricultura puede en realidad ser más rentable que la conversión de tierras forestales.

6. *Establecer mayores derechos de propiedad*: la falta de derechos de propiedad claros es una barrera importante para la seguridad alimentaria en muchos lugares del mundo. Por ejemplo, en África, las mujeres constituyen la mayor parte de los pequeños agricultores, pero rara vez tienen derechos de propiedad sobre la tierra a su nombre. La asistencia extranjera para el desarrollo económico podría vincularse al establecimiento de los derechos de propiedad de los particulares. La Unión Africana, la Nueva Alianza para el Desarrollo de África (NEPAD) o el Banco Mundial podrían tomar la iniciativa para alentar a las naciones a garantizar los derechos de propiedad.

7. *Equilibrar la disparidad entre el consumo insuficiente y excesivo*: mil millones de personas en el mundo no tienen suficiente comida, mientras que mil millones comen demasiado. Aproximadamente la mitad de las personas que no tienen suficiente para comer no poseen tierras para producir sus propios alimentos. Hoy en día están divididos entre zonas rurales y urbanas, pero en 2050 la mayoría vivirá en ciudades.

BIBLIOGRAFÍA

ADAM, D. 2022. World population hits eight billion – here's how researchers predict it will grow. Nature, 616 (7936). 7 pp.

ANTONELLI, A. 2023. Indigenous knowledge is key to sustainable food systems. Nature, 613(7943):239–242.

BAGNALL, D.K., SHANAHAN, J.F., FLANDERS, A. *et al.*, 2021. Soil health considerations for global food security. Agronomy Journal, 113: 4581–4589.

BAYER, A.D., LAUTENBACH, S., ARNETH, A. 2023. Benefits and trade–offs of optimizing global land use for food, water, and carbon. Proceedings of the National Academy of Sciences, 120 (42): 1–8.

CALABI–FLOODY, M., MEDINA, J., RUMPEL, C. 2018. Smart fertilizers as a strategy for sustainable agriculture. In Advances in Agronomy (D. L. Sparks Editor). Academic Press, 147: 119–157.

CAMACHO FERRE, F. 2019. Producción sostenible de alimentos. Actitudes éticas. Distribución y consumo, 158: 26–30.

CARRILLO, L. 2020. La comida del futuro. Fundación Innovación Bankinter y Future Trends Forum. 43 pp.

COURLEUX, F., GAUDOIN, C. 2020. Changement climatique: McKinsey plaide pour un pilotage intergouvernemental des stocks. Agriculture Stratégies, 6 février 2020.

DANGLES, O., STRUELENS, Q. 2023. Is food system research guided by the 2030 Agenda for Sustainable Development? Current Opinion in Environmental Sustainability, 6: 101331.

DE CASTRO, P. 2015. Comida: el desafío global. Eumedia. 197 pp.

DE CASTRO, P. 2012. Hambre de tierras. Alimentos y agricultura en la era de la nueva escasez. Eumedia. 191 pp.

DECLERCK, F.A.J., KOZIELL, I., BENTON, T., et al., 2023. A whole earth approach to nature–positive food: biodiversity and agriculture. In Science and Innovations for Food Systems Transformation (J. von Braun, K. Afsana, L.O. Fresco, M.H.A. Hassan, Eds.). Springer: 469–496

EHRLICH, P.R., HARTE, J. 2015. Opinion: To feed the world in 2050 will require a global revolution. Proceedings of the National Academy of Sciences, 112(48):14743–14744.

ERICKSON, B., & FAUSTI, S.W. 2021. The role of precision agriculture in food security. Agronomy Journal. 113: 4455–4462.

FAO. 2017. The future of food and agriculture: Trends and challenges. Organización de las Naciones Unidas para la Alimentación y la Agricultura. 180 pp.

FAO. 2018. El estado del Planeta. Hambre cero: ¿Lograremos finalmente erradicar el hambre? Organización de las Naciones Unidas para la Alimentación y la Agricultura. 117 pp.

FAO. 2018. El estado del Planeta. La nueva revolución agrícola: ¿Cómo vamos a alimentar a 10.000 millones de personas? Organización de las Naciones Unidas para la Alimentación y la Agricultura. 117 pp.

FAO. 2018. El estado del Planeta. Los grandes desafíos: ¿Estamos a tiempo de salvar nuestro planeta? Organización de las Naciones Unidas para la Alimentación y la Agricultura. 117 pp.

FAO. 2019. El estado de la seguridad alimentaria y la nutrición en el mundo 2019. Organización de las Naciones Unidas para la Alimentación y la Agricultura. 129 pp.

FAO. 2022. El estado de la seguridad alimentaria y la nutrición en el mundo 2022. Adaptación de las políticas alimentarias y agrícolas para hacer las dietas saludables más asequibles. Organización para las Naciones Unidas para la Alimentación y la Agricultura. 291 pp.

FEDOROFF, N.V., BATTISTI, D.S., BEACHY, R.N., et al., 2010. Radically rethinking agriculture for the 21st century. Science, 327(5967):833–834.

FISCHER, R.A., CONNOR, D.J. 2018. Issues for cropping and agricultural science in the next 20 years. Field Crops Research, 222: 121–142.

FOLEY, J.A., RAMANKUTTY, N., BRAUMAN, K.A. 2011. Solutions for a cultivated planet. Nature. 478: 337–342.

FUNDACIÓN INNOVACION BANKINTER. 2020. La comida del futuro. Future Trends Forum, 25 pp.

GAITÁN–CREMASCHI, D., KLERKX, L., DUNCAN, J. 2019. Characterizing diversity of food systems in view of sustainability transitions. A review. Agronomy Sustainable Development, 39 (1): 1–22.

GARVEY, M. 2019. Food pollution: a comprehensive review of chemical and biological sources of food contamination and impact on human health. Nutrire, 44: 1–13.

GASCUEL–ODOUX, C., LESCOURRET, F., DEDIEU, B. *et al.,* 2022. A research agenda for scaling up agroecology in European countries. Agronomy for Sustainable Development. 42(53): 1–18.

GERTEN, D., HECK, V., JÄGERMEYR, J. *et al.,* 2020. Feeding ten billion people is possible within four terrestrial planetary boundaries. Nature Sustainability, 3: 200–208.

GODFRAY, H.C., BEDDINGTON, J.R., CRUTE, I.R., *et al.,* 2010. Food security: the challenge of feeding 9 billion people. Science, 327(5967): 812–818.

GOULD, J. 2017. Nutrition: A world of insecurity. Nature 544, S6–S7.

HANSON, C. 2014. A menu of solution. In "Feeding the World in 2050. CSA News, 59 (11): 14–17.

HATFIELD, J.L. Y WALTHALL, C.L. 2015. Meeting global food needs: realizing the potential via genetics × environment × management interactions. Agronomy Journal, 107: 1215–1226.

HODSON, R. 2017. Food security. Nature 544, S5.

HORTON, P., LONG, S.P., SMITH, P. *et al.,* 2021. Technologies to deliver food and climate security through agriculture. Nature Plants 7: 250–255.

HUBERT, B., ROSEGRANT, M., VAN BOEKEL, M.A.J.S. Y ORTIZ, R. 2010. The future of food: Scenarios for 2050. Crop Science, 50: 33–50.

HURNI, H., GIGER, M., LINIGER, H., *et al.,* 2015. Soils, agriculture and food security: the interplay between ecosystem functioning and human well–being. Current Opinion in Environmental Sustainability, 15: 25–34.

KAHILUOTO, H. 2020. Food systems for resilient futures. Food Security, 12(4):853–857.

KELLY, S. 2022. The quest for more food. Science, 377(6604):370–371.

LAMO DE ESPINOSA, J. 2022. Frenar el hambre es una exigencia inmediata y ética que no puede esperar. Vida rural, 522: 3–4.

LAMO DE ESPINOSA, J., URBANO TERRÓN, P., ASOCIACIÓN ESPAÑA–FAO. 2010. Seguridad alimentaria y medio ambiente. Mundiprensa. 255 pp.

LÓPEZ–BELLIDO, L. 1992. Mediterranean cropping systems. En "Ecosystem of the world: Field ecosystems" (Ed. C. J. Pearson). Elsevier, 311–456.

LÓPEZ–BELLIDO, L. Y LÓPEZ–BELLIDO, R.J. 2008. Sostenibilidad de los sistemas agrícolas Mediterráneos. En "Erosión y degradación del suelo agrícola en España" (Ed. A. Cerdá). Cátedra Divulgación de la Ciencia. Universidad de Valencia. 83–125.

MISSELHORN, A., AGGARWAL, P., ERICKSEN, P., *et al.,* 2012. A vision for attaining food security. Current Opinion in Environmental Sustainability, 4: 7–17.

MOREAU, T., SPEIGHT, D. 2019. Cooking up diverse diets: advancing biodiversity in food and agriculture through collaborations with chefs. Crop Science, 59: 2381–2386.

NELSON, M.E., HAMM, M.W., HU, F.B., *et al.,* 2016. Alignment of healthy dietary patterns and environmental sustainability: a systematic review. Advances Nutrition, 7(6): 1005–1025.

NICHOLSON, C.F., STEPHENS, E.C., KOPAINSKY, B., *et al.,* 2021. Food security outcomes in agricultural systems models: Current status and recommended improvements. Agricultural Systems, 188: 1–10.

NLEYA, T., CLAY, S.A. 2021. Near-term problems in meeting world food demands at regional levels: a special issue overview. Agronomy Journal, 113: 4437–4443.

O'BRIEN, P., KRAL–O'BRIEN, K., HATFIELD, J.L. 2021. Agronomic approach to understanding climate change and food security. Agronomy Journal, 113: 4616–4626.

OTEROS-ROZAS, E., RUIZ–ALMEIDA, A., AGUADO, M., RIVERA–FERRE, M.G. 2019. A social–ecological analysis of the global agrifood system. Proceedings of the National Academy of Sciences, 116 (52) 26465–26473.

HLPE (PANEL DE EXPERTOS DE ALTO NIVEL EN SEGURIDAD ALIMENTARIA Y NUTRICIÓN). 2020. Seguridad alimentaria y nutrición: elaborar una descripción global de cara a 2030. FAO, Roma. 91 pp.

PERRIN, A., YANNOU-LE BRIS, G., ANGEVIN, F. PÉNICAUD, C. 2023. Sustainability assessment in innovation design processes: place, role, and conditions of use in agrifood systems. A review. Agronomy for Sustainable Development, 43 (10): 1–15.

PINGALI, P.L. 2012. Green revolution: impacts, limits, and the path ahead. Proceedings of the National Academy of Sciences, 109(31): 12302–12308.

POPESCU, G. C., POPESCU, M., KHONDKER, M., et al., 2022. Agricultural sciences and the environment: Reviewing recent technologies and innovations to combat the challenges of climate change, environmental protection, and food security. Agronomy Journal, 114: 1895–1901.

PROST, L., MARTIN, G., BALLOT, R. et al., 2023. Key research challenges to supporting farm transitions to agroecology in advanced economies. A review. Agronomy Sustainable Development, 43 (11): 1–19.

QUINN, K. 2014. A tribute to Norman Borlaug. In "Feeding the World in 2050. CSA News, 59: 20–21.

Renard, D., Tilman, D. 2019. National food production stabilized by crop diversity. Nature 571: 257–260.

RINGLER, C., ZHU, T. 2015. Water resources and food security. Agronomy Journal, 107: 1533–1538.

ROSER, M. 2023. 2000 years of agricultural land use per person. https://x.com/MaxCRoser/status/1696110260451254366

SAVARY, S., AKTER, S., ALMEKINDERS, C. et al., 2020. Mapping disruption and resilience mechanisms in food systems. Food Security 12: 695–717.

SCHMIDT-TRAUB, G. OBERSTEINER, M., MOSNIER, A. 2019. Fix the broken food system in three steps. Nature., 569(7755):181–183.

SCHULTE, L.A., DALE, B.E., BOZZETTO, S. et al., 2022. Meeting global challenges with regenerative agriculture producing food and energy. Nature Sustainability, 5: 384–388.

SPIELMAN, D.J., PANDYA-LORCH, R. 2009. Una mirada al proyecto de Millions Fed. Éxitos demostrados en desarrollo agrícola. International Food Policy Research Institute. 24 pp.

SPIERTZ, H. 2012. Avenues to meet food security. The role of agronomy on solving complexity in food production and resource use. European Journal of Agronomy, 43: 1–8.

SPRINGMANN, M., CLARK, M., MASON-D'CROZ, D. et al., 2018. Options for keeping the food system within environmental limits. Nature 562: 519–525.

TILMAN, D., BALZER, C., HILL, J., BEFORT, B. 2011. Global food demand and the sustainable intensification of agriculture. Proceedings of the National Academy of Sciences, 108(50): 20260-20264.

UNIVERSITÉ DE MONTPELLIER, HLPE, CGIAR. 2022. The Montpellier statement: Feed, care, protect: intelligence to accelerate food systems´s transformation at local and global levels. 6 pp.

VAN ITTERSUM M.K., CASSMAN K.G. 2013. Yield gap analysis—Rationale, methods and applications. Field Crops Research, 143: 1-3.

VAN ITTERSUM, M.K., VAN BUSSEL, L.G., WOLF, J., et al., 2016. Can sub-Saharan Africa feed itself? Proceedings of the National Academy of Sciences, 113(52):14964-14969.

VON BRAUN, J., AFSANA, K., FRESCO L.O., HASSAN, M. 2021. Food systems: seven priorities to end hunger and protect the planet, Nature, 597: 28-30.

VOOSEN, P. 2020. The hunger forecast. Science, 368: 226-229.

WARBURTONT, M.L., CLAY, D. Y TURCO, R. 2022. The world's most essential industry: food, soils, and crops. CSA News, 67: 20-21.

WATERLANDER, W.E., MHURCHU, C.N., EYLES, H., et al., 2018. Food futures: Developing effective food systems interventions to improve public health nutrition. Agricultural Systems, 160: 124-131.

WEN-BIN, H., FENG-YING, D. 2021. Closing crop yield and efficiency gaps for food security and sustainable agriculture. Journal of Integrative Agriculture, 20(2): 343-348

WEST, P.C., GERBER, J.S., ENGSTROM, P.M., et al., 2014. Leverage points for improving global food security and the environment. Science, 345(6194): 325-328.

WHALEN, J.K. 2023. More will be asked of agriculture in 2023 and beyond: ASA's Communities, Programs Can Help Us Meet This Challenge. CSA News, 68(2).

3

EL PAPEL DE LA MEJORA GENÉTICA Y LA BIOTECNOLOGÍA EN LA PRODUCCIÓN DE ALIMENTOS

3.1. INTRODUCCIÓN

La Revolución Verde contribuyó a la reducción generalizada de la pobreza, evitó el hambre de millones de personas y evitó la conversión de miles de has de tierra en cultivos agrícolas. Al mismo tiempo, como ya se ha dicho, esta también estimuló su cuota de consecuencias negativas no deseadas, a menudo no por la tecnología en sí, sino por las políticas que se utilizaron para promover la rápida intensificación de los sistemas agrícolas y aumentar el suministro de alimentos. Algunas áreas se quedaron atrás, e incluso donde aumentó con éxito la productividad agrícola, la Revolución Verde no siempre fue la panacea para resolver los numerosos de problemas de pobreza, seguridad alimentaria y nutrición que enfrentan las sociedades pobres.

El progreso genético de las plantas de cultivo es necesario para hacer frente al crecimiento de la población humana y garantizar la estabilidad de la producción en condiciones ambientales cada vez más inestables. La producción agrícola va acompañada de una pérdida de diversidad genética, lo que dificulta una ganancia genética sostenible. Se han desarrollado metodologías basadas en información de marcadores moleculares para gestionar la diversidad y han demostrado su eficacia para aumentar la ganancia genética a largo plazo.

Lograr la seguridad alimentaria mundial requerirá un marco basado en las lecciones aprendidas del pasado: la innovación es esencial y, por lo tanto, también es fundamental un entorno que la facilite. Para explotar plenamente los potenciales de las nuevas tecnologías de mejora genética, se necesita un enfoque múltiple teniendo en cuenta todos los componentes involucrados en el desarrollo de la tecnología, la difusión, la adopción y la aceptación social. Estas nuevas tecnologías no deben entenderse como una panacea. También se necesitan otras muchas tecnologías y enfoques, incluidas las mejoras en la gestión posterior a la cosecha, la infraestructura del mercado y los servicios sociales.

Entre las decenas de miles de plantas comestibles, varios cientos se cultivan en todo el mundo, pero menos de una docena comprenden, la mayoría de las calorías consumidas. La adaptación al cultivo y la mejora adicional de estas especies depende de muchos cambios en los genomas de las plantas, que los mejoradores seleccionan continuamente para satisfacer las necesidades dietéticas cada vez mayores de los humanos y su ganado. Aunque muchas modificaciones genéticas y de rasgos específicos de las especies ayudaron a elevar los cultivos principales por encima de otros para alimentar al mundo, la mayoría de los cultivos principales y secundarios comparten una historia de algunas modificaciones comunes a la fisiología y el crecimiento de las plantas que han provocado la evolución agrícola.

La seguridad alimentaria mundial depende del intercambio de germoplasma y la mejora continua de la mayoría de los cultivos alimentarios. Es esencial continuar y mantener un intercambio de germoplasma generalizado para los cultivos, con el fin que mejoradores y otros científicos puedan trabajar en colaboración en todo el mundo para lograr mayores ganancias en el rendimiento de los cultivos, a través de una mayor tolerancia o resistencia a la presión de las plagas; o la incorporación de genes que pueden haberse perdido durante años anteriores. En el futuro, existe una clara necesidad de mejorar la conservación y un intercambio más abierto del germoplasma vegetal, para permitir la evaluación y el uso potencial de una base del mismo más amplia, para ayudar a abordar los problemas de seguridad alimentaria ahora y en el futuro.

En síntesis, cabe considerar las ideas centrales siguientes:

- La seguridad alimentaria mundial depende de la mejora continua de los cultivos, especialmente para los países en desarrollo.
- El movimiento del germoplasma vegetal a través de las fronteras es fundamental para mejorar la producción agrícola mundial.
- Todos los principales cultivos alimentarios dependen históricamente del germoplasma de muchos países y regiones.
- Las restricciones al acceso al germoplasma tienen un impacto negativo en el fitomejoramiento y la producción agrícola.
- La promoción del intercambio de germoplasma conduce a una mayor seguridad alimentaria y prosperidad rural.

3.2. BIOTECNOLOGÍA E INGENIERÍA GENÉTICA

Las tecnologías genéticas y otras biotecnologías avanzadas ofrecen un enorme potencial para mejorar la agricultura, particularmente si se integran con la agronomía y la agroecología. Ejemplos de posibles avances incluyen cultivos resistentes a las altas temperaturas y la sequía, protección contra plagas y enfermedades nuevas y emergentes, mayor eficiencia en el uso del agua, mayor valor nutricional de los alimentos y reducción del uso de fertilizantes.

Los grandes desafíos de la biotecnología son ambiciosos, y pueden producir altos rendimientos. Un ejemplo sería la introducción de capacidades de fijación de nitrógeno directamente por los cultivos para reducir el uso de fertilizantes nitrogenados y aumentar los rendimientos, donde el uso de fertilizantes es actualmente subóptimo. Muchos de los genes que estarían involucrados en la fijación de nitrógeno en los cultivos ya existen porque desempeñan otras funciones en estas plantas. Otra opción sería modificar los microorganismos presentes en el suelo que viven asociados a las plantas y aportarles nitrógeno y otros nutrientes. Modificar estas asociaciones también podría aumentar el secuestro de carbono por el suelo, mejorando la salud del mismo y a la vez aumentar los rendimientos.

Otro paso potencialmente transformador sería el desarrollo de cultivos con una eficiencia fotosintética mucho mayor, lo que podría permitir grandes mejoras en los rendimientos. Como ejemplo específico, los investigadores están trabajando para reducir el coste energético de la fotorrespiración, con la instalación de una vía fotorrespiratoria sintética que puede mejorar los rendimientos hasta en un 25%. Las investigaciones sobre ello han demostrado potencial, y existen muchas otras oportunidades para diseñar una fotosíntesis más eficiente.

Un ejemplo del uso de la biotecnología que a menudo se pasa por alto tiene que ver con el suelo. La agricultura ha tendido a agotar la materia orgánica del suelo y perjudicar su salud y fertilidad. Además de su papel en la producción de alimentos, el suelo puede secuestrar grandes cantidades de carbono de la atmósfera, dependiendo de las prácticas de gestión aplicadas a la agricultura y a los suelos. Una forma de mejorar la salud del suelo y el secuestro de carbono sería aprovechar la creciente comprensión de las interacciones beneficiosas entre el microbioma del suelo y la eficiencia de los cultivos. Los hongos, por ejemplo, absorben el fósforo y lo hacen utilizable por las plantas, mientras que las bacterias fijadoras de nitrógeno procesan el nitrógeno atmosférico en formas que las plantas pueden utilizar. Si todos los cultivos pudieran contar con microorganismos que realicen estas funciones, la necesidad de fertilizantes podría reducirse sustancialmente. Hoy en día, el uso de fertilizantes agrícolas va en contra de estas asociaciones porque las plantas absorberán lo que necesitan de los fertilizantes aplicados en lugar de las relaciones simbióticas, que requieren que las plantas apoyen a los microorganismos de los que dependen. Las tecnologías genómicas aplicadas tanto a microorganismos como a las plantas podrían modificar esta relación, para que estas hagan un uso óptimo de los nutrientes tanto del suelo como de los fertilizantes aplicados (**Tabla 3.1**).

Tabla 3.1 Características que pueden obtenerse con las tecnologías emergentes de ingeniería genética (adaptado de Committee on Genetically Enginiered Crops, National Academies of Sciences, Engineering, and Medicine, 2016)

CARACTERÍSTICAS APORTADAS Y RENDIMIENTO	CARACTERÍSTICAS DE LA PRODUCCIÓN
Multitolerancia a herbicidas	**Mejora del contenido nutricional**
Tolerancia a estrés bióticos	• Micronutrientes
Resistencia microbiana	• Aminoácidos
• Principales genes de resistencia	• Vitaminas
• Ingeniería de la fitoalexinas [a]	• Perfiles de ácidos grasos
• Nuevos mecanismos de resistencia [a]	• Carbonoides y nutracéuticos
• ARN interferente viral o proteína de la cubierta [a]	**Seguridad alimentaria**
Resistencia a insectos	• Formación reducida de acrilamida [a]
• Genes asociados a insecticidas [a]	• Concentraciones reducidas de aflatoxinas [a]
• ARN interferente	**Calidad del forraje**
Tolerancia a estrés abióticos	• Digestibilidad
• Tolerancia a la sequía	• Protección del nitrógeno [a]
• Eficiencia en el uso del agua	**Biocombustibles y bioproductos industriales**
• Tolerancia al frío	• Facilidad de procesamiento
• Tolerancia al calor	• Mejora de las propiedades del biodiésel
• Tolerancia a la sal	• Biocombustibles avanzados [a]
Extracción de nutrientes y eficiencia del uso	
Fijación de nitrógeno (en cereales)	
Eficiencia en el uso de fósforo	
Fijación de carbono	
• Rubisco mejorada [a]	
• Fotosíntesis en pastos C3 [a]	
• Plantas CAM en plantas C4 [a]	
Mejoras de la postcosecha	
• Resistencia microbiana	
• Aumento del tiempo de conservación [a]	
• Magullamiento reducido [a]	
• Estabilidad del ensilado [a]	
• Calidad estandarizada	

[a] Características que es lo más probable que pueden ser desarrolladas solo con tecnologías de ingeniería genética o para las cuales la ingeniería genética parece ser el enfoque más eficiente.

La biotecnología agrícola será un factor clave en la producción sostenible de alimentos en el futuro. Con la ingeniería genética se dispone de una amplia selección de genes para introducir en una célula vegetal y elegir las regiones genéticas en las que queremos insertarlos, sin ningún tipo de consecuencias no deseadas.

La ingeniería genética no está llamada a reemplazar a la mejora genética tradicional, sino a sumarse a ella, facilitando la consecución de objetivos que son de difícil o imposible abordaje por los métodos convencionales. Los retos actuales de la producción de alimentos son de tal magnitud que van a requerir de los avances de la ingeniería genética, además del de todas las disciplinas que inciden sobre la práctica agronómica. De hecho, todas las biotecnologías agrícolas deberían ser consideradas como una extensión y parte integral de la mejora genética tradicional y de las prácticas agrícolas, para que contribuyan con éxito al acortamiento de los ciclos de mejora y a la producción de materias primas agrícolas en cantidad y calidad.

La mejora genética clásica y la ingeniería genética son tecnologías complementarias para elevar los rendimientos medios de las cosechas. Los mejoradores deben operar sobre distintos aspectos funcionales de la planta para mejorar su rendimiento: la captura de energía solar por parte de la fotosíntesis, la eficiencia del uso de la radiación y el desvío preferente de la materia fotosintetizada hacia las partes comestibles de la planta. Aunque la mejora genética convencional ha hecho y seguirá haciendo contribuciones notables a la resistencia o tolerancia de las plantas a factores adversos, es la ingeniería genética la que en el futuro tendrá mayor protagonismo. El potencial utilitario de la biotecnología molecular ha acabado alcanzando de lleno a la producción agroalimentaria a través de la posibilidad de modificar microorganismos y plantas mediante técnicas moleculares, como el aislamiento y caracterización de genes y la transgénesis. Estas técnicas han sido, antes que nada, poderosas herramientas de conocimiento, y más tarde, fundamento de aplicaciones de interés agronómico.

Durante los últimos treinta años la biotecnología, basada en el ácido desoxirribonucleico (ADN) recombinante, ha contribuido a desarrollar unos nuevos métodos científicos muy importantes para la obtención de alimentos y productos agrícolas. Esta profundización en el genoma hasta el nivel molecular ha llevado consigo un conocimiento cada vez más detallado del trabajo de la Naturaleza. Los métodos del ADN recombinante han facilitado a los mejoradores de plantas el acceso a genes útiles de otros organismos, incluso muy alejados taxonómicamente. Hasta ahora estas alteraciones genéticas han conferido beneficios al agricultor, tales como resistencia a plagas, enfermedades y herbicidas. Otro posible beneficio que puede surgir a través de la combinación de la biotecnología y de la mejora genética convencional, es la obtención de variedades con una mayor resistencia a la sequía, al encharcamiento, y a las altas y bajas temperaturas, caracteres importantes para hacer frente a cambios climáticos impredecibles.

Recientes informes sobre la seguridad alimentaria hacen hincapié en las ganancias que se pueden obtener aplicando la ciencia y la tecnología agronómica a la producción de alimentos, así como explorando la variabilidad genética de los cultivos alimentarios. En los sectores de la investigación, tanto privados como públicos, se propugna el uso y la mejora de la genética convencional y molecular, así como la modificación genética molecular (GM), para adaptar los cultivos alimentarios existentes al aumento de las temperaturas, la disminución de la disponibilidad de agua en algunas zonas e inundaciones en otras, el aumento de la salinidad, y el cambio de patógenos y las amenazas de los insectos. Otro objetivo importante de este tipo de investigación es el incremento de la absorción de nitrógeno y el uso eficiente por los cultivos; ya que los fertilizantes nitrogenados son los principales contribuyentes de la eutrofización de las aguas y de las emisiones de gases de efecto invernadero.

Hay una necesidad crítica de ir más allá de los prejuicios populares contra el uso de la biotecnología agrícola y desarrollar en el futuro marcos regulatorios basados en la evidencia científica. Los mecanismos de seguridad activados para el control y seguimiento de las plantas transgénicas no tienen precedentes en la historia de la innovación científica y técnica (**Tabla 3.2**).

Tabla 3.2 Ejemplos de aplicaciones actuales y potenciales futuras de la tecnología transgénica para el mejoramiento genético de cultivos (adaptado de Godfray *et al.*, 2010)

ESCALA DE TIEMPO	RASGO DEL CULTIVO OBJETIVO	CULTIVOS OBJETIVO
Actual	Tolerancia a herbicida de amplio espectro	Maíz, soja, colza
	Resistencia a las plagas de insectos masticadores	Maíz, algodón, colza
Corto plazo (5 a 10 años)	Biofortificación nutricional	Cultivos de cereales básicos, batata
	Resistencia a hongos y virus patógenos	Patata, trigo, arroz, plátano, frutales, hortalizas
	Resistencia a las plagas de insectos chupadores	Arroz, frutales, hortalizas
	Procesamiento y almacenamiento mejorados	Trigo, patata, frutales, hortalizas
Medio plazo (10 a 20 años)	Tolerancia a la sequía	Cultivos básicos de cereales y tubérculos
	Tolerancia a la salinidad	
	Tolerancia a las altas temperaturas	
Largo plazo (>20 años)	Apomixis	Cultivos básicos de cereales y tubérculos
	Fijación de nitrógeno	
	Producción de inhibidores de desnitrificación	
	Conversión al hábito perenne	
	Aumento de la eficiencia fotosintética	

3.3. ORGANISMOS GENÉTICAMENTE MODIFICADOS

Desde la década de 1990, se han introducido un número de cultivos modificados genéticamente, utilizando técnicas de biotecnología agrícola, que insertan ADN de otros organismos en las plantas a fin de darles nuevas características, entre ellas la resistencia a los herbicidas o las plagas. La siembra de cultivos transgénicos ha aumentado de forma significativa desde 1996 hasta la fecha. Cuatro cultivos representan la gran mayoría de los cultivos modificados genéticamente: la soja, el maíz, el algodón y la colza. Si bien los cultivos modificados genéticamente eran más predominantes en los países industrializados, desde 2018 más de la mitad de toda la superficie dedicada a cultivos transgénicos estaba sembrada en países en desarrollo. Sin embargo, el aumento de los cultivos modificados genéticamente sigue estando muy concentrado, y el 91 % de la superficie sembrada con cultivos transgénicos está situada en solo cinco países: Estados Unidos de América, Canadá, Argentina, Brasil e India. Desde su introducción, los cultivos modificados genéticamente han sido muy controvertidos. Los defensores destacan que los cultivos transgénicos ofrecen grandes posibilidades de mejorar características de los cultivos que benefician a los agricultores de países ricos y pobres por igual, como por ejemplo mejorar la seguridad alimentaria. Los críticos plantean una serie de preocupaciones, entre ellas los posibles efectos ambientales, la desigualdad social y la inseguridad alimentaria relacionadas con su adopción.

El aumento de la capacidad computacional y la generación de macrodatos en los últimos decenios ha dado lugar a métodos de mejora más precisos, como la edición del genoma y otras tecnologías de fitomejoramiento basadas en datos que, según muchas previsiones reemplazarán las formas de biotecnología agrícola más tradicionales. Métodos tales como las secuencias de repeticiones palindrómicas cortas agrupadas y regularmente interespaciadas y enzimas asociadas (CRISPR–Cas9) y las nucleasas efectoras de tipo activador de transcripción (TALEN), permiten realizar ediciones mucho más precisas del genoma de una planta que las generaciones anteriores de biotecnologías agrícolas, y pueden utilizarse sin la introducción de genes de otras especies. Se están realizando investigaciones para aplicar estas técnicas con miras a la edición de nuevas características de las plantas, por ejemplo para extender la vida útil de un cultivo, mejorar su perfil nutricional o aumentar la resistencia de las plantas a las plagas y las condiciones meteorológicas extremas.

Aunque los cultivos obtenidos mediante edición genética se hallan aún en las etapas iniciales de investigación y desarrollo, existe una gran controversia respecto de la inocuidad, el impacto ambiental y el control de estas tecnologías. Mientras que los defensores consideran estas tecnologías más seguras que la biotecnología agrícola porque la edición se realiza con material genético existente en las plantas y no se inserta ADN extraño; los críticos han manifestado inquietud por los posibles efectos imprevistos y repercusiones negativas en la biodiversidad agrícola. Dadas estas incertidumbres y debates, es necesario seguir investigando sobre los efectos de estas nuevas tecnologías de fitomejoramiento.

Tal vez estas técnicas evoquen los famosos —y polémicos— transgénicos, pero hay algunas diferencias importantes. En los transgénicos se añade al ADN de un cultivo material genético externo o extraño (ya sea de otros organismos u obtenidos en un laboratorio). Las reticencias contra la producción y consumo de alimentos transgénicos han sido muy numerosas, pese a que a día de hoy no hay evidencia alguna de que sean perjudiciales para el ser humano. Pero la mayoría de estas objeciones se diluyen con las nuevas técnicas de edición genética. Con ellas no se fuerza la naturaleza ni se hacen mezclas de genes imposibles. Toda mutación o modificación que se haga sobre la cadena de ADN de un organismo con la edición genética podría darse también de forma natural. Es una forma, dicen sus partidarios, de acelerar hasta velocidades insospechadas el proceso tradicional de selección y mejora de las variedades que los agricultores han practicado durante siglos.

También, sostienen sus defensores, que ofrece nuevas posibilidades para estudiar y preservar la gran biblioteca de biodiversidad y conocer más a fondo la utilidad de los recursos genéticos. Con todo, también hay riesgos. Por un lado —y pese a que la precisión de algunos sistemas CRISPR se cifra en un 99,5%— existe la posibilidad de que se produzcan cambios sobre organismos o genes a los que no se dirige la edición, con resultados indeseados. Por otro, manipular algo tan complejo —y de lo que aún queda mucho por descubrir— como el genoma, podría tener consecuencias inesperadas. Por no hablar de los peligros de un mal uso intencionado de esta tecnología para generar armas biológicas.

El impacto producido por los descubrimientos y las aportaciones de la ingeniería genética en el campo de la agricultura, y en especial el derivado de las plantas transgénicas, ha transcendido a la sociedad y a la opinión pública creando, especialmente en Europa, un debate sin precedentes en la historia de la ciencia y la tecnología, sobre las ventajas e inconvenientes o riesgos de este tipo de plantas. No cabe duda de que el riesgo está implícito en toda aventura humana; pero sin este el mundo no estaría ahora donde está. Jamás en la innovación científica y técnica se han establecido mecanismos de seguridad tan estrictos como los diseñados para el control y seguimiento de las plantas transgénicas. Por todo ello, carece de fundamento en términos reales el miedo a que los genes incorporados al alimento transgénico puedan integrarse en nuestro propio organismo.

La política restrictiva y la moratoria *de facto* mantenida por la Unión Europea, en cuanto a la producción y siembra de variedades transgénicas, está dañando seriamente la investigación básica en el área y el desarrollo de nuevas aplicaciones. La oposición a los cultivos transgénicos en Europa tiene una raíz estrictamente ideológica, ya que no se han formulado contraindicaciones objetivas que diferencien a estos cultivos de los convencionales. Ello contrasta con la permisividad mostrada por Bruselas desde siempre a la hora de permitir la importación permanente de otros países del mundo (EE.UU., Brasil, Argentina, etc.) de producciones transgénicas, especialmente de grandes cantidades de soja y maíz, con destino a la industria de piensos compuestos para alimentación animal. En este caso, obligadamente, porque no hay más remedio para garantizar los niveles de alimentación de carne, leche y huevos de los ciudadanos europeos. Es decir se utiliza una doble vara de medir y una política farisaica, cuando no ignorante.

La contribución más importante que los organismos, organizaciones internacionales, financieras, comunidad científica, etc., es proporcionar información exacta sobre el reto de la seguridad alimentaria al que nos enfrentamos y las soluciones que pueden satisfacer el desafío (**Tabla 3.2**). Durante mucho tiempo ha habido malos entendidos y desinformación acerca de las tecnologías agrícolas modernas, especialmente sobre los organismos genéticamente modificados. Esto ha llevado a un estado de confusión y preocupación pública innecesario sobre lo que es este proceso y su seguridad.

En el mes de julio de 2016 un grupo de 109 premios Nobel firmaron una carta conjunta dirigida a la asociación ecologista Greenpeace, pidiéndole que ponga fin a su oposición a los organismos genéticamente modificados. La carta instaba a Greenpeace y a sus seguidores a examinar las experiencias con cultivos y alimentos mejorados mediante la biotecnología de los agricultores y de los consumidores en todo el mundo, reconocer las conclusiones de los organismos científicos competentes y de los organismos reguladores, y abandonar su campaña contra los organismos modificados genéticamente (OGM) en general, y contra el arroz dorado en particular (afortunadamente en la actualidad el arroz dorado ha sido aprobado y reconocido por la mayoría de los países grandes consumidores).

Los organismos científicos y reguladores de todo el mundo han concluido de manera repetida y consistente que los cultivos y alimentos mejorados mediante la biotecnología' son tan seguros, si no más seguros, que los derivados de cualquier otro método de producción. Nunca ha habido un solo caso confirmado de un efecto negativo derivado de su consumo sobre la salud de los seres humanos o de los animales. Se ha mostrado en repetidas ocasiones que son menos perjudiciales para el medio ambiente y una gran ayuda para la biodiversidad global.

La oposición global a los cultivos transgénicos GM explica por qué actualmente hay aplicaciones limitadas de estos cultivos. Las actitudes y los enfoques políticos europeos son particularmente importantes a este respecto. Dadas sus conexiones comerciales de largo tiempo con Europa, las naciones africanas y asiáticas también temen lógicamente que la adopción de cultivos transgénicos pueda llevar a la pérdida de oportunidades de exportación a Europa, donde la oposición a los OGM está ahora, profundamente arraigada.

La edición del genoma podría representar una oportunidad renovada para aprovechar los potenciales de la biotecnología moderna para la seguridad alimentaria. Sin embargo, la reciente sentencia del Tribunal Europeo de Justicia para regular los cultivos editados por el genoma de la misma manera que los OGM es decepcionante y podría reprimir el progreso internacional en la aplicación de tecnologías de edición del genoma para el mejoramiento de cultivos. Sin embargo, se espera que las decisiones de los Estados Unidos y Japón sobre el relajamiento de las reglas hacia los cultivos editados por el genoma establezcan el terreno para un nuevo paradigma que podría llevar a una regulación más eficiente a nivel internacional. Más de 30 años de experiencia con cultivos transgénicos muestran que los procedimientos regulatorios influyen en las actitudes del público y que las actitudes negativas del público en Europa pueden tener un efecto considerable en las percepciones y políticas públicas en los países en desarrollo. Por lo tanto, una regulación menos restrictiva de los cultivos editados por el genoma en la UE podría enviar una señal positiva a los países en desarrollo que necesitan tecnologías agrícolas para la seguridad alimentaria.

Estas tecnologías pueden disipar los temores asociados con los cultivos transgénicos. Por ejemplo, los avances recientes en la edición del genoma permiten la alteración de los genes endógenos para mejorar los rasgos en los cultivos sin transferir transgenes a través de los límites de las especies. En particular, las técnicas CRISPR–Cas se han convertido en uno de los sistemas más importantes para editar el genoma de los cultivos, con aplicaciones agrícolas en rápido crecimiento en los principales cereales como el arroz, el trigo y el maíz y otros cultivos de seguridad alimentaria. Debido a su bajo coste, la edición del genoma también se puede utilizar para mejorar los "cultivos huérfanos", como las frutas locales, las hortalizas y los cultivos básicos, que pueden desempeñar un papel importante en las dietas saludables. Por lo tanto, la ausencia de transgenes en los cultivos editados por el genoma podría reducir los costes de los procedimientos reglamentarios y, por lo tanto, acelerar la innovación, aumentar la competencia en la industria de las semillas y hacer que las variedades mejoradas sean más asequibles para los agricultores de los países en desarrollo. Los desarrollos científicos y sociopolíticos no siempre son un continuo, lo cual es cierto tanto en los países desarrollados como en los países en desarrollo. Por lo tanto, es necesario un esfuerzo y una estrategia renovados para facilita el uso y la adopción de cultivos editados por genoma y otras nuevas tecnologías que tienen mucho potencial para contribuir al desarrollo sostenible.

BIBLIOGRAFÍA

ACHIM, W. 2016. The benefits of plant breeding. ETH Zúrich. 7 pp.

ANOVE. 2021. La mejora vegetal ayuda a paliar el hambre en el mundo al aumentar la producción y la calidad de los alimentos. Asociación Nacional de Obtentores Vegetales. 3 pp.

COMMITTEE ON GENETICALLY ENGINEERED CROPS: PAST EXPERIENCE AND FUTURE PROSPECTS; BOARD ON AGRICULTURE AND NATURAL RESOURCES; DIVISION ON EARTH AND LIFE STUDIES; NATIONAL ACADEMIES OF SCIENCES, ENGINEERING, AND MEDICINE; 2016. Genetically engineered crops: experiences and prospects. Washington (DC): National Academies Press (US): 420 pp.

DWIVEDI, S., SAHRAWAT, K., UPADHYAYA, H., ORTIZ, R. 2013 Food, nutrition and agrobiodiversity under global climate change. In Advances in Agronomy (Donald L. Sparks, Ed.) Academic Press, 120: 1–128.

ESHED, Y., LIPPMAN, Z.B. 2019. Revolutions in agriculture chart a course for targeted breeding of old and new crops. Science, 366(705).

FAO. 2018. El estado del Planeta. Hambre cero: ¿Lograremos finalmente erradicar el hambre? Organización de las Naciones Unidas para la Alimentación y la Agricultura. 117 pp.

FAO. 2018. El estado del Planeta. La nueva revolución agrícola: ¿Cómo vamos a alimentar a 10.000 millones de personas? Organización de las Naciones Unidas para la Alimentación y la Agricultura. 117 pp.

Foley, J.A., Ramankutty, N., Brauman, K.A. 2011. Solutions for a cultivated planet. Nature. 478: 337–342.

Fundación Innovacion bankinter. 2020. La comida del futuro. Future Trends Forum, 25 pp.

Godfray, H.C., Beddington, J.R., Crute, I.R., et al., 2010. Food security: the challenge of feeding 9 billion people. Science, 327(5967): 812–818.

Long, S., Zhu, X. 2014. Photosynthesis: the final frontier. In Feeding the World in 2050. CSA News, 59 (1): 12–13.

López–Bellido, L. 2016. Transgénicos y seguridad alimentaria (I). Vida Rural, 419, 24–30.

López–Bellido, L. 2016. Transgénicos y seguridad alimentaria (II). Vida Rural, 421, 12–16.

McCouch, S., Baute, G., Bradeen, J. et al., 2013, Feeding the future. Nature 499: 23–24.

National Academy of Science. 2021. The challenge of feeding the world sustainably. Summary of the US–UK Scientific Forum on Sustainable Agriculture. Washington, DC. The National Academies Press. 40pp.

Pingali, P.L. 2012. Green revolution: impacts, limits, and the path ahead. Proceedings of the National Academy of Sciences, 109(31): 12302–12308.

Sanchez, D., Sadoun, S.B., Mary–Huard, T., Allier, A., et al., 2023. Improving the use of plant genetic resources to sustain breeding programs' efficiency. Proceedings of the National Academy of Sciences, USA. 120(14): 1–9.

Scheben, A., Edwards, D. 2017. Genome editors take on crops. Science, 355(6330): 1122–1123.

Smith, S., Nickson, T.E., Challender, M. 2021. Germplasm exchange is critical to conservation of biodiversity and global food security. Agronomy Journal, 113: 2969–2979.

Swaminathan, M.S. 2007. Can science and technology feed the world in 2025? Field Crops Research, 104: 3–9.

Syed Shan–e–Ali Zaidi, Vanderschuren, H., et al., 2019. New plant breeding technologies for food security. Science, 363: 1390–1391.

Tester, M., Langridge, P. 2010. Breeding technologies to increase crop production in a changing world. Science, 327(5967): 818–822.

Wani, S.H., Khan, H., Riaz, A. et al., 2022. Genetic diversity for developing climate–resilient wheats to achieve food security goals. In Advances in Agronomy (Donald L. Sparks, Ed.) Academic Press, 171: 255–303.

4

LA SALUD DEL SUELO
Y LA SEGURIDAD ALIMENTARIA

4.1. EL PAPEL DE LOS SUELOS EN LA SEGURIDAD ALIMENTARIA

Se estima que el 95% de nuestros alimentos se produce directa o indirectamente en nuestros suelos. El suelo también contribuye a la producción de cultivos para biocombustibles y fibra. Además de producir nuestros alimentos, combustible y materiales textiles, el suelo proporciona numerosos servicios ecosistémicos a la sociedad, incluido el filtrado de agua, el hábitat de la vida silvestre, la biodiversidad y el almacenamiento de carbono.

La salud del suelo es definida por el Servicio de Conservación de Recursos Naturales del Departamento de Agricultura de EE.UU. como la capacidad continua de un suelo para funcionar como un ecosistema vivo y vital que sostiene plantas, animales y humanos. De esta definición se desprende axiomáticamente que la seguridad alimentaria a largo plazo no puede lograrse sin suelos sanos. La urgencia de abordar los desafíos de la seguridad alimentaria a menudo ha llevado a prácticas agrícolas que descuidan la multifuncionalidad de los suelos y su salud, lo que resulta en suelos degradados, reducción de la prestación de servicios ecosistémicos y, finalmente, pérdidas de cosechas.

Aunque la salud del suelo es un requisito previo para la seguridad alimentaria, la relación es compleja e incluye efectos tanto directos como indirectos. La salud del suelo tiene efectos directos sobre el rendimiento de los cultivos, la resiliencia del rendimiento de los mismos y la rentabilidad de los agricultores; así como efectos indirectos en la relación anterior a través de la mitigación de las modificaciones del clima. Todo lo cual afecta la seguridad alimentaria mundial.

Los suelos saludables son críticos para la agricultura, y ambos son esenciales para permitir la seguridad alimentaria. Los desafíos relacionados con el suelo incluyen su uso sostenible y de otros recursos naturales, la lucha contra la degradación de la tierra y el suelo, evitar una mayor reducción de los servicios de los ecosistemas relacionados con el suelo y garantizar que todas las tierras agrícolas se gestionen de manera sostenible.

Los suelos agrícolas son multifuncionales. Más allá de la producción de alimentos, filtran y almacenan agua, almacenan y reciclan nutrientes, secuestran carbono y proporcionan un hábitat para la actividad biológica. Estas funciones desempeñan un papel crucial en la resiliencia de los sistemas de producción agrícola y los ecosistemas del paisaje agrícola. Sin embargo, la capacidad de los suelos para realizar estas funciones se ve amenazada por procesos de degradación como la erosión, la compactación, la disminución de la biodiversidad, la disminución de la materia orgánica o la contaminación. Si bien la intensificación de la agricultura ha aumentado considerablemente la productividad, un aumento simultáneo de las amenazas al suelo perjudica sus otras funciones. Dado que la fertilidad del suelo depende de la interacción de todas las funciones, esto también amenaza la seguridad alimentaria a largo plazo. Históricamente, la degradación del suelo resultante de una mala gestión del mismo ha provocado el colapso de civilizaciones. Por lo tanto, una gestión sostenible de los suelos agrícolas que preserve o mejore sus funciones es un desafío apremiante, especialmente a la luz de una población mundial en crecimiento y la alteración climática.

Según la Organización de las Naciones Unidas para la Agricultura y la Alimentación (FAO), "los sistemas agrícolas de alto consumo de inputs e intensivos recursos, que han causado una deforestación masiva, escasez de agua, agotamiento del suelo y altos niveles de emisiones de gases de efecto invernadero, no pueden ofrecer una producción alimentaria y agrícola sostenible". La salud del suelo y la producción de cultivos están inextricablemente vinculadas y tienen implicaciones ecológicas, alimentarias, sanitarias, hídricas, terrestres, climáticas y políticas. Estas implicaciones determinan la eficacia con la que se abordarán los desafíos actuales y futuros de las variaciones climáticas y el crecimiento de la población.

En la agricultura, se necesitan múltiples transformaciones para garantizar que todo el espectro de los sistemas agrícolas, desde el industrial y en gran escala hasta el trabajo intensivo y en pequeña escala, tengan éxito. En los últimos 200 años, la agricultura industrial, a través de la introducción de tecnología y otros inputs externos, como variedades de alto rendimiento, pesticidas, fertilizantes, mecanización e infraestructura, han producido grandes incrementos de los rendimientos. Sin embargo, esto también ha tenido consecuencias negativas, como el daño ecológico a nivel de finca y a nivel mundial.

El suelo es el medio de crecimiento más disponible y normal para las plantas. Las funciones principales del suelo son proporcionar anclaje, nutrientes, aire, y agua a los sistemas de enraizamiento de las plantas. Sin embargo, los suelos también pueden presentar serias limitaciones para su crecimiento. Las enfermedades de las plantas causadas por organismos del suelo, la fertilidad inadecuada de este, la acumulación de sal debido al riego, la compactación desfavorable y el drenaje deficiente pueden causar reducciones sustanciales en la productividad agrícola.

La producción agrícola depende de la vitalidad del recurso suelo, ya que su calidad, como se ha dicho, está directamente relacionada con la productividad de los cultivos. Los seres humanos han afectado los recursos del suelo desde el comienzo del cultivo de la tierra arable, y su conversión. La deforestación, el laboreo y los inputs químicos intensivos contribuyen a la degradación del suelo.

La degradación y erosión de los suelos amenazan la productividad agrícola, la seguridad alimentaria y la sostenibilidad ambiental. Aunque el agua o los vientos erosionan los suelos de forma natural, su erosión "acelerada", es decir, la pérdida de suelos con mayor rapidez de la que se forman, es el resultado de las deficiencias prácticas en materia de suelos, agua y cultivo.

Los suelos tienen que ser vistos como uno de los desafíos globales de sostenibilidad ambiental, como la seguridad alimentaria y del agua, y han desarrollado la noción de seguridad del suelo. Se estima que un tercio de la tierra agrícola del planeta está afectada por la degradación del suelo. La calidad de las tierras agrícolas está amenazada por la degradación física, química y biológica de los suelos. La erosión del suelo por el agua y el viento es uno de los fenómenos más frecuentes y, por lo tanto, bien estudiados. La compactación del suelo es la consecuencia del pisoteo de los animales y el uso de maquinaria agrícola cada vez más pesada. La contaminación del suelo por la minería e industria, residuos, productos agroquímicos y un número creciente de nuevos contaminantes han demostrado ser perjudiciales para la salud humana.

La disminución de la materia orgánica del suelo es una amenaza importante para muchos procesos del suelo relacionados con el ciclo del agua y los nutrientes, y es un inconveniente importante para la mitigación de los cambios del clima. La sobreexplotación de las aguas subterráneas y las prácticas de riego inapropiadas a menudo conducen a la salinización del suelo, especialmente en zonas áridas, semiáridas y costeras.

En resumen, se han realizado muchas investigaciones para medir y monitorear la degradación del suelo, incluida la estimación de los riesgos de su degradación. No obstante, la cuantificación de la misma a nivel de cuenca, y a escala regional y mundial, sigue siendo un desafío. Con la aplicación del análisis geoestadístico y los enfoques basados en el riesgo, se han realizado esfuerzos renovados para estudiar la salud de la tierra en respuesta al mayor interés en el monitoreo y la evaluación de las consecuencias económicas.

4.2. GESTIÓN DE LA SALUD DEL SUELO E IMPACTO EN LA SEGURIDAD ALIMENTARIA

La salud del suelo afecta a la seguridad alimentaria a través del rendimiento de los cultivos, su resiliencia y la rentabilidad de los agricultores. Hay que considerar los mecanismos clave por los cuales la salud del suelo impacta en la seguridad alimentaria global, y ofrecer una estrategia integral para lograr la adopción de sistemas de salud del suelo a gran escala. La adopción de sistemas de gestión de la salud del suelo aumentará la vitalidad de sus recursos, que brindan servicios ecosistémicos críticos, incluidos los que respaldan la seguridad alimentaria mundial (Fig. 4.1).

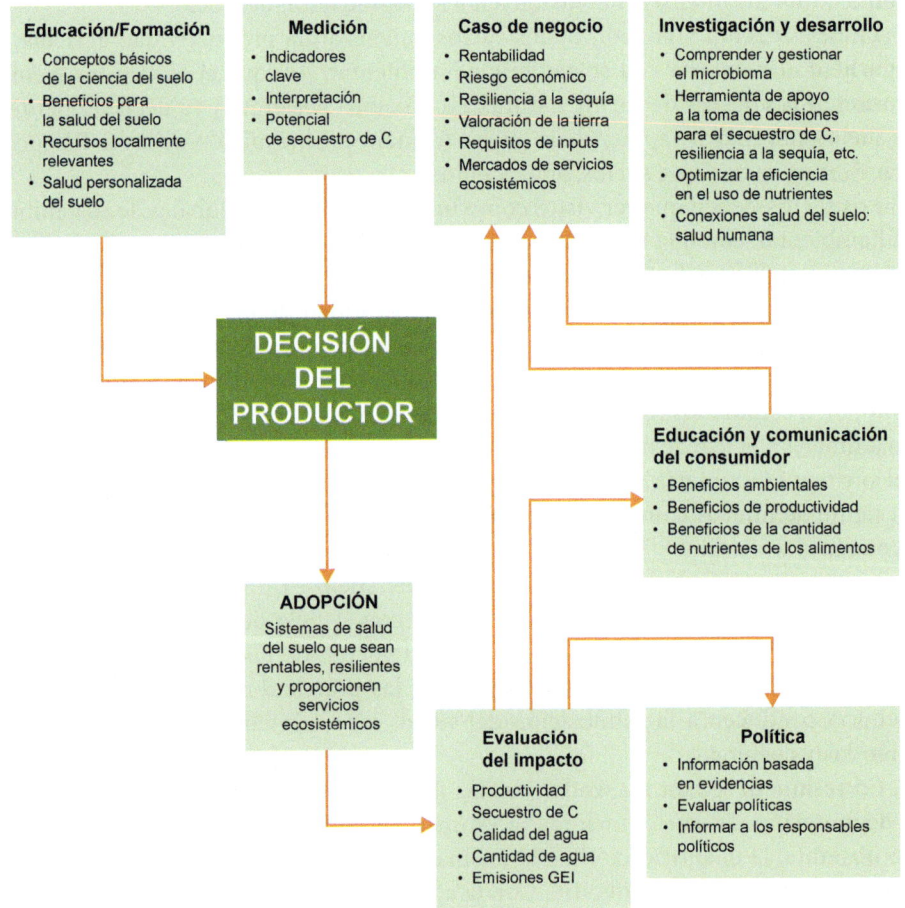

Figura 4.1 Estrategia integral para aumentar la adopción del sistema de salud del suelo (adaptado de Bagnall, *et al.*, 2021)

Hoy en día, la multifuncionalidad de los suelos vuelve a cobrar protagonismo, en parte debido a la alteración climática. Se ha demostrado que las prácticas de gestión de la salud del suelo aumentan el carbono del suelo superficial, lo que cumple el doble propósito de mejorar la capacidad productiva agrícola y mitigar el cambio climático.

Las percepciones sobre la relación entre la salud del suelo y el rendimiento de los cultivos varían ampliamente entre los agricultores, probablemente debido a la complejidad biofísica subyacente, así como a cuestiones sociales y económicas.

Lograr la seguridad alimentaria mundial es una cuestión compleja y apremiante. Una parte de la solución es, en primer lugar, reconocer las conexiones entre la salud del suelo y la seguridad alimentaria, de modo que ambas se aborden simultáneamente. Los suelos sanos pueden producir más alimentos, mitigar las variaciones del clima, filtrar el agua y aumentar la rentabilidad. Globalmente, se pueden lograr estos beneficios para las generaciones actuales y futuras, haciendo de los sistemas de gestión de la salud del suelo la base para la producción de alimentos a nivel mundial.

Las ciencias de los cultivos y el suelo proporcionan una disciplina amplia y crítica, dentro de la cual satisfacen las demandas de alimentos de una población mundial en crecimiento. Por ejemplo, la influencia de los cultivos en el desarrollo de la civilización humana ha hecho que el suelo se considere la base de la agricultura. Su salud expresa la capacidad continua del mismo para funcionar como un ecosistema vivo vital que sustenta a las plantas, los animales y los seres humanos.

La necesidad de abordar los desafíos a la seguridad alimentaria (es decir, la intensificación de los sistemas de producción de cultivos) a menudo conduce a prácticas agrícolas que degradan los suelos, reducen los servicios de los ecosistemas y, finalmente, sugieren que la solución será reconocer las conexiones entre la salud del suelo y la seguridad alimentaria.

La importancia de los suelos para la provisión de servicios ecosistémicos que van más allá de la producción agrícola está ganando cada vez más atención por parte de los responsables políticos mundiales. Las Naciones Unidas declararon el año 2015 Año Internacional de los Suelos. Los suelos y sus servicios ecológicos, sociales y económicos están fuertemente representados en las negociaciones actuales sobre los Objetivos de Desarrollo Sostenible de las Naciones Unidas. Varios de los objetivos propuestos involucran directa o indirectamente el manejo sostenible de los suelos y otros recursos naturales para lograr la seguridad alimentaria y el crecimiento económico, al tiempo que protegen y mejoran la prestación de servicios del ecosistema, por ejemplo, el mantenimiento de la biodiversidad, la mitigación de las alteraciones climáticas, el suministro de recursos de agua dulce y el manejo de los recursos naturales, desastres y otros impactos. Las prácticas integradas de gestión de la tierra y el agua mejoran la producción agrícola y la productividad de los suelos, así como su resistencia frente a la desertización y otros efectos del cambio y la variabilidad climática.

Tabla 4.1 Relación en diferentes prácticas entre riesgos y funciones del suelo (adaptado de Straus *et al.*, 2023)

	Riesgos del suelo					Funciones del suelo				
	Erosión	Compactación	Reducción de la materia orgánica	Reducció de la biodiversidad	Contaminación	Producción	Hábitat para la biodiversidad	Purificación y retención de agua	Secuestro de carbono	Reciclado de nutrientes y agroquímicos
Elementos estructurales del paisaje	■	●	▲	■	●	▲	■	■	▲	●
Fertilizante orgánico	▲	▲	■	■	◆	▲	■	▲	■	■
Rotación de cultivos diversificada	■	■	■	■	●	▲	■	■	■	■
Cobertura permanente del suelo	■	■	■	■	●	▲	■	■	■	●
Laboreo de conservación	■	■	▲	◆	●	●	◆	■	▲	●
Cargas del suelo reducidas	■	■	●	●	●	●	●	■	●	●
Momentos óptimo tránsito rodado	■	■	●	●	●	●	●	■	●	●

■ Relación positiva; ● No hay relación; ▲ Relación débil o cuestionada (positiva); ◆ Relación débil o cuestionada (negativa)

Un ejemplo del potencial de las políticas para respaldar la sostenibilidad implica la necesidad de restaurar, proteger y gestionar con sensatez el suelo. El manejo sostenible del suelo requiere reemplazar lo que se ha eliminado del suelo, restaurar y mantener su salud, reciclar los nutrientes y predecir lo que sucederá con el suelo debido a las perturbaciones antropogénicas y naturales. Un enfoque para el manejo del suelo sería complementar la legislación dirigida hacia el agua y el aire limpios con una legislación similar diseñada para fomentar la salud del suelo. Se podría empoderar a los agricultores y administradores de tierras para restaurar los suelos degradados, aumentar el carbono orgánico almacenado en el mismo y ahorrar suelo y agua para la conservación de la naturaleza. Como parte de una Ley de Suelo Saludable, el buen manejo del suelo podría ser recompensado como un componente de un sistema de pago agrícola.

Las soluciones emergentes para reducir y mitigar la degradación del suelo buscan apoyar: (1) el ciclo del agua; (2) la biomasa, el carbono y los ciclos de nutrientes del suelo; (3) minimizar la contaminación; y (4) mejorar o mantener la productividad y la salud del suelo. El análisis de varios cientos de prácticas de gestión de la tierra muestra que estos cuatro factores de apoyo se combinan a menudo e idealmente. Los principios clave comprobados para lograr estos objetivos son mantener y mejorar la cobertura del suelo, reducir la perturbación y compactación de la capa superior del mismo, rotar e intercalar cultivos, integrar sistemas de cultivo y ganado, mejorar la diversidad de especies de plantas y animales y equilibrar la extracción y reposición de nutrientes. De esta manera, es posible producir más y cerrar la brecha de rendimiento sin comprometer el medio ambiente (**Tabla 4.1**).

BIBLIOGRAFÍA

Bagnall, D.K., Shanahan, J.F., Flanders, A. *et al.*, 2021. Soil health considerations for global food security. Agronomy Journal, 113: 4581–4589.

Clay, J. 2011. Freeze the footprint of food. Nature 475, 287–289.

Fischer, R.A., Connor, D.J. 2018. Issues for cropping and agricultural science in the next 20 years. Field Crops Research, 222: 121–142.

Gillespie, S., Van den Bold, M. 2017. Agriculture, food systems, and nutrition: meeting the challenge. Global Challenge, 107: 1–12.

Hatfield, J.L. y Walthall, C.L. 2015. Meeting global food needs: realizing the potential via genetics × environment × management interactions. Agronomy Journal, 107: 1215–1226.

Horton, P., Long, S.P., Smith, P. *et al.*, 2021. Technologies to deliver food and climate security through agriculture. Nature Plants 7: 250–255.

Hurni, H., Giger, M., Liniger, H., *et al.*, 2015. Soils, agriculture and food security: the interplay between ecosystem functioning and human well-being. Current Opinion in Environmental Sustainability, 15: 25–34.

KEATINGE, J.D.H., WALIYAR, F., JAMNADAS, R.H., *et al.*, 2010. Relearning Old Lessons for the Future of Food—By Bread Alone No Longer: Diversifying Diets with Fruit and Vegetables. Crop Science, 50: S–51–S–62.

LAMM, K.W., RANDALL, N.L., SHERRIER, J. 2021. Agriculture leaders identify critical issues facing crop production. Agronomy Journal, 113: 4444–4454.

LÓPEZ-BELLIDO, L. 2020. La salud del suelo. Claves de la sostenibilidad y productividad de la agricultura. Editorial Acribia. 157 pp.

NATIONAL ACADEMY OF SCIENCE. 2021. The challenge of feeding the world sustainably. Summary of the US–UK Scientific Forum on Sustainable Agriculture. Washington, DC. The National Academies Press. 40pp.

NLEYA T, CLAY S A. 2021. Near–term problems in meeting world food demands at regional levels: a special issue overview. Agronomy Journal, 113: 4437–4443.

O'BRIEN, P., KRAL–O'BRIEN, K., HATFIELD, J.L. 2021. Agronomic approach to understanding climate change and food security. Agronomy Journal, 113: 4616–4626.

STRAUSS, V., PAUL, C., DÖNMEZ, C. *et al.*, 2023. Sustainable soil management measures: a synthesis of stakeholder recommendations. Agronomy for Sustainable Development, 43: 17.

▲ 5

RECURSOS HÍDRICOS, ENERGÍA Y SEGURIDAD ALIMENTARIA

5.1. LA IMPORTANCIA DEL AGUA

EI agua es un elemento esencial para el mantenimiento de la vida en nuestro planeta. La deficiencia de agua es un factor que puede generar gran inseguridad y ha de ser una de las primeras consideraciones para el desarrollo socio–económico. Una pregunta indispensable para el futuro de la humanidad es si tendremos suficiente disponibilidad de agua para satisfacer la demanda de la creciente población mundial. Si no se toman medidas, el déficit de agua se convertirá en un asunto clave en la geopolítica mundial que afectará a todo el sistema económico.

El agua es clave para mantener vivos a los humanos y a todas las plantas y animales. Ayuda a hacer circular el carbono y los nutrientes en el aire y en los suelos, y regula el clima. Durante milenios, el ciclo del agua de la Tierra ha proporcionado suministros confiables y condiciones sostenidas que conducen al desarrollo humano. Sin embargo, las presiones antropogénicas ahora están desequilibrando el ciclo, amenazando con socavar la confiabilidad de la lluvia en sí.

El papel de las aguas subterráneas en el ciclo global del agua se está volviendo cada vez más dinámico y complejo, mientras que la seguridad de los recursos de dichas aguas enfrenta amenazas considerables en todo el mundo, en términos tanto de cantidad como de calidad. En las últimas décadas, la alteración del clima y otras actividades antropogénicas han afectado sustancialmente los sistemas de aguas subterráneas en todo el mundo. Estos impactos incluyen cambios en la recarga, descarga, flujo, almacenamiento y distribución de estas aguas. Los cambios antropogénicos directos incluyen la extracción e inyección de agua subterránea, la modificación del régimen de flujo regional, las alteraciones del nivel freático y del almacenamiento, y su redistribución incorporada en los alimentos a nivel mundial. El uso sostenible de los recursos de aguas subterráneas se ha convertido en una crucial preocupación global. Al planificar un futuro más sostenible, los recursos de aguas subterráneas deben considerarse desde perspectivas tanto regionales como globales. A medida que los cambios globales continúan afectando a estos recursos, es imperativo gestionar las aguas subterráneas y superficiales como un solo recurso. Además, es necesario abordar simultáneamente la cuestión de garantizar la seguridad alimentaria y del agua y mantener la salud de los ecosistemas. Se pueden emplear diversas estrategias de gestión, incluida la conservación de bosques y humedales, la desalinización, el reciclaje de las aguas residuales, la recarga gestionada de acuíferos, los proyectos de desviación de agua y el desarrollo de infraestructura verde para reforzar la resiliencia de las aguas subterráneas. Existen importantes lagunas en la investigación que justifican una mayor exploración, incluidos estudios detallados de las agua subterráneas, predicciones más precisas de su recarga, evaluaciones cuantitativas de los volúmenes de las mismas inyectados y descargados y modelos precisos del equilibrio hídrico mundial.

El bienestar humano y la salud de los ecosistemas están íntimamente ligados al agua. La sostenibilidad del agua, a su vez, se basa en la disponibilidad de la cantidad de agua de la calidad adecuada. Pero, independientemente de quién sea, tanto la cantidad como la calidad del agua están cambiando y seguirán haciéndolo.

En los últimos veinte años, el consumo de agua ha aumentado dos veces más rápido que la población, casi duplicando sus niveles, y resulta hoy evidente que se trata de un recurso escaso. Esto, por un lado, avivará aún más la competición por su uso y, por otro, representará un vínculo importante para la expansión de todas las actividades productivas. Causante de una creciente desavenencia entre los hombres por sus distintos usos, el agua se ha convertido en un factor crítico. Y no porque su disponibilidad total en el mundo no sea suficiente para cubrir las necesidades de la demanda, sino porque no está distribuida según las exigencias territoriales. El 15% del agua dulce de la tierra se encuentra en la Amazonia, donde solo vive el 1% de la población mundial. Al contrario que en China, donde habita el 20% de la población con una disponibilidad de agua del 7 %. Esto hace que el problema hídrico sea un problema propiamente territorial.

Para comprender mejor el reparto desigual de los recursos hídricos, hay que conocer algunos datos: según la dieta y el estilo de vida, se necesitan entre 2.000 y 5.000 l de agua para producir el alimento diario de una persona y satisfacer sus necesidades de agua potable y saneamiento. Pero, aunque todos los continentes tengan recursos hídricos suficientes para cubrir sus necesidades diarias, hay grandes diferencias entre ellos y entre regiones, países y dentro de los propios países. Además, hay ocasiones en las que el agua sí está disponible, pero no es accesible o es muy cara.

Las crisis de agua actuales relacionadas con el acceso deficiente al agua, la extracción excesiva, la contaminación y los fenómenos meteorológicos extremos son resultado de una gobernanza inequitativa, insostenible y fallida.

La seguridad hídrica es uno de los grandes retos de nuestra sociedad. El estrés hídrico y su efecto sobre el suministro de agua, los fenómenos climáticos extremos como inundaciones y sequías, la mala calidad del agua debido al aumento de la contaminación y la pérdida de biodiversidad son problemas interconectados que requieren soluciones sostenibles. Para encontrar tales soluciones, los científicos y profesionales del agua deben operar en dos frentes. En primer lugar, es fundamental comprender el comportamiento complejo de los sistemas de agua en todas las escalas, desde la global a la regional e incluso urbana; y cómo estos sistemas se ven afectados por los procesos naturales y sociales. En segundo lugar, es necesario desarrollar nuevas formas, a través de la ciencia y la tecnología, para gestionar los recursos hídricos.

La forma en que la sociedad humana utiliza el agua está en continua evolución. El desafío actual relacionado con la disponibilidad de agua limpia requieren el desarrollo de tecnologías e infraestructuras sostenibles. Además, una apreciación más profunda y más amplia de las desigualdades y las injusticias del agua exige una transformación adecuada de la gobernanza del agua a escala local y global.

Por último, así como se deben considerar tanto la cantidad como la calidad para comprender la sostenibilidad del agua, también se deben reconocer las compensaciones potenciales entre la seguridad hídrica, la seguridad alimentaria, la seguridad energética y la mitigación de las alteraciones del clima (Fig. 5.1).

5.2. AGRICULTURA Y RECURSOS HÍDRICOS

El 97,5% del agua en la tierra es salada (océanos y mares) y solo el 2,5% restante corresponde a agua dulce. Del total de agua dulce en el mundo, el 70% aproximadamente se encuentra en estado sólido (polos y cumbres de las montañas más altas) y solo el 30% restante en estado líquido. Según el Programa Mundial de Evaluación de los Recursos Hídricos (World Water Assessment Programme –WWAP–UNESCO), de ese pequeño remanente de agua dulce en estado líquido, la agricultura consume actualmente entre el 60 y el 70% y en algunos países en vías de desarrollo este porcentaje alcanza, por la ineficiencia de los sistemas de riego, hasta el 90%.

La agricultura de secano ocupa el 80% de la superficie mundial cultivada y genera el 60% de la producción de las cosechas. Actualmente, la agricultura de regadío ocupa 275 millones de ha, aproximadamente el 20% de superficie cultivada, y representa el 40% de la producción mundial de alimentos.

La agricultura es, entre las actividades del hombre, la que más recursos hídricos utiliza, su necesidad aumentará en 2050 en un porcentaje estimado de entre el 30 y el 50%, si se considera la perspectiva del aumento de la demanda de alimentos.

El gran desarrollo de la agricultura, ocurrido desde la Revolución Verde también ha tenido, como ya se ha dicho, consecuencias negativas por su falta de sostenibilidad.

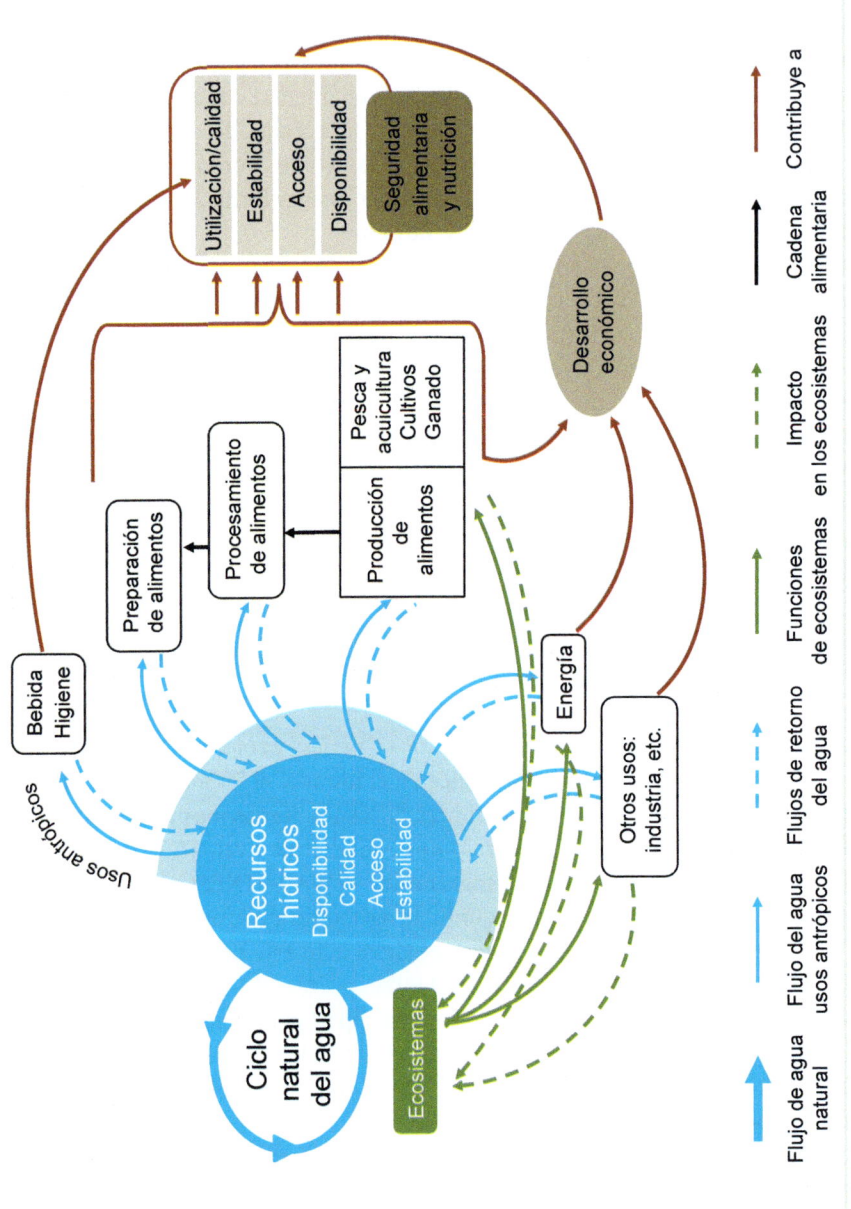

Figura 5.1 Vínculos entre el agua y los sistemas alimentarios (adaptado de Ringler, *et al.*, 2023)

En el caso del agua ha tenido efectos colaterales como el agotamiento del caudal de los ríos, el cierre de cuencas hidrográficas, el agotamiento de las aguas subterráneas y la contaminación de aguas.

Otros factores preocupantes en detrimento de la cantidad y calidad de agua dulce son la contaminación difusa de los recursos hídricos debido al uso de fertilizantes, insecticidas, herbicidas y productos agroquímicos en general.

Que el agua esté sometida a un ciclo constante de renovación no quiere decir que sea un recurso infinito. Si el consumo se dispara, la gestión es inadecuada o la contaminación la degrada, el equilibrio se rompe y el agua comienza a escasear. La intervención del hombre, sobre todo durante las últimas cinco décadas, ha trastocado el ciclo hídrico y el equilibrio del planeta y, por tanto, nuestra propia supervivencia. La escasez de agua a la que nos enfrentamos está provocada principalmente por el deterioro de su calidad, que reduce la cantidad disponible para el uso con múltiples consecuencias.

Para el año 2050, como ya se ha mencionado, se estima que habrá 9.000 millones de personas en todo el mundo y se necesitará un 60% más de alimentos, y en algunos lugares específicos esta cifra llegará al 100%. Por eso los países de ingresos medios y bajos están viendo al riego y a la gestión del agua como un mecanismo efectivo para enfrentarse al alza poblacional y a las variaciones climáticas, con miras a garantizar la seguridad alimentaria.

Al aumento de la producción de alimentos provocado por el aumento de la población, hay que sumar la transformación en el tipo de dietas: del consumo mayoritario de cereales y tubérculos hemos pasado al de proteínas animales, que requieren 10 veces más agua para su producción. Esto, a su vez, está impulsando la expansión e intensificación agrícola que vienen acompañadas de nuevos problemas ambientales, incluidos los impactos sobre la calidad del agua.

Dado que el crecimiento del suministro de agua es limitado, pero las demandas de agua doméstica, industrial y ganadera están aumentando rápidamente, una parte significativa del agua adicional para estos sectores deberá provenir del riego. Se espera que esta transferencia genere una presión creciente sobre las fuentes de agua de riego y ya ha provocado una disminución en la disponibilidad de la misma en algunas regiones. Como resultado, los países donde las precipitaciones son limitantes para la producción agrícola y los recursos de agua superficial y subterránea son demasiado escasos para un mayor desarrollo del riego, dependen cada vez más de las importaciones netas de alimentos.

La extracción de aguas subterránea ha proporcionado una valiosa fuente de agua lista para el riego, pero es casi imposible de regular. Y el uso no sostenible que le hemos dado ha provocado que en todo el planeta se extraiga agua subterránea a mayor velocidad que las tasas de recarga natural. Además, la escasez local de estos recursos puede seguir agravándose debido a las presiones socioeconómicas, a la competencia entre sectores y a las variaciones climáticas. Por tanto, esto afecta directamente a la producción alimentaria mundial.

El uso del agua en los cultivos está más relacionado con la ubicación geográfica, es decir, dónde se cultiva, los suelos, las fechas de siembra, la variedad del cultivo y también las prácticas de gestión y otros inputs del cultivo. Como tal, el uso real del agua por el cultivo puede variar ampliamente para una misma especie. Aunque el uso directo del agua para el ganado es relativamente bajo, el uso indirecto de la lluvia y el agua de riego para la producción de alimentos para animales está creciendo rápidamente como resultado del crecimiento continuo y la intensificación de la producción ganadera, particularmente en los países en desarrollo. En particular, la producción de carne se está volviendo cada vez más intensiva en agua debido al rápido crecimiento del uso del maíz como alimento para el ganado.

El consumo total de agua de riego por los 10 cultivos con mayor uso mundial de agua, se ha estimado en 1.300 km³; la precipitación en las áreas regadas, en otros 870 km³; y la precipitación en las zonas de secano, en unos 2.300 km³ (Fig. 5.2). A nivel mundial, se estima que el arroz consume la mayor cantidad de todas las fuentes de agua 1.123 km³, seguido del trigo con 696 km³ y el maíz con 641 km³. El arroz y el trigo también son los dos cultivos con mayor consumo mundial de agua de riego. El tercero en términos de consumo de agua de riego es la caña de azúcar, seguida del maíz y el algodón.

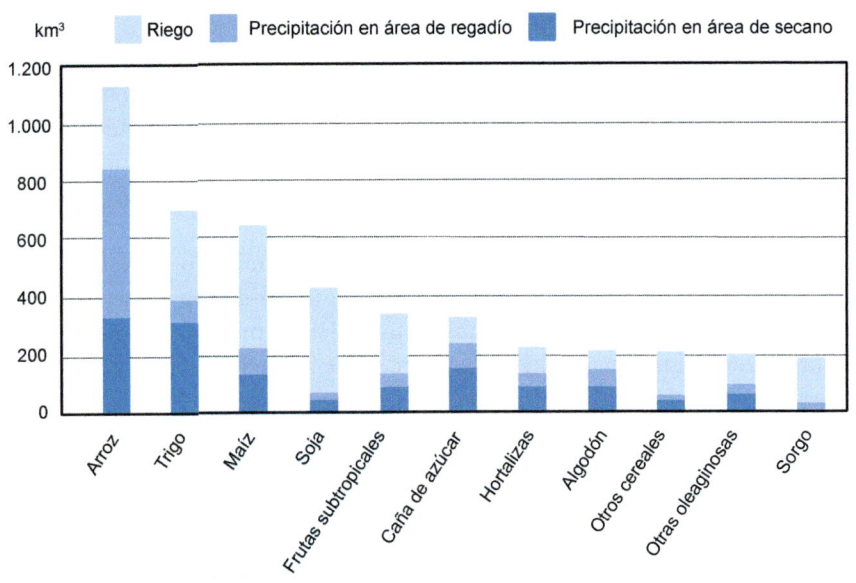

Figura 5.2 Uso de agua de riego y precipitación de 10 cultivos clave a nivel mundial
(adaptado de Ringler y Zhu, 2015)

Por cada hectárea, es la caña de azúcar la que usa globalmente la mayor cantidad de agua, cerca de 15.000 m³/ha, seguido de los frutos subtropicales a más de 9.000 m³/ha.

El uso de agua por el arroz se estima en 7.283 m³/ha, mientras que en el maíz se estima en 4.317 m³/ha y en el trigo en 2.966 m³/ha (Fig. 5.3).

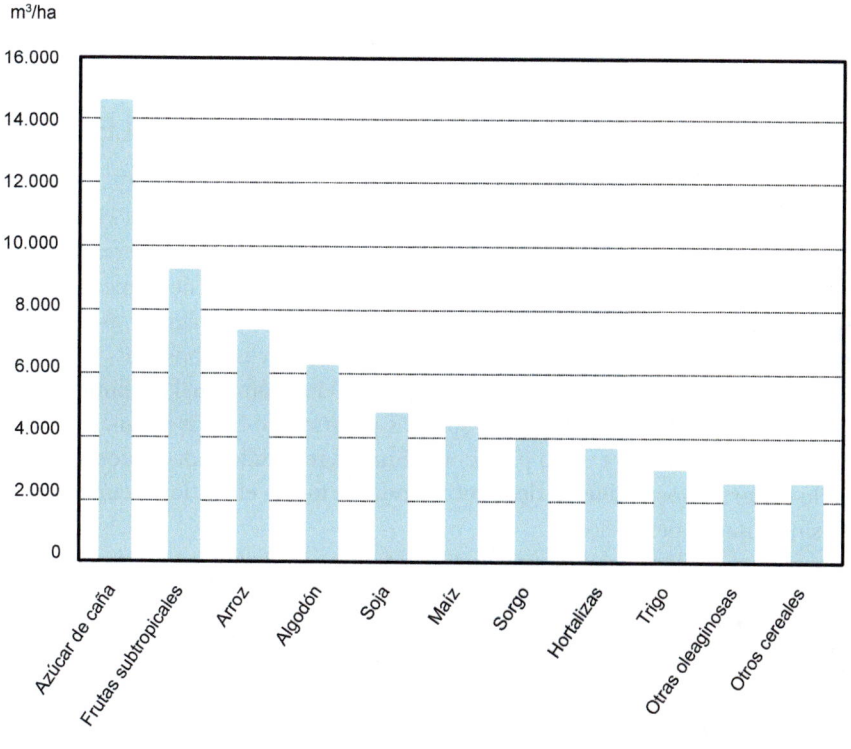

Figura 5.3 Uso de agua por hectárea en 10 cultivos clave (adaptado de Ringler y Zhu, 2015)

Para poder garantizar la seguridad alimentaria del planeta, es necesario hacer cambios reales en la forma en la que se regula y usa el agua en la agricultura, sobre todo teniendo en cuenta la cantidad que se utiliza.

Hay que establecer estrategias para lidiar con la escasez de agua, tales como: la desalinización de agua del mar, la reutilización del agua y la mejora de la eficiencia de la utilización del agua en la agricultura. Casi 110.000 km³ de precipitación caen sobre la Tierra, sin incluir los océanos. De esta cantidad, el 56% se pierde por la evapotranspiración de los bosques y otros paisajes naturales y el 5% por la agricultura de secano (regada por la lluvia). El 39% restante o 43.000 km³ por año se convierten en escorrentía superficial (ríos y lagos) y en aguas subterráneas (acuíferos). Juntos, representan los recursos renovables de agua.

Será necesario encontrar nuevas maneras de explotar los vínculos entre la agricultura y otros sectores, incluyendo salud, nutrición, agua y energía. Dado que la agricultura es la intersección de todos estos ámbitos, debemos utilizarla como palanca para obtener resultados de desarrollo más general. Mientras tanto, será esencial, establecer un sistema mundial para medir, monitorear y controlar los impactos en la seguridad alimentaria, la agricultura y la nutrición, la energía y los recursos naturales.

5.3. GESTIÓN SOSTENIBLE DEL AGUA

Gestionar el agua dulce a escala global significa ir más allá de nuestra visión actual de capturar agua azul, que constituye el 35 % de toda el agua dulce en la tierra, para abarcar también el agua verde, que constituye el 65 % restante. Los flujos de humedad y vapor de la tierra y la vegetación son esenciales para regular el ciclo del agua y asegurar futuras lluvias, además de permitir el secuestro de carbono en suelos y bosques.

La FAO calcula que sería posible duplicar la producción actual de alimentos de aquí a 2050 utilizando de forma intensiva solo los recursos de tierras y aguas que ya están dedicados a la agricultura, pero para conseguir los resultados adecuados sería esencial hacerlo de forma sostenible, es decir, utilizando de forma eficaz los recursos de tierra y agua sin causarles perjuicios.

De media, el diferencial de productividad entre áreas con y sin riego es del 130 %. También donde el agua no solo representa un problema de distribución, sino también de disponibilidad, unas técnicas de riego modernas pueden alcanzar resultados transcendentales. Hay que mantener y favorecer también las infraestructuras de transporte y almacenamiento. Las técnicas de riego modernas también están al frente del progreso técnico para reducir las necesidades hídricas de la agricultura. Estas técnicas permiten obtener importantes beneficios en términos de ahorro hídrico en muchas zonas del mundo.

Existe la necesidad de estrategias de gestión que conserven y proporcionen el agua del suelo adecuada para satisfacer la demanda hídrica de los cultivos en la agricultura de secano. Una mejor gestión del suelo puede aumentar la eficiencia en el uso del agua (WUE) y el suministro de más agua disponible para la planta, que beneficia la producción y asegura que el rendimiento esté más cerca de su potencial.

Los sistemas de laboreo cero tienen como ventaja sobre el laboreo convencional la reducción de la evaporación del agua del suelo, junto con la mayor disponibilidad de agua en el mismo inducida por una mejor capacidad de retención hídrica. Las prácticas de conservación que mantienen los residuos del cultivo en la superficie del suelo tienen un impacto positivo en la conservación del agua y se traducen en una mayor disponibilidad para el cultivo en regiones semiáridas, lo que conduce a un mayor potencial de rendimiento. Por lo tanto, la adopción de estas prácticas puede proporcionar una vía para mejorar el rendimiento de los cultivos y para satisfacer las futuras necesidades alimentarias.

La productividad está limitada en dos tercios de las tierras de cultivo del mundo por las precipitaciones disponibles; y el riego existente a menudo se alimenta de recursos hídricos no renovables. Al mismo tiempo, todavía hay importantes recursos de agua dulce disponibles para expandir el riego a tierras de cultivo con agua limitada, sin agotar las reservas de agua dulce y los flujos ambientales. Estos recursos hídricos podrían impulsar una expansión sostenible del riego, que haría posible producir alimentos para 1.400 millones de personas, sin agotar los recursos hídricos ni invadir áreas naturales.

Si bien se han estudiado los límites cuantitativos para la expansión del riego, aún se desconocen las implicaciones socioambientales más amplias. Por ejemplo, en muchas áreas geográficas hay agua disponible para expandir el riego, pero la disponibilidad de agua y su demanda para riego no coinciden en el tiempo. Este desajuste requiere el almacenamiento temporal de agua para aprovechar los recursos hídricos sostenibles. El almacenamiento de agua para riego puede establecerse mediante la recolección de agua en pequeños embalses, la recarga de acuíferos gestionados y una mejor gestión de la humedad del suelo.

El almacenamiento de agua es crucial para los futuros sistemas alimentarios. Sin embargo, se sabe poco sobre el papel del almacenamiento de agua en los futuros sistemas alimentarios. Los estudios sobre una futura expansión del riego a menudo asumen que el almacenamiento de agua es posible sin proporcionar más especificaciones. Esta es una brecha de conocimiento significativa por tres razones. En primer lugar, suponer que el almacenamiento de agua es factible probablemente conduzca a una sobreestimación importante de cuántos recursos hídricos sostenibles quedan para el riego futuro. En segundo lugar, si la infraestructura gris siguiera siendo tan importante para el riego futuro como lo es hoy, los embalses de riego futuros podrían crear cargas económicas significativas y externalidades ambientales negativas de los sistemas alimentarios futuros. En tercer lugar, el almacenamiento de agua será vital para muchos aspectos de los sistemas de agua, alimentos y energía.

El almacenamiento de agua para riego es y seguirá siendo un factor importante por la escasez económica de agua para la agricultura y un obstáculo potencial para aprovechar el agua azul sostenible para la seguridad alimentaria. Estimar las necesidades futuras de almacenamiento para el riego es, por lo tanto, importante para identificar posibles sinergias y conflictos entre los sectores que dependen del almacenamiento de agua en el nexo agua–energía–alimentos.

Los embalses represados actuales y futuros pueden ser importantes para la seguridad alimentaria, pero los sistemas alimentarios futuros requerirán soluciones integradas más allá de la construcción de más embalses. Esto no solo se debe a los importantes impactos socioeconómicos y ambientales de los grandes embalses y la infraestructura de conducción asociada, sino también a que el potencial de los embalses represados no será suficiente para cerrar futuros déficits de almacenamiento. En muchas cuencas, los recursos de agua azul no podrían usarse por completo para la agricultura alimentada por almacenamiento, incluso si se desarrollaran todos los embalses potenciales.

Se hace necesario explorar opciones alternativas de almacenamiento y utilizar las asignaciones de agua para riego de manera más eficiente. Los embalses grandes son probablemente los más comunes, pero no la única solución escalable para apoyar el riego alimentado por almacenamiento. De hecho, los embalses pequeños descentralizados, las prácticas agrícolas mejoradas y las soluciones basadas en la naturaleza para mejorar la infiltración y el almacenamiento subterráneo brindan múltiples beneficios y hacen que haya más agua disponible para la producción de cultivos. En escalas más grandes, la recarga de acuíferos gestionados se puede utilizar para almacenar cantidades significativas de agua y proporcionar múltiples beneficios, por ejemplo, para el riego y el control de inundaciones. En cuencas con almacenamiento de riego existente, el mantenimiento de la captación y de los embalses y, por lo tanto, la reducción de la cantidad de almacenamiento perdido por sedimentación, es fundamental para garantizar que la infraestructura existente pueda contribuir al futuro riego alimentado por almacenamiento a largo plazo.

El aumento de la eficiencia de los sistemas de riego no solo incrementará la cantidad de cultivos que se pueden establecer por unidad de agua, sino que también minimizará la necesidad de almacenamiento de esta. Sin embargo, muchas regiones en desarrollo, donde el riego alimentado por almacenamiento podría sustentar a la mayoría de las personas y donde el déficit de almacenamiento es mayor, también son aquellas con las eficiencias de riego más bajas. Esto destaca la necesidad de inversiones conjuntas tanto en almacenamiento como en eficiencia de riego, integradas en políticas sostenibles e hidrológicamente informadas.

Los administradores del agua siempre han tenido que lidiar con la variabilidad natural, por ejemplo, construyendo embalses más grandes y aprovechando los acuíferos para combatir la escasez. Pero los desafíos y las tendencias actuales en el resto de este siglo exigen un enfoque completamente diferente: una reorganización radical en la forma en que se gobierna, gestiona y valora el agua, desde escalas locales a globales, incluida una reevaluación de las necesidades humanas de agua.

Una forma ilustrativa de mostrar el contenido de agua de los alimentos y productos agrícolas es la huella hídrica. Esta es una de las varias huellas ambientales que se popularizaron a principios de la década de 2000 como resultado de la creciente escasez de recursos naturales, la mala gobernanza de estos recursos y el conocimiento limitado de la relación carbono/agua y otros recursos naturales integrados en nuestros bienes y servicios. La huella hídrica de un producto se define como el volumen total de agua dulce que se usa directa o indirectamente para producirlo. Se estima considerando el consumo de agua y la contaminación en todos los pasos de la cadena de producción. La principal innovación, pero también el desafío, del concepto de huella hídrica es medir con precisión la cantidad de agua que se usa en los diferentes pasos a lo largo del proceso de producción, lo cual es particularmente desafiante en cadenas de valor, a menudo globalizadas, de la actualidad. Se estiman un componente azul (de las extracciones de agua), verde (precipitación) y gris (requisito de dilución de la contaminación del agua) de la huella hídrica.

Por ejemplo, se necesitan 70 l de agua para producir una manzana, 50 l para producir una naranja, 500 l para producir 500 g de trigo o 1.700 l para producir 500 g de arroz. Así, cada producto vegetal tiene su huella hídrica, que incluso es mayor en la producción ganadera (se requieren 4.500 l de agua para producir 300 g de carne de vacuno).

5.4. LA ÓSMOSIS INVERSA: VENTAJAS Y LIMITACIONES

Durante las últimas tres décadas, la ósmosis inversa (OI) se ha convertido en una de las formas más atractivas de superar la escasez de agua. Cada día, unos 60 millones de m^3 de agua de mar se convierten en agua potable en las ciudades costeras, mientras que miles de comunidades más pequeñas utilizan la tecnología de ósmosis inversa para desalinizar el agua subterránea.

A pesar de estos avances positivos, quedan numerosos desafíos. Se necesita investigación para comprender y reducir los riesgos potenciales que la ósmosis inversa y las tecnologías de desalinización relacionadas pueden representar para la salud humana y el medio ambiente. También se necesitan más avances tecnológicos para reducir los costes y hacer que las tecnologías hídricas avanzadas sean accesibles para más personas. La principal preocupación de la salud humana debida a la ósmosis inversa está relacionada con el hecho de que el agua tratada está esencialmente libre de iones, incluidos algunos que tienen beneficios para la salud.

Además, sin una gestión cuidadosa, la composición química del agua tratada con ósmosis inversa podría alterar los minerales en los sistemas de distribución de agua, aumentando la liberación de metales tóxicos como el plomo, o creando condiciones propicias para la colonización de las tuberías por microbios indeseables. Por último, la casi ausencia de iones beneficiosos que las personas obtendrían normalmente de su suministro de agua, como el magnesio y el fluoruro, en el agua tratada con ósmosis inversa, puede contribuir a problemas de salud. Más allá de la evaluación de los riesgos asociados con el uso de agua tratada con ósmosis inversa, existe la necesidad de realizar investigaciones que conduzcan a tecnologías rentables para volver a agregar iones clave al agua al final del proceso de tratamiento.

El principal riesgo para el medio ambiente del tratamiento con la ósmosis inversa está relacionado con los residuos producidos cuando se eliminan los iones del agua. En el caso de la desalinización de agua de mar y agua salobre, el residuo es una salmuera salada. El tratamiento de ósmosis inversa de aguas residuales también produce un desecho salado, denominado concentrado, que contiene concentraciones relativamente altas de nutrientes, metales y productos químicos orgánicos. Hasta hace poco, se suponía que la dilución de la salmuera y el concentrado mediante la mezcla de residuos en el agua de mar sería suficiente para proteger el medio ambiente. Sin embargo, cada vez es más claro que en las regiones donde varias plantas desalinizadoras descargan salmuera en aguas costeras poco profundas, la salinidad puede acercarse a niveles preocupantes. Además, la descarga de concentrados de ósmosis inversa podría contribuir a la hipoxia, la acidificación de los océanos y comprometer la salud de los organismos acuáticos.

Por estas razones, para las plantas de ósmosis inversa que carecen de acceso a la costa, la generación actual de tecnologías de gestión de salmuera y concentrado, como la inyección en pozos profundos, los estanques de evaporación, la descarga de líquido cero o la descarga de líquido casi nula, aumentan en gran medida el coste total de la purificación del agua. Para permitir una mayor difusión de las tecnologías de ósmosis inversa, se necesita investigación para reducir los costes de eliminar selectivamente los componentes traza, deshidratar la salmuera y concentrarla para disminuir el volumen de líquido producido.

Los enfoques actuales para gestionar las sales residuales (p. ej., la eliminación en vertederos) no son sostenibles. La valorización de los residuos sólidos o altamente salinos producidos en estos procesos podría resultar en la producción de productos útiles como ácido sulfúrico, yeso y otros productos químicos básicos a partir de salmueras de desalinización. Con separaciones más selectivas, también podría ser posible desarrollar enfoques rentables para recuperar nutrientes, metales y materia orgánica del concentrado de las salmueras creadas por la reutilización del agua. Por lo tanto, los residuos generados por el tratamiento de ósmosis inversa podrían proporcionar un medio para apoyar una economía más circular.

Si la investigación puede resolver algunos de los problemas identificados anteriormente, la desalinización y la reutilización del agua, tecnologías que ya están experimentando grandes inversiones en numerosos lugares ricos con escasez de agua, podrían desempeñar un papel mucho más importante en los esfuerzos de la humanidad para superar la escasez de agua.

5.5. LOS RECURSOS HÍDRICOS Y LA SEGURIDAD ALIMENTARIA EN EL FUTURO

El agua es esencial para la producción agrícola, y el riego ha sido crucial para la seguridad alimentaria mundial y ha contribuido a un aumento significativo del rendimiento de los cultivos y ha salvado grandes áreas de tierra de la deforestación. Al mismo tiempo, el futuro del riego y todos los usos del agua en los cultivos se ven amenazados por un mayor desarrollo y uso del agua en los sectores doméstico e industrial. Además, en los países desarrollados, los usos ambientales del agua están ganando impulso, afectando aún más el agua disponible para la producción de alimentos. Otros reclamantes importantes sobre los recursos hídricos incluyen los biocombustibles y la producción de energía. Finalmente, la contaminación del agua y las alteraciones climáticas amenazan la disponibilidad de agua para la producción de alimentos.

Las crecientes presiones sobre los suministros limitados de agua de uso doméstico, industrial y ambiental probablemente conducirán a una disminución en la disponibilidad de agua para la producción de alimentos. Del mismo modo, el crecimiento de los ingresos y la urbanización conducen a cambios en la dieta que requieren más recursos hídricos por caloría consumida, lo que ejerce nuevas presiones sobre los suministros de agua. Como resultado, los países semiáridos y áridos continúan aumentando las importaciones netas de alimentos.

Estas proyecciones demandan mejoras sustanciales en la eficiencia del uso del agua en el campo, la finca y a escala de la cuenca fluvial en las próximas décadas, en respuesta a la creciente escasez de agua. Si no se logran estas mejoras de eficiencia, las futuras demandas de agua para los cultivos serían aún mayores. Aunque los recursos hídricos son un factor limitante clave para la seguridad alimentaria futura, existen opciones de políticas e inversiones para reducir el uso agrícola del agua, tanto en el lado del suministro como de la demanda; pero la voluntad política y el ingenio son necesarios para su implementación.

Proporcionar alimentos asequibles y nutritivos a una población mundial cada vez más próspera requiere enfoques multifacéticos para abordar los aspectos de la oferta y la demanda. Por el lado de la oferta, la expansión del riego es clave para aumentar la producción de alimentos en el futuro, pero aún se desconocen las necesidades asociadas para almacenar agua y las implicaciones de proporcionar ese almacenamiento de la misma.

Al mismo tiempo, el uso insostenible de agua subterránea en el riego se ha convertido en una preocupación creciente, dado que aproximadamente el 20% de la demanda mundial bruta de agua de riego se satisface mediante la extracción de agua subterránea no renovable.

Gran parte del crecimiento en el uso del agua para la producción de alimentos será impulsado por países en rápido crecimiento, mayoritariamente de Asia, América Latina y partes de África. Las poblaciones en estos países se están volviendo progresivamente más ricas y urbanizadas, con dietas más globalizadas que se parecen cada vez más a las de Europa y, los Estados Unidos. Como resultado, el consumo *per capita* de hortalizas, productos cárnicos, leche y azúcares aumenta mientras que el consumo de cereales disminuye.

Según la Sociedad Americana de Agronomía (ASA) la seguridad del agua y la seguridad alimentaria van de la mano. Para compensar los impactos indeseables, se necesitan urgentemente mejoras significativas en la conservación y gestión del agua para satisfacer las necesidades de alimentos, piensos, fibras y combustibles de una población mundial en crecimiento.

Hace varias décadas, el ex vicepresidente del Banco Mundial, Ismail Serageldin, escribió que los conflictos del siglo XXI serían por el agua, en lugar del petróleo, y que las relaciones entre países que comparten fuentes de agua están empeorando. Egipto está formalmente en disputa con Etiopía por proyectos de construcción de represas en el río Nilo; lo mismo ocurre con India y Pakistán en la cuenca del río Indo. Igual sucede entre España y Portugal, con el río Guadiana.

La distribución mundial de tierras y aguas no favorece a los países que necesitarán producir más alimentos. En los países más pobres, la disponibilidad de terrenos cultivados por persona es menos de la mitad que en los países de ingresos altos y, por lo general, las tierras están peor preparadas para la agricultura. Por otra parte, los países donde la demanda de alimentos es cada vez mayor, son también los que sufren mayor escasez de agua.

Por lo tanto, aunque los recursos hídricos son el factor limitante clave para la seguridad alimentaria futura, existen políticas institucionales e inversiones viables para reducir el uso agrícola del agua tanto en el sentido de la oferta como de la demanda, y el potencial de innovaciones adicionales es grande. Es importante destacar que todas las estrategias de conservación del agua, ya sea nuevas infraestructuras, nuevas variedades de cultivos u otras tecnologías, cambio institucional o fijación de precios del agua de riego, tienen tiempos de retraso significativos y muchas son costosas de implementar. Por lo tanto, es importante trabajar en estas tecnologías de ahorro de agua hoy para mejorar la seguridad alimentaria para las generaciones futuras.

Otras vías importantes para el ahorro de agua en la agricultura incluyen el mejoramiento de los cultivos, en el sentido de que conserven más agua. El uso ampliado de tecnologías de ahorro de agua, como la nivelación láser de tierras y la agricultura de precisión, y el desarrollo de nuevos recursos hídricos, particularmente a través de la construcción de nuevos embalses o mejorar el uso del almacenamiento de las aguas subterráneas.

5.6. CONSUMO ENERGÉTICO Y PRODUCCIÓN DE ALIMENTOS

Los costes de producción en la agricultura, dependen de inputs como fertilizantes, maquinaria, pesticidas y otros productos químicos, que están estrechamente relacionados con el precio del petróleo. Además, el creciente coste de la energía y la necesidad de reducir el consumo de los combustibles fósiles han dado lugar a un nuevo cálculo —el de las "*food miles*", es decir, la cantidad total de millas que recorren los alimentos antes de ser consumidos— que debería mantenerse lo más bajo posible a fin de reducir las emisiones de GEI. La combinación de todos estos factores podría tener como consecuencia una reversión a la responsabilidad más local. Los precios en aumento de la energía, el deseo en muchos países importadores de petróleo de reducir la dependencia de unos pocos países petroleros y gasíferos y el compromiso de reducir las emisiones de GEI a favor de la lucha contra las variaciones climáticas, han impulsado el crecimiento y proyectado la demanda de energías renovables.

Los transportadores de energía y sobre todo los combustibles fósiles (petróleo, gasolina, diésel, gas natural, etc.) son ampliamente utilizados en la producción primaria de productos agrícolas, por ejemplo, como combustible para tractores y maquinaria, para el riego, en la producción de fertilizantes, en cultivos protegidos en invernaderos, y en la ganadería y silvicultura.

El precio de la energía tiene un impacto significativo en los precios de los alimentos. Existe una relación entre la energía y la seguridad alimentaria a través de la volatilidad de los precios. Dado que la inflación en el precio del petróleo es perjudicial para la seguridad alimentaria, sería necesario diversificar el consumo de energía en este sector, debido a la excesiva dependencia de los combustibles fósiles. Se trata de lograr una combinación óptima de recursos energéticos renovables y no renovables que estarán a favor no solo de la seguridad energética, sino también de la seguridad alimentaria.

La conclusión es que existe una necesidad de diversificación energética en el sector agrícola, desde los combustibles fósiles hasta cualquier fuente de energía adoptable dentro del medio ambiente. Esto no solo mejorará el nivel de seguridad energética, especialmente en las economías menos desarrolladas y en desarrollo, sino que también tendrá un impacto significativo en la seguridad alimentaria y el acceso a alimentos y productos agrícolas asequibles.

Los recursos de energía renovable pueden ser utilizados directamente por los sectores de uso final de la cadena agroalimentaria o indirectamente a través de la integración con los sistemas convencionales de suministro de energía, que se basan principalmente en los combustibles fósiles y la energía nuclear.

La energía se consume ampliamente no solo en la producción primaria, sino también en la producción secundaria, como en el secado, enfriamiento y almacenamiento y en el transporte y distribución. La modernización de las cadenas de suministro de alimentos se ha asociado con mayores emisiones de GEI, tanto de inputs de la precadena (fertilizantes, maquinaria, pesticidas, productos veterinarios, transporte) como de actividades post–finca (transporte, procesamiento y venta al por menor).

Además, la falta de cadenas de frío es un determinante clave de las pérdidas de alimentos perecederos, como las frutas y las hortalizas. Los países de ingresos bajos y medianos bajos tienen una disponibilidad de cadenas de frío mucho menor que los países de ingresos altos, por lo que también les resulta más difícil mejorar las cadenas de frío mediante la integración de consideraciones ambientales. Dado que las cadenas de frío consumen mucha energía, la reducción de su huella de carbono es uno de los principales temas de investigación. Las mejoras en la tecnología, así como en el funcionamiento y la gestión de las cadenas de frío, pueden desempeñar un papel fundamental para aumentar la disponibilidad de la logística de la cadena de frío en los países de ingresos bajos y medianos bajos, teniendo en cuenta también el medio ambiente.

La eficiencia en el uso de energía es un índice controvertido porque se utilizan una variedad de fuentes de energía (humana, animal, hidroeléctrica, combustible fósil, nuclear, etc.) para producir la singular energía alimentaria humana. Si bien los alarmistas expresan su preocupación por la creciente dependencia de los cultivos de combustibles fósiles no renovables, es un tema menos importante para la sostenibilidad que el suministro de agua o nutrientes. Las alternativas a la energía de combustibles fósiles estarán disponibles y se utilizarán según sea necesario en la agricultura para mantener la eficiencia de la productividad de otros inputs actuales (Fig. 5.4).

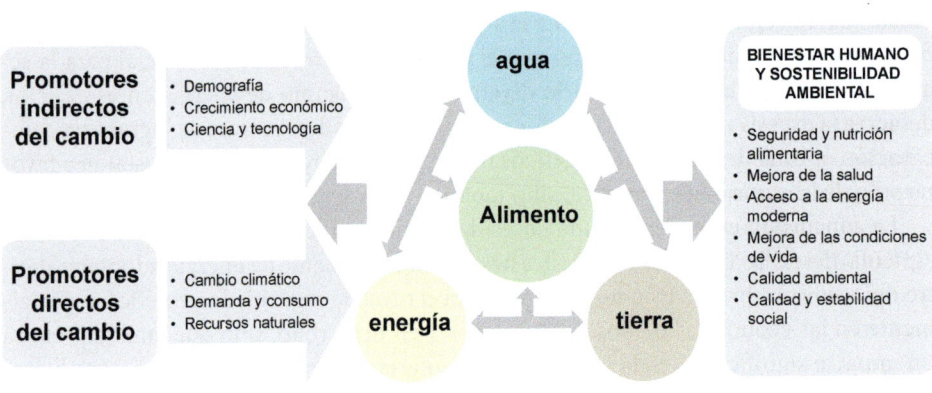

Figura 5.4 El nexo agua, energía, tierra y alimentos (adaptado de Hurni, *et al.*, 2015)

La aplicación de políticas que fomenten una utilización más eficiente de la energía en los sistemas agroalimentarios puede mejorar los resultados ambientales derivados de un impulso más sostenible de la actividad económica en esos sistemas, aprovechando un mejor uso de las políticas de apoyo.

5.7. ENERGÍA SOLAR. LOS RIESGOS DE LA SEGURIDAD ALIMENTARIA

El despliegue de la energía solar fotovoltaica es esencial para promover la transición a la energía renovable, y reducir gradualmente las centrales eléctricas de carbón. Sin embargo, este despliegue de energía solar fotovoltaica a gran escala requiere una elevada cantidad de tierra. Una proporción considerable de proyectos de energía solar fotovoltaica se ha construido en tierras agrícolas, lo que amenaza la seguridad alimentaria. Dadas las ambiciosas promesas climáticas de los países signatarios del Acuerdo de París, se espera que aumente la superficie de tierra necesaria para desplegar la energía solar fotovoltaica global en las próximas décadas. Los gobiernos deben actuar ahora para mitigar la feroz competencia por la tierra entre la energía solar y los cultivos.

Los proyectos de energía solar han invadido las tierras de cultivo en todo el hemisferio norte. Solo en 2017, China desplegó paneles fotovoltaicos en unos 100 km2 de tierras de cultivo en la llanura del norte, una de las regiones agrícolas más importantes. También se han desplegado paneles solares fotovoltaicos sobre desiertos, minas abandonadas, canales artificiales, embalses y tejados, pero estas opciones son menos atractivas para los promotores porque son más escasas, más inestables, o más caras que las tierras de cultivo.

Para garantizar la seguridad alimentaria nacional, algunos países han publicado normas estrictas de protección de tierras agrícolas. Sin embargo, los inversionistas y desarrolladores de energía solar continúan ocupando tierras de cultivo ilegalmente. Las autoridades locales proporcionan una aplicación inadecuada, lo que permite que el desarrollo avance a expensas de la agricultura.

Esta tendencia se ha vuelto común gracias a la reducción de los costes y la creciente rentabilidad de la tecnología fotovoltaica detrás de los paneles solares. En Francia, por ejemplo, un propietario de tierras podría ganar entre 10 y 100 veces más dinero por hectárea alquilando sus tierras a una empresa de energía que lo que ganaría con la agricultura convencional. Esto pone en riesgo el futuro de las tierras agrícolas.

Mitigar la competencia por la tierra de la energía solar requerirá innovación tecnológica y estrategias de implementación más sostenibles. Por ejemplo, se han propuesto sistemas agrovoltaicos que permitirían el crecimiento de cultivos bajo paneles solares. Sin embargo, los paneles solares dificultan la agricultura y las cosechas mecanizadas, ya que la energía solar fotovoltaica debe instalarse en una posición mucho más alta que los cultivos, lo que encarece el proyecto. Los científicos también han desarrollado células solares plegables que pueden integrarse en edificios.

Hasta que estas tecnologías sean rentables y escalables, los gobiernos deberían utilizar preferentemente tierras improductivas para el despliegue fotovoltaico a gran escala, evitar instalaciones en tierras cultivables finitas y aplicar políticas de protección de tierras agrícolas más estrictas. Las tecnologías de detección remota satelital deben usarse para monitorear de cerca la invasión ilegal de tierras agrícolas por parte de los paneles solares fotovoltaicos y cuantificar sus impactos en la producción de alimentos. Los gobiernos, las corporaciones y las organizaciones sin fines de lucro también deberían proporcionar fondos a los científicos para que investiguen y desarrollen células solares rentables, respetuosas con el medio ambiente y energéticamente eficientes, incluida la tecnología agrovoltaica.

BIBLIOGRAFÍA

Anónimo. 2023. The water crisis is worsening. Researchers must tackle it together. Nature, 613(7945):611–612.

FAO. 2018. El estado del Planeta. El agua: ¿Habrá suficiente para todos y para todo? Organización de las Naciones Unidas para la Alimentación y la Agricultura. 117 pp.

FAO. 2018. El estado del Planeta. Los grandes desafíos: ¿Estamos a tiempo de salvar nuestro planeta? Organización de las Naciones Unidas para la Alimentación y la Agricultura. 117 pp.

FAO. 2022. El estado de la seguridad alimentaria y la nutrición en el mundo 2022. Adaptación de las políticas alimentarias y agrícolas para hacer las dietas saludables más asequibles. Organización para las Naciones Unidas para la Alimentación y la Agricultura. 291 pp.

FISCHER, R.A., CONNOR, D.J. 2018. Issues for cropping and agricultural science in the next 20 years. Field Crops Research, 222: 121–142.

HLPE (PANEL DE EXPERTOS DE ALTO NIVEL EN SEGURIDAD ALIMENTARIA Y NUTRICIÓN). 2020. Seguridad alimentaria y nutrición: elaborar una descripción global de cara a 2030. FAO, Roma. 91 pp.

HATFIELD, J.L. AND WALTHALL, C.L. 2015. Meeting global food needs: realizing the potential via genetics × environment × management interactions. Agronomy Journal, 107: 1215–1226.

HURNI, H., GIGER, M., LINIGER, H., et al., 2015. Soils, agriculture and food security: the interplay between ecosystem functioning and human-well-being. Current Opinion in Environmental Sustainability, 15: 25–34.

KUANG, X., LIU, J., SCANLON, B.R., et al., 2024. The changing nature of groundwater in the global water cycle. Science, 383(6686).

LAMM, K.W., RANDALL, N.L., SHERRIER, J. 2021. Agriculture leaders identify critical issues facing crop production. Agronomy Journal, 113: 4444–4454.

LAMO DE ESPINOSA, J. 2022. Frenar el hambre es una exigencia inmediata y ética que no puede esperar. Vida rural, 522: 3–4.

LI, Z.B., ZHANG, Y., WANG, M. 2023. Solar energy projects put food security at risk. Science, 381(6659):740–741.

LÓPEZ BELLIDO, L. 1998. El uso del agua en los sistemas agrícolas mediterráneos. En "Agricultura sostenible" (Jiménez Díaz, R.M. y Lamo de Espinosa J., Eds.). Agrofuturo–Life–Ediciones Mundi-Prensa. Madrid. 227–248.

MICHALAK, A.M., XIA, J., BRDJANOVIC, D. et al., 2023. The frontiers of water and sanitation. Nature Water, 1: 10–18.

MISSELHORN, A., AGGARWAL, P., ERICKSEN, P., et al., 2012. A vision for attaining food security. Current Opinion in Environmental Sustainability, 4: 7–17.

REINERT, M. 2024. How science is helping farmers to find a balance between agriculture and solar farms. Nature. 2024 Feb 19.

RINGLER, C., AGBONLAHOR, M., BAYE, K., et al. 2023. Water for Food Systems and Nutrition. In Science and Innovations for Food Systems (von Braun, J., Afsana, K., Fresco, L.O., Hassan, M.H.A., eds.) Springer, 497–509.

RINGLER, C., ZHU, T. 2015. Water Resources and Food Security. Agronomy Journal, 107: 1533–1538.

ROCKSTRÖM, J., MAZZUCATO, M., ANDERSEN, L.S., et al., 2023. Why we need a new economics of water as a common good. Nature, 615(7954):794–797.

SCHMITT, R.J.P., ROSA, L., DAILY, G.C. 2022. Global expansion of sustainable irrigation limited by water storage. Proceedings of the National Academy of Sciences USA, 22; 119(47).

SCHULTE, L.A., DALE, B.E., BOZZETTO, S. et al., 2022. Meeting global challenges with regenerative agriculture producing food and energy. Nature Sustainability, 5: 384–388.

Taghizadeh–Hesary, F., Rasoulinezhad, E., Yoshino, N. 2019. Energy and Food Security: Linkages through Price Volatility. Energy Policy, 128: 796–806.

Voosen, P. 2020. The hunger forecast. Science, 368: 226–229.

West, P.C., Gerber, J.S., Engstrom, P.M., *et al.,* 2014. Leverage points for improving global food security and the environment. Science, 345(6194): 325–328.

▲6

NUEVA AGRICULTURA

6.1. INTRODUCCIÓN

Hasta hace poco, la mayoría de los paradigmas agrícolas se han centrado en mejorar la producción, a menudo en detrimento del medio ambiente, como ya hemos reiterado en los capítulos anteriores. Asimismo, muchas estrategias de conservación ambiental no han buscado mejorar la producción de alimentos. Sin embargo, para lograr la seguridad alimentaria mundial y la sostenibilidad ambiental, los sistemas agrícolas deben transformarse para abordar ambos desafíos.

La agricultura debe cumplir un conjunto de objetivos en las próximas décadas. En primer lugar, hay que considerar cuatro factores clave de seguridad alimentaria: aumentar la producción agrícola total, aumentar el suministro de alimentos (reconociendo que los rendimientos. agrícolas no siempre son equivalentes a los alimentos), mejorar la distribución y el acceso a los alimentos y aumentar la resiliencia de la población; esto es el sistema alimentario completo. En segundo lugar, hay que tener en cuenta también cuatro factores ambientales clave que la agricultura también debe cumplir: reducir las emisiones de gases de efecto invernadero y el uso de la tierra, reducir la pérdida de biodiversidad, eliminar gradualmente las extracciones de agua insostenibles, y reducir la contaminación del aire y el agua.

La transformación de la agricultura debe proporcionar suficientes alimentos y nutrición al mundo. Para cumplir con las demandas proyectadas de crecimiento de la población y aumento del consumo, se deben duplicar aproximadamente los suministros de alimentos en las próximas décadas. También se deben mejorar la distribución y el acceso, lo que requerirá más cambios en el sistema alimentario.

El Instituto Internacional de Investigaciones sobre Políticas Alimentarias (IFPRI) destaca tres áreas clave para las inversiones que priorizan el uso efectivo de la tecnología:

- Aumento de la productividad de los cultivos a través de una mayor inversión en investigación agrícola.

- Desarrollar y utilizar prácticas de gestión agrícola que conserven los recursos, como la agricultura sin laboreo, la gestión integrada de la fertilidad del suelo, la protección mejorada de los cultivos y la agricultura de precisión.

- Aumentar la inversión en riego.

Entre los retos más significativos para el desarrollo de la futura agricultura hay que destacar los métodos más sostenibles de uso del suelo, la eficiencia productiva y el fomento del flujo de información entre científicos, profesionales y políticos. En un contexto de recursos limitados y altos costes de inputs, es esencial asegurar un fuerte crecimiento de la productividad en el sector agroalimentario, con el fin de responder con éxito al incremento de la demanda de alimentos cada vez más diversificada. Tres son los componentes que intervienen en el crecimiento de la productividad: el cambio tecnológico, la eficiencia técnica y la eficiencia de escala. Tales componentes son frecuentemente usados para medir la innovación, la creación y la difusión.

Eco–eficiencia es "alcanzar más con menos"; es lograr más outputs agrícolas en términos de cantidad y calidad con menos inputs de tierra, agua, nutrientes, energía, mano de obra y capital. El concepto de eco–eficiencia abarca tanto las dimensiones ecológicas como económicas de la agricultura sostenible. En este contexto se enmarca el término "intensificación ecológica de la agricultura", que pretende la producción de más alimentos por unidad de uso de recursos a la vez que se minimiza el impacto de la producción de alimentos en el medio ambiente. Para ello se requiere mayor precisión en el uso de inputs y reducción de las ineficiencias y pérdidas. También se requiere una visión más holística de la agricultura.

Las estrategias clave para la eficiencia productiva sostenible de la agricultura del futuro se fundamentan en: (1) manejo del suelo (2) incrementar la diversidad de cultivos (rotaciones); (3) mejora de la fertilidad del suelo (uso eficiente de fertilizante); (4) utilizar técnicas eficientes de riego; y (5) manejo integrado de plagas.

La I+D es la principal fuente de nuevas tecnologías y del crecimiento de la productividad de la agricultura en el largo plazo. Los beneficios estimados de la I+D de la agricultura generalmente exceden con creces sus costes (la tasa interna anual de retorno puede variar entre 20 y 80%). Sin embargo, los beneficios de la I+D en la agricultura son frecuentemente subestimados y ello puede derivar en más falta de inversión. El tipo y la eficacia de las tecnologías agrícolas son muy debatidos, y los debates a menudo están polarizados. Las opciones tecnológicas son muchas, pero la información transparente basada en evidencia no ha sido concluyente o es escasa.

Para explicar los impactos en la productividad y estabilidad agrícola a corto, medio y largo plazo, primero debemos observar los principales factores del proceso de producción agrícola y su importancia relativa en los diferentes sistemas agrícolas alrededor del mundo (Fig. 6.1).

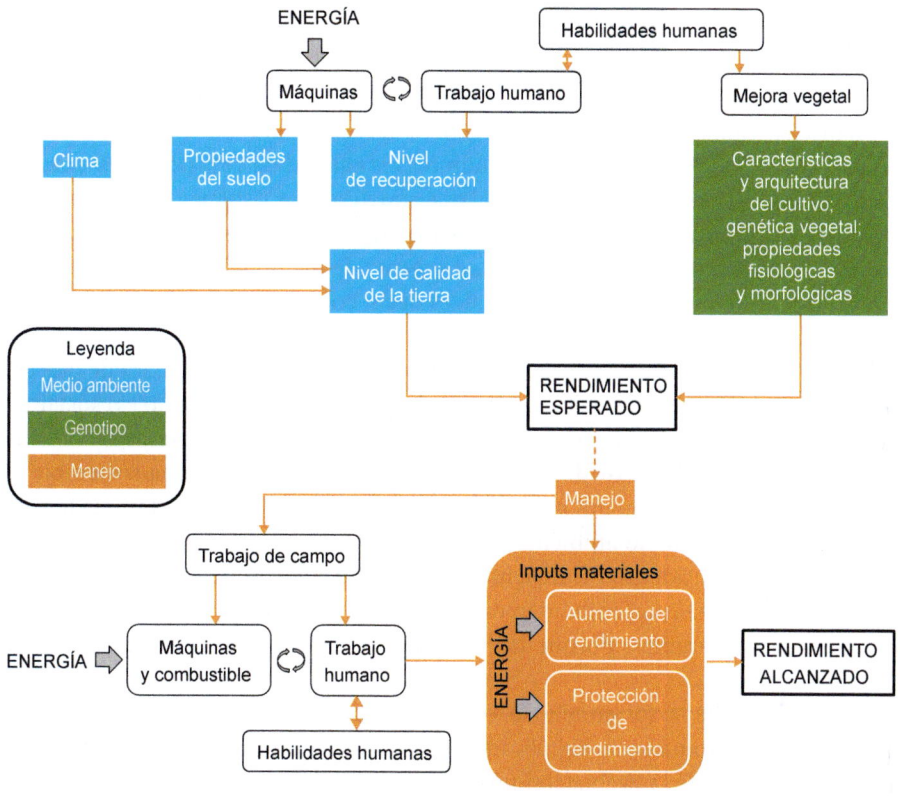

Figura 6.1 Esquema del proceso de producción agrícola (adaptado de Savary, *et al.*, 2020)

6.2. AGRICULTURA SOSTENIBLE

La intensificación agrícola contribuye a la seguridad alimentaria y al bienestar mundial, al satisfacer la demanda de alimentos de una población humana en crecimiento. Sin embargo, el cambio en el uso de la tierra y la intensificación en curso afectan seriamente la abundancia, diversidad y distribución de especies, además de muchos otros impactos, amenazando así el funcionamiento de los ecosistemas en todo el mundo. A pesar de la evidencia acumulada de que el modelo agrícola actual es insostenible, estamos lejos de comprender las consecuencias de la pérdida de diversidad funcional para el funcionamiento y el suministro de servicios ecosistémicos, y las posibles amenazas a largo plazo para la seguridad alimentaria y el bienestar humano.

Los factores que influyen en la salud de los agroecosistemas son extremadamente complejos e involucran tanto los servicios como los perjuicios relacionados con la gestión del uso de la tierra y las condiciones ambientales. La población humana mundial necesita agroecosistemas sostenibles y resilientes y se requiere un esfuerzo concertado para rediseñar fundamentalmente las prácticas agrícolas para alimentar a la creciente población humana sin poner en peligro aún más la calidad de vida de las generaciones futuras. Frente a la crisis ecológica y social que atraviesan los sistemas agroalimentarios, se requiere una transformación profunda de los mismos, lo que exige innovaciones sistémicas y sostenibles. Existe una necesidad urgente de mejorar la sostenibilidad de los sistemas agroalimentarios a nivel mundial, es decir, considerar los sistemas agrícolas y alimentarios en conjunto.

Sin embargo, una primera dificultad es la falta de una definición clara de qué es (y qué no es) sostenible y, en consecuencia, cómo evaluar qué es (y qué no es) sostenible, ya que la sostenibilidad de un sistema puede cambiar continuamente y hoy no existe ningún valor umbral a partir del cual se pueda hablar de un "sistema sostenible". La sostenibilidad es generalmente reconocida como el triple resultado de equilibrar las tres dimensiones de medio ambiente, sociedad y economía, pero estas tres dimensiones a menudo se consideran insuficientes y, finalmente, hay muchos modelos diferentes de evaluación de la sostenibilidad disponibles que apuntan a responder preguntas completamente diferentes, porque las plantean diferentes actores y, por lo tanto, a diferentes escalas.

La evaluación de la sostenibilidad es siempre una cuestión de criterios múltiples. Aquí, el criterio se toma en su significado dado en la ciencia de la sostenibilidad, como un concepto detrás de la evaluación utilizada para seleccionar uno o varios indicadores. Por ejemplo, en los sistemas alimentarios, los criterios pueden estar relacionados con aspectos ambientales, sociales, económicos, éticos, nutricionales o sensoriales. Sin embargo, no es tan frecuente tratar con todos ellos por igual. Los nuevos sistemas de producción agrícola abordan principalmente objetivos económicos y/o agronómicos como primera prioridad. Con respecto al medio ambiente, los objetivos más comunes considerados son la reducción de las pérdidas de nitrógeno (N), la contaminación por plaguicidas, la erosión del suelo, las pérdidas de biodiversidad o las emisiones de gases de efecto invernadero (GEI).

La intensificación de la agricultura en los últimos 60 años ha sido posible gracias a la utilización de los fertilizantes minerales, plaguicidas y equipos mecánicos. En consecuencia, se han mejorado la productividad y la producción total, compensándose la pérdida de tierras de cultivo. Esta forma de producción ha satisfecho la creciente demanda de productos agrarios, derivada del crecimiento de la población y de la mejora del nivel de vida. No obstante, tal intensificación ha tenido, con frecuencia, efectos negativos sobre el medio ambiente, debido al empleo excesivo de maquinaria, energía y fertilizantes, (especialmente los derivados nitrogenados), a la utilización abusiva de plaguicidas y a la disociación de la producción agrícola y animal derivada de la especialización. También ha tenido incidencia sobre el desarrollo rural por el desempleo generado por la mecanización, dando lugar a la despoblación de las zonas rurales. Tales efectos se plasman en aspectos tales como la desforestación, erosión del suelo, desertificación en ecosistemas frágiles, agotamiento de la vida silvestre y de los recursos genéticos, salinización de los suelos a causa del riego, sobreexplotación de acuíferos, etc.

Por los motivos anteriores, se han cuestionado los métodos de producción agrícola intensiva, suscitándose en el mundo científico, económico y político, a lo largo de la década de los 80, un intenso proceso de revisión y análisis de dichos métodos y técnicas convencionales basados en la química. Todo ello a pesar del amplio reconocimiento de los beneficios que, a gran escala, han producido los sistemas agrícolas intensivos de los países desarrollados.

En este contexto surge el concepto de agricultura sostenible, definida como un sistema integrado de prácticas de producción de plantas y animales que tiene una aplicación específica a cada ambiente o localización, y que a largo plazo satisface las necesidades humanas de alimentos y fibras; mejora la calidad ambiental y la base de recursos naturales, de los que depende la economía de la agricultura; hace un uso más eficiente de los recursos no renovables y de los recursos de la explotación agraria; mantiene la vitalidad económica de la misma; y aumenta la calidad de vida de agricultores y de la sociedad en general (Fig. 6.2).

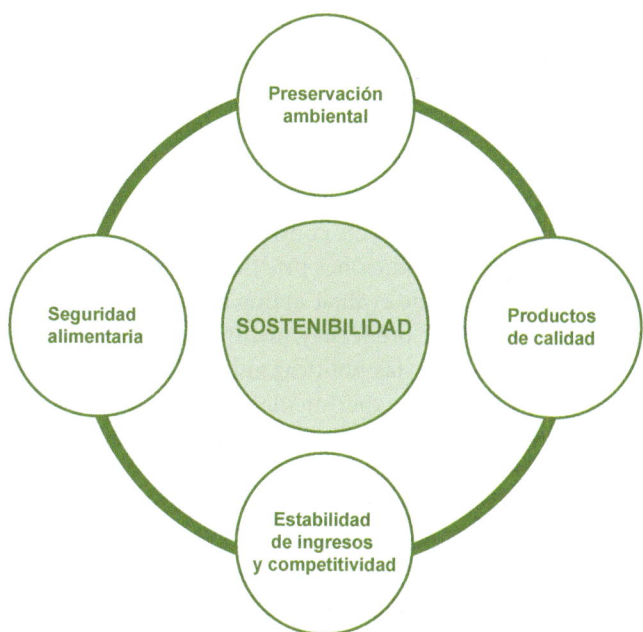

Figura 6.2 Principales pilares de la sostenibilidad de los sistemas agrícolas (adaptado de Popescu, *et al.*, 2022)

La agricultura sostenible no consiste en un modelo preestablecido de producción; más que una fórmula concreta, es una filosofía, un conjunto de criterios y pautas que deben considerarse e incorporar como una condición o requisito en la planificación y desarrollo de la tecnología agraria y en la implantación o reestructuración de los sistemas de producción. En definitiva, no es un concepto absoluto sino relativo; un proceso gradual de cambio a partir de la agricultura convencional. También es un concepto dinámico en el espacio y el tiempo. Al igual que el desarrollo sostenible, la agricultura sostenible integra la elección de objetivos ambientales, económicos y sociales, y es técnicamente apropiada, económicamente viable y socialmente aceptable.

La implantación de sistemas agrícolas sostenibles o alternativos, requiere la aplicación prioritaria de nuestra experiencia y de los últimos avances científicos. La reacción inicial a la investigación y a la práctica de la agricultura sostenible fue que todos los inputs fueran sustituidos y que la agricultura volviese a un sistema con solo control mecánico de malas hierbas, inputs fertilizantes limitados, y finalmente rendimientos reducidos. Es evidente que los objetivos de la agricultura sostenible son los mismos que los del desarrollo sostenible, es decir: satisfacer las necesidades del presente sin comprometer la capacidad de las generaciones futuras de satisfacer las suyas. Es ingenuo pensar que los agricultores y los agrónomos ignoren de repente toda la tecnología disponible en sus procesos de toma de decisiones. Esta tecnología será una parte importante de los sistemas sostenibles del futuro. El reto es construir la tecnología y suministrar la transferencia tecnológica para que la agricultura pueda ser sostenible.

Para implantar la agricultura sostenible es necesaria la investigación y la extensión, así como medidas de política agraria relativas a precios, comercio y protección de medio ambiente. La investigación agrícola actual es fragmentaria, realizada sobre alguno de sus componentes. Existe poca investigación sobre las interacciones y los aspectos integrales de la agricultura convencional y alternativa, relativos a las relaciones entre rotaciones de cultivo, métodos de laboreo, control de plagas y ciclo de nutrientes. La consecuencia de ello es la falta de soluciones prácticas a los problemas de los agricultores. También existe la dificultad de evaluar el impacto agronómico y económico de muchas prácticas alternativas y de predecir y medir sus efectos, pues deben tenerse en cuenta las fuerzas del mercado y las políticas gubernamentales que determinan la rentabilidad de las explotaciones. La experimentación debe suministrar las bases físicas, biológicas y económicas para el entendimiento de los agroecosistemas, sobre los cuales los sistemas y prácticas sostenibles han de fundamentarse. Un incremento de la investigación es necesario; dirigido hacia sistemas que alcancen el múltiple objetivo de rentabilidad, productividad continuada y seguridad ambiental. También los agricultores tendrán que adquirir los nuevos conocimientos y el adiestramiento necesario para realizar con éxito las prácticas alternativas.

Para interpretar adecuadamente los indicadores ambientales de los agroecosistemas, se han propuesto como criterios de valoración la *sostenibilidad* (capacidad de los agroecosistemas para mantener la producción de materias primas a través del tiempo sin amenazar la estructura y función del ecosistema); la *contaminación de recursos naturales* (degradación de la calidad del aire, suelo, agua o el conjunto de la flora y fauna asociada con subproductos de las prácticas agrícolas, tales como fertilizantes, plaguicidas, patógenos y sedimentos); y la *calidad del paisaje agrícola* (modificación de los modelos de uso de la tierra y la habilidad del paisaje para soportar la vegetación no cultivada y poblaciones silvestres). Se ha relacionado una lista de 21 indicadores ambientales de carácter biológico, físico y químico, entre los cuales destacan 6 como más importantes: productividad del cultivo, productividad del suelo, cantidad y calidad del agua de riego, abundancia y diversidad de insectos beneficiosos, uso de productos agroquímicos y diversidad genética. Por otro lado, numerosas investigaciones avalan a la materia orgánica del suelo como un firme candidato a indicador ambiental. Su contenido en el suelo se correlaciona con numerosos aspectos de la productividad, sostenibilidad e integridad ambiental de los agroecosistemas.

El término *agricultura sostenible* deriva del concepto de desarrollo sostenible, que fue acuñado y difundido por la Comisión Mundial para el Medio ambiente y el Desarrollo, también conocida como Comisión Brundtland, que en su informe presentado en 1985 bajo el título «Nuestro Futuro Común» definió que para que el desarrollo pueda ser sostenible tiene que «asegurar las necesidades del presente sin comprometer la capacidad de las futuras generaciones para satisfacer las propias». La sostenibilidad aparece, por tanto, como la línea de engarce entre desarrollo y medio ambiente.

El concepto de agricultura sostenible es complejo y controvertido, particularmente en su aplicación práctica, por lo que ha sido y es objeto de un proceso activo de análisis y discusión. La sostenibilidad de la agricultura debe ser definida con respecto a sistemas, más que a inputs o cultivos. Deben reunir tres categorías de requisitos: *ecológicos* (asegurar la conservación del potencial productivo de los recursos naturales implicados en la agricultura y la calidad del medio ambiente rural), *económicos* (ser competitivos frente a otras alternativas productivas y asegurar la rentabilidad del agricultor) y *sociales* (asegurar un abastecimiento de alimentos adecuado en cantidad, calidad y sanidad que satisfaga las necesidades de la sociedad).

Muchos de los retos clave de la sostenibilidad global están estrechamente entrelazados. Estos desafíos incluyen la contaminación del aire, la pérdida de biodiversidad, la alteración climática, la energía y la seguridad alimentaria, la propagación de enfermedades, la invasión de especies, y la escasez de agua y la contaminación. Ellos están interconectados a través de tres dimensiones (niveles de organización, espacio y tiempo), pero a menudo se estudian y se gestionan separadamente. Con frecuencia los esfuerzos de investigación y gestión no están coordinados y son involuntariamente contraproducentes para una sostenibilidad global, dado que un enfoque reduccionista de los componentes individuales de un sistema global integrado puede pasar por alto interacciones críticas entre los componentes del mismo.

La viabilidad a largo plazo de nuestro sistema actual de producción de alimentos está siendo cuestionada por muchas razones. Los medios de comunicación nos presentan con regularidad la paradoja del hambre en medio de la abundancia, incluyendo fotos de niños hambrientos yuxtapuestas con anuncios de supermercados. Los posibles impactos ambientales adversos de la agricultura y el aumento de la incidencia de enfermedades transmitidas por los alimentos también demandan nuestra atención. Las "crisis agrarias" parecen repetirse con regularidad.

Si defender la necesidad de una agricultura sostenible se ha vuelto universal, no se ha llegado a un acuerdo sobre lo que se requiere para lograrlo. A medida que más partes se incorporan al esfuerzo de la sostenibilidad de la agricultura, las percepciones que la define se han multiplicado. Esto plantea serias dificultades para la aplicación práctica de la sostenibilidad como un objetivo en la toma de decisiones reales.

Muchos agricultores han adoptado el sentido de urgencia y la dirección señalada por el concepto de agricultura sostenible. La falta de una definición nítida no ha disminuido su autenticidad. La sostenibilidad se ha convertido en un componente integral de muchos esfuerzos de investigación agrícola gubernamental, comercial y sin fines de lucro, y está comenzando a integrarse en la política agrícola. Un número creciente de agricultores y ganaderos se han embarcado en sus propios caminos hacia la sostenibilidad, incorporando enfoques integrados e innovadores en sus propias empresas. Esta actitud es la fuerza real que conduce el tema de la sostenibilidad al futuro. La mejor manera de comunicar el significado de la agricultura sostenible es a través de historias reales de agricultores que están desarrollando sistemas agrícolas sostenibles en sus propias fincas.

Las perspectivas para integrar las tecnologías de apoyo y la sostenibilidad, asegurando al mismo tiempo las necesidades de alimentos, piensos, fibra y combustible, deben ser exploradas en varias escalas: molecular, celular, planta, campo, agroecosistemas y el paisaje.

Las tecnologías que integran los procesos biofísicos y ecológicos en el marco de la producción sostenible de alimentos, mediante un uso eficiente de los recursos naturales (tierra, clima y agua) y minimizando el uso de inputs no renovables (especialmente la energía fósil y el fertilizante fosfórico), deberían suponer un fuerte apoyo, utilizando la transferencia de conocimientos y los modernos medios de comunicación e involucrando a todos los agentes de la cadena alimentaria.

La sostenibilidad es uno de los temas más importantes para la sociedad humana contemporánea. Sin embargo, el desarrollo sostenible se ha convertido en un espejo cada vez más difícil de implementar. Muchos científicos y políticos tienen miedo de que su puesta en práctica en un mundo cada vez más economicista implicará la marginación de los componentes sociales y ecológicos. Por lo tanto, recientemente muchos documentos y estudios, han adoptado el término "desarrollo inclusivo" para enfatizar la necesidad de contrarrestar el dominio de los mercados en el uso y asignación de recursos. Esto es también evidente en el texto sobre la Agenda 2030 y sus Objetivos de Desarrollo Sostenible.

Obviamente, necesitamos sistemas de tierra sostenibles para sobrevivir, pero estos no siempre garantizan la sostenibilidad humana. Sin embargo, el resultado final de la discusión sobre la sostenibilidad es la salud y el bienestar de la población humana, por lo que garantizar una experiencia humana positiva (y equitativa) es fundamental. Entonces se necesita examinar cuidadosamente cómo la sostenibilidad y la salud y el bienestar humano están relacionados entre sí.

También la agricultura necesita adaptarse a los impactos climáticos. Tales procesos deben ser a la vez socialmente equitativos y ambientalmente sostenibles, si el objetivo es un desarrollo más inclusivo. Los gobiernos y los científicos deben proporcionar programas sistémicos y las correspondientes técnicas, eficaces y económicas, para reducir el riesgo climático y la vulnerabilidad; con el objetivo de hacer una agricultura más productiva y ambientalmente sostenible. Para estos objetivos, la agricultura ecoeficiente y la agricultura climáticamente inteligente podrían ser nuevos enfoques encomiables, que abarcan lo ecológico (sostenibilidad ambiental) y económico (productividad y rentabilidad); dimensiones del desarrollo sostenible, y que pueden ser un importante motor de la economía verde. Si bien en la planificación e implementación de las estrategias de adaptación los agricultores deben estar en el centro.

Intensificación sostenible

Producir más alimentos en la misma área de tierra mientras se reducen los impactos ambientales requiere lo que se ha llamado "intensificación sostenible". Exactamente de la misma manera que se pueden aumentar los rendimientos con el uso de las tecnologías existentes, actualmente existen muchas opciones para reducir las externalidades negativas. Se pueden lograr reducciones netas en algunas emisiones de gases de efecto invernadero· cambiando las prácticas agronómicas, la adopción de métodos integrados de manejo de plagas, el manejo integrado de desechos en la producción ganadera, y el uso de la agrosilvicultura.

La "intensificación sostenible" es un concepto que en los últimos años ha tenido mucha repercusión en la agricultura. Como para otros sectores económicos, la principal acción a emprender es la de asumir que el impacto ambiental es parte íntegra de los procesos productivos. La FAO intentó sintetizar algunas de las prácticas de intensificación sostenible, que no son más que componentes del más amplio concepto de eficiencia: producir con el mínimo de recursos. Entre las prácticas recomendadas hay un uso más racional de los nutrientes, del agua y de la energía; más atención para la conservación de los recursos hídricos y de los suelos; un mayor uso de recursos biológicos en la lucha contra las plagas (la llamada "lucha integrada" está dando buenos resultados en este sentido); y una revaluación del capital de conocimientos locales, a través del redescubrimiento de variedades abandonadas, que pueden ofrecer soluciones para la subsistencia de los agricultores en las zonas rurales del sur del mundo y servir de nuevo impulso para la investigación y la selección genética.

El reto se desarrolla por lo menos en dos planos y en otros tantos horizontes temporales. Por un lado, se necesita actuar sobre las actividades de investigación y de transferencia tecnológica y organizativa; por el otro, sobre una revisión de las políticas nacionales y supranacionales que rigen los intercambios comerciales y la seguridad alimentaria. Una gran innovación es la única vía para la que se define como la probable "intensificación sostenible", es decir, la capacidad de producir más sin utilizar nuevas superficies y contaminar menos. En cuanto a las políticas, estas pueden ser muy útiles para garantizar más eficiencia y estabilidad en los mercados, para defender a los agricultores de la mayor incertidumbre que rodea su actividad, y para evitar que la inestabilidad generalizada repercuta sobre las franjas más débiles de la población, acabando en tensiones sociales difícilmente controlables.

Hay que reconocer que la intensificación sostenible de la agricultura es un concepto nuevo y en evolución, y su significado y objetivos están sometidos a debate. Para muchos constituye un paradigma que puede definirse y traducirse en un marco operativo para el desarrollo agrícola. La intensificación sostenible es solo una parte de lo que se necesita para mejorar la viabilidad y sostenibilidad del sistema alimentario, y no es sinónimo de seguridad alimentaria. Tanto la sostenibilidad como la seguridad alimentaria tienen múltiples dimensiones sociales, éticas y ambientales. Lograr un sistema alimentario sostenible y que mejore la salud para todos requerirá algo más que cambios en la producción agrícola, aunque estos son esenciales.

La intensificación sostenible debe considerarse como un proceso de investigación y análisis para conducir y resolver los problemas y preocupaciones en la agronomía. Existen, al menos, dos marcos alternativos de intensificación sostenible: uno que se refiere a la necesidad de "desintensificación" en los agrosistemas de altos inputs para ser más sostenibles y otro que se refiere a la necesidad de aumentar los inputs, donde actualmente ocurren grandes brechas de rendimiento (y a menudo también de eficiencia). Existe un fuerte contraste entre la intensificación sostenible en la agricultura de altos inputs externos en el mundo desarrollado y la de la agricultura de bajos inputs externos en muchos países en desarrollo. A escala mundial, la agricultura se volverá más ecológica, es decir, más sostenible, si los dos modelos tienden a converger. Para lograr la intensificación sostenible de la agricultura, ecológicamente eficiente, se requerirá una mayor precisión en el uso de los inputs y la reducción de las ineficiencias y las pérdidas. También se requerirá una visión más holística de la agricultura, considerando la eficiencia de los agrosistemas en su conjunto durante décadas.

En la agricultura australiana se han establecido cuatro tecnologías y sistemas de producción que pueden identificarse con los atributos deseables de una intensificación ecológica de los agrosistemas. Estos son: la gestión del riesgo climático; la agricultura de precisión; la integración cultivo–ganadería; y el riego deficitario.

También se ha evaluado el potencial para la intensificación sostenible de la agricultura desde una perspectiva de los suelos, indicando que el concepto del mismo debe incluir la fertilidad natural del suelo y su capacidad para amortiguar las posibles consecuencias negativas del medio ambiente. Se propone un esquema de clasificación basado en procesos biogeoquímicos y físicos del suelo. Dicho esquema se basa en el concepto de resiliencia para definir un territorio apropiado para la intensificación sostenible de la agricultura. Este se basa en seis indicadores, que incluyen: pH del suelo, contenido de carbono (C) orgánico del suelo, contenido de arcilla + limo, capacidad de intercambio catiónico, profundidad del suelo y pendiente de este.

Sin embargo, para algunos autores, los conceptos de sostenibilidad agrícola e intensificación son ambiguos. No es sorprendente que la combinación de ambos términos (el sustantivo intensificación con el adjetivo sostenible) sea aparentemente aún más confusa. Además, a ambas palabras "sostenible e "intensificación" en la frase "intensificación sostenible" a menudo no se le asigna el mismo peso. La vaguedad y complejidad del concepto han llevado a sugerir a algunos autores el término "intensificación ecológica" como alternativo. La pregunta es si existe alguna forma de salir de este dilema y, si dados los problemas obvios para definirla claramente, podemos circunscribir la intensificación sostenible de manera práctica, definiéndola como "producir más por unidad de tierra, mientras se reducen los impactos ambientales y se aumentan las contribuciones al capital natural y el flujo de servicios ambientales" como ya se ha dicho.

6.3. AGRICULTURA DE CONSERVACIÓN

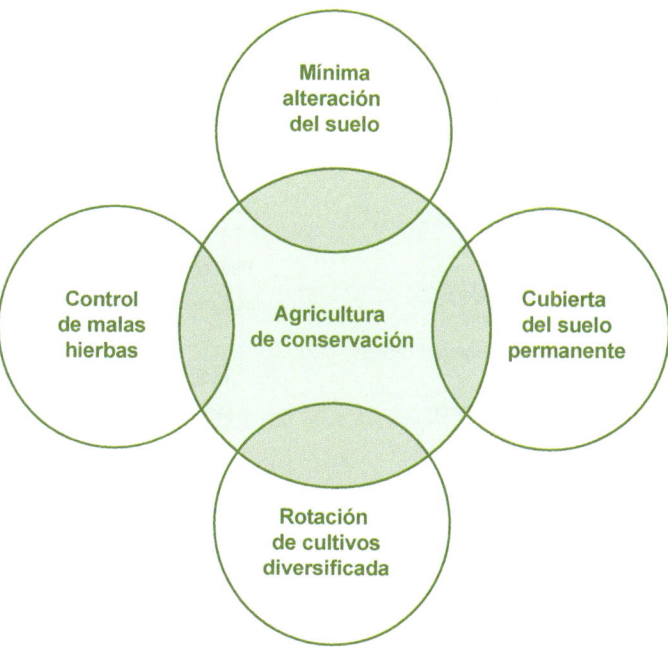

Figura 6.3 Elementos de la agricultura de conservación (adaptado de Faroq y Siddique, 2015)

La agricultura de conservación es un sistema de prácticas agronómicas que incluyen el laboreo reducido o el no laboreo, la cobertura permanente del suelo mediante la retención de los residuos del cultivo y la rotación de cultivos, incluyendo los cultivos de cobertura (Fig. 6.3). La agricultura de conservación tiene como objetivo reducir y/o revertir muchos efectos negativos de las prácticas agrícolas tradicionales, tales como la erosión del suelo, la disminución de la materia orgánica del mismo, la pérdida de agua, la degradación física del suelo y el uso de combustible. Entre sus principales ventajas, figura una mayor eficiencia en el uso del agua, mediante la mejora de la infiltración y retención de la misma y una mejor eficiencia en el uso de nutrientes a través de la mejora de su ciclo. También la agricultura de conservación mejora la biodiversidad del suelo y su actividad biológica, y la agregación, y aumenta el secuestro de C por el mismo, mediante el mantenimiento en superficie de los residuos de cosecha.

La agricultura de conservación implica cambios de muchas prácticas agrícolas convencionales, así como en la mentalidad de los agricultores para superar el uso convencional de las operaciones de laboreo. Aunque su adopción está aumentando globalmente, en algunas regiones es lenta o inexistente. A pesar de que la agricultura de conservación, como hemos dicho, tiene beneficios tanto agrícolas como ambientales, sin embargo, hay una falta de información sobre los efectos e interacciones de sus componentes que afectan al rendimiento y obstaculizan su adopción (**Tabla 6.1**).

Tabla 6.1 Beneficios de la agricultura de conservación (adaptado de Lal, 2014).

Biofísicos	Socio–económicos
Control de la erosión	Reducción del uso de combustibles
Conservación del agua y mejora de la resiliencia a la sequía	Incremento del margen de beneficios
Reducción de la temperatura máxima del suelo	Ahorro de mano de obra
Mejora de la estructura y agregación del suelo	Mitigación del trabajo pesado
Mejora del C orgánico del suelo y secuestro de C	Mejora de la calidad ambiental y el bienestar humano
Mejora del rendimiento de los cultivos	Facilidad para la oportunidad de siembra y la realización de otras operaciones agrícolas
Promover un establecimiento uniforme	Disminución de la infestación de malas hierbas
Incrementar la intensidad del cultivo	Creación de oportunidades para cultivos múltiples
Adaptación al cambio climático	Aumento de la aceptación de la mujer
Mitigación del cambio climático	Mejora del valor de la tierra

Potencial y retos de la agricultura de conservación

La información científica disponible sobre la agricultura de conservación desde los años 1960, procedente de diferentes regiones agrícolas, ha demostrado convincentemente un amplio rango de beneficios; tanto biofísicos como socieconómicos (**Tabla 6.1**). Estos beneficios acrecientan las estrategias de reducción y secuestro de GEI, creando un balance positivo de C en la relación suelo/ecosistema. La concentración de C orgánico del suelo es también importante en relación con la fertilidad del mismo, los sistemas agrícolas sostenibles y la calidad suelo/medio ambiente. Con la retención de los residuos de los cultivos y la eliminación de la alteración mecánica del suelo, el secuestro de C y el incremento en el pool de C orgánico del suelo en la capa superficial están también entre las principales ventajas de la adopción de la agricultura de conservación.

La rotación de cultivos es un aspecto vital de la agricultura de conservación. Las rotaciones adecuadas aumentan la fertilidad y la salud del suelo, disminuyen las malas hierbas, la presión de las enfermedades y producen mayores rendimientos. La rotación de cultivos también proporciona la cubierta del suelo, estabiliza su temperatura, estimula la actividad biológica, mejora la eficiencia en el uso de nutrientes del cultivo y rompe los ciclos de plagas y enfermedades. La inclusión de cultivos de raíz profunda en la rotación mejora el reciclaje de nutrientes desde las capas más profundas del suelo, aumentando así la cantidad de nutrientes para los cultivos de raíz más superficial. La rotación de cultivos también mejora la actividad microbiana del suelo y aumenta la diversidad de su flora. La elección de la secuencia de cultivo depende de las condiciones ambientales, el tipo de suelo y las oportunidades de mercado. Sin embargo, la precocidad es una consideración importante al elegir los cultivos de la rotación; una característica que puede ser manipulable a través de la mejora genética. Existen tres principios generales a tener en cuenta en la rotación de cultivos: (1) practicar una rotación es mejor que el monocultivo; (2) las rotaciones con leguminosas son más útiles que aquellas que no las incluyen; y (3) las rotaciones de cultivo necesitan ser suplementadas con nutrientes adicionales para mantener la productividad.

Impacto en los suelos en la agricultura de conservación

Las prácticas de la agricultura de conservación, tales como el no laboreo y la retención de residuos son esenciales para mantener o aumentar la materia orgánica en la capa superior del suelo, que a su vez proporciona energía y sustrato para las actividades de la biota del mismo y contribuye a mejorar su estructura y el ciclo de nutrientes, así como muchos otros procesos del suelo. Sin embargo, estos efectos generalmente se limitan a la capa superior del suelo (0–5 cm o 0-10 cm), pero a menudo no son evidentes en más de los 0–15 cm.

Las propiedades físicas del suelo, como la agregación y la macroporosidad, son importantes para determinar las tasas de infiltración de agua, escorrentía, agua disponible en el suelo, erosión y otras. Estos factores suelen ser mayores en la agricultura de conservación y están relacionados con una erosión y escorrentía reducidas. Aunque hay menos estudios sobre la calidad del agua, en general, se observa una menor carga de sedimentos y N reducido con la agricultura de conservación. Hay algunas cuestiones decisivas que, si se abordan, podrían identificar las prácticas claves de la agricultura de conservación, que son necesarias para mantener o mejorar las propiedades físicas del suelo relacionadas con la regulación del agua y la provisión en diferentes tipos de suelos. Actualmente no hay información suficiente para sintetizar los resultados según el tipo de suelo.

La clásica creencia de que la agricultura de conservación tiene un potencial considerable para el secuestro y almacenamiento de C del suelo ha sido recientemente cuestionada. Esta visión optimista se ha ido reduciendo, y actualmente se reconoce que el almacenamiento de C en el suelo con las prácticas de la agricultura de conservación, en comparación con los sistemas convencionales, puede presentar variaciones considerables. No están claros, según los estudios que indican un aumento en el C del suelo con el no laboreo, qué factores los diferencian de los estudios que no muestran tales aumentos. Dichos factores pueden ser el clima, el tipo de suelo, la cantidad de residuos, el tipo de cultivos incluidos en las rotaciones, la duración del estudio u otros factores. Lograr un entendimiento de la predicción de los impactos de las prácticas de la agricultura de conservación en el C del suelo requiere un enfoque integrado que vincule la producción de cultivos en la generación de aporte de residuos y la formación del C del suelo y su descomposición.

Sin embargo, la captura de C en los suelos agrícolas, a través de la agricultura de conservación y otros métodos de manejo de la tierra, parece ser un hecho constatado por numerosas investigaciones realizadas en los últimos años. Estudios realizados, en el norte de los «Great Plains» (EE.UU.), han estimado con un cultivo anual, sin barbecho, cantidades capturadas de 233 kg/ha/año de C en no laboreo frente a solo 25 kg/ha/año en mínimo laboreo y unas pérdidas de 141 kg/ha/año de C con el laboreo convencional. Tras 20 años de estudio en suelos Vertisoles de secano del sur de España, se obtuvo un secuestro de C de 22 t/ha en no laboreo frente a 14 t/ha en laboreo convencional (equivalente a una tasa media anual de secuestro de 1,3 y 0,9 t/ha/año, respectivamente), considerando un perfil de suelo de 0–90 cm.

Estrategias para promover la adopción de la agricultura de conservación

La agricultura de conservación reduce la pérdida de productividad del suelo, mediante la introducción de diversas prácticas que minimizan los cambios en la composición y estructura del mismo. La adopción de la agricultura de conservación sigue siendo un desafío a pesar de la evidencia económica razonable de su conveniencia desde el punto de vista de la explotación en la mayoría de las regiones y, más aún, desde una perspectiva social. Si bien la rentabilidad de la agricultura de conservación varía, no es probable que esta sea la barrera clave para su adopción. En cambio, existen otros factores que juegan un papel crítico en la difusión exitosa de las prácticas de agricultura de conservación entre los agricultores, aunque estos variarán de un lugar a otro.

La adopción de la agricultura de conservación está en aumento; sin embargo, la aceptación en algunas regiones es lenta o inexistente. La falta de información sobre los efectos y las interacciones de las perturbaciones mínimas del suelo, la cobertura permanente de los residuos, las rotaciones planificadas de los cultivos y el manejo integrado de malezas, que son componentes clave de la agricultura de conservación, pueden dificultar su adopción. Esto se debe a que estas interacciones pueden tener efectos positivos y negativos dependiendo de las diferentes condiciones ambientales.

Los esfuerzos mundiales para el desarrollo y difusión de las tecnologías de la agricultura de conservación han demorado varias décadas, aunque su adopción sigue aumentando en todo el mundo, incluso en muchas de las zonas áridas y semiáridas. Estos informes también son confirmados por la evidencia reciente de mayores rendimientos de los cultivos con la agricultura de conservación en comparación con los sistemas convencionales en climas más secos, a diferencia de los climas húmedos. Sin embargo, la falta de conocimientos precisos sobre los efectos y las interacciones propias de la agricultura de conservación, antes mencionados, pueden obstaculizar seriamente su adopción. Los factores a superar, en las zonas de alta precipitación, para mejorar la agricultura de conservación incluyen bajas temperaturas del suelo, encharcamiento, enfermedades y manejo de los residuos del cultivo.

También la agricultura de conservación, como se ha dicho, puede ser una alternativa viable en áreas secas, donde ayudaría a enfrentar los desafíos de los recursos naturales escasos y degradados. Sin embargo, los supuestos beneficios de la agricultura de conservación no son universales. Se han señalado las circunstancias en las que no parece ser ventajosa, en particular para los pequeños agricultores con pocos recursos. Estos agricultores encuentran generalmente difícil mantener una cobertura del suelo con los residuos del cultivo o los cultivos de cobertura, debido a los requisitos competitivos de dicha biomasa como forraje, resultando en un aumento de los costes del desherbaje y las limitaciones de las malas hierbas si el laboreo se reduce con dicho sistema de agricultura. Aunque se considera que la agricultura de conservación es un motor primario de la agricultura sostenible, se necesita un enfoque práctico, específico de la ubicación, y no rígido.

6.4. AGRICULTURA REGENERATIVA

La agricultura regenerativa es un sistema alternativo caracterizado como un "sistema semicerrado", diseñado para minimizar los inputs externos o los impactos agronómicos externos a la finca; cuyo objetivo es mejorar el rendimiento de los cultivos y la producción de alimentos para satisfacer las necesidades de la creciente población mundial. Los principios básicos del sistema de evaluación rápida se centran en la mitigación del clima, la restauración del suelo, la sostenibilidad económica y la protección de los recursos hídricos (Fig. 6.4).

Figura 6.4 Principios básicos de la agricultura regenerativa (adaptado de Al–Kaisi y Lal, 2020)

La agricultura regenerativa restaura y revitaliza los ecosistemas agrícolas saludables. De hecho, la agricultura regenerativa es una de las mayores oportunidades para abordar simultáneamente la salud humana, del suelo y del clima, junto con el bienestar financiero de los agricultores. Los principios fundamentales de la agricultura regenerativa, son los relacionados con la conservación de los recursos e incluyen la siembra directa, la reutilización de los residuos de las cosechas como abono natural, el empleo de cultivos de cobertura, el manejo integrado de nutrientes y de plagas, la rotación de cultivos y la integración de la agricultura con los bosques y la ganadería. La agricultura regenerativa aumenta la materia orgánica, la fertilidad, la retención de agua y la existencia de millones de organismos que transmiten salud y protección a las raíces. Practicar la agricultura regenerativa aborda todas las preocupaciones comunes sobre la fertilidad, las plagas, la sequía, las malas hierbas y el rendimiento.

Las prácticas de la agricultura regenerativa ofrecen un enfoque equilibrado para sostener los sistemas de producción de alimentos con una huella de C más baja, menos aportes externos, mejoran los servicios de los ecosistemas y tienen una mayor resistencia al cambio climático. La agricultura regenerativa en diferentes formas y prácticas ha demostrado estabilidad económica a los agricultores, especialmente a las fincas de pequeños agricultores. Existe una necesidad urgente de repensar y articular un nuevo conjunto de políticas para avanzar en estos sistemas y para desacelerar los efectos de los extremos climáticos y la degradación del suelo.

Uno de los muchos beneficios de las prácticas de la agricultura regenerativa es aumentar el secuestro de C orgánico del suelo, reduciendo los inputs agrícolas y aumentando la producción al mejorar la capacidad y la salud del suelo y los servicios ecosistémicos.

Los estudios a largo plazo han documentado el potencial de los sistemas de agricultura regenerativa para mitigar el cambio climático, brindando beneficios agronómicos y ambientales, como una mayor capacidad de retención de agua, una mejor calidad de la misma, y la mejora de los agregados estables en agua, como en los sistemas de no laboreo.

Economía de las prácticas regenerativas en la producción agrícola

La economía es una consideración para la adopción de sistemas de agricultura regenerativa, que pueden verse influenciados por riesgos reales o percibidos para mitigar los efectos negativos de los sistemas de producción de la agricultura convencional en la salud del suelo y los servicios ecosistémicos. Aunque la productividad y los retornos financieros con la agricultura convencional pueden ser mayores en algunos casos, los retornos económicos y el valor agregado por unidad de tierra pueden ser iguales o superiores con los sistemas de agricultura regenerativa.

La ventaja económica asociada con los sistemas de agricultura regenerativa se atribuye a los bajos inputs y especialmente de productos agroquímicos, con la capacidad del sistema para agregar más materiales orgánicos, un alto potencial para el suministro de nutrientes del suelo y una mínima pérdida de material; proporcionando un mayor equilibrio de los servicios ecosistémicos y alimentos de calidad. En contraste, los sistemas de agricultura convencional se caracterizan por altos costes de producción que incluyen maquinaria, mano de obra, productos químicos, combustible y equipo de laboreo. Los productores a menudo no consideran estos costes de inputs y el enfoque se centra solo en el rendimiento, lo que da la sensación de que un sistema convencional conduce a un rendimiento superior en comparación con el sistema de agricultura regenerativa.

La respuesta positiva a las prácticas de la agricultura regenerativa muestra dónde la mejora del rendimiento y el ahorro de mano de obra generaron un mayor rendimiento económico en comparación con las prácticas de la agricultura convencional para las pequeñas explotaciones agrícolas.

6.5. AGROECOLOGÍA

La agroecología es un enfoque de sistemas holísticos para la producción de alimentos, que incorpora dimensiones sociales, económicas y políticas. Las prácticas agroecológicas incluyen la diversificación del paisaje y las fincas, los cultivos intercalados, la rotación de cultivos y pastos, la adición de enmiendas orgánicas, cultivos de cobertura y la minimización o evitación de inputs sintéticos. Las dimensiones sociales de la agroecología incluyen la creación conjunta de conocimientos con los agricultores, los procesos participativos, las relaciones laborales no salariales, la propiedad colectiva y la gestión de recursos, y el tratamiento de las desigualdades sociales.

La agroecología es un concepto controvertido y dinámico. Un informe de las Naciones Unidas define la agroecología como una ciencia transdisciplinaria que aplica conceptos y principios ecológicos a los sistemas agroalimentarios en múltiples escalas, a través de la acción individual y colectiva, que considera explícitamente la política, aspectos económicos, sociales y ambientales, aprovechando el conocimiento indígena y local. La agroecología utiliza principios ecológicos y humanistas para cultivar con una degradación mínima del suelo, el agua y los servicios de los ecosistemas, al tiempo que proporciona suficientes alimentos, saludables y para el consumo y los medios de subsistencia. Los principios y prácticas de la agroecología incorporan dimensiones socioeconómicas y políticas como la creación conjunta de conocimientos con las partes interesadas, los procesos participativos, la creación de conexiones directas entre productores y consumidores y la reducción de las desigualdades sociales existentes.

En respuesta a los problemas de sostenibilidad que enfrenta a la agricultura en las economías avanzadas, la agroecología ha ganado una relevancia cada vez mayor en los debates científicos, políticos y sociales. Esto ha promovido la discusión sobre las transiciones a la agroecología, lo que representa un avance significativo. En consecuencia, se ha convertido en un campo de investigación en crecimiento. En respuesta a los problemas de sostenibilidad que enfrentan los modelos agrícolas dominantes en las economías avanzadas, ha surgido una variedad de modelos agrícolas alternativos, incluida la agricultura orgánica, la agroecología, la agricultura ecoeficiente, y agricultura regenerativa ya mencionada.

A menudo se compara la agroecología con la intensificación sostenible y enfoques relacionados, como la agricultura climáticamente inteligente, que tienden a ser más graduales, dependen más de inputs adquiridos basados en combustibles fósiles y se centran en la productividad. La agroecología, por el contrario, está alineada con la agricultura orgánica, la intensificación ecológica y los enfoques agrícolas diversificados, al enfatizar los procesos ecológicos para la producción de alimentos, apoyando la biodiversidad, los ecosistemas, la salud humana y el bienestar, por la resiliencia a largo plazo de los sistemas alimentarios. Si bien la agricultura orgánica incluye muchas prácticas agroecológicas, la agroecología tiene enfoques más transformadores para el sistema alimentario más amplio, incluida la atención a las dimensiones políticas, socioculturales, los mercados y el cambio dietético. La adaptación y mitigación agroecológicas abarcan transformaciones fundamentales y sistémicas en la producción, distribución y consumo de alimentos (Fig. 6.5).

Figura 6.5 Enfoque holístico de la agroecología en los sistemas alimentarios (adaptado de Kerr, *et al.*, 2023)

Hasta la fecha, la mayor parte de la investigación agrícola sobre las transiciones a la agroecología se ha centrado en diseñar y evaluar sistemas de cultivo más sostenibles a nivel de campo. Esta investigación no abarca suficientemente los cambios sistémicos que ocurren a nivel de finca, y la complejidad de las interacciones y compensaciones que los agricultores deben manejar en sus fincas y entre las fincas y su entorno. La transición a la agroecología implica múltiples cambios en varios aspectos del trabajo diario de los agricultores (p. ej., objetivos, valores, prácticas de gestión, organización del trabajo, gestión de ventas y redes profesionales).

La agroecología promueve los procesos ecológicos como motores y seguros para la resiliencia y la sostenibilidad de los sistemas agroalimentarios que enfrentan la alteración del clima y otras crisis. Sin embargo, quedan dudas sobre las consecuencias de la agroecología en la cantidad de trabajo agrícola, la reterritorialización de la producción agrícola y alimentaria, y la cantidad y calidad de los alimentos a escala global, especialmente en el contexto del cambio climático y la tensión por los recursos hídricos.

Una profunda transformación de los métodos de producción agrícola se ha vuelto inevitable debido al aumento de la población mundial y a los desafíos ambientales y climáticos. Actualmente se reconoce que la agroecología es un modelo desafiante para los sistemas agrícolas, que promueve su diversificación y adaptación a contextos ambientales y socioeconómicos, con consecuencias para todo el sistema agroalimentario y el desarrollo de las áreas rurales y urbanas. En este contexto, la agroecología aparece como un camino esencial, porque es inclusiva y se basa en principios generales que sitúan los procesos ecológicos en el centro del rediseño de una agricultura sostenible y resiliente. La agroecología no es solo para la agricultura en pequeña escala, en la que ha tenido más éxito, sino que también se necesita con urgencia para la agricultura a gran escala. La agroecología se ha definido de muchas maneras, asociando la ecología en diversos grados con otras disciplinas (p. ej., agronomía, genética, sociología) y con el conocimiento local o tradicional, y ha apuntado a la producción sostenible o incluso a sistemas alimentarios mediante la preservación y el uso de la biodiversidad en los agroecosistemas.

Existen múltiples interpretaciones de la agroecología, a saber: 1) la aplicación científica de principios ecológicos a los sistemas alimentarios, 2) prácticas dirigidas a mejorar los agroecosistemas y 3) los movimientos sociales que apoyan los sistemas agrícolas diversos en pequeña escala que son regenerativos, de base local y socialmente justos. Los métodos de cultivo agroecológico incorporan una variedad de principios fundamentales que tienen como objetivo mejorar la eficiencia de los recursos (como el reciclaje y la reducción de los inputs), fortalecer la resiliencia de los ecosistemas (como la mejora de la salud de los suelos y de los animales, la potenciación de la biodiversidad, el fomento de las sinergias positivas y la diversificación económica) y generar equidad social (como la creación conjunta de conocimientos, la incorporación de valores sociales en los sistemas alimentarios y el fortalecimiento de la participación y la gobernanza).

Agroecología y seguridad alimentaria

Varios estudios han encontrado que la agroecología mejora la seguridad alimentaria, la diversidad dietética y la nutrición al aumentar la disponibilidad y el acceso a fuentes de alimentos y dietas saludables y diversas. Varias prácticas agroecológicas pueden aumentar la disponibilidad de especies tanto cultivadas como silvestres para el consumo, incluidos los policultivos, la rotación de cultivos, la integración de cultivos y ganado, la agrosilvicultura, la conservación de hábitats naturales y el uso reducido de pesticidas. Las prácticas agroecológicas apoyan más eficazmente la seguridad alimentaria y la nutrición cuando se implementan en conjunto con la educación sobre nutrición y salud.

Un enfoque agroecológico también incluye cambios en los hábitos de consumo, reduciendo el consumo de proteína animal a niveles saludables, donde sea excesivo, y cadenas de valor alimentario más cortas que reduzcan el desperdicio de alimentos en una economía circular. Estas estrategias también tienen potencial de adaptación y mitigación. Por ejemplo, reducir la producción animal aumenta la tierra disponible para producir cultivos para consumo humano, plantar árboles o restaurar ecosistemas. El fortalecimiento de los sistemas alimentarios locales y regionales significa una menor vulnerabilidad a las fluctuaciones de los precios mundiales de los alimentos, los impactos climáticos en los productos básicos alimentarios mundiales y una reducción de las emisiones del transporte y almacenamiento a larga distancia.

Hay menos investigaciones sobre si las prácticas agroecológicas tienen beneficios más generales para la salud humana. Al mismo tiempo, algunos sistemas agroecológicos tienen una productividad agrícola promedio más baja en comparación con los sistemas convencionales, con impactos en la productividad que varían según los cultivos y el contexto. Un estudio que modeló una transición a métodos agroecológicos en Europa estimó que la producción agrícola disminuiría aproximadamente un 35% en comparación con 2010, pero las necesidades aún podrían satisfacerse con cambios en la dieta, mientras que las emisiones agrícolas de GEI se reducirían en un 45%, y la biodiversidad y los recursos naturales mejorados.

6.6. NUEVAS TECNOLOGÍAS. AGRICULTURA DE PRECISIÓN

En las últimas décadas un considerable número de nuevas tecnologías han sido incorporadas a la agricultura, modificando radicalmente las técnicas de producción y mejorando su precisión, eficiencia y productividad. Entre ellas merecen destacarse los cultivos protegidos con materiales plásticos de cobertura (acolchados, túneles e invernaderos); los cultivos hidropónicos mediante la utilización de sustratos (turba, perlita, lana de roca, NFT, etc.); las técnicas de laboreo de conservación y no laboreo; los sistemas de riego "pivots" y localizado, el desarrollo de métodos de evaluación de las necesidades hídricas de los cultivos, fertirrigación; métodos de siembra de precisión y utilización de equipos mecánicos automatizados para la fertilización, plantación, poda y recolección, en un rango cada vez más amplio de cultivos; sistemas informáticos y electrónicos para el control del clima, riego, maquinaria de cultivo, recolección y postcosecha; utilización de reguladores de crecimiento; programas de control integrado de plagas, enfermedades y malas hierbas; y técnicas de frío, conservación de alimentos e ingeniería de procesos agroalimentarios.

El crecimiento de la población mundial, la alteración del clima, la creciente contaminación y la degradación de los ecosistemas, como reiteradamente se viene diciendo, se encuentran entre las presiones más importantes sobre los sistemas de producción agroalimentaria que obligan a emplear recursos humanos especializados para aplicar las nuevas tecnologías en la agricultura.

Las nuevas tecnologías han llevado al surgimiento de varios conceptos y formas de agricultura moderna (Fig. 6.6). Los componentes principales de las mismas se basan en una genética mejorada, una mayor capacidad para medir y comprender la salud del suelo, una mejor comprensión microbiana del suelo, y la gestión de los datos recopilados por satélites, sensores y vehículos aéreos no tripulados (Fig. 6.7). Estos factores están conduciendo a una revolución agrícola llamada "Agricultura 5.0", que está haciendo que la agricultura sea más rentable, eficiente, segura, atractiva, sostenible y sencilla.

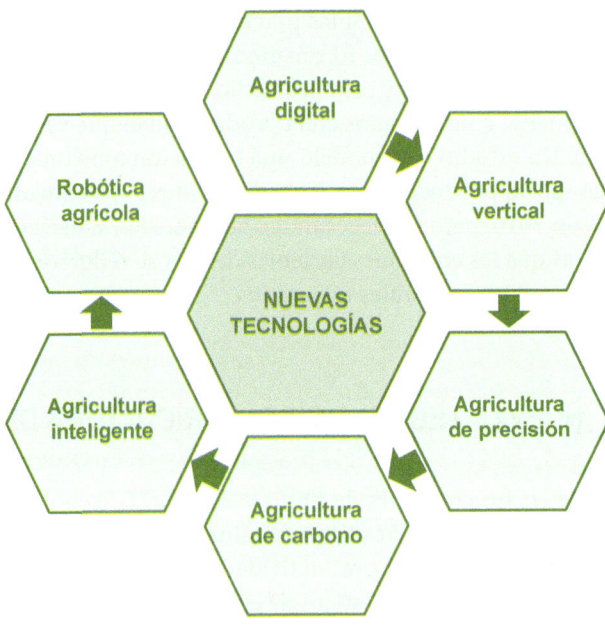

Figura 6.6 Conceptos y formas de agricultura moderna en el contexto de las nuevas tecnologías (adaptado de Popescu, *et al.*, 2022)

En los últimos años, las tecnologías digitales en la agricultura han obtenido un apoyo sustancial para lograr objetivos de sostenibilidad en las fincas y, por lo tanto, representan un cambio potencialmente importante en la gobernanza de la sostenibilidad agrícola. Además, la digitalización puede producir excedentes que pueden reducir los precios agrícolas. Las prácticas innovadoras, cuando se combinan con nuevas tecnologías, pueden mejorar la salud del suelo y las plantas.

La creciente conectividad en zonas y comunidades rurales, además del acceso a sistemas de sensores, sensores remotos, equipos inteligentes y teléfonos inteligentes, ha allanado el camino hacia la Agricultura Digital, que utiliza datos recopilados por diferentes tipos de tecnologías en el sector agrícola. Estas tecnologías nuevas y avanzadas permiten una combinación de datos que el agricultor puede analizar e interpretar para tomar decisiones más informadas y apropiadas para mejorar la eficiencia de la producción de alimentos.

El éxito de la agricultura de precisión está relacionado con la posibilidad de su aplicación para valorar, gestionar y evaluar el *continuum* espacio–tiempo en la producción de cultivos. Ello es posible a través de la integración de tecnologías específicas (teledetección, SIG, GPS, sensores, ordenadores, etc.), que permiten valorar y manejar la variabilidad a nivel de detalle nunca antes obtenido y a nivel de calidad nunca antes alcanzado.

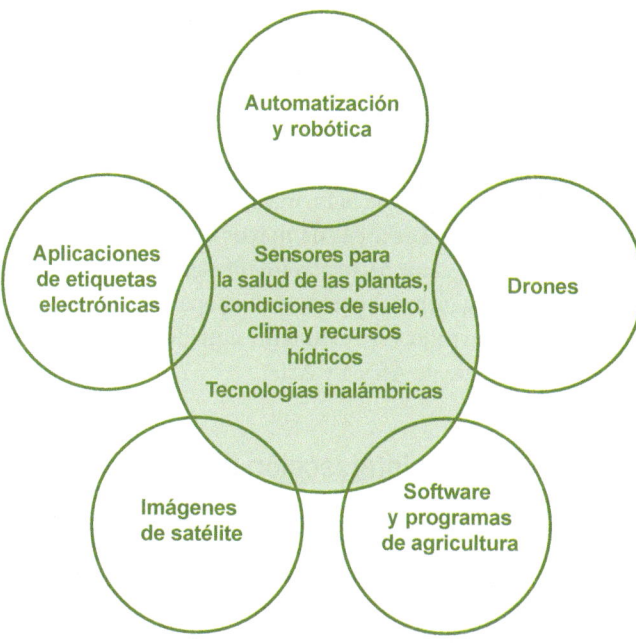

Figura 6.7 Principales componentes de las nuevas tecnologías (adaptado de Popescu, *et al.*, 2022)

Se pueden aprovechar estas nuevas tecnologías para evaluar las condiciones actuales y proporcionar evidencia de la efectividad de las estrategias de manejo adaptativo, entendiendo, como ya se ha dicho, que la producción de cultivos agrícolas es una interacción compleja entre la genética (G), el manejo (M) y el medio ambiente (E). El concepto general de G x E x M, ha mostrado que producir alimentos para alimentar a la población mundial para 2050 requeriría cerrar la brecha de rendimiento.

La agricultura de precisión (AP) es la aplicación de la tecnología de la información para gestionar mejor la producción agrícola y ganadera, anunciada como otra herramienta para promover la seguridad alimentaria en todo el mundo. La AP tiene el potencial de aumentar la productividad, mejorar la asignación de recursos para inputs, como pesticidas, fertilizantes·, agua, piensos y mano de obra; proporcionar una producción más estable y reducir el efecto ambiental de la producción agrícola. Pero la AP es un enfoque que puede ser muy diferente según las características de la finca, como los cultivos y el ganado, el tamaño de la misma, el manejo, el acceso de las explotaciones al apoyo técnico y las características del operador, como la edad y la educación.

La opción de AP ha sido más lenta y menos uniforme en comparación con algunas otras innovaciones agrícolas. Los sistemas modernos de gestión de AP rara vez se implementan en pequeñas fincas de baja mecanización, que comprenden gran parte de la producción agrícola mundial, y estas explotaciones son comunes en las áreas del mundo que tienen menos seguridad alimentaria. Y al igual que otras tecnologías agrícolas, sus beneficios van principalmente a quienes la adoptan y a la sociedad en su conjunto, pero quienes no la adoptan o no pueden adoptarla quedan en una relativa desventaja, que desafortunadamente en la actualidad son la mayoría de los agricultores de todo el mundo.

La adopción de AP varía geográficamente, entre cultivos y sistemas de cultivo, y con las características de los agricultores, como la edad, la educación y los ingresos. Han pasado casi tres décadas desde el inicio de la forma actual de AP, y su aplicación está lejos de ser ubicua en todo el mundo. Las áreas de mayor uso incluyen países desarrollados con agricultura mecanizada y campos relativamente grandes, como Estados Unidos, Canadá, Australia, Brasil, Argentina y partes de Europa. Las áreas de menor uso son comunes en los países en desarrollo, especialmente aquellos sin mecanización y campos más pequeños, como gran parte de África y Asia.

La intersección de la agricultura de precisión y la seguridad alimentaria

La AP tiene un papel en la seguridad alimentaria al contribuir a la eficiencia y estabilidad de la producción. La adopción de la agricultura de precisión está más ligada a las características de las explotaciones y los agricultores que a otras tecnologías.

El papel de la AP en la provisión de estabilidad alimentaria a lo largo del tiempo está directamente relacionada con su capacidad para combinar mejor los inputs agrícolas, lograr una producción más uniforme en el espacio y el tiempo, y su efecto en la estabilidad a través de la cadena de suministro agrícola. Los avances en la tecnología digital en la explotación ahora se están integrando en la cadena de suministro agrícola más allá de la puerta de la finca. Esta vinculación de los datos de producción agrícola con la logística de la cadena de suministro tiene el potencial de reducir el coste de los alimentos y mejorar la eficiencia en el sistema de entrega de los mismos.

La AP no juega actualmente un papel significativo en el área de la seguridad alimentaria, pero sus atributos están bien preparados para contribuir. El beneficio principal de la AP es la provisión de una mayor producción de alimentos y estabilidad a escala global al reducir los costes de producción, aumentar el rendimiento y mejorar la calidad de los cultivos. Pero debido a que está vinculada a la tecnología de la información, está preparada para informar mejor los suministros de alimentos a lo largo de la cadena alimentaria, desde el campo hasta la mesa, lo que tiene el potencial de mejorar la seguridad alimentaria. Los sistemas de AP deben desarrollarse para que las operaciones agrícolas no mecanizadas más pequeñas puedan beneficiarse.

Existen hoy herramientas a nuestra disposición para ayudarnos a lograr este objetivo, que no existía hace una década. Por ejemplo, la inteligencia artificial, el aprendizaje automático, la robótica y la agricultura digital brindan herramientas para ayudarnos a comprender la complejidad de las interacciones entre los componentes físicos, químicos y biológicos de los sistemas agrícolas. El objetivo de esta tecnología no debe ser reforzar nuestro sistema actual, sino transformarlo para cumplir con las metas de seguridad alimentaria, al tiempo que se reducen los impactos ambientales de la agricultura y se contribuye a la mitigación del clima.

Las tecnologías digitales y basadas en datos tienen importantes consecuencias para la seguridad alimentaria y la nutrición, aunque se está debatiendo si es probable que estas repercusiones sean en general positivas o negativas. Sus defensores sostienen que las tecnologías digitales permiten a los agricultores adoptar decisiones más precisas mediante el uso del análisis de macrodatos asistido por ordenador que pueden ayudar a determinar los niveles más apropiados de utilización de fertilizantes y plaguicidas en sus campos. Los críticos, no obstante, destacan que la tecnología por sí sola no puede abordar la inseguridad alimentaria y advierten que se transfieren cantidades cada vez mayores de datos específicos sobre las explotaciones agrícolas a las grandes empresas privadas que ofrecen estas tecnologías y los servicios asociados a ellas, lo que suscita preocupación con respecto a las cuestiones relativas a la privacidad de los datos y el arbitrio de los agricultores. Otros están, preocupados, como ya se ha dicho, de que estas tecnologías son en general inaccesibles para los productores más pobres y más afectados por la inseguridad alimentaria y pueden agravar aún más las desigualdades.

Cada vez con más frecuencia se están utilizando y sugiriendo muchas tecnologías agrícolas modernas como parte de la agricultura de precisión y regenerativa (Fig. 6.8), entre ellas:

- Riego y tecnología de nutrientes de tasas variables: el riego de tasa variable es un sistema de riego cuya aplicación se hace de acuerdo con un mapeo detallado y monitoreo de la variabilidad del suelo, reduciendo así las pérdidas por drenaje.

- En un sistema de riego variable, los sensores pueden desbloquear todo el potencial de los sistemas de riego, permitiendo aplicaciones óptimas de agua en un sistema de cultivo de regadío.

- La tecnología de nutrientes de tasa variable es una tecnología en la que los nutrientes se aplican para igualar los requisitos del suelo y del cultivo, y para evitar su pérdida y aumentar su eficiencia. Estas tecnologías utilizan una variedad de enfoques basados en sensores, sensores en tiempo real y controles de retroalimentación, para medir las propiedades del suelo o las características de los cultivos y usar inmediatamente esta señal para controlar el aplicador de tasa variable.

Son útiles para tratar la heterogeneidad espacial del suelo con diferentes tasas de riego y nutrientes.

- La *Decision Support System for Agrotechnology Transfer* (DSSAT) es un conjunto de programas informáticos para simular el crecimiento de un cultivo agrícola. Dicho sistema de apoyo a la toma de decisiones en tecnologías agrícolas puede brindar una ayuda fundamental a los productores para que decidan y optimicen sus prácticas para el manejo preciso de nutrientes, agua, energía y plagas. Estas soluciones integradas, al combinar sensores basados en el suelo o en el dosel del cultivo o imágenes espectrales/térmicas, con servicios telemétricos basados en la "nube", permiten una fácil gestión del campo de cultivo durante la temporada de crecimiento sin ir al campo para tomar medidas *in situ*.

- La tendencia de usar múltiples sensores e imágenes espectrales disponibles para una amplia gama de sistemas agrícolas y cultivo, abordaría un problema de la seguridad alimentaria mundial minimizando la huella ambiental.

- La tecnología basada en imágenes aéreas y de teledetección, es utilizada y se aplica con procesamiento de imágenes próximas para gestionar inputs agrícolas como nutrientes, suelo o agua.

- La tecnología basada en drones, aunque actualmente no están en pleno uso para la mayoría de las operaciones agrícolas, pero se han vuelto cada vez más asequible, siendo otra opción prometedora. El uso de drones permitirá a los agricultores mejorar los rendimientos al monitorear los cultivos con mayor frecuencia y precisión, lo que permitirá aplicaciones de pesticidas y fertilizantes más controladas y precisas, interviniendo de forma remota cuando sea necesario.

- Redes de sensores inalámbricos, que se pueden utilizar como una herramienta sofisticada y útil de gestión de la agricultura de precisión, para ayudar en el sistema de toma de decisiones agrícolas (p. ej., sistemas de monitoreo de aplicación de fertilizantes o agua de riego). Estos diversos sistemas de comunicación inalámbrica son opciones más flexibles para gestionar el suelo, el agua, los nutrientes, y supondría una revolución en la producción agrícola de los sistemas sostenibles.

- Mapeo digital de suelos, que es un componente de la agricultura inteligente con respecto al agua para generar mapas informativos relevantes de tipos de suelos, propiedades y funciones para la gestión sostenible del suelo y el agua. Este enfoque puede ser multinivel y su funcionalidad puede ayudar a los agricultores en su proceso de toma de decisiones, especialmente en áreas propensas a la sequía durante tiempos difíciles de cambio climático.

La agricultura digital actual cuenta con el respaldo de herramientas de apoyo a la toma de decisiones basadas en la web o aplicaciones de teléfonos inteligentes para el reconocimiento de plagas o enfermedades. Sería interesante ver cómo la comunidad agrícola está utilizando estas herramientas de manera eficaz para mejorar sus prácticas agrícolas actuales. Por lo tanto, la adopción de esta información por parte del usuario final solo puede ser útil si la interpretación es fácil de usar para los productores. Por ejemplo, la notificación del NDVI (Índice de Vegetación de Diferencia Normalizada) en campos agrícolas con un rango de color desde el verde (~uniformidad y buen vigor) hasta el naranja y el rojo (~plantas estresadas), podría implementarse de manera efectiva como parte del manejo de cultivos de precisión.

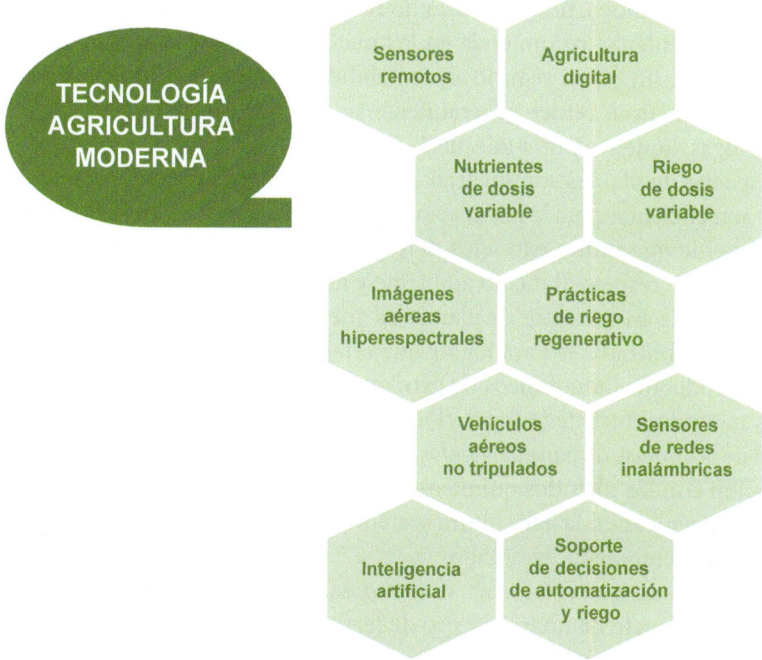

Figura 6.8 Diferentes formas de adoptar tecnologías agrícolas modernas como parte de los sistemas agrícolas de precisión para lograr la sostenibilidad agrícola y ambiental (adaptado de McLennon, *et al.*, 2021)

6.7. NANOTECNOLOGÍA

La nanotecnología es un campo de investigación interdisciplinario prometedor y en rápida evolución, que tiene potencial para revolucionar los sistemas alimentarios. La nanotecnología implica el diseño, la síntesis y el uso de materiales a nivel de nanoescala, que van desde 1 a 100 nm (nanómetro = 1 nm = 10^{-9} m). A esta escala las propiedades físicas, químicas y biológicas de la materia, difieren fundamentalmente de las propiedades de los átomos individuales, las moléculas o la materia a granel. La capacidad de manipular la materia a nanoescala puede conducir a una mejor comprensión de los procesos biológicos y químicos y a la creación de mejores materiales, estructuras, dispositivos y sistemas que se pueden utilizar en los agroecosistemas.

La aplicación de la nanotecnología a la agricultura y las industrias está creciendo rápidamente. Esta tiene una serie de beneficios potenciales que van desde la mejora de la calidad y la seguridad de los alimentos hasta la reducción de los inputs agrícolas y la mejora del procesamiento y la nutrición.

La síntesis de nanopartículas utilizando fuentes renovables es un enfoque sostenible en la química verde. Se recomienda en los métodos biológicos debido a su respeto al medio ambiente, limpieza, seguridad, rentabilidad, facilidad y alta eficiencia. Las nanopartículas sintéticas verdes generalmente se producen a partir de plantas, hongos, bacterias, algas, líquenes y biomoléculas.

Las especies de plantas suministran abundantemente productos fitoquímicos naturales que son eficientes para la producción de nanopartículas. También se considera que la síntesis verde que utiliza extractos de plantas cumple con los estándares de seguridad, simplicidad, respeto al medio ambiente y ahorro de costes. Una gran ventaja de la biosíntesis basada en extractos de plantas es que este método no requiere la adición de compuestos estabilizadores para lograr una estabilidad a largo plazo de las nanopartículas. Los productos fitoquímicos de extractos de plantas actúan como agentes estabilizadores naturales durante la formación y vida útil de las nanopartículas. Además, la duración de la síntesis de nanopartículas mediadas por plantas es relativamente corta en comparación con los métodos químicos. Hasta donde sabemos, la aplicación de nanopartículas biogénicas en la agricultura sostenible tiene un gran potencial, pero todavía no ha sido suficientemente explotado.

No hay duda de que el enorme aumento en la producción mundial de alimentos es el resultado directo de un mayor uso de fertilizantes inorgánicos. Sin embargo, una serie de estudios de investigación indican que el aumento del uso de fertilizantes convencionales ha dado lugar a importantes riesgos ambientales, incluida la contaminación del suelo y de las masas de agua, como ya se ha dicho. En comparación con otros sistemas de cultivo, esto es muy cierto para los sistemas de cultivo mundiales basados en cereales. Recientemente, se han desarrollado opciones más saludables mediante el uso de nanotecnología y nanofertilizantes en la agricultura (NE). Al utilizar cualidades únicas de nanopartículas con un rango de nanodimensiones de 1 a 100 nm, los NF tienen como objetivo aumentar la eficiencia de utilización de nutrientes con la ayuda de nanoarcillas y zeolitas.

A diferencia de los fertilizantes convencionales, los NF ofrecen una serie de beneficios, que incluyen solubilidad variable, alta consistencia, efectividad, descarga controlada por tiempo, actividad dirigida mejorada con concentración efectiva y menos ecotoxicidad, con métodos seguros y simples de entrega y eliminación. Los NF son absorbidos rápida y completamente por las plantas, lo que ayuda a conservar los nutrientes que, de otro modo, ingresarían al sistema como residuos y causarían degradación ambiental.

En comparación con los fertilizantes convencionales, los NF cuentan con formulaciones que tienen efectos mejorados en el crecimiento y la producción de cultivos con más eficiencia y sostenibilidad (Fig. 6.9).

Figura 6.9 Ventajas de los nanofertilizantes frente a los fertilizantes convencionales (adaptado de Kumar, *et al.*, 2023)

Para mejorar la eficiencia en el uso de nutrientes se necesitan nuevos tipos de fertilizantes inteligentes con liberación controlada. El desarrollo de dichos fertilizantes podría basarse en el uso de microorganismos (biofertilizantes) y/o nanomateriales (nanofertilizantes). El desarrollo de fertilizantes inteligentes basados en la nanotecnología es un fenómeno reciente, con énfasis en la liberación controlada y/o sistemas de transporte/entrega, para sincronizar la disponibilidad de nutrientes con las demandas de la planta, reduciendo así las pérdidas al medio ambiente.

Durante las últimas décadas, el consumo excesivo de pesticidas químicos para la protección de cultivos ha causado efectos negativos en el medio ambiente, no ajustándose a los objetivos de la agricultura sostenible. La nanotecnología verde permite prevenir y controlar las enfermedades de las plantas de forma proactiva.

Las nanopartículas han ganado recientemente una gran prominencia y popularidad en el sector de la agricultura sostenible, ya que pueden minimizar parcialmente el uso de pesticidas y productos agroquímicos para proteger los cultivos anuales. Se espera que las nanopartículas biogénicas abran una ventana en la protección de las plantas contra patógenos potentes, aunque algunos estudios han discutido el potencial de los bionanomateriales contra las plagas y enfermedades de los cultivos.

La nanotecnología puede contribuir enormemente a la revolución de la agricultura sostenible. Las nanopartículas biogénicas desempeñan un papel en los métodos de detección y diagnóstico de una amplia variedad de patógenos de las plantas. La biodetección basada en el ADN, la prueba colorimétrica, el ensayo de flujo lateral y la inmunodetección son métodos principales para el diagnóstico temprano de enfermedades de las plantas.

Además de un gran potencial en la detección y control de patógenos de plantas para la agricultura, las nanopartículas biogénicas pueden ofrecer varias perspectivas de futuro. Se pueden desarrollar comercialmente nuevos dispositivos biosensores electroquímicos de ADN/ARN basados en nanopartículas para el diagnóstico de patógenos.

BIBLIOGRAFÍA

AL-KAISI, M.M., LAL, R. 2020. Aligning science and policy of regenerative agriculture. Soil Science Society of America Journal, 84: 1808–1820.

BURGESS, P.J., HARRIS, J., GRAVES, A.R., DEEKS, L.K. 2019. Regenerative Agriculture: Identifying the Impact; enabling the potential. Report for SYSTEMIQ. 17 May 2019. Bedfordshire, UK: Cranfield University.

CALABI-FLOODY, M., MEDINA, J., RUMPEL, C. 2018. Smart fertilizers as a strategy for sustainable agriculture. En Advances in Agronomy (D. L. Sparks Editor). Academic Press, 147: 119–157.

CAMACHO FERRE, F. 2019. Producción sostenible de alimentos. Actitudes éticas. Distribución y consumo, 158: 26–30.

CANCELA, J.J., GONZÁLEZ, X.P., VILANOVA, M., MIRÁS-AVALOS, J.M. 2019. Water management using drones and satellites in agriculture. Water, 11(5): 874.

CREWS, T., COX, T., DE HAAN L., et al., 2014. New roots for ecological intensification. In Feeding the World in 2050. CSA News, 59 (11): 16–17.

DE LA RIVA, E.G., WERNER ULRICH, W., PÉTER BATÁRY, P., et al., 2023. From functional diversity to human well-being: A conceptual framework for agroecosystem sustainability. Agricultural Systems, 208: 103659.

EL SOLH, M., VAN GINKEL, M., ORTIZ, R. 2013. Innovative Agriculture for Food Security Be smart, Be Systematic. Science and Policy Comment. International Center for Agricultural Research in the Dry Areas, 12 pp.

ERICKSON, B., & FAUSTI, S. W. 2021. The role of precision agriculture in food security. Agronomy Journal. 113: 4455–4462.

FABREGAS, R., KREMER, M., SCHILBACH, F. 2019. Realizing the potential of digital development: The case of agricultural advice. Science, 366: 6471.

FAO. 2017. The future of food and agriculture: Trends and challenges. Organización de las Naciones Unidas para la Alimentación y la Agricultura. 180 pp.

FAO. 2018. El estado del Planeta. Hambre cero: ¿Lograremos finalmente erradicar el hambre? Organización de las Naciones Unidas para la Alimentación y la Agricultura. 117 pp.

FAO. 2018. El estado del Planeta. La nueva revolución agrícola: ¿Cómo vamos a alimentar a 10.000 millones de personas? Organización de las Naciones Unidas para la Alimentación y la Agricultura. 117 pp.

FAO. 2018. El estado del Planeta. Los retos del futuro: ¿Qué puedes hacer tú? Organización de las Naciones Unidas para la Alimentación y la Agricultura. 117 pp.

FAO. 2022. El estado de la seguridad alimentaria y la nutrición en el mundo 2022. Adaptación de las políticas alimentarias y agrícolas para hacer las dietas saludables más asequibles. Organización para las Naciones Unidas para la Alimentación y la Agricultura. 291 pp.

FAROOQ, M. Y SIDDIQUE K.H. M. 2015. Concepts, Brief History, and Impacts on Agricultural Systems. En "Conservation Agriculture" (M. Farooq, K. Siddique, Eds.). Springer. 3–20.

FEDOROFF, N.V., BATTISTI, D.S., BEACHY, R.N., et al., 2010. Radically rethinking agriculture for the 21st century. Science, 327(5967):833–834.

FISCHER, R.A., CONNOR, D.J. 2018. Issues for cropping and agricultural science in the next 20 years. Field Crops Research, 222: 121–142.

FOLEY, J.A., RAMANKUTTY, N., BRAUMAN, K.A. 2011. Solutions for a Cultivated Planet. Nature. 478: 337–342.

FUNDACIÓN INNOVACION BANKINTER. 2020. La comida del futuro. Future Trends Forum, 25 pp.

GASCUEL–ODOUX, C., LESCOURRET, F., DEDIEU, B. et al., 2022. A research agenda for scaling up agroecology in European countries. Agronomy for Sustainable Development. 42(53): 1–18.

GEBBERS, R., ADAMCHUK, V.I. 2010. Precision agriculture and food security. Science, 327(5967): 828–831.

GODFRAY, H.C., BEDDINGTON, J.R., CRUTE, I.R., et al., 2010. Food security: the challenge of feeding 9 billion people. Science, 327(5967): 812–818.

HATFIELD, J.L. Y WALTHALL, C.L. 2015. Meeting global food needs: realizing the potential via genetics × environment × management interactions. Agronomy Journal, 107: 1215–1226.

HATFIELD, J.L., KEENEY, D.R. 1994. Challenges for the 21st century. En "Sustainable agriculture systems" (J.L. Hatfield, D.L. Karlem, Eds). Lewis Publishers, Londres, 287–307.

HORTON, P., LONG, S.P., SMITH, P. et al., 2021. Technologies to deliver food and climate security through agriculture. Nature Plants 7: 250–255.

HURNI, H., GIGER, M., LINIGER, H., et al., 2015. Soils, agriculture and food security: the interplay between ecosystem functioning and human well–being. Current Opinion in Environmental Sustainability, 15: 25–34.

HUTCHINS, S.H. 2021. Sustainable Agriculture in the U.S. vs. the EU. CSA News, 66: 24–34.

JAWAD, H., NORDIN, R., GHARGHAN, S., JAWAD, A., ISMAIL, M. 2017. Energy–efficient wireless sensor networks for precision agriculture: A review. Sensors, 17(8), 1781.

KERR, R.B. POSTIGO, J.C., SMITH, P., *et al.*, 2023 Agroecology as a transformative approach to tackle climatic, food, and ecosystemic crises. Current Opinion in Environmental Sustainability, 62, 101275

KHADIM, F.K., SU, H., XU, L., TIAN, J. 2019. Soil salinity mapping in Everglades National Park using remote sensing techniques and vegetation salt tolerance. Physics and Chemistry of the Earth, Parts A/B/C, 110: 31–50.

KHATRI-CHHETRI, A., AGGARWAL, PK., JOSHI, PK., VYAS, S., 2017. Farmers'priorization of climate-smart agriculture (CSA) technologies. Agricultural System, 151, 184–191.

KING, A. 2017. The Future of Agriculture. Nature, 544(7651):S21–S23.

KUMAR, N., SAMOTA, S.R., VENKATESH, K., TRIPATHI, S.C. 2023 Global trends in use of nano–fertilizers for crop production: Advantages and constraints – A review. Soil and Tillage Research, 228: 105645.

LACANNE, G.E., LUNDGREN, J.G. 2018. Regenerative agriculture: Merging farming and natural resource conservation profitably. PeerJ, 6, 4428.

LAL, 2014. Soil carbón management and climate change. En "Soil Carbon" (A.E. Hartemink, K. McSweeney, Eds.). Springer. London. 339–361.

LAMM, K.W., RANDALL, N.L., SHERRIER, J. 2021. Agriculture leaders identify critical issues facing crop production. Agronomy Journal, 113: 4444–4454.

LONG, S., ZHU, X. 2014. Photosynthesis: the final frontier. In Feeding the World in 2050. CSA News, 59 (1): 12–13.

LÓPEZ BELLIDO, L. 1998. Agricultura y medio ambiente. En "Agricultura sostenible" (Eds. R.M. Jiménez Díaz y J. Lamo de Espinosa). Agrofuturo–Life–Ediciones Mundi–Prensa. Madrid. 15–38.

LÓPEZ–BELLIDO, L. 2018. Agricultura de conservación: Oportunidades para los agrosistemas mediterráneos, Vida Rural, 448: 12–18.

LÓPEZ–BELLIDO, L. 2018. Agrosistemas sostenibles: presente y futuro (II), Vida Rural, 443: 20–26

LÓPEZ–BELLIDO, L. 2018. Impacto de la agricultura de conservación en los suelos. Vida Rural, 450: 60–63.

LÓPEZ–BELLIDO, L. 2022. Agricultura y secuestro de carbono. Editorial Acribia, S.A. 217 pp

LÓPEZ–BELLIDO, L. Y LÓPEZ–BELLIDO, R.J. 2001. Agronomía y calidad de la producción. 7º Symposium Nacional de Sanidad Vegetal. Sevilla (España). 24–26 de Enero.

LORENZ, K., LAL, R. 2008. Carbon Sequestration in Agricultural Ecosystems, Springer.

McLEMON, E., DARI, B., JHA, G., SIHI, D. 2021. Regenerative agricultura and integrative permaculture for sustainable and technology driven global food production and security. Agronomy Journal, 164: 4541–4557.

NATIONAL ACADEMY OF SCIENCE. 2021. The challenge of feeding the world sustainably. Summary of the US–UK Scientific Forum on Sustainable Agriculture. Washington, DC. The National Academies Press. 40 pp.

NGOAN THI THAO NGUYEN, LUAN MINH NGUYEN, THUY THI THANH NGUYEN, *et al.*, 2023. Recent advances on biogenic nanoparticles for detection and control of plant pathogens in sustainable agriculture: A review. Industrial Crops and Products, 198: 116700.

NLEYA, T., CLAY, S. A. 2021. Near–term problems in meeting world food demands at regional levels: a special issue overview. Agronomy Journal, 113: 4437–4443.

Nwaogu, C., Cherubin, M.R. 2024. Integrated agricultural systems: The 21st century nature–based solution for resolving the global FEEES challenges. In Advances in Agronomy (Donald L. Sparks Ed.). Academic Press, 185: 1–73.

O'Brien, P., Kral–O'Brien, K., Hatfield, J.L. 2021. Agronomic approach to understanding climate change and food security. Agronomy Journal, 113: 4616–4626.

Palm, C., Blanco–Canqui. H., DeClerck, F., Gatere. L., Grace, P. 2014. Conservation agriculture and ecosystem services: An overview. Agriculture, Ecosystems and Environment, 187: 87–105.

Pearson, C.J. 2007. Regenerative, semiclosed systems: A priority for the twenty–first century agriculture. Bio Science, 57, 409–418.

Pingali, P.L. 2012. Green revolution: impacts, limits, and the path ahead. Proceedings of the National Academy of Sciences, 109(31): 12302–12308.

Popescu, G.C., Popescu, M., Khondker, M., et al., 2022. Agricultural sciences and the environment: Reviewing recent technologies and innovations to combat the challenges of climate change, environmental protection, and food security. Agronomy Journal, 114: 1895–1901.

Rachel Bezner Kerr, R.B., Postigo, J.C., Smith, P., et al., 2023. Agroecology as a transformative approach to tackle climatic, food, and ecosystemic crises. Current Opinion in Environmental Sustainability, 62: 101275.

Rosegrant, M.W., Koo, J., Cenacchi, N., et al., 2014. Food security in a world of natural resource scarcity: The role of agricultural technologies. Washington, D.C.: International Food Policy Research Institute (IFPRI), Washington, USA. 251 pp.

Savary, S., Akter, S., Almekinders, C. et al., 2020. Mapping disruption and resilience mechanisms in food systems. Food Security 12: 695–717.

Schulte, L.A., Dale, B.E., Bozzetto, S. et al., 2022. Meeting global challenges with regenerative agriculture producing food and energy. Nature Sustainability, 5: 384–388.

Spielman D.J., Pandya–Lorch R. 2009. Una mirada al proyecto de Millions Fed. Éxitos demostrados en desarrollo agrícola. International Food Policy Research Institute. 24 pp.

Spiertz, H. 2012. Avenues to meet food security. The role of agronomy on solving complexity in food production and resource use. European Journal of Agronomy, 43: 1–8.

Springmann, M., Clark, M., Mason–D'Croz, D. et al., 2018. Options for keeping the food system within environmental limits. Nature 562: 519–525.

Storm, H., Seidel, S.J., Klingbeil, L., et al., 2024 Research priorities to leverage smart digital technologies for sustainable crop production. European Journal of Agronomy, 156: 127178.

Swaminathan, M.S. 2007. Can science and technology feed the world in 2025? Field Crops Research, 104: 3–9.

Von Braun, J., Afsana, K., Fresco, L.O., Hassan, M. 2021. Food systems: seven priorities to end hunger and protect the planet, Nature, 597: 28–30.

Wen–Bin, H., Feng–Ying, D. 2021. Closing crop yield and efficiency gaps for food security and sustainable agriculture. Journal of Integrative Agriculture, 20(2): 343–348.

AGRICULTURA URBANA Y SEGURIDAD ALIMENTARIA

7.1. SISTEMAS ALIMENTARIOS URBANOS

Se definen los sistemas alimentarios urbanos como sistemas vinculados a las ciudades por flujos materiales y humanos. Un sistema alimentario reúne todos los elementos (medio ambiente, personas, inputs, procesos, infraestructuras, instituciones, etc.) y actividades relacionadas con la producción, procesamiento, distribución, preparación y consumo de alimentos; y en los resultados de estas actividades, incluidos los aspectos socioeconómicos y ambientales. Esta definición se acerca a la de cadenas alimentarias, con tres diferencias principales. En primer lugar, incluye la adquisición de alimentos, las dietas y el comportamiento del consumidor. En segundo lugar, considera una diversidad de productos alimentarios, lo cual es crucial para la seguridad nutricional, así como para la sostenibilidad de los sistemas de producción. En tercer lugar, enfatiza el papel clave de los entornos alimentarios, es decir, el contexto físico, económico, político y sociocultural en el que los consumidores interactúan con el sistema alimentario para tomar sus decisiones sobre la adquisición, preparación y consumo de alimentos.

El mundo está cada vez más urbanizado. La mitad de la población mundial vive ahora en ciudades. Para 2050, se espera que esta cifra aumente otro 25 %. Las ciudades difieren considerablemente en tamaño y una alta proporción del crecimiento urbano se está produciendo en ciudades secundarias. En comparación con la población rural, las poblaciones urbanas tienen perfiles culturales, económicos y sociales más diversos.

La urbanización plantea varios desafíos políticos para los sistemas alimentarios urbanos. Estos están relacionados con la seguridad alimentaria y nutricional, el empleo y la protección del medio ambiente. A diferencia de las zonas rurales, la mayoría de las personas que viven en las ciudades no producen alimentos y deben depender de los mercados locales. La inseguridad alimentaria urbana en los países de bajos ingresos, es mayor (50 %) que los niveles en las zonas rurales (43 %). En los barrios marginales urbanos, otros estudios estiman que la inseguridad alimentaria llega hasta el 90 %.

El consumo urbano de alimentos se caracteriza por una triple carga de malnutrición: persistencia de la desnutrición, deficiencias de micronutrientes (especialmente relacionadas con la anemia ferropénica en mujeres en edad reproductiva y niños pequeños) y la creciente prevalencia del sobrepeso y la obesidad. Con el aumento de los ingresos, los residentes urbanos están consumiendo más alimentos de origen animal y alimentos procesados que pueden tener un bajo contenido de micronutrientes, pero un alto contenido de calorías y grasas. Estas dietas de mala calidad afectan a niños de todas las edades, desde la infancia hasta la adolescencia; y los sistemas alimentarios actualmente no tienen en cuenta suficientemente las necesidades nutricionales de estos. Los problemas nutricionales se ven amplificados por dietas excesivamente monótonas y un consumo limitado de frutas, hortalizas y legumbres, así como por la falta de actividad física. Del mismo modo, el consumo de alimentos importados por parte de los habitantes urbanos está aumentando, aunque la proporción sigue siendo limitada.

Sin embargo, en los últimos años, la inseguridad alimentaria ha comenzado a aumentar nuevamente como resultado del aumento de la desigualdad social y debido a la pandemia del COVID–19. Paralelamente, la seguridad alimentaria se ha convertido en un importante problema de salud pública. Los medios de comunicación informan periódicamente sobre crisis de seguridad alimentaria, donde los temores de los consumidores están relacionados con los productos químicos en las frutas y hortalizas y los residuos de antibióticos en la carne. El alargamiento de las cadenas de suministro de alimentos y la falta de conocimientos sobre higiene también generan riesgos de contaminación en las etapas de procesamiento, comercialización, manipulación y consumo. Las preocupaciones de los consumidores sobre la inocuidad de los alimentos tienen posibles consecuencias nutricionales, ya que pueden reducir el consumo de frutas y hortalizas debido a la preocupación por los plaguicidas, o empujar a los consumidores hacia alimentos envasados (a menudo altamente procesados) porque los perciben como más seguros.

Otro patrón de consumo creciente está relacionado con la conveniencia de dónde compran y qué compran. A medida que las mujeres trabajan cada vez más fuera de sus hogares y los estilos de vida se vuelven más sedentarios, crece la demanda de alimentos envasados y preparados que se puedan comprar cerca de oficinas o tiendas donde sea fácil estacionar (para las clases medias).

La rápida expansión de la pandemia del COVID-19, que afectó a 186 países entre diciembre de 2019 y marzo de 2020, agravó los riesgos de inseguridad alimentaria grave/extrema de 135 millones, en enero de 2020, a 265 millones a finales de 2020. El grave problema de la inseguridad alimentaria afecta a las poblaciones tanto de los países desarrollados como de los países en desarrollo. El siglo XXI es la era de la urbanización. Se espera que la población urbana mundial, que fue el 54 % en 2020, alcance el 60 % en 2030, siendo más rápida la urbanización en los países en desarrollo que en los desarrollados. La población urbana como porcentaje de la población mundial total en las regiones desarrolladas y en desarrollo, respectivamente, fue de 59,4 y 40,6 en 1950, 49,8 y 50,2 en 1970, 36,2 y 63,8 en 1990 y 23,6 y 76,4 en 2018; y se prevé que sea de 20,3 y 79,7, en 2030 y 16,8 y 83,2 en 2050. La mayoría de las ciudades más pobladas se encuentran en Asia, especialmente en China y la India. Asia y África son dos continentes que tienen la mayor cantidad de personas propensas a la desnutrición. En la actualidad, hay 34 megaciudades, de las cuales 19 están en Asia. Para 2030, dos tercios de la población mundial estará urbanizada y habrá 41 megaciudades, de las cuales el 80 % estará en países de ingresos bajos a medios. El futuro crecimiento de la población se producirá casi en su totalidad en las zonas urbanas de los países en desarrollo. Sin embargo, las ciudades de estos países no están diseñadas adecuadamente para proporcionar fuentes sostenibles de alimentos adecuados y nutritivos para una gran población. La urbanización no planificada también tiene impactos drásticos en el medio ambiente (es decir, el efecto isla de calor, alta escorrentía, inundaciones), y estos problemas se ven agravados por el clima cambiante. También el problema se ve agravado por la falta o la debilidad de las infraestructuras y el escaso apoyo institucional. Por lo tanto, es necesario adoptar sistemas alimentarios más resilientes, reducir el desperdicio de alimentos a lo largo de la cadena de suministro y fortalecer el crecimiento de las capacidades agrícolas locales a través de la horticultura doméstica y la agricultura urbana.

Se espera que la población urbana mundial crezca en torno a los 10.000 millones de personas en 2050, lo que representa un aumento del 12,5 %. A medida que más personas se trasladan a las ciudades, aumenta la demanda de alimentos, lo que ejerce presión sobre los sistemas alimentarios existentes. Como resultado, las poblaciones urbanas dependen cada vez más de los alimentos producidos en zonas rurales o importados de otras regiones. Además, la distancia entre la producción y el consumo de alimentos aumenta a medida que se desarrollan las ciudades. Si se considera todo el ciclo de vida, las emisiones de los sistemas alimentarios relacionadas con el transporte representan una quinta parte de dichas emisiones totales. Hay que tener en cuenta también que aumentar la distancia entre los habitantes y la tierra que los sustenta altera los servicios ecosistémicos.

La producción de alimentos dentro de las ciudades mediante la práctica de la agricultura urbana puede crear sistemas alimentarios resilientes y al mismo tiempo reducir el desperdicio de alimentos a lo largo de la cadena de suministro.

7.2. EL CONCEPTO DE AGRICULTURA URBANA

La agricultura urbana (AU) se define como todas las formas de producción agrícola (alimentaria y no alimentaria) que ocurren dentro o alrededor de las ciudades. La AU fortalece muchos servicios ecosistémicos, como la mejora de la salud humana, el acceso a los alimentos en las comunidades locales, los ingresos y los empleos, junto con las perspectivas económicas, el valor estético y la belleza, la educación sobre agricultura y la resiliencia comunitaria. (Fig. 7.1).

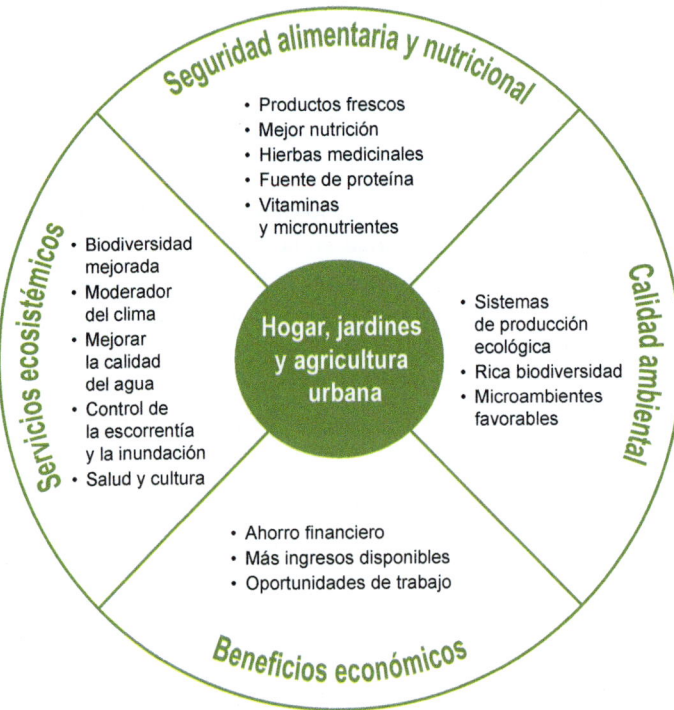

Figura 7.1 Beneficios alimentarios, ambientales, económicos y de servicios ecosistémicos de los huertos familiares y la agricultura urbana (adaptado de Lal, 2020)

Los huertos comunitarios se refieren a espacios que brindan un entorno agrícola dentro de los límites de la ciudad para cultivar hortalizas y frutas y criar ganado. Estos jardines son propiedad de los miembros de la comunidad o son cultivados por ellos o están subdivididos en parcelas cultivadas por miembros individuales.

La agricultura en un contexto urbano es compleja de abordar y el término AU en sí es difícil de definir. De hecho, puede parecer contradictorio porque la agricultura es una actividad económica y espacial comúnmente atribuida al campo y asociada a los paisajes rurales. Sin embargo, encontramos agricultura tanto dentro como fuera de las ciudades. La AU representa un interesante "encuentro entre la ciudad y la agricultura", especialmente debido a externalidades positivas como los servicios y las funciones sociales y culturales. Si bien parece que la AU puede definirse por su localización geográfica (dentro de las ciudades), la distinción entre urbano, periurbano y rural es difícil de delinear, ya que la expansión de la urbanización es dinámica y ha difuminado las líneas. El concepto de continuo o gradiente "urbano–rural" parece más apropiado y coexiste con la idea de una urbanidad generalizada y una ruralización de la ciudad. El carácter urbano de esta forma de agricultura no debe buscarse únicamente en su ubicación; la dinámica de la agricultura, especialmente en el interior de las ciudades, sigue el ritmo de las crisis que experimentan las sociedades humanas y responde a cuestiones específicas de la ciudad.

En 1999, la Organización para la Agricultura y la Alimentación (FAO) elaboró un informe sobre la Agricultura Urbana y Periurbana (AUP) destinado a resaltar su creciente importancia y los problemas posteriores. A pesar de la falta de una definición universal de la AUP, los autores sugieren que se ubica dentro y alrededor de las ciudades y representa áreas modificadas y mantenidas por prácticas agrícolas (p. ej., mano de obra) y recursos (p. ej., suelo, agua, energía) para satisfacer las necesidades de la población urbana. Posteriormente, también se han definido los espacios AUP como áreas movilizadoras de recursos y ubicadas dentro o en la periferia de un pueblo, una ciudad o una metrópoli, pero también especificándose que las AUP distribuyen una diversidad de alimentos y productos no alimentarios que aportan, a su vez, recursos humanos y materiales.

De acuerdo con esta última definición, se ha enfatizado la diversidad de sistemas de producción dentro de la AUP (es decir, cultivo de plantas y cría de animales para alimentación y otros usos), que van desde la subsistencia hasta la producción y el procesamiento a nivel doméstico y hasta la agricultura comercializada. Hoy en día existen muchas definiciones coexistentes. Los criterios varían según sus autores, pero tres de ellos se mantienen constantes: (1) la ubicación (en un territorio urbano), (2) la actividad en sí (producción de alimentos, además de otras funciones) y (3) su inclusión en un entorno convencional o un sistema alimentario alternativo que va desde el mercado internacional hasta el autoconsumo. Centradas principalmente en los aspectos materialistas, estas definiciones y sus criterios asociados no consideran la dimensión social como la apropiación de los espacios urbanos por parte de la población. Sin embargo, tanto la presencia como la dinámica de las formas de AUP (profusión o falta) están íntimamente ligadas a eventos y acciones sociales como las crisis y sus consecuencias socioeconómicas. La AU también puede implicar una tipología en forma de red que reúne conexiones y posibilidades entre sus componentes.

Más allá del importante papel de la AU en la producción de alimentos, también puede abordar otras externalidades positivas, como cuestiones sociales (socialización, reinserción, sensibilización, etc.), cuestiones ecológicas (calidad del aire y del agua, acogida de la biodiversidad, etc.), y cuestiones económicas (producción y venta de alimentos, seguridad alimentaria). Además, se ha sugerido que la agricultura periurbana puede considerarse como una agricultura al servicio de la ciudad, atenta a otras funciones además de la producción de alimentos. En las ciudades, las presiones territoriales a menudo resultan en una artificialización general de las superficies, y los habitantes de las ciudades expresan su deseo por la naturaleza y su apego al campo. En consecuencia, en estos paisajes artificiales, la AUP aparece como un espacio cultivado que ofrece un lugar para relajarse, pasar el tiempo libre y conectarse con un patrimonio idealizado.

En cuanto a la actividad agrícola, se proponen tres categorías según su objetivo: (1) agricultura orientada a cadenas largas de suministro de alimentos, (2) agricultura orientada a cadenas cortas de suministro de alimentos y (3) agricultura orientada a la autogestión–consumo. La conexión con la ciudad y los servicios que las áreas de AUP brindan a los socioecosistemas parece obvia en los dos últimos casos (no solo producción de alimentos, sino también servicios socioculturales). Además, en el primer caso, los espacios agrícolas no solo producen alimentos para el mercado global, sino que también se orientan hacia la ciudad al permanecer abiertos a sus habitantes (ocio, paseos y recolección de frutas y hortalizas) y contribuir al paisaje urbano y las expectativas de los habitantes.

Otra clasificación considera las mercancías producidas por la AU y enumera algunos de estos productos: hortalizas, plantas medicinales, especias y plantas ornamentales, que pueden agruparse bajo la actividad de la horticultura. Otros productos incluyen la ganadería (para la producción de carne, huevos, lana, productos lácteos, etc.), la acuicultura, la arboricultura y la apicultura.

En consecuencia, la AU podría definirse como la agricultura que puede ser practicada y experimentada en un área urbana por agricultores y los habitantes de las ciudades diariamente y dentro de las normas de uso del suelo urbano. En estos espacios consideramos a los agricultores, profesionales o no, conectados a cadenas de suministro de alimentos largas o cortas o de autoconsumo. Mantienen conexiones funcionales mutuas con la ciudad (alimentación, paisaje, recreación, ecología) que conducen a una diversidad de formas agrourbanas visibles en el/los núcleo(s) urbano(s), los barrios periféricos, la periferia urbana y las áreas periurbanas.

Mientras que las ciudades siguen creciendo a expensas de las zonas agrícolas y naturales, el interés por la agricultura urbana va en aumento. Su popularidad proviene de su capacidad para abordar cuestiones específicas de la ciudad, incluida la conservación de la naturaleza. Algunos autores sugieren estudiar la AU dentro del área intercomunal, ya que resulta difícil establecer una delimitación entre lo rural y lo urbano. En las ciudades se pueden encontrar muchas formas de AU, desde las más antiguas: jardines, privados o colectivos, que ocurren o se mantienen principalmente en tiempos de crisis, hasta formas más nuevas: granjas (micro) urbanas o espacios verdes.

Cultivar alimentos en las ciudades no es una idea nueva. La evidencia arqueológica sugiere que los agricultores de la antigua Mesopotamia y Persia apartaron parcelas de tierra dentro de las ciudades para cultivar alimentos y eliminar los desechos urbanos.

La AU ha experimentado un aumento en popularidad, a medida que la inseguridad alimentaria amenaza las zonas urbanas. Las innovaciones en la agricultura urbana, desde la reutilización creativa de las aguas pluviales hasta la rehabilitación del suelo, ayudan a combatir la inseguridad alimentaria y prevenir más problemas alimentarios. Desde parcelas en los patios traseros hasta huertos comunitarios y operaciones comerciales de tiempo completo que abastecen a los mercados de agricultores, restaurantes y tiendas de comestibles, la agricultura urbana desempeña un papel vital en la seguridad alimentaria, la educación comunitaria y la divulgación.

Ahora, la AU es tan diversa como las personas que la practican. Desde plantas en macetas en un porche iluminado por el sol, hasta huertos en los patios traseros, jardines en la azotea y operaciones comerciales con varias ha, dentro de una ciudad; los agricultores y los jardines se han vuelto creativos. Las limitaciones que desafían a los agricultores urbanos se dividen en varias categorías: encontrar tierra, agua, suelo sano y financiación. Algunas ciudades tienen políticas y ordenanzas prohibitivas y de vez en cuando hay retrocesos en los jardines y la agricultura urbana. El tamaño de cada uno de estos desafíos depende de la ciudad.

Si bien las ciudades ocupan solo una pequeña parte de las tierras emergidas, la urbanización representa un cambio drástico y sostenible en los paisajes que ilustra la alteración de las áreas naturales a nivel mundial. En consecuencia, la urbanización a menudo se asocia con una pérdida drástica de lugares naturales para los ciudadanos, así como de biodiversidad que ocurre en las ciudades. Además, la urbanización también contribuye a los cambios en los sistemas agrícolas, ya sea como vehículo para cambiar los hábitos alimentarios de los habitantes urbanos o como causa de cambios en el uso de la tierra agrícola. A medida que desaparecen las tierras de cultivo alrededor de las ciudades, crece un nuevo entusiasmo por la agricultura urbana en las metrópolis de todo el mundo.

La AU ya produce entre el 15 % y el 20 % del suministro mundial de alimentos, y esto puede desempeñar un papel aún más crítico para lograr la seguridad alimentaria durante una crisis global. La AU a pequeña escala puede producir altos rendimientos de los cultivos mediante una gestión juiciosa de los inputs necesarios para lograr la sostenibilidad. El porcentaje de familias que participan en AU varía desde el 10 % en algunas ciudades grandes de América del Norte hasta el 80 % en algunas ciudades más pequeñas de Siberia y Asia. En 2013, 42 millones de hogares estadounidenses practicaban activamente la AU cultivando sus propios alimentos, ya sea en casa o en jardines comunitarios.

Los sistemas innovadores de AU son fundamentales para abordar los siguientes problemas tanto en las economías en desarrollo como en las desarrolladas: (1) grandes poblaciones que viven en mega y gigaciudades con una gran demanda de alimentos; (2) alto desperdicio de alimentos en todas las etapas de la cadena de suministro y largo kilometraje de suministro de alimentos; (3) desnutrición por la mala calidad nutricional de los alimentos; (4) interrupciones en la cadena de suministro de alimentos; y (5) bajos ingresos como resultado del bloqueo. Un enfoque holístico y basado en sistemas a través de AU puede producir alimentos dentro de los centros urbanos, incluso dentro y sobre los edificios urbanos.

La implantación de la AU depende del contexto social, económico y político. Por tanto, se recomienda estudiarla teniendo en cuenta las especificidades de la ciudad (y del país). Desde principios del siglo XXI, se han descubierto muchas formas nuevas de AU y algunas continúan desarrollándose, especialmente las granjas urbanas. Como la expansión de la AU está vinculada a la crisis, se puede esperar que las formas actuales sigan evolucionando tarde o temprano.

7.3. TIPOS DE AGRICULTURA URBANA

La AU puede comprender granjas y jardines urbanos al aire libre en el suelo, producción hidropónica o acuapónica en interiores a través de granjas y jardines en azoteas, negocios de jardinería y viveros, y ganado urbano. La producción agrícola dentro de las ciudades incluye el cultivo de pequeñas tierras en los hogares, huertos comunitarios locales, jardines interiores y en tejados, agricultura vertical, etc.

En las publicaciones científicas, las formas de AU se describen con distinta coherencia entre países y autores. Se observan múltiples métodos de implementación de AU en áreas urbanas. La importante diversidad de formas observadas depende del contexto (urbano, territorial, político, económico, social, etc.), de los actores involucrados en esta actividad (profesionales, no profesionales, individuales o familiares, etc.), de las superficies disponibles, de las herramientas técnicas (altamente tecnificados o, por el contrario, fácilmente reproducibles), objetivos de producción (alimentarios, económicos, sociales, etc.) y modos de distribución (autoconsumo, regalos, acciones, ventas, etc.). La enorme cantidad de combinaciones de factores tiene la capacidad, por ejemplo, de describir más de 8.000 tipos diferentes de jardines asociativos considerando criterios biofísicos (suelo, clima, etc.) y organizativos. En cuanto a las numerosas posibilidades de clasificación, la tipología se centra en las formas más generales y descritas de AU en la literatura de los países desarrollados.

Los proyectos de agricultura intraurbana profesional incluyen granjas en terrazas y granjas urbanas. Este uso excluye las explotaciones agrícolas por estar ubicadas en zonas periurbanas, pero también, los huertos y los huertos familiares, por no ser actividad profesional. La agricultura urbana se considera profesional cuando comercializa productos, bienes o servicios agrícolas, e involucra la agricultura basada en el suelo, la hidroponía, la agricultura en camas elevadas y la agricultura en terrazas, con actividades agrícolas tanto al aire libre como bajo techo. Estos proyectos pueden perseguir objetivos productivos, ambientales, sociales o educativos, y en ocasiones combinan varias técnicas de cultivo y varios objetivos. Así, algunos proyectos se enfocan con un objetivo productivo, mientras que otros combinan objetivos productivos y educativos o culturales y sociales, como se ilustra en la Figura 7.2.

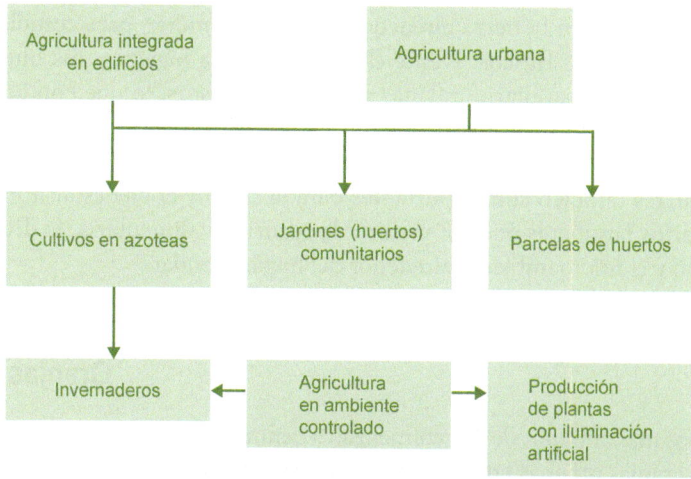

Figura 7.2 Ilustración que muestra los diferentes conceptos de agricultura urbana
(adaptado de Drottberger, *et al.*, 2023)

Huertos comunitarios

Los huertos comunitarios representan una de las formas más estudiadas dentro de las áreas densamente urbanizadas. Estos se desarrollaron en las ciudades durante períodos de crisis, ya sea económica, social, ambiental o inducida por la guerra. Parece que el actual retorno de la agricultura en las ciudades sería parte de esta dinámica. A través de la diversidad de su organización socioespacial, los huertos colectivos ofrecen un terreno fértil para la innovación y abren perspectivas para la gestión de espacios verdes abiertos en la ciudad.

Huertos familiares

Históricamente, los huertos familiares aparecieron en las ciudades como resultado de la Revolución Industrial en forma de "huertos de trabajadores". Estos pequeños espacios a menudo se ponían a disposición de los campesinos que venían a buscar trabajo en las fábricas. Inicialmente dedicados a la producción de hortalizas, los huertos familiares se utilizan ahora con mayor frecuencia para el ocio. El jardinero generalmente está más interesado en la calidad de los productos cultivados que en la producción de alimentos para el hogar. Esto sugiere una evolución de la práctica agrícola que implica menos la búsqueda de un ingreso monetario que la de un modo de vida.

El huerto familiar es un sistema agrícola que combina diferentes funciones físicas, sociales y económicas en la tierra alrededor del hogar familiar, para complementar el suministro de alimentos frescos. Desde el punto de vista logístico, los huertos familiares brindan fácil acceso diario a frutas y hortalizas frescas, lo que conduce a dietas enriquecidas y equilibradas, al complementar proteínas, vitaminas y minerales. Gracias al suministro de plantas medicinales y la oportunidad de realizar actividad física, los huertos familiares también son importantes para la salud y el bienestar humanos. Por tanto, los huertos familiares pueden mejorar la seguridad alimentaria, la diversidad, el valor nutritivo y el microambiente alrededor del hogar familiar.

Granjas urbanas

Si bien los tipos más antiguos de AU comienzan a definirse más claramente, este aún no es el caso de las granjas urbanas en su forma moderna. Mientras que anteriormente la agricultura urbana existía en las ciudades (cinturones verdes cultivados, por ejemplo), ahora se planifica su integración. Se basan principalmente en tres elementos esenciales: (1) una ubicación fuera del área agrícola y dentro de un perímetro urbano (parámetro geográfico), (2) un estatus de empresa, organización o individuo que cultiva alimentos (hortalizas, frutas, etc.) o vivero de hortícolas, producción integrada en un sistema de distribución local, ofrecida a la empresa anfitriona del proyecto (con contrato) o transformada para su venta (características económicas) y (3) participación en el desarrollo ambiental y social de las ciudades, mediante la creación de islas verdes y la biodiversidad, las azoteas verdes, la reutilización de la materia orgánica procedente del consumo de alimentos; siendo espacios de mediación, integración, etc. A medida que los proyectos de granjas urbanas se desarrollan rápidamente en América del Norte y Europa, aumenta la diversidad de modelos que permiten una viabilidad económica. Los productores asumen otras funciones y también pueden convertirse en distribuidores, procesadores de alimentos, empresas de servicios y consultoría e incluso empresas de venta de equipos.

Entre las granjas urbanas, las microgranjas se pueden distinguir por un criterio principal: su independencia del propietario de la tierra y del trabajo voluntario. Se trata de fincas con pequeñas parcelas de tierra, a menudo en intersticios descuidados, como espacios sin construir o incluso techos. Además, están integradas en sistemas alimentarios alternativos. Los proyectos de granjas verticales también se están desarrollando y están destinados a abordar problemas no solo de seguridad alimentaria, sino también de disponibilidad de espacio urbano y cuestiones ambientales como las islas de calor urbanas.

Dentro de esta forma existen varios sistemas de producción. Algunos mantienen una conexión con el suelo y otros están recurriendo a prácticas alternativas como el cultivo en contenedores o a nuevas tecnologías, como la acuaponía o la hidroponía. Estas formas sin suelo en los techos de los edificios o en el interior de los mismos (jardines e invernaderos en las terrazas, granjas interiores, etc.) y cualquier otra forma relacionada se pueden definir como *"ZFarming"* (la agricultura de superficie cero), la cual tiene potencial en el ámbito ambiental (integración de la arquitectura del paisaje) "millas" de alimentos, emisiones del transporte y reducción de la presión sobre la tierra agrícola rural, uso y reciclaje de recursos hídricos y desechos orgánicos, consumo y producción de energía); social (mejora de la producción comunitaria de alimentos, provisión de instalaciones educativas, vínculo entre los consumidores y la producción de alimentos, inspiración para el diseño de edificios); y económicos (ventajas monetarias para las zonas urbanas, productos potenciales y rendimientos). También tienen que enfrentar desafíos ambientales (limitaciones técnicas, falta de experiencia y sesgo en la investigación sobre sistemas alimentarios), desafíos sociales (falta de aceptación de técnicas de cultivo sin suelo, prácticas excluyentes y disparidades, calidad de los alimentos y riesgos para la salud) y desafíos económicos (construcción de edificios y readaptación, competencia con otros tipos de uso).

Los agroparques pueden considerarse como una variación de las granjas urbanas. Se pueden encontrar bajo el nombre de "parques agrourbanos", o "agroparques". Pueden definirse como una red de actores en un área periurbana con una identidad específica, donde la agricultura multifuncional produce alimentos y proporciona otros servicios sociales en estrecha relación con la ciudad; y se consideran espacios públicos. Sin embargo, la palabra "agroparque" y sus sinónimos todavía tienen diferentes significados. En Europa, los primeros parques agrícolas aparecieron en los años 1970. Veinte años después, fueron reconocidos por las instituciones y comenzaron a difundirse con éxito por todo el mundo.

Espacios verdes

La AU también puede integrarse en las ciudades como una forma de espacios verdes que cubren diversas superficies, desde un bosque hasta un proyecto paisajístico, y se ubican donde normalmente se encuentran plantas ornamentales, en el interior o en el exterior, contribuyendo así a mejorar el entorno de vida. Los espacios verdes pueden ser manejados por habitantes o empresas y requieren un mantenimiento regular para mostrar un aspecto estético. El ejemplo más famoso es *"Incredible Edible"*, un movimiento ciudadano iniciado en 2008 en respuesta a los cambios sociales, ambientales y económicos en el Reino Unido. Actualmente se ha desarrollado a nivel mundial y consiste en la plantación de plantas comestibles en espacios públicos, cultivadas para y por todos.

Agricultura en terrazas o tejados

Entre los varios sistemas de agricultura urbana, la agricultura en tejados y su subconjunto, los invernaderos en tejados, son tecnologías prometedoras. Optimizan el uso del suelo, aumentan la rentabilidad para los propietarios de edificios, ofrecen buenos rendimientos por unidad de superficie, aumentan la eficiencia en el uso del agua y reducen el uso de energía tanto del invernadero como de los edificios anfitriones, al tiempo que mitigan el efecto de isla de calor urbana.

Los invernaderos en tejados están aumentando en escala, diversidad de sistemas, aceptación social y popularidad entre los operadores comerciales en las grandes ciudades. El futuro de la agricultura en tejados radica en personalizar la tecnología adecuada para tipologías de edificios seleccionadas a nivel mundial, donde la producción de alimentos esté completamente integrada en el paisaje urbano.

La agricultura en tejados es una de las soluciones futuristas prometedoras, ya que los tejados constituyen una cuarta parte de todas las superficies urbanas. Esta solución tiene varios beneficios: optimización del espacio y desarrollo económico, mitigación de la isla de calor urbana, ahorro de energía, etc. La optimización del espacio es muy deseable en áreas con poca o ninguna tierra cultivable. Muchos proyectos de agricultura en tejados se caracterizan por la no utilización de tierras o superficies para actividades agrícolas, lo que se conoce como "agricultura de superficie cero" (*ZFarming*). Se trata de un avance importante, ya que las proyecciones indican que la tierra cultivable por persona habrá disminuido a un tercio de su valor de 1970 al 2050. Los invernaderos en azoteas, un subconjunto de la agricultura en tejados y agricultura integrada en edificios, son interesantes en climas más fríos ya que proporcionan un ambiente óptimo para las plantas al controlar la temperatura, la humedad y la luz. Los invernaderos en azoteas se encuentran en varios tipos de edificios (comerciales, industriales, residenciales); pueden ser estructuras permanentes o temporales que involucran diferentes tecnologías, por ejemplo, hidroponía, aeroponía, acuaponía, agricultura vertical, etc., lo que permite un uso eficiente del espacio y los recursos. Los sistemas hidropónicos y la aeroponía se utilizan en estos invernaderos debido a su peso ligero.

Los invernaderos en terrazas también forman un subconjunto de la categoría más amplia de agricultura de ambiente controlado, que ofrece producción urbana localizada con bioseguridad, mitigación de plagas y sequías, y producción de cultivos rentables durante todo el año. Esta modalidad contribuye indirectamente a los ecosistemas naturales al recuperar la tierra perdida para la agricultura y al mismo tiempo proporcionar empleo a nivel local. Otras formas de las mismas incluyen invernaderos ordinarios, agricultura vertical y producción de plantas con iluminación artificial, a veces denominadas sistemas cerrados de producción de plantas. Las publicaciones más recientes sobre esta agricultura de ambiente controlado se han centrado en la agricultura vertical, que puede aumentar el rendimiento de los cultivos entre 10 y 100 veces en un espacio limitado en comparación con la agricultura tradicional. Por el contrario, una desventaja de los invernaderos con iluminación artificial es el coste energético asociado a la iluminación. Para aprovechar mejor la transferencia y optimización de la energía, los invernaderos en terrazas pueden integrarse ventajosamente con el edificio anfitrión, lo que implica el intercambio de energía, agua y dióxido de carbono (CO_2).

Desde una perspectiva operativa, los invernaderos en terraza implican algunos desafíos, como una baja transmisión solar debido a la mala transmisividad de las cubiertas y elementos estructurales adicionales necesarios para cumplir con el código de construcción. También requieren mantenimiento, ventilación y estabilidad estructural adicionales contra perturbaciones externas. En algunos escenarios, pueden ser necesarias inversiones en equipos, como sistemas de iluminación, calefacción y refrigeración, lo que aumenta los requisitos y el coste de energía. Otra limitación son las características de los edificios existentes, incluida la capacidad de carga o las normas de seguridad contra incendios.

7.4. SUELOS Y TECNOLOGÍA DEL CULTIVO EN LA AGRICULTURA URBANA

Los suelos urbanos se denominan suelos antrópicos, antrosoles o tecnosoles, porque el control antropogénico de los procesos pedogénicos conduce a alteraciones drásticas en las propiedades de los mismos. En general, los suelos urbanos se componen de materiales altamente perturbados y manipulados, alterados mediante la mezcla, el relleno, el transporte y otras perturbaciones causadas por actividades relacionadas con la construcción. Sin embargo, los suelos urbanos varían ampliamente debido a diferencias en la historia del sitio, la densidad de población y las condiciones culturales y socioeconómicas. Los horizontes de los suelos urbanos son irregulares y comprenden una mezcla que puede contener altos contenidos de piedras, gravas y artefactos.

Los atributos importantes de los suelos urbanos, son los siguientes: alta heterogeneidad, gran variabilidad temporal y espacial, presencia de artefactos y contaminación por contaminantes orgánicos e inorgánicos. Estos suelos se caracterizan por propiedades físicas deficientes (p. ej., alta densidad aparente, baja tasa de infiltración de agua, baja capacidad de agua disponible para las plantas y susceptibilidad a la sequía), propiedades químicas desfavorables (p. ej., baja fertilidad del suelo, desequilibrio de nutrientes y bajo nivel de carbono orgánico del suelo), y baja actividad y diversidad de especies de la biota del suelo. Por lo tanto, la restauración y el manejo sostenible de las propiedades físicas, químicas y biológicas de los suelos urbanos es fundamental para mejorar la productividad agronómica y la calidad nutricional de las hortalizas y frutas cultivadas en estos suelos. La aplicación de abono, mantillo y otras fuentes de biomasa–carbono (es decir, recortes de césped, hojarasca y desechos domésticos) es esencial para mejorar su calidad y funcionalidad.

La agricultura urbana depende principalmente del empleo de inputs orgánicos, aunque la cantidad utilizada varía. El input más común es el compost. En general, el estiércol es el segundo input más común. Este es mucho más popular en jardines individuales y se usa con más frecuencia en ciudades más pequeñas, tal vez debido a un acceso más fácil a fuentes rurales o un menor riesgo de quejas sobre los olores del estiércol. En marcado contraste con la inmensa mayoría de las granjas rurales convencionales, los fertilizantes minerales son menos utilizados en granjas y jardines urbanos. Casi la mitad de estos fertilizantes minerales, incluye la aplicación de calcio y harina de roca, aún calificados como prácticas de cultivo orgánico.

Los plaguicidas no se usan con tanta frecuencia como los medios mejoradores del suelo, siendo tanto plaguicidas orgánicos como sintéticos. Estos son en su mayoría fungicidas sintéticos, insecticidas, molusquicidas, molusquicidas orgánicos y otros plaguicidas orgánicos. Su uso varía significativamente según el tipo de finca.

Si bien es útil comprender los tipos de inputs utilizados por la agricultura urbana, existe un claro vacío en la literatura cuando se trata de cuantificar las cantidades de inputs utilizados en las granjas y jardines urbanos. El importante uso de materia orgánica en algunas fincas/huertos podría llevar a una sobrefertilización de los cultivos. El compost y otras enmiendas de sustratos pueden tener una huella de carbono significativa, así como un impacto directo en el manejo de nutrientes del suelo.

Los estudios publicados sobre la agricultura urbana con frecuencia caracterizan los sistemas cualitativamente, examinando las opciones de cultivos y las prácticas de cultivo, pero a menudo no llegan a medir los rendimientos y los inputs agrícolas.

La restauración de la calidad de los suelos urbanos, mediante el uso de compost y otras enmiendas orgánicas, es importante para mejorar la productividad, mejorar la calidad nutricional, garantizar la seguridad y mejorar la salud humana. La restauración del suelo puede acelerarse utilizando suelos sintéticos hechos de residuos biológicos y materiales orgánicos.

7.5. ASPECTOS AMBIENTALES DE LA AGRICULTURA URBANA. BIODIVERSIDAD

Los impactos ambientales del suministro de alimentos a las ciudades son elevados. La AU a menudo se promueve como un medio para reducir estos impactos y, al mismo tiempo, proporcionar beneficios multifuncionales para la salud y el bienestar. Si bien, como ya se ha dicho, existen muchos tipos de AU, los más comunes son los jardines y granjas que cultivan hortalizas y frutas. Un beneficio esperado de estos sistemas es la producción de alimentos locales y nutritivos para los residentes de la ciudad. Sin embargo, cultivar alimentos en las ciudades requiere agua, energía, tierra, fertilizantes y plaguicidas, y puede tener impactos ambientales negativos. Comprender estos inputs e impactos es clave para garantizar que la AU contribuya a los sistemas alimentarios urbanos sostenibles.

La AU apoya una amplia gama de servicios ecológicos (calidad del aire, calidad del agua, prevención y control de peligros naturales, concienciación sobre la naturaleza, etc.) que benefician a la comunidad y la sociedad cercana, así como a la biodiversidad. Si bien los entornos urbanos han sido descuidados durante mucho tiempo en las iniciativas destinadas a conservar la biodiversidad, finalmente han mostrado un potencial significativo para albergar esta y la capacidad de participar en la dinámica ecológica. Sin embargo, dadas las fuertes presiones antrópicas que se encuentran en los entornos urbanos y el aumento de su superficie, la biodiversidad urbana se ve amenazada. En este contexto, la AU aparece como un refugio potencial capaz de albergar la biodiversidad urbana. La cual, combinada con espacios verdes urbanos, crea una red ecológica dentro de las ciudades que es crucial para su preservación y resiliencia. Aunque algunos programas recientes están abordando la importancia de la biodiversidad urbana, se necesitan más investigaciones, especialmente en AU, para definir mejor su papel en la dinámica y conservación de la misma.

Se sabe poco sobre la cantidad de alimentos producidos y los inputs utilizados en la AU, en parte debido a su diversidad y, a veces, a su naturaleza informal. La AU puede tener rendimientos muy grandes o pequeños y puede ser eficiente o ineficiente en el uso de los recursos, pero se desconocen los factores clave que impulsan las diferencias. Una comprensión precisa de los rendimientos y los inputs de la AU, como el agua, los fertilizantes y el compost, es esencial para evaluar sus impactos potenciales en el uso de los recursos urbanos y los sistemas alimentarios locales a medida que se expande la práctica.

Una contabilidad material adecuada de la AU también ayudaría a aclarar el efecto de esta a gran escala en las existencias y flujos de materiales y energía que componen el "metabolismo" de una ciudad y ayudaría a responder preguntas políticas críticas, como la viabilidad de la AU como suministro de alimentos en ciudades áridas y con escasez de agua. Además, es necesario aumentar el conocimiento sobre los rendimientos y los inputs de la AU para sus diferentes formas de realizar la huella ambiental de la producción urbana de alimentos.

Como se ha dicho, hay una falta de datos sobre los recursos utilizados y los alimentos producidos en las granjas urbanas. Esto obstaculiza los intentos de cuantificar los impactos ambientales de la agricultura urbana o elaborar políticas para la producción sostenible de alimentos en las ciudades.

Una de las justificaciones más populares para expandir la AU es el potencial de simbiosis urbana, o el uso de desechos urbanos para cultivar alimentos. A pesar del potencial del agua no potable (p. ej., escorrentía de aguas pluviales y aguas residuales) para irrigar jardines y fincas, la fuente más común de agua de riego de fincas y jardines ha sido el agua potable municipal.

Los ecosistemas urbanos están sujetos a fuertes presiones antropogénicas. El proceso de urbanización modifica profundamente los espacios y provoca cambios generalmente irreversibles, especialmente a nivel ambiental. Los hábitats están cada vez más fragmentados a medida que la tierra se vuelve más artificial, lo que puede afectar la dispersión de muchas especies.

También los ecosistemas urbanos tienen características específicas en comparación con los ecosistemas no urbanos. Por ejemplo, se pueden observar diferencias abióticas: las temperaturas son más altas que en el campo (al menos 1 grado en promedio por año), las precipitaciones son entre un 5 % y un 10 % más altas, la atmósfera está contaminada con vertidos que pueden afectar a la fauna del suelo y la vegetación, la iluminación artificial es casi constante, el suelo se desestructura sistemáticamente y la perturbación humana es permanente. En resumen, las poblaciones animales y vegetales responden a la urbanización; la riqueza de especies puede aumentar o disminuir a lo largo de un gradiente de urbanización, dependiendo de muchas variables o responder a la calidad de los hábitats urbanos, como es el caso de las aves.

El entorno urbano es responsable de una importante contaminación del aire, el agua y el suelo, graves riesgos de inundaciones y eliminación problemática de residuos; ya que el balance entre lo que entra y sale de la ciudad es en gran medida negativo. Esto pone en peligro la producción de alimentos seguros en las ciudades. Al mismo tiempo, si se maneja de manera segura, la agricultura puede reciclar parte de los desechos producidos. Los desafíos que enfrentan el desarrollo urbano y las nuevas expectativas de los consumidores plantean preguntas sobre la capacidad de adaptación de los sistemas alimentarios urbanos existentes.

Los huertos familiares pueden desempeñar un papel importante en el avance de la seguridad alimentaria y nutricional, al mismo tiempo que fortalecen el suministro de numerosos servicios ecosistémicos (es decir, biodiversidad vegetal, microclima, escorrentía de agua, calidad del agua, salud humana). Sin embargo, es necesario abordar los riesgos de contaminación del suelo por metales pesados.

La contaminación del suelo por metales pesados [plomo (Pb), arsénico (As) y cadmio (Cd)] y contaminantes orgánicos [hidrocarburos aromáticos policíclicos, antibióticos y productos derivados del petróleo] se encuentra entre las principales limitaciones que dificultan el uso de suelos urbanos para la producción de alimentos. Estos problemas deben abordarse para producir alimentos sanos y seguros. De hecho, con una gestión y una biorremediación adecuadas, se puede minimizar el paso del suelo contaminado a los seres humanos a través de los alimentos y obtener un alto rendimiento con una gestión juiciosa de los inputs.

La AU es, en esencia, multifuncional. Hemos visto anteriormente las diferentes funciones en las que puede invertir la AU (producción de alimentos, bienestar, ciclos del agua y del aire, etc.). La biodiversidad también es considerada un servicio ecosistémico reconocido y favorecido por la AU. Sin embargo, aún faltan estudios que lo demuestren.

Se ha establecido que los espacios verdes urbanos, incluidos los espacios agrícolas, están integrados en infraestructuras verdes y son capaces de albergar una biodiversidad significativa. Además, las comunidades vegetales espontáneas que se encuentran en las ciudades todavía son calificadas como "malas hierbas" y siguen siendo percibidas como desordenadas, comprometiendo el aspecto estético de los espacios verdes urbanos. Esta biodiversidad ordinaria juega un papel fundamental en el mantenimiento y estructura de los ecosistemas.

Los cultivos más comunes reportados en la literatura de AU, incluyen tomates, pepinos, remolachas, zanahorias, cebollas y lechugas, entre otros. Además de los cultivos alimenticios, en alrededor de la mitad de los sitios se cultivan flores, arbustos o son áreas de biodiversidad nativa. En general, las granjas y jardines urbanos pueden ser fuentes importantes de flora cultivada y no cultivada.

En un socioecosistema urbano se pueden distinguir dos tipos de biodiversidad: una es gestionada, es decir, elegida por sus propias características y la segunda es alojada, es decir, la que se desarrolla de forma natural en el medio siguiendo prácticas de gestión. Se pueden utilizar términos específicos para la vegetación, que puede ser espontánea (establecida sin intervención humana) o cultivada (introducida y mantenida por humanos).

El rápido desarrollo de proyectos de agricultura intraurbana profesional está generando la necesidad de evaluar su sostenibilidad. Las partes interesadas, como los patrocinadores, los líderes de proyectos y los expertos de la sostenibilidad de tales proyectos, han demostrado ser una fuente de innovación.

BIBLIOGRAFÍA

CLERINO, P., FARGUE-LELIÈVRE, A., MEYNARD, J.M. 2023. Stakeholder's practices for the sustainability assessment of professional urban agriculture reveal numerous original criteria and indicators. Agronomy for Sustainable Development, 43, 3.

DORR, E., HAWES, J.K., GOLDSTEIN, B., et al., 2023. Food production and resource use of urban farms and gardens: a five-country study. Agronomy for Sustainable Development, 43(1): 18.

DROTTBERGER, A., ZHANG, Y., HONG YONG, J.W., DUBOIS, M.C. 2023. Urban farming with rooftop greenhouses: A systematic literature review. Renewable and Sustainable Energy Reviews, 188, 113884.

FAO. 2018. El estado del Planeta. La nueva revolución agrícola: ¿Cómo vamos a alimentar a 10.000 millones de personas? Organización de las Naciones Unidas para la Alimentación y la Agricultura. 117 pp.

FISCHER, R.A., CONNOR, D.J. 2018. Issues for cropping and agricultural science in the next 20 years. Field Crops Research, 222: 121–142.

FOLEY, J.A., RAMANKUTTY, N., BRAUMAN, K.A. 2011. Solutions for a cultivated planet. Nature. 478: 337–342.

FUNDACIÓN INNOVACION BANKINTER. 2020. La comida del futuro. Future Trends Forum, 25 pp.

HLPE (PANEL DE EXPERTOS DE ALTO NIVEL EN SEGURIDAD ALIMENTARIA Y NUTRICIÓN). 2020. Seguridad alimentaria y nutrición: elaborar una descripción global de cara a 2030. FAO, Roma. 91 pp.

LAL R. 2020. Home gardening and urban agriculture for advancing food and nutritional security in response to the COVID-19 pandemic. Food Security, 12(4):871–876.

McCAULEY, D.J. 2020. Urban agriculture combats food insecurity, builds community. CSA News, 65 (10): 8–14.

MOUSTIER, P., HOLDSWORTH, M., ANH, D.T., et al., 2023. Priorities for inclusive urban food system transformations in the global south. En "Science and Innovations for Food Systems Transformation" (Von Braun J., Afsana, K., Fresco, L.O., Hassan, M.H.A., eds). Springer, 281–303.

ROYER, H., YENGUE, J.L., BECH, N. 2023. Urban agriculture and its biodiversity: What is it and what lives in it? Agriculture, Ecosystems & Environment, 346, 108342.

IMPACTO DEL CAMBIO CLIMÁTICO EN LA SEGURIDAD ALIMENTARIA

8.1. IMPACTO DEL CAMBIO CLIMÁTICO EN LA PRODUCCIÓN DE ALIMENTOS POR LA AGRICULTURA

A escala global, el cambio climático se caracteriza por el aumento de las temperaturas medias de la superficie y el aumento de la intensidad y frecuencia de los eventos extremos. Estas tendencias son parcialmente atribuidas, a los altos niveles de emisiones de gases de efecto invernadero (GEI) y concentraciones atmosféricas, donde el óxido nitroso (N_2O), el dióxido de carbono (CO_2) y el metano (CH_4) se encuentran en los niveles más altos conocidos. Los niveles elevados de estos gases aumentan la cantidad y el período de tiempo que la energía radiactiva se almacena en la atmósfera, alterando así las tendencias a largo plazo de la temperatura y la precipitación. Adicionalmente, los altos niveles de CO_2 en la atmósfera, que superaron las 750 ppm en 2022 en el Observatorio Mauna Loa, tienen el potencial de alterar los procesos fisiológicos de las plantas.

El cambio climático se ha convertido en un tema de preocupación internacional y, si bien los efectos se sienten en todo el mundo, no son uniformes. Por lo tanto, es importante comprender cuáles serán sus efectos (es decir, qué parámetros están cambiando, el grado de cambio que ocurre y las tendencias esperadas) en diferentes lugares. Las predicciones muestran que las temperaturas continúan aumentando con mayores incrementos en las superficies terrestres en comparación con los océanos, y mayores aumentos en los trópicos y subtrópicos en comparación con las latitudes medias; junto con una mayor frecuencia de extremos cálidos y menos extremos fríos en escalas de tiempo diarias y estacionales.

Estas predicciones muestran que el cambio climático puede tener implicaciones para la producción de los cultivos en la mayoría de las regiones del mundo. La interacción del aumento de CO_2, el aumento de las temperaturas anuales y la alteración de los patrones de precipitación pueden afectar a numerosos aspectos de la agricultura y, en consecuencia, a la producción de alimentos y a la seguridad alimentaria. El clima cambiante, especialmente las variaciones en los eventos de precipitación, puede conducir a una mayor erosión, a menos que la superficie esté protegida. En las áreas con una disminución esperada de la precipitación, aumentaría el potencial de erosión debido a la reducción de la cobertura del suelo. El laboreo excesivo y la remoción de la cubierta de residuos son las dos prácticas de manejo principales asociadas con la degradación. La protección de los recursos de la tierra para mantener o mejorar la productividad debe ser una prioridad en todas las regiones agrícolas; como ya se ha expuesto en el capítulo sobre la salud del suelo.

Durante los últimos años, la investigación se ha centrado cada vez más en el papel que juega el clima en la producción agrícola, especialmente bajo la continua degradación del suelo. Sin embargo, identificar los impactos de los parámetros climáticos individuales en la producción de cultivos es difícil porque el crecimiento de las plantas es un proceso integrador informado por muchos parámetros, que incluyen la temperatura del aire y del suelo, la precipitación, la disponibilidad de agua y nutrientes del suelo y los niveles de CO_2 atmosférico. No, obstante, se ha escrito mucho sobre el impacto de los parámetros climáticos, incluido el CO_2, el aumento y la variabilidad de la temperatura y la precipitación en la productividad de los cultivos.

Estos enfoques muestran que la alteración del clima no afectará a toda la producción agrícola de manera uniforme. De hecho, es probable que el cambio climático mejore las condiciones para el crecimiento de los cultivos en algunas áreas, ya sea mediante un aumento de las precipitaciones o temporadas de crecimiento prolongadas. De manera similar, las especies de plantas de cultivo tienen respuestas inconsistentes al aumento de las concentraciones de CO_2, influenciadas por las vías fotosintéticas y las condiciones climáticas locales. Sin embargo, en general, estos enfoques han demostrado que el aumento esperado de la temperatura y la precipitación más variable ampliarán la brecha de rendimiento y compensarán los impactos positivos del aumento de CO_2 sobre el crecimiento de las plantas. Aunque es difícil de evaluar como un efecto singular, una parte del aumento del rendimiento potencial de los cultivos podría atribuirse al incremento de CO_2 en todo el mundo.

La agricultura es inherentemente sensible a la variabilidad climática, como resultado de causas naturales o actividades humanas. Se espera que el cambio climático causado por las emisiones de GEI influya directamente en los sistemas de producción de cultivos para alimentos, piensos o forraje; afecte a la salud del ganado y altere el patrón y el equilibrio del comercio de alimentos y productos alimenticios. Estos impactos variarán con el grado de calentamiento y los cambios asociados con los patrones de lluvia, así como de un lugar a otro.

8.2. CONTRIBUCIÓN DE LA AGRICULTURA AL CAMBIO CLIMÁTICO

El sistema alimentario es uno de los principales impulsores del cambio climático, los cambios en el uso de la tierra, el agotamiento de los recursos de agua dulce y la contaminación de los ecosistemas acuáticos y terrestres a través de los aportes excesivos de nitrógeno (N) y fósforo (P).

Al tiempo que los sistemas alimentarios se ven afectados por el cambio climático, la agricultura es también el segundo mayor sector económico que contribuye a la emisión de GEI, después de la energía. La FAO estima que la agricultura, la actividad forestal y el cambio en el uso de la tierra generan una quinta parte de las emisiones de GEI.

La conversión de casi la mitad de la superficie del mundo terrestre, libre de hielo, en áreas agrícolas ha contribuido a tres de los desafíos ambientales más relevantes de la humanidad: (1) la agricultura es una fuente importante de emisiones antropogénicas de GEI, en gran parte de la liberación de carbono almacenado en la vegetación natural y los suelos; (2) la agricultura es el principal impulsor de la pérdida de hábitat, la mayor amenaza para la biodiversidad terrestre; y (3) la agricultura es responsable de aproximadamente el 70% del consumo mundial de agua dulce, lo que provoca escasez de agua potable en muchas partes áridas del mundo. La creciente demanda mundial de productos animales reduce las esperanzas de que los beneficios de los cambios en la dieta de la sociedad para disminuir las huellas ambientales de la producción de alimentos puedan materializarse plenamente en un futuro próximo. Los aumentos de rendimiento a través de prácticas más eficientes en el uso de recursos, avances tecnológicos y variedades de cultivos mejoradas genéticamente son prometedores; sin embargo, una población humana en crecimiento y un consumo *per capita* en aumento amenazan con contrarrestar el potencial de estos desarrollos sin medidas complementarias.

Los sistemas alimentarios son responsables de aproximadamente un tercio de las emisiones antropogénicas de GEI a nivel mundial, lo que presenta un gran desafío, pero también oportunidades, para la mitigación del cambio climático. Hay tres vías principales a través de las cuales el sistema alimentario contribuye a las emisiones de GEI que presentan puntos de entrada para un cambio transformador. La primera vía es a través de la producción agrícola y ganadera, incluidas todas las actividades necesarias para garantizar que las materias primas salgan de la explotación. Estas actividades generan emisiones de GEI principalmente a través del CH_4 y el N_2O producidos por la fermentación entérica de los rumiantes domésticos (vacas, ovejas y cabras) y su estiércol, las aplicaciones de fertilizantes sintéticos en los cultivos y la producción de CH_4 de los arrozales inundados. Juntos, los sistemas de cultivos y ganadería contribuyen actualmente del 10 al 14% de las emisiones totales de GEI, que podrían aumentar al 40% para 2050 en algunos escenarios. La segunda vía importante es el cambio en el uso de la tierra, que contribuye a las emisiones de GEI, principalmente a través de la deforestación y la destrucción de turberas con fines agrícolas. Se estima que las emisiones del uso de la tierra relacionadas con la agricultura representan entre el 5 y el 14% de las emisiones totales. La tercera vía es a través de actividades relacionadas con los alimentos más allá de la puerta de la finca, que van desde el procesamiento y transporte de alimentos hasta el consumo de los mismos. Se estima que las emisiones relacionadas con el sistema alimentario más allá de la puerta de la finca representan entre el 5 y el 10% de las emisiones totales.

Tabla 8.1 Huella ambiental de diferentes productos alimenticios (por peso de producto) (Adaptado de Springman *et al.*, 2018)

Alimentos	Intensidad de GEI (kgCO$_2$/kg)	Uso de tierras de cultivo (m^2/kg)	Uso de agua dulce (m^3/kg)	Uso de nitrógeno (kgN/t)	Uso de fósforo (kgP/t)
Trigo	0,23	3,36	0,49	28,73	4,39
Arroz	1,18	3,51	1,07	36,64	5,20
Maíz	0,19	1,98	0,15	22,77	3,57
Legumbres	0,23	11,02	0,95	0,00	0,00
Soja	0,12	3,95	0,14	2,75	5,88
Hortalizas	0,06	0,49	0,09	9,55	1,67
Frutas (templado)	0,08	1,18	0,33	12,73	1,91
Frutas (tropical)	0,09	0,94	0,32	10,27	1,58
Cultivos azucareros	0,11	0,85	0,12	6,26	1,07
Cultivos oleaginosos	0,02	0,15	0,11	2,03	0,35
Azúcar	0,19	1,67	1,22	22,34	3,84
Carne de vacuno	32,49	4,21	0,22	27,29	5,36
Cordero	33,02	6,24	0,49	27,51	4,94
Cerdo	2,92	6,08	0,35	51,52	8,87
Aves	1,41	6,59	0,40	50,20	9,02
Huevos	1,58	6,86	0,44	51,22	8,81
Leche	1,22	1,34	0,08	6,32	1,58

Las huellas de los productos animales representan impactos relacionados con su alimentación, excepto las emisiones de GEI del ganado, que también tienen un componente importante directo. El uso de las tierras de cultivo no incluye el uso de los pastos y el uso de inputs del pasto para rumiantes. Los datos mostrados son promedios globales.

El uso del N en la agricultura es un buen ejemplo de las complejas interacciones entre la agricultura, el clima y otras cuestiones ambientales. Desde la década de 1960, el uso agrícola mundial de fertilizantes en tierras de cultivo se ha multiplicado por más de cinco. Esto ha resultado en grandes aumentos de N en el medio ambiente, incluidos los nitratos en las aguas subterráneas, la escorrentía en ríos y áreas costeras, y aumentos en el nivel de N_2O en la atmósfera. Este último, generado en gran parte por la agricultura, ya es responsable de alrededor del 8% del calentamiento antropogénico de los GEI, una cifra que aumentará a medida que aumente el uso de N.

Los grupos de alimentos específicos varían en sus impactos ambientales. La producción de productos animales genera la mayoría de las emisiones de GEI relacionadas con los alimentos (72–78% de las emisiones agrícolas totales), lo que se debe a las bajas eficiencias de conversión alimenticia, la fermentación entérica en rumiantes y las emisiones relacionadas con el estiércol. Los impactos de los productos animales relacionados con la alimentación también contribuyen al uso de agua (alrededor del 10%) y a las presiones en las tierras de cultivo, así como a la aplicación de N y P (20–25% cada uno). En comparación, los cultivos básicos generalmente tienen huellas ambientales más bajas (impactos por kg de producto) que los productos animales, en particular para las emisiones de GEI, pero pueden tener un alto impacto total debido a sus mayores volúmenes de producción. Los cultivos básicos para el consumo humano son responsables de un tercio a la mitad (30–50%) del uso de las tierras de cultivo, el uso del agua y la aplicación de N y P (**Tabla 8.1**).

El sistema alimentario en su conjunto genera nuevas emisiones a través de la fabricación de productos agroquímicos, el uso de energía fósil en las actividades agrícolas y en el transporte, elaboración y venta al por menor posteriores a la producción.

8.3. EFECTOS Y CONSECUENCIAS DEL CAMBIO CLIMÁTICO EN LOS SISTEMAS ALIMENTARIOS

La reducción a largo plazo de la prevalencia de la desnutrición en todo el mundo se ha desacelerado desde 2007, como resultado de las presiones sobre los precios de los alimentos, la volatilidad económica, los fenómenos climáticos extremos y los cambios en la dieta, entre otros factores. Además, se espera que aumenten las presiones sobre el sistema alimentario mundial en el futuro. Por ejemplo, se estima que la demanda de productos agrícolas aumentará en aproximadamente un 50% para 2030 a medida que aumente la población mundial, lo que requerirá un cambio hacia una intensificación sostenible de los sistemas alimentarios. Los impactos del cambio climático tendrán muchos efectos en la ecuación alimentaria global, tanto para la oferta como para la demanda, y en los sistemas alimentarios a nivel local, donde las pequeñas comunidades agrícolas a menudo dependen de la producción local y propia. Por lo tanto, el cambio climático podría potencialmente ralentizar o revertir el progreso hacia un mundo sin hambre.

Las predicciones sobre el cambio climático tienen serias implicaciones para la producción de cultivos en todas las regiones del mundo. Los avances tecnológicos, así como la mejora de los recursos genéticos, que en el pasado han dado lugar a aumentos en el rendimiento potencial y real, reduciendo así la brecha de rendimiento, advierten que el cambio climático, junto con la degradación de la tierra debido a prácticas de manejo como el laboreo, la expansión de cultivos y el monocultivo, amenaza a estos avances.

El cambio climático afecta a la agricultura y a la producción de alimentos de forma compleja. Afecta directamente a la producción de alimentos a través de cambios en las condiciones agroecológicas e indirectamente, al afectar el crecimiento y la distribución de los ingresos y, por lo tanto, la demanda de productos agrícolas. Los impactos se han cuantificado en numerosos estudios bajo varios conjuntos de supuestos.

Por cierto, ni el cambio climático ni la variabilidad climática a corto plazo y la adaptación asociada son fenómenos nuevos en la agricultura. Como muestran algunas áreas agrícolas importantes del mundo, como el medio oeste de los. Estados Unidos, el noreste de Argentina, el sur de África o el sureste de Australia, las cuales han experimentado tradicionalmente una mayor variabilidad climática que otras regiones como el centro de África o Europa. También muestran que el alcance de las fluctuaciones a corto plazo ha cambiado durante períodos de tiempo más largos. Si las fluctuaciones climáticas se vuelven más pronunciadas y generalizadas (las sequías y las inundaciones), las causas dominantes de las fluctuaciones a corto plazo en la producción de alimentos en las zonas semiáridas y subhúmedas se volverán más severas y frecuentes. En las zonas semiáridas, las sequías pueden reducir drásticamente el rendimiento de los cultivos, el número y la productividad del ganado.

Además, los cambios climáticos también son responsables de cambiar las relaciones entre cultivos, plagas, patógenos y malas hierbas. También pueden agravar varias tendencias, incluida la disminución de los insectos beneficiosos y las concentraciones de ozono a nivel mundial.

En las latitudes templadas, se espera que las temperaturas más altas traigan predominantemente beneficios a la agricultura: las áreas potencialmente aptas para el cultivo se expandirán, la duración del período de crecimiento aumentará y los rendimientos de los cultivos pueden aumentar. Estos logros deben contrastarse con una mayor frecuencia de fenómenos extremos, por ejemplo, olas de calor y sequías en la región mediterránea o el aumento de las precipitaciones intensas e inundaciones en las regiones templadas, incluida la posibilidad de un aumento de las tormentas costeras. También deben compararse con el hecho de que es probable que los pastos semiáridos y áridos experimenten una reducción de la productividad ganadera y una mayor mortalidad del ganado. En áreas más secas, los modelos climáticos predicen una mayor evapotranspiración y niveles más bajos de humedad del suelo. Como resultado, algunas áreas cultivadas pueden volverse inadecuadas para el cultivo y algunos pastizales tropicales pueden volverse cada vez más áridos.

Las concentraciones más altas de CO_2 tendrán un efecto positivo en muchos cultivos, mejorando la acumulación de biomasa y el rendimiento final. Sin embargo, la magnitud de este efecto es menos clara, con diferencias importantes según el tipo de manejo (p. ej. regímenes de riego y fertilización) y el tipo de cultivo. La respuesta del rendimiento experimental a niveles elevados de CO_2 muestra que, en condiciones óptimas de crecimiento el rendimiento de los cultivos aumenta a 550 ppm de CO_2 en el rango de 10% a 20% para cultivos C_3 (como trigo, arroz y soja) y solo de 0 a 10% para cultivos C_4 (como maíz y sorgo). Sin embargo, es posible que la calidad nutricional de los productos agrícolas no aumente en consonancia con los mayores rendimientos. Algunos cultivos de cereales y forrajes, por ejemplo, han mostrado concentraciones de proteína más bajas en condiciones de CO_2 elevadas.

Se han realizado varios estudios en las últimas décadas sobre los efectos del cambio climático en la productividad de las plantas y los parámetros de rendimiento. Sin embargo, existe una falta de conocimiento sobre la dinámica nutricional, particularmente en la eficiencia del uso de micronutrientes bajo los cambios climáticos, lo que afecta la absorción, el transporte y la movilización de nutrientes de los cultivos. Se ha demostrado que el aumento del CO_2 afecta el valor nutricional no solo de los cultivos de cereales y leguminosas, sino también en frutas y hortalizas de hoja, pero pocos estudios señalan que este es un fenómeno generalizable.

El impacto global del cambio climático en el valor nutricional de los alimentos vegetales parece mostrar la vinculación de los efectos de los factores del cambio climático en la nutrición de los cultivos y la concentración de nutrientes en las partes comestibles de la planta. Se centra en el efecto de CO_2 elevado, temperatura elevada, salinidad, anegamiento y estrés por sequía, y sobre su influencia directa e indirecta en la disponibilidad de nutrientes.

En definitiva, el cambio climático puede tener un impacto en la acumulación de minerales y proteínas en las plantas de cultivo, siendo sobre todo el CO_2 elevado el factor subyacente de la mayoría de los cambios reportados. Los efectos dependen claramente del tipo, la intensidad y la duración del estrés impuesto, el genotipo de la planta y la etapa de desarrollo. Se pueden encontrar fuertes interacciones (tanto positivas como negativas) entre los factores climáticos individuales y la disponibilidad del suelo en nitrógeno (N), potasio (K), hierro (Fe) y fósforo (P).

8.4. ADAPTACIÓN DE LA AGRICULTURA AL CAMBIO CLIMÁTICO

Los estudios que abordan de manera específica los efectos del cambio climático y la degradación de los recursos naturales en los sistemas alimentarios son fundamentales para lograr un cambio más amplio en las políticas que consideran los sistemas alimentarios en relación con otros sistemas. Los agrosistemas están indisolublemente vinculados con los sistemas alimentarios por medio de lazos de retroalimentación que recorren estos sistemas en formas complejas, por lo que es importante que estos dos sistemas se apoyen mutuamente. Las políticas de estas características contribuyen a crear resiliencia en los sistemas alimentarios frente al cambio climático, incluida la protección de los recursos hídricos y la biodiversidad, en especial en los agrosistemas vulnerables.

La adaptación al cambio climático es esencial para la seguridad alimentaria en las zonas más afectadas y en el largo plazo, donde los pequeños agricultores serán los más afectados. Dada esta diversidad de efectos, las políticas alimentarias deben poner mayor énfasis que otros sectores en dicha adaptación con miras a aumentar su productividad y resiliencia. Estos esfuerzos deberán incluir transformaciones profundas en todas las etapas de las cadenas de suministro de alimentos y el consumo, para maximizar los beneficios conjuntos de las iniciativas de adaptación y mitigación, en particular una agricultura mejor adaptada a las nuevas realidades climáticas y las prácticas agroecológicas. Además, dado que el sector tiene grandes repercusiones en términos de efectos climáticos, los sistemas alimentarios tienen un papel crucial que desempeñar en los esfuerzos para mitigar el impacto del cambio climático mediante la adopción de prácticas y tecnologías ambientalmente sensibles. Es importante identificar alternativas agrícolas que se adapten al clima como alternativa a las prácticas actuales, en estrecho diálogo con los pequeños agricultores, y desarrollar (y también evaluar) iniciativas eficientes de participación científico–política para abordar el desafío de apoyar y proteger a los agricultores más vulnerables al cambio climático (**Tabla 8.2**).

Los sistemas agrícolas modernos deben adaptarse para ser más resilientes al cambio climático, y las herramientas para esta adaptación involucran la genética, el monitoreo ambiental y las prácticas de manejo en evolución. Sin embargo, el progreso solo puede comenzar una vez que los sistemas agrícolas se gestionen desde una visión más holística de proporcionar tanto la cantidad como la calidad de una mezcla más diversa de cultivos agrícolas que proporcionarán sostenibilidad, equidad, nutrición y un futuro alimentario seguro.

Tecnologías y prácticas de producción tales como germoplasma de cultivos adaptados al estrés, agricultura de conservación y los sistemas de producción diversificados estabilizan la producción agrícola y los ingresos, y por lo tanto reducen los impactos adversos del riesgo relacionado con el clima en algunas circunstancias.

Los sistemas alimentarios deberán adaptarse a los cambios y riesgos provocados por el cambio climático. Hay cientos de formas de sistemas alimentarios en nuestro planeta, que se pueden agrupar en tres categorías: el modelo agroindustrial, los sistemas tradicionales y las formas intermedias. Frente al cambio climático y otros desafíos sociales, ambientales y económicos importantes, es esencial organizar la transición alimentaria de acuerdo con los criterios de desarrollo sostenible para garantizar la seguridad alimentaria y nutricional de los habitantes de cada país. La transición alimentaria se refiere al proceso que ve una creciente sustitución de calorías derivadas de animales por calorías de origen vegetal en las dietas de poblaciones con niveles económicos crecientes. Aunque un cambio en los hábitos alimenticios no será uniforme en todas partes. Mientras que en las regiones pobres la ingesta de proteínas animales a veces es insuficiente, en los países ricos supera las recomendaciones nutricionales de la Organización Mundial de la Salud.

Tabla 8.2 Estrategias de mitigación del cambio climático en el sistema alimentario (adaptado de Zurek *et al.*, 2022)

Áreas de mitigación	Respuestas del sistema alimentario	Ejemplos de potenciales interacciones con otros resultados del sistema alimentario (seguridad alimentaria y nutricional, económica, ambiental y social)
	Reducir las emisiones de óxido nitroso de las aplicaciones de fertilizantes sintéticos	Las aplicaciones de fertilizantes sintéticos son importantes para los sistemas alimentarios actuales, especialmente porque el estiércol y las leguminosas solo pueden proporcionar una parte de las demandas totales de nitrógeno de la producción agrícola. Han contribuido a aumentos sustanciales en la productividad de los cultivos alimentarios y seguirán siendo importantes en el futuro, porque se espera que aumente la demanda de alimentos. Sin embargo, la aplicación excesiva de fertilizantes ha provocado importantes impactos ambientales.
	Reducir las emisiones de metano del cultivo del arroz-cáscara	La implementación de nuevas prácticas de manejo agrícola (p. ej., riego y secado alternativos) por parte de muchos pequeños agricultores a nivel mundial, requiere una aportación intensa de los servicios de extensión, lo que genera incertidumbre sobre la efectividad de la misma.
Mejora de la gestión de cultivos	Mejorar la gestión del uso de la tierra para el secuestro de carbono (y reducción de sus pérdidas)	Se debate el potencial del secuestro de carbono en tierras agrícolas (p. ej., problemas con la permanencia), aunque podría considerarse (con variaciones regionales y locales) un beneficio colateral de mejorar la gestión de las tierras de cultivo y pastoreo. La restauración de turberas y la reforestación de tierras agrícolas marginales y no mejorables deberían ser una prioridad, pero entra en conflicto con la creciente demanda de alimentos.
	Cerrar las brechas de rendimiento (diferencias entre los rendimientos en condiciones óptimas y los alcanzables en los campos de los agricultores)	La reducción de la brecha de rendimiento desempeña un papel importante en la reducción de la tierra necesaria para la alimentación. La mejora de las brechas de rendimiento depende principalmente de los nutrientes (fertilizantes) y la gestión del agua. En algunas zonas, es posible que el agua necesaria para cerrar la brecha de rendimiento no esté disponible localmente. En términos de nutrientes, algunas áreas y regiones del mundo, como el África subsahariana, necesitarán aumentar el uso de fertilizantes, lo que aumentará aún más las emisiones de GEI. En cambio, muchas otras partes del mundo necesitan reducir la aplicación excesiva de fertilizantes,
	Uso de la agrosilvicultura	La agrosilvicultura es una estrategia de uso compartido de tierras que da cabida tanto a la producción agrícola como a la protección de la biodiversidad, lo que resulta en una mejor fijación de nitrógeno, salud de la tierra y los ecosistemas y el secuestro de carbono en el suelo, entre otros beneficios. Sin embargo, la implementación de esta estrategia depende de que los propietarios y administradores de tierras acepten y adopten estas prácticas, así como otras barreras socioeconómicas. La agrosilvicultura enfrenta desafíos similares a los de la agricultura de conservación. Para tener éxito, será necesaria una inversión que facilite su adopción de manera que sea beneficiosa para los propietarios y administradores de tierras.

continúa

Tabla 8.2 Estrategias de mitigación del cambio climático en el sistema alimentario (adaptado de Zurek et al., 2022)

(continuación)

Áreas de mitigación	Respuestas del sistema alimentario	Ejemplos de potenciales interacciones con otros resultados del sistema alimentario (seguridad alimentaria y nutricional, económica, ambiental y social)
	Mejora la gestión de las tierras de pastoreo	
	Mejorar la gestión del estiércol	
	Utilizar piensos de mayor calidad	Existen varias opciones nuevas para reducir las emisiones de metano cambiando las prácticas de alimentación de los rumiantes. Por ejemplo, se ha sugerido que la introducción de algas en la dieta del ganado puede reducir sus emisiones de metano hasta en un 80% al cambiar la composición de la comunidad bacteriana en sus intestinos. Sin embargo, aumentar la escala de recolección de algas tendría grandes implicaciones para los ecosistemas marinos, incluido su potencial de secuestro de carbono.
Mejora de la gestión del ganado	Reducir la fermentación entérica	Dos estrategias principales para reducir la fermentación entérica incluyen los aditivos alimentarios y la mejora de la digestibilidad del alimento. Los aditivos alimentarios, si bien reducen las emisiones de GEI del ganado, pueden dejar residuos tóxicos y tener impactos ambientales independientes. Dados los crecientes riesgos derivados de los residuos tóxicos y la resistencia a los antibióticos y pesticidas, los aditivos alimentarios no son una forma clara para la mitigación.
	Reducir el óxido nitroso mediante la gestión del estiércol	
	Secuestro de carbono en los pastos	
	Implementar mejores prácticas de cría y manejo de animales	
	Usar fuentes de proteínas no animales	
	Utilizar proteínas microbianas como alimento	

continúa

Tabla 8.2 Estrategias de mitigación del cambio climático en el sistema alimentario (adaptado de Zurek *et al.*, 2022)

(continuación)

Áreas de mitigación	Respuestas del sistema alimentario	Ejemplos de potenciales interacciones con otros resultados del sistema alimentario (seguridad alimentaria y nutricional, económica, ambiental y social)
	Mejorar el transporte y la distribución de alimentos	
	Mejorar la eficiencia y la sostenibilidad de las industrias de procesamiento de alimentos, venta minorista y agroalimentaria	Las opciones de mitigación adoptan aquí dos formas generales. En los países de ingresos bajos y medios, donde pueden faltar instalaciones de almacenamiento y procesamiento, la mitigación está orientada a reducir la pérdida de alimentos a través de innovaciones y tecnología (p. ej., opciones de almacenamiento en frío). En los países de ingresos medios altos y altos, donde el uso de tecnología e infraestructura está generalizado, la mitigación está orientada a mejorar la eficiencia en el uso de la energía y hacer la transición hacia fuentes de energía renovables. Una posible compensación con los resultados del sistema alimentario depende del tipo de fuentes de energía renovables utilizadas, por ejemplo los impactos potenciales de los biocombustibles en la seguridad alimentaria están bien documentados.
Mejora de la cadena de suministro	Mejorar la eficiencia energética de la agricultura	
	Reducir la pérdida de alimentos	Una gran parte de los alimentos producidos nunca se consume. Reducir la pérdida de alimentos permitiría obtener menores rendimientos para satisfacer la demanda mundial de alimentos y también reduciría las emisiones. Las medidas de mitigación para abordar la pérdida de alimentos a menudo se presentan en forma de innovaciones para mejorar la eficiencia de la recolección y el procesamiento de alimentos. Estas innovaciones deben ser accesibles y asequibles para llegar a los agricultores medianos y pequeños.
Gestión de la demanda	Realizar cambios dietéticos hacia un consumo sostenible y dietas saludables	Se espera que la reducción del consumo de carne (especialmente de vacuno y de cordero) tenga el mayor efecto en el cambio climático y el medio ambiente, especialmente porque se prevé que aumente la demanda de alimentos, y especialmente de carne. Un número creciente de consumidores de ingresos altos y medios consumen alimentos en exceso, lo que contribuye a la demanda de alimentos, las emisiones de GEI y el desperdicio de alimentos. Cambiar a dietas saludables y seguir pautas alimentarias tiene el potencial de mejorar la sostenibilidad ambiental y la mitigación del cambio climático y también mejorar los resultados de salud. Sin embargo, las dietas saludables pueden resultar inaccesibles o inasequibles para la mayoría de los pobres y marginados del mundo.
	Reducir el desperdicio de alimentos	El informe sobre el índice de desperdicio de alimentos estima que en 2019 se desperdiciaron casi mil millones de toneladas métricas de alimentos. Más del 60 % de este desperdicio se debió a desechos domésticos, y los servicios de alimentos y el comercio minorista contribuyeron con el 26 y el 13 %, respectivamente. Reducir el desperdicio de alimentos tiene múltiples beneficios colaterales y proporciona resultados sinérgicos para las personas al mejorar la seguridad alimentaria y regular los precios, y para el planeta al reducir la presión sobre la tierra, la biodiversidad y el cambio climático

La implementación coordinada y exitosa de un "menú" de opciones de mitigación y adaptación para la agricultura y los sistemas alimentarios a escala mundial podría reducir las emisiones de GEI a un nivel seguro y apoyar la transformación hacia sistemas alimentarios sostenibles. Las opciones de mitigación en los sistemas alimentarios generalmente se organizan en torno a cuatro áreas clave: mejoras en la gestión de cultivos y ganado; cambios en el uso de la tierra y cadenas de valor de los alimentos; así como la modificación de los patrones de consumo de alimentos; y la reducción del desperdicio de estos. Aunque las actividades agrícolas y el cambio en el uso de la tierra generan una mayor proporción de emisiones del sistema alimentario que las actividades posteriores a la salida de la explotación, las elecciones dietéticas de los consumidores son un factor importante que impulsa las decisiones que se toman en la explotación. Dicho esto, las emisiones posteriores a la explotación agrícola, incluidas las de las fuentes de energía utilizadas en el procesamiento de alimentos, el transporte, el almacenamiento y la cocción, han aumentado sustancialmente en los últimos años, lo que requiere un replanteamiento de las estrategias de mitigación para el sector alimentario. Por lo tanto, una mirada a todo el sistema alimentario se vuelve importante para encontrar las mayores palancas de cambio.

Las dietas equilibradas con alimentos de origen vegetal, como cereales secundarios, legumbres, frutas y verduras, y alimentos de origen animal producidos de manera sostenible en sistemas con bajas emisiones de GEI, presentan grandes oportunidades para adaptarse y limitar el cambio climático.

La diversificación de cultivos es una forma de mejorar la seguridad alimentaria y nutricional, la estabilidad del rendimiento y la resiliencia de los cultivos en condiciones climáticas cambiantes. La diversificación de cultivos utilizando cultivos tradicionales, abandonados, autóctonos o subutilizados, es una de las formas más factibles, rentables y racionales de reducir la incertidumbre en la producción de alimentos, particularmente en los sistemas agrícolas de pequeña escala. Tales cultivos son en su mayoría especies autóctonas y antiguas que se utilizan en algún nivel dentro de las comunidades locales, nacionales o internacionales, pero que tienen potencial en los sistemas alimentarios. Estos cultivos prosperan en entornos ecológicos de agricultores de escasos recursos y mantienen los procesos naturales necesarios para los sistemas alimentarios sostenibles. También la diversificación de la dieta con cultivos autóctonos es una forma sostenible de proporcionar macro y micronutrientes para combatir la desnutrición y la mala salud asociada.

Los sistemas de producción mixtos, en los que los agricultores tienen alguna combinación de cultivos perennes y anuales, ganadería y/o pesca, son la forma más común de agricultura en los países de ingresos bajos y medianos, y son cada vez más interesantes en los países de ingresos altos como un enfoque adaptativo al cambio climático. La diversificación en sistemas mixtos puede amortiguar los riesgos que el cambio climático plantea para los sistemas de producción de alimentos a través de una mayor resiliencia de los medios de vida, seguridad alimentaria y múltiples servicios ecosistémicos. Los sistemas mixtos pueden proporcionar resiliencia local y regional a corto plazo, además de contribuir a una resiliencia sostenida en el sistema alimentario mundial. Evidencias y casos de sistemas mixtos cultivo–ganadería, y agrosilvicultura demuestran los beneficios técnicos, culturales y socioeconómicos, los desafíos y las barreras para su implementación. El apoyo a los sistemas mixtos, incluidos los mecanismos financieros específicos del contexto, el intercambio de conocimientos y los mercados, podría ayudar a promover los beneficios de adaptación y mitigación de tales sistemas (Fig. 8.1).

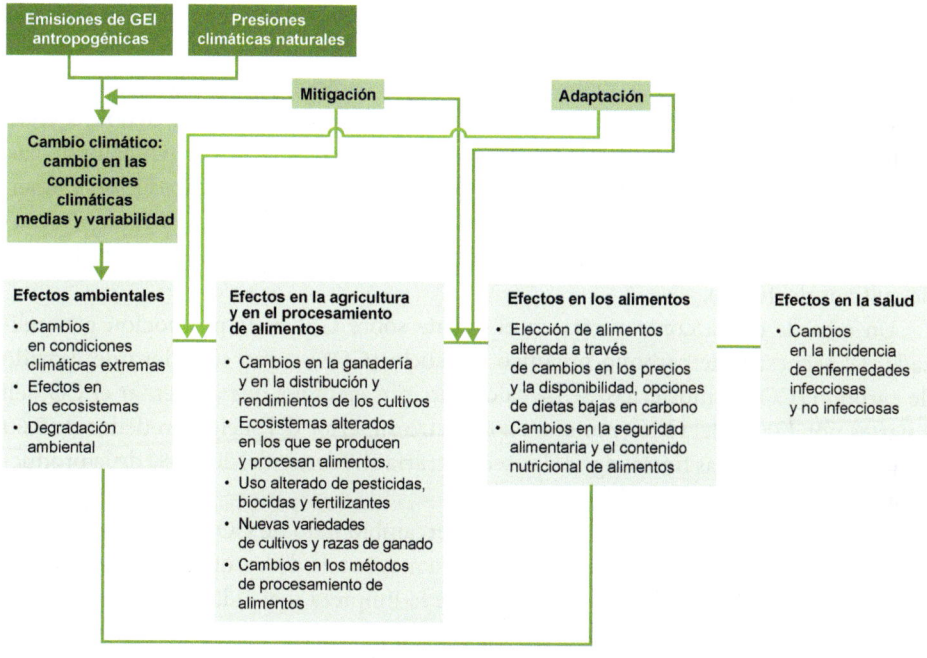

Figura 8.1 Base de evidencia para los resultados de adaptación y mitigación del cambio climático (adaptado de Lake, *et al.*, 2023)

Los cambios en los patrones climáticos requerirán alteraciones en las prácticas agrícolas y la infraestructura; por ejemplo, redes de almacenamiento y transporte de agua. Debido a que un tercio de los alimentos del mundo se producen en tierras de regadío, los posibles impactos en la producción mundial de alimentos son muchos. Junto con los enfoques agronómicos y de gestión para mejorar la producción de alimentos, las mejoras en la capacidad de un cultivo para mantener los rendimientos con menor suministro y calidad de agua serán fundamentales. En definitiva, se necesita aumentar la tolerancia de los cultivos a la sequía y la salinidad.

En el contexto del cambio ambiental global, la eficiencia en el uso de N también se ha convertido en un objetivo clave. La actividad humana ya ha más que duplicado la cantidad de N_2 atmosférico fijado anualmente, lo que ha provocado impactos ambientales, como una mayor contaminación del agua y la emisión de GEI, como el N_2O. Los inputs de N están siendo gestionados cada vez más por una legislación que limita el uso de fertilizantes en la agricultura. Además, el aumento de los costes de energía significa que los fertilizantes ahora son comúnmente el coste de inputs más alto para los agricultores. Las nuevas variedades de cultivos deberán ser más eficientes en el uso de N fertilizante que las variedades actuales. Por lo tanto, es importante que los programas de mejora genética desarrollen estrategias para seleccionar el rendimiento y la calidad con menores aportes de N.

Se sugieren estrategias de manejo que utilizan tecnologías novedosas como la inteligencia artificial, el aprendizaje automático y la agricultura digital para ayudar a comprender las interacciones entre los diferentes componentes de los sistemas agrícolas, introducir un marco genotipo × medio ambiente × manejo que se base en un conocimiento avanzado de las interacciones, genéticas con el medio ambiente y nuevas tecnologías en la gestión agronómica, para formar la base de las estrategias en la producción de cultivos del futuro.

Un área de cierta controversia en el debate sobre GEI es la promoción generalizada del secuestro de carbono orgánico del suelo (COS) como sumidero de dióxido de carbono (CO_2) atmosférico. Se ha calculado, por ejemplo, que aumentar el COS en 4 partes por 1.000 (del COS) por año en el metro superior del suelo (alrededor de 0,6 t C/ha/año) en todas las tierras agrícolas secuestraría alrededor del 20–35% de la producción anual de emisiones globales de CO_2.

El mayor impacto de los cultivos en el intercambio neto de CO_2 con el suelo radica en el aumento del rendimiento que impide una mayor tala de bosques y eliminación de pastizales para el cultivo. Se ha calculado que la limpieza y el cultivo liberan entre 30 (pastizales) y 150 (bosques) tC/ha como CO_2 en el proceso.

Además de las ganancias de carbono, la reubicación óptima de las tierras de cultivo también podría reducir sustancialmente la huella hídrica de la agricultura si se establecieran nuevas áreas donde las lluvias suficientes evitan la necesidad de riego. Es importante destacar que la reubicación de áreas agrícolas puede no solo representar una oportunidad ambiental, sino que puede convertirse en una necesidad para mantener la seguridad alimentaria mundial, ya que los patrones cambiantes de precipitación y deshielo amenazan el suministro de agua para los cultivos, mientras que los regímenes de temperatura cambiantes reducen la productividad en grandes partes del mundo.

El objetivo de la gestión de riesgos en el cambio climático es reducir la exposición a los mismos y reducir los resultados negativos. El proceso incluye un primer mapeo del riesgo que considera la identificación de las zonas, las poblaciones y los medios de subsistencia en riesgo, seguido por un análisis de los tipos de riesgo involucrados y una estimación de los niveles de exposición al riesgo de las diferentes zonas, grupos y medios de subsistencia, en términos de magnitud, grado del riesgo y de la capacidad de neutralización del mismo. La gestión de riesgos puede mejorar la capacidad de recuperación de las comunidades ante eventos extremos, lo que tiene un impacto en los sistemas alimentarios.

Reducir las desigualdades, mejorar los ingresos y garantizar el acceso equitativo a los alimentos para que algunas regiones (donde la tierra no puede proporcionar alimentos adecuados) no estén en desventaja, son otras formas de adaptarse a los efectos negativos del cambio climático. También hay métodos para gestionar y compartir riesgos, algunos de los cuales ya están disponibles, como los sistemas de alerta temprana.

Las intervenciones institucionales, como los seguros basados en índices y la protección social a través de redes de seguridad adaptativas, desempeñan un papel complementario al permitir que los agricultores gestionen el riesgo, superen las barreras relacionadas con el riesgo para la adopción de tecnologías y prácticas mejoradas, y protejan sus activos contra los impactos de eventos climáticos extremos.

8.5. CAMBIO CLIMÁTICO Y SEGURIDAD ALIMENTARIA

El cambio climático es una amenaza creciente e incierta, cuyo efecto no conocemos con precisión. No obstante, hay un emergente consenso científico en que habrá un impacto negativo en la producción calórica en las bajas latitudes. Será variable en las medias latitudes y eventualmente positiva en las altas latitudes. Habrá un efecto negativo en la cantidad y contenido nutricional de los cultivos, y se intensificará la escasez de agua en las zonas que actualmente son áridas, y habrá daños que afectarán a la producción en zonas costeras.

El mayor efecto del cambio climático en la seguridad alimentaria del futuro estará enfocado en la disponibilidad y estabilidad de los alimentos. La producción agrícola se verá afectada a través de una modificación en los precios de los productos y de los inputs para la producción agrícola, debido al incremento en la demanda en la cantidad y calidad de la producción; lo que impactará a los mercados y tendrá consecuencias en los ingresos y precios de los alimentos, afectando a los medios de vida en los centros urbanos y redundando en la modificación de la seguridad alimentaria y nutricional.

El cambio climático afectará a las cuatro dimensiones de la seguridad alimentaria, a saber, como ya se ha dicho, la disponibilidad de alimentos (es decir, la producción y el comercio), el acceso y la estabilidad del suministro de alimentos y la utilización de los mismos. La importancia de las diversas dimensiones y el impacto general del cambio climático en la seguridad alimentaria diferirán entre regiones y a lo largo del tiempo y, lo que es más importante, dependerán de la situación socioeconómica general que haya alcanzado un país a medida que se establecen los efectos del cambio climático (Fig. 8.2).

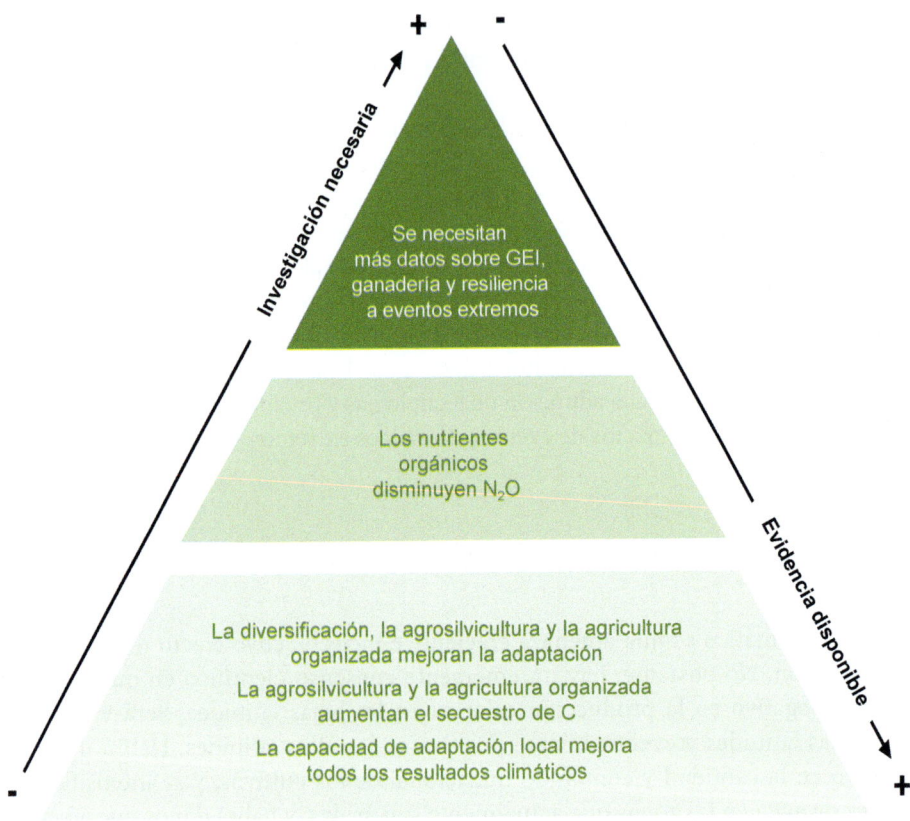

Figura 8.2 Principales vías a través de las cuales el cambio climático afecta a la seguridad alimentaria en los países desarrollados (adaptado de Lake, *et al.*, 2012)

Los efectos del cambio climático en la seguridad alimentaria y la nutrición son unos de los grandes desafíos que enfrentará la humanidad en las próximas décadas. Se necesitan reflexiones para adaptar el sistema agroalimentario a este nuevo clima y realidad social. Será necesario integrar la seguridad alimentaria y la agricultura sostenible en las políticas internacionales y nacionales, y también aumentar de manera significativa el nivel de las inversiones mundiales en los sistemas alimentarios. A nivel nacional, es importante aumentar los presupuestos de investigación y desarrollo para las agriculturas sostenibles, para reflejar bien su importancia en el crecimiento económico, en el descenso de la pobreza y el respeto de los imperativos de sostenibilidad.

Básicamente, todas las evaluaciones cuantitativas muestran que el cambio climático afectará negativamente a la seguridad alimentaria. El cambio climático aumentará la dependencia de los países en desarrollo de las importaciones y acentuará el foco existente de inseguridad alimentaria en el África subsahariana y, en menor medida, en el sur de Asia. Dentro del mundo en desarrollo, los impactos adversos del cambio climático recaerán de manera desproporcionada sobre los pobres. Muchas evaluaciones cuantitativas también muestran que el entorno socioeconómico en el que es probable que evolucione el cambio climático es más importante que los impactos que pueden esperarse de los cambios biofísicos producidos por el mismo.

Incluso, si habrá mejoras en el rendimiento de algunos cultivos en diferentes regiones del mundo, se espera que el impacto global del cambio climático en los productos agrícolas sea negativo: amenazando la seguridad alimentaria mundial. Es probable que los países en desarrollo, que ya son vulnerables a la escasez de alimentos, sean los más afectados. En consecuencia, nuestra capacidad de garantizar las cantidades requeridas de alimentos y calidad nutricional ante las condiciones ambientales que cambian rápidamente será una tarea importante para el futuro próximo.

Se sabe menos sobre el papel del cambio climático en la estabilidad y utilización de los alimentos, al menos en términos cuantitativos. Sin embargo, es probable que las diferencias en las vías de desarrollo socioeconómico también sean el factor determinante crucial para la utilización de los alimentos a largo plazo, y que sean decisivas para la capacidad de hacer frente a los problemas de inestabilidad alimentaria, ya sea relacionada con el clima o provocada por otros factores.

La intensidad de los impactos del cambio climático durante décadas dependerá de manera crucial del entorno político futuro para los pobres. Un comercio más libre puede ayudar a mejorar el acceso a los suministros internacionales; las inversiones en infraestructura de transporte y comunicación ayudarán a proporcionar entregas locales seguras y oportunas; el riego, la promoción de prácticas agrícolas sostenibles y el progreso tecnológico continuo pueden desempeñar un papel crucial en el suministro constante a niveles locales e internacionales bajo el cambio climático.

El desarrollo de futuras intervenciones para garantizar que la población mundial tenga acceso a alimentos abundantes, seguros y nutritivos puede necesitar depender de la mejora de nutrientes en el contexto del cambio climático, incluidas las leguminosas en los sistemas de cultivo, mejores prácticas de manejo agrícola y la utilización de inoculantes microbianos que mejoran la disponibilidad de nutrientes.

Es imprescindible conocer con más detalle los impactos del cambio climático en la seguridad alimentaria y la desnutrición y sus posibles implicaciones para los resultados nutricionales. Por lo tanto, en las próximas décadas, el cambio climático presentará un gran desafío para la agricultura, los ecosistemas naturales y las economías mundiales, para producir alimentos suficientes y nutritivos, lo que se ha reflejado en una intensificación sostenible de los sistemas agrícolas (**Tabla 8.3**).

Sin embargo, también existe la preocupación que, al satisfacer la creciente demanda de alimentos de la sociedad, utilizando las tecnologías actuales, se degradará aún más el medio ambiente, lo que a su vez socavará los sistemas alimentarios en los que se basa la seguridad alimentaria.

Tabla 8.3 Estrategias para aumentar la seguridad alimentaria a través de la genética (G), el medio ambiente (E) y las opciones de manejo en los sistemas de producción (M) (Adaptado de O'Brien *et al.*, 2021)

limitaciones climática	Opciones genéticas	Opciones ambientales	Opciones de manejo
		Precipitación	
Disminución de la precipitación	Adoptar cultivos eficientes en el uso del agua.	Manejar el suelo para disminuir el componente de evaporación de la evapotranspiración.	Disminuir el laboreo y aumentar la cobertura de residuos de cultivos; proporcionar riego.
Aumento de la intensidad de las precipitaciones	Utilice cultivos que no sean susceptibles a los daños causados por tormentas intensas.	Aumentar las tasas de infiltración en el suelo.	Disminuir el laboreo y aumentar la cobertura de residuos de cultivos para reducir la erosión.
Aumento de la precipitación	Utilice cultivos que no sean susceptibles al encharcamiento.	Mejorar la calidad del suelo para aumentar la capacidad de infiltración de agua y el intercambio de gases a través de una mejor agregación del suelo.	Asegurar una cobertura adecuada para proteger el suelo de la erosión; proporcionar sistemas de drenaje para eliminar el exceso de agua.
Cambio de la estacionalidad de las precipitaciones a más eventos primaverales	Si aumentan las precipitaciones primaverales, cambiar a cultivos de temporada más corta si se retrasa la siembra; sembrar cultivos con raíces más profundas para extraer agua del suelo más adelante en la temporada de crecimiento; cambiar la selección de cultivos a variedades o especies de ciclo más corto.	Mejorar la capacidad de retención de agua del suelo para almacenar agua para los cultivos.	Sistemas de manejo que reduzcan la evaporación del agua del suelo durante la etapa de madurez del cultivo; proporcionar riego suplementario en los meses de verano para evitar el estrés hídrico.
Precipitaciones de verano más variables	Cambiar a plantas con un uso más eficiente del agua; sembrar cultivos de temporada más corta que maduren antes de posibles limitaciones por estrés hídrico.	Aumentar la capacidad del suelo para infiltrar la precipitación y la capacidad de retención de agua a través del aumento de materia orgánica.	Reducir el laboreo y mantener los residuos de cultivos para disminuir la evaporación del agua del suelo y aumentar la eficacia de pequeños eventos de precipitación; proporcionar agua de riego.
Aumento de la sequía	Utilizar cultivos que tengan mayor tolerancia a la sequía; cambiar especies que tengan una temporada de crecimiento con menos exposición a condiciones de sequía.	Aumentar la capacidad de retención de agua del suelo; disminuir la evaporación del agua del suelo mediante "mulching" y cobertura de residuos.	Reducir el laboreo para disminuir la pérdida de agua; mantener "mulching" para reducir la evaporación del agua del suelo; proporcionar riego; ajustar la gestión de nutrientes para optimizar el crecimiento.

continúa

Tabla 8.3 Estrategias para aumentar la seguridad alimentaria a través de la genética (G), el medio ambiente (E) y las opciones de manejo en los sistemas de producción (M) (Adaptado de O'Brien *et al.*, 2021)

(continuación)

limitaciones climática	Opciones genéticas	Opciones ambientales	Opciones de manejo
Temperatura			
Aumento de las temperaturas medias	Los ciclos fenológicos de las plantas serán más cortos, ajustar la madurez al crecimiento de los cultivos; seleccionar especies con diferentes ciclos de crecimiento.	Las temperaturas del suelo aumentarán con la posibilidad de que el ciclo de los nutrientes sea más rápido y se requerirá mayor atención para evaluar la disponibilidad de nutrientes; Aumentar la capacidad del suelo para proporcionar agua adecuada para satisfacer la mayor demanda atmosférica.	Disminuir el laboreo y mantener la cobertura de residuos para disminuir la exposición de la superficie del suelo a temperaturas extremadamente cálidas y disminuir la evaporación del agua del suelo en la superficie.
Aumento de las temperaturas invernales	Es posible que no se cumplan las horas de frío para cultivos perennes; si no se será necesario sembrar plantas perennes con menores requisitos de horas de frío.	La gestión del entorno del suelo será insuficiente para adaptarse a este estrés.	Gestionar el microclima de los cultivos arbóreos para disminuir la temperatura del aire en etapas críticas, Desarrollar métodos de tratamiento para imitar el enfriamiento en los árboles.
Aumento de las temperaturas mínimas	Cambiar los cultivares, híbridos o variedades a aquellos con madurez más temprana en la temporada de crecimiento; modifique la fecha de siembra para evitar la exposición a temperaturas mínimas altas en etapas críticas de crecimiento durante la estación de crecimiento.	Gestionar el suelo para promover el crecimiento de las plantas mediante un suministro adecuado de agua y nutrientes.	Sembrar en ocasiones para reducir la exposición a temperaturas mínimas altas.
Eventos de temperaturas extremadamente altas	Cambiar los cultivares, híbridos o variedades para que tengan periodos fenológicos críticos, por ejemplo, floración en épocas con menor riesgo de exposición a temperaturas extremas.	Un mayor suministro de agua al cultivo puede compensar la probabilidad de que el estrés hídrico agrave los impactos del estrés térmico.	Modificar los tiempos de siembra, cambiar las rotaciones para incluir cultivos de diferentes maduración.

A pesar de la creciente literatura en los últimos años, aún se desconoce bastante sobre muchos impactos del cambio climático en la seguridad alimentaria. Obtener una mejor evidencia ayudará en cierta medida. Por ejemplo, las incertidumbres en la comprensión de la ciencia subyacente, las ciencias sociales y la economía de los impactos del cambio climático se reducirán a medida que la base de evidencia se expanda con más investigación. Sin embargo, otras incertidumbres siempre permanecerán a medida que surjan de las predicciones del cambio climático, las fuentes de variabilidad natural en el clima y las vías futuras de emisión de GEI.

Existen cuatro prioridades generales para la investigación futura: (1) reunir evidencia sobre los efectos del impacto del cambio climático en las dimensiones de acceso a los alimentos, utilización y estabilidad para lograr una comprensión más holística de la seguridad alimentaria; (2) comprender los impactos indirectos del cambio climático en la seguridad alimentaria requiere enfoques analíticos más completos y modelos sofisticados, incluidos los vínculos con la economía política; (3) mejorar las proyecciones de los efectos regionales del cambio climático en la seguridad alimentaria a nivel de país y en escalas más pequeñas, que son cruciales en la toma de decisiones para la adaptación de los sistemas alimentarios.

Todos estos preceptos respaldan la necesidad de una inversión considerable en acciones de adaptación y mitigación para evitar que los impactos del cambio climático, desaceleren el progreso en la erradicación del hambre y la desnutrición mundiales. Existe una amplia gama de posibles opciones de adaptación y resiliencia y se están desarrollando más. Estas deben abordar la seguridad alimentaria en su sentido más amplio e integrarse en el desarrollo de la agricultura en todo el mundo. Construir resiliencia agrícola, o "agricultura climáticamente inteligente", a través de mejoras en la tecnología y los sistemas de manejo es una parte clave de ello, pero no será suficiente por sí solo para lograr la seguridad alimentaria global. Todo el sistema alimentario debe adaptarse al cambio climático, con especial atención también al comercio, las existencias y las opciones de nutrición y políticas sociales.

Bibliografía

BAKER, E., BEZNER KERR, R., DERYNG, D., *et al.*, 2023. Mixed farming systems: potentials and barriers for climate change adaptation in food systems. Current Opinion in Environmental Sustainability, 62: 101270.

BARAHONA, A. 2011. Cambio climático y seguridad alimentaria: ejes transversales de las políticas agrícolas. Comunica, 32-39.

BEYER, R.M., HUA, F., MARTIN, P.A. *et al.*, 2022. Relocating croplands could drastically reduce the environmental impacts of global food production. Communications Earth and Environment, 3, 49.

DOLAPO, B., ADELABU, A., FRANKE, C. 2022. Status of underutilized crop production: Its potentials for mitigating food insecurity. Agronomy Journal, 115: 2174–2193.

Dwivedi, S., Sahrawat, K., Upadhyaya, H., Ortiz, R. 2013 Food, nutrition and agrobiodiversity under global climate change. In Advances in Agronomy (Donald L. Sparks, Ed.) Academic Press, 120: 1–128.

FAO. 2017. The future of food and agriculture: Trends and challenges. Organización de las Naciones Unidas para la Alimentación y la Agricultura. 180 pp.

FAO. 2018. El estado del Planeta. Hambre cero: ¿Lograremos finalmente erradicar el hambre? Organización de las Naciones Unidas para la Alimentación y la Agricultura. 117 pp.

FAO. 2018. El estado del Planeta. La nueva revolución agrícola: ¿Cómo vamos a alimentar a 10.000 millones de personas? Organización de las Naciones Unidas para la Alimentación y la Agricultura. 117 pp.

Fedoroff, N.V., Battisti, D.S., Beachy, R.N., et al., 2010. Radically rethinking agriculture for the 21st century. Science, 327(5967):833–834.

Fischer, R.A., Connor, D.J. 2018. Issues for cropping and agricultural science in the next 20 years. Field Crops Research, 222: 121–142.

Foley, J.A., Ramankutty, N., Brauman, K.A. 2011. Solutions for a Cultivated Planet. Nature. 478: 337–342.

Fundación Innovación Bankinter. 2020. La comida del futuro. Future Trends Forum, 25 pp.

Hansen, J., Hellin, J., Rosenstock, T., et al., 2019. Climate risk management and rural poverty reduction. Agricultural Systems, 172: 28–46.

Hatfield, J.L. y Walthall, C.L. 2015. Meeting global food needs: realizing the potential via genetics × environment × management interactions. Agronomy Journal, 107: 1215–1226.

HLPE (Panel de Expertos de Alto Nivel en Seguridad Alimentaria y Nutrición). 2020. Seguridad alimentaria y nutrición: elaborar una descripción global de cara a 2030. FAO, Roma. 91 pp.

Lake, I.R., Hooper, L., Abdelhamid, A., et al., 2012. Climate change and food security: health impacts in developed countries. Environmental Health Perspectives, 120(11):1520–1526.

López–Bellido, L. 2015. Agricultura, cambio climático y secuestro de carbono. Ed. Amazon. 255 pp.

Mirzabaev, A., Olsson, L., Kerr, R.B., et al., 2023. Climate change and food systems. In Science and Innovations for Food Systems (von Braun, J., Afsana, K., Fresco, L.O., Hassan, M.H.A., eds.) Springer, 511–530.

Misselhorn, A., Aggarwal, P., Ericksen, P., et al., 2012. A vision for attaining food security. Current Opinion in Environmental Sustainability, 4: 7–17.

Narain, D. 2024. Livestock intensification: No panacea for emissions. Science, 384(6694): 393–394.

National Academy of Science. 2021. The challenge of feeding the world sustainably. Summary of the US–UK Scientific Forum on Sustainable Agriculture. Washington, DC. The National Academies Press. 40 pp.

Nleya, T., Clay, S.A. 2021. Near–term problems in meeting world food demands at regional levels: a special issue overview. Agronomy Journal, 113: 4437–4443.

O'Brien, P., Kral–O'Brien, K., Hatfield, J.L. 2021. Agronomic approach to understanding climate change and food security. Agronomy Journal, 113: 4616–4626.

PINGALI, P.L. 2012. Green revolution: impacts, limits, and the path ahead. Proceedings of the National Academy of Sciences, 109(31): 12302–12308.

POORE, J., NEMECEK, T. 2019. Reducing food's environmental impacts through producers and consumers. Science, 360(6392): 987–992.

SAVARY, S., AKTER, S., ALMEKINDERS, C. *et al.*, 2020. Mapping disruption and resilience mechanisms in food systems. Food Security 12: 695–717.

SCHIERMEIER, Q. 2019. Eat less meat: UN climate-change report calls for change to human diet. Nature, 572(7769):291–292.

SCHMIDHUBER, J., TUBIELLO, F.N. 2007. Global food security under climate change. Proceedings of the National Academy of Sciences USA, 104(50): 19703–19708.

SNAPP, S., KEBEDE, Y., WOLLENBERG, E., *et al.*, 2023. Delivering climate change outcomes with agroecology in low- and middle-income countries: evidence and actions needed. In Science and Innovations for Food Systems (von Braun, J., Afsana, K., Fresco, L.O., Hassan, M.H.A., eds.) Springer, 531–544.

SOARES, J.C., SANTOS, C.S., CARVALHO, S.M.P., *et al.*, 2019. Preserving the nutritional quality of crop plants under a changing climate: importance and strategies. Plant and Soil, 443: 1–26.

SPIERTZ, H. 2012. Avenues to meet food security. The role of agronomy on solving complexity in food production and resource use. European Journal of Agronomy, 43: 1–8.

SPRINGMANN, M., CLARK, M., MASON-D'CROZ, D. *et al.*, 2018. Options for keeping the food system within environmental limits. Nature 562: 519–525.

TILMAN, D., BALZER, C., HILL, J., BEFORT, B. 2011. Global food demand and the sustainable intensification of agriculture. Proceedings of the National Academy of Sciences, 108(50): 20260–20264.

VAIDYANATHAN, G. 2021. Healthy diets for people and the planet. Nature, 600: 22–25.

WEST, P.C., GERBER, J.S., ENGSTROM, P.M., *et al.*, 2014. Leverage points for improving global food security and the environment. Science, 345(6194): 325–328.

WHEELER, T., VON BRAUN, J. 2013. Climate change impacts on global food security. Science, 341(6145): 508–513.

ZUREK, M., HEBINCK, A., SELOMANE, O. 2022. Climate change and the urgency to transform food systems. Science, 376(6600): 1416–1421.

CALIDAD NUTRICIONAL DE LOS ALIMENTOS Y SEGURIDAD ALIMENTARIA

9.1. CALIDAD Y SEGURIDAD ALIMENTARIA

Las exigencias del mercado demandan cada vez más calidad, como consecuencia del mayor poder adquisitivo del consumidor, que permite pagar mayores precios. Sin embargo, el concepto de "calidad" de un alimento es relativo, subjetivo y ambiguo. Es un concepto amplio y variado, y que se puede analizar desde distintos puntos de vista; admite múltiples definiciones. Puede definirse como el "conjunto de cualidades o características de una materia prima o producto determinado para que sea aceptado por la industria o el consumidor"; también como la "adecuación de las características de un producto a una escala de valores establecida previamente por una normativa". En definitiva, la aceptabilidad es un factor clave de la calidad.

En la calidad de un producto agrícola se pueden incluir características intrínsecas, como composición química, valor nutricional, sanidad, pureza, etc.; y características extrínsecas, como color, olor, sabor, textura, tamaño, forma, ausencia de defectos, etc. También pueden considerarse aspectos relacionados con el procesado industrial, manipulación, conservación, economía, técnicas de producción, etc. Cada producto tiene unos criterios específicos de calidad, que siempre están basados respecto a un tipo estándar. En definitiva, la calidad primariamente es algo más que un conjunto de resultados analíticos. La subjetividad de muchos de los parámetros que determinan la evaluación final del producto hace que sea tan importante o más la definición de los atributos que debe poseer un producto y el grado en que debe poseerlos, que la realización de las medidas correspondientes.

Existe una calidad nutricional, que expresa la calidad del alimento en cuanto tal. Esta es determinada por el contenido de componentes básicos para el hombre y los animales, así como de componentes nocivos, que pueden ser naturales del producto o procedentes de residuos de fertilizantes o productos fitosanitarios. La calidad nutricional no siempre es demandada por el consumidor y no se corresponde siempre con el precio. La calidad comercial representa la calidad de mercado o el valor que el producto alcanza en el mismo. En las materias primas de consumo directo son importantes las características externas y organolépticas (apariencia, carencia de defectos, tamaño, color, sabor, aroma, etc.) y el estado de conservación (posibilidad de transformaciones que alteren la calidad). También influye en la calidad comercial la aptitud del producto para su posterior transformación como materia prima para la industria alimentaria y la presencia de residuos. Diferentes tipos de normas oficiales regulan la calidad de las materias primas, según su destino: comercio internacional, industria, tipificación comercial, etc. Varían según los países y tienden a ser cada vez más estrictas. También dichas normas dependen del producto.

La difusión de las técnicas de gestión industrial, inspiradas por las nociones de "garantía de calidad" y "gestión de la calidad", ha reemplazado la inspección y control de la calidad del producto final por una gestión continua de la calidad total, donde prevenir es más importante que curar. En este sistema, la calidad no se reduce a las características del producto, sino que también incluye los métodos de producción, la técnica y la habilidad organizativa de la empresa. En la industria alimentaria, esta situación conduce a un incremento en la demanda de "certificados de garantía de calidad", que están basados en normas internacionales denominadas genéricamente ISO 9000. Esta demanda principalmente concierne a los productos agrícolas implicados en un procesamiento secundario y terciario. Sin embargo, ello también es perseguido por empresas que están próximas a las materias primas. La industria agroalimentaria debe mostrar que los productos que elabora no solo son adecuados para las necesidades del mercado, sino que también es fiable la organización general del negocio a lo largo de la cadena completa de producción, desde el campo al consumidor. La calidad global de los alimentos, tal como la aprecia el consumidor final, debe lograrse por la interacción del sector productivo primario (agricultura y ganadería), transporte, almacenamiento y distribución, procesado industrial, servicio postventa y procesado doméstico. La seguridad de los alimentos como atributo de calidad no es en absoluto negociable, aunque los demás factores, incluyendo la accesibilidad (en forma de disminución de la estacionalidad) son también muy apreciados. Además, también es importante la influencia de factores subjetivos, como la forma en la que se ha obtenido el producto, o el entorno en el que se ha adquirido.

Los consumidores están cada vez más convencidos que los alimentos que ingieren influyen en su salud. En especial, son conscientes de que los riesgos a largo plazo son en parte resultado de las prácticas alimentarias cotidianas. Una parte importante de los consumidores de las sociedades desarrolladas han establecido políticas de compra tendentes a evitar componentes de los alimentos que consideran, por una u otra razón, indeseables. También los consumidores muestran su preocupación por la presencia de aditivos alimentarios y de residuos de plaguicidas. En gran manera, el problema fundamental es la comunicación de los aspectos relacionados con la salubridad de los alimentos desde las instancias científicas e industriales a los consumidores. La percepción actual del consumidor es que los riesgos de los alimentos son mayores que hace unos años, y que se incrementarán en el futuro. Esta percepción carece de base científica, pero es explotada en muchos casos por medios de comunicación para los que solamente las malas noticias son noticia. A la sensación de riesgo elevado contribuyen una serie de factores, entre los que no es menos importante el avance en el diseño de métodos analíticos, que son cada vez más sensibles. En consecuencia, el consumidor puede recibir la falsa impresión, a partir de informaciones sesgadas, de que los alimentos están cada vez más contaminados. En realidad, tales informaciones pueden tener efectos realmente perjudiciales sobre la salud de los consumidores, a través de la modificación de los hábitos de consumo. El intento de evitar los riesgos de cáncer asociados a los plaguicidas, eliminándolos, puede resultar finalmente en un aumento real de dicho riesgo. Los vegetales son considerados actualmente como protectores frente a esas enfermedades; luego, si se reduce su consumo por miedo o porque se encarecen al no utilizar productos agroquímicos en su producción, aumentaría el riesgo en realidad.

Muchas personas son de la opinión que todo lo que crece silvestre es mejor y contiene más de todo lo esencial que los alimentos producidos por la agricultura, utilizando técnicas complicadas. En general, no existen grandes diferencias en la composición mineral de alimentos entre los productos agrícolas y sus análogos silvestres. La calidad general, sensorial o nutricional, de una materia prima producida "orgánicamente" puede ser mejor, igual o peor que la producida con los métodos actuales de cultivo. La calidad final de un producto también depende mucho de otras condiciones, así como del criterio elegido para estimarla. Asimismo, la calidad nutricional de ciertos alimentos es afectada por el proceso de fraccionamiento básico de la industria alimentaria, más que por la variación en las prácticas agrícolas o condiciones que pueden posiblemente hacerlo. Los argumentos nutricionales no se utilizan cuando se intenta evaluar diferentes prácticas agrícolas. Esto no altera el hecho de que la actual forma de producción cause enormes problemas ecológicos. Tradicionalmente, se ha discutido que la calidad de los alimentos gira en torno a su carácter "natural". Los naturistas sostienen que los alimentos producidos con abonos naturales son mejores que los producidos con abonos artificiales. Con frecuencia ocurre lo contrario. El hombre ha sido capaz de modificar la naturaleza y mejorarla. Plantas silvestres con bajo contenido en nutrientes y presencia de sustancias nocivas han sido transformadas positivamente. No hay que olvidar que muchos de los argumentos utilizados son simples convencionalismos. Muchos abonos minerales son básicamente productos naturales (fosfatos, potasa y algunos nitrogenados). También los abonos nitrogenados sintéticos son en última instancia naturales, pues sus nutrientes son idénticos.

Es indiscutible que la calidad es un componente esencial de la estrategia de la gestión comercial agroalimentaria, y que debe incluir a la agricultura. Ello implica todo, desde la calidad de las técnicas de producción a la calidad de los mismos productos, que es definida como su aptitud para el uso en términos de criterios nutricionales, higiénicos, organolépticos y tecnológicos. Científicamente, en el campo de la calidad, hay tres puntos claves: definir los objetivos de la producción cualitativa, establecer procedimientos para alcanzar tales objetivos y adquirir los instrumentos necesarios para evaluar la calidad de la producción. Ya hemos dicho que la definición de calidad es compleja, y raramente está basada en un simple criterio. Por tanto, es necesario identificar y jerarquizar los criterios como una función del objetivo del mercado, y esto puede implicar elegir entre criterios en conflicto. El éxito de la política de calidad depende, en última instancia, de la interacción entre el agricultor y el transformador o industrial.

Desde la óptica actual de la gestión de calidad, a los factores de calidad del producto debe unirse también los de calidad de la producción, incluyendo en ella el impacto sobre el medio ambiente. Estos factores son cada vez más importantes y valorados entre los consumidores de los países desarrollados. Los problemas ambientales más importantes asociados con la producción de alimentos son la contaminación de plaguicidas y abonos, la gestión de los residuos agrícolas, ganaderos y de la industria agroalimentaria (incluyendo los embalajes y su eventual reciclado) y el consumo energético asociado a ella. La preocupación por los efectos nocivos de los plaguicidas sobre el medio ambiente es prácticamente tan antigua como su utilización. La industria química ha sido capaz de desarrollar mejores plaguicidas, no bioacumulativos, utilizables a menores dosis y, en muchos casos, combinables con otras técnicas dentro de sistemas integrados de lucha. Por supuesto, también las medidas legislativas desempeñan un papel importante. El consumidor considera menos importante el aspecto ambiental frente a los aspectos de salud individual en la utilización o no de plaguicidas. Hay que implantar sistemas de producción que sean ambientalmente respetuosos, económicamente viables y socialmente aceptables. Los sistemas de gestión integrada de cultivos pretenden conseguir no solamente unos productos que cumplan las especificaciones legales, sino un sistema de producción en el que se optimice la utilización de medios químicos y se combinen con otros medios.

9.2. PRINCIPALES COMPONENTES DE LOS ALIMENTOS

Los alimentos suministran la energía y los nutrientes que los humanos necesitan para vivir. Las personas necesitan los macronutrientes, proteínas, grasas y carbohidratos. Además de eso, los micronutrientes, vitaminas y minerales son esenciales. También, se necesitan no nutrientes, como fibra, antioxidantes y otros componentes bioactivos. Sin embargo, no todas las proteínas, grasas y carbohidratos son iguales. En general, las proteínas animales (carne, leche, huevos) son mejores desde un punto de vista nutricional que las proteínas vegetales. Las grasas también difieren, y los ácidos grasos poliinsaturados, y especialmente los ácidos grasos omega 3 y 6 son preferibles a los saturados. Los carbohidratos que se absorben en el intestino solo suministran energía al cuerpo. Las fibras dietéticas también se pueden clasificar como carbohidratos complejos que no se absorben, pero se fermentan parcialmente en el colon.

Los **macronutrientes** se llaman así porque los necesitamos en grandes cantidades para el crecimiento, la reparación y el desarrollo de nuevos tejidos, para la conducción de impulsos nerviosos y para la regulación de procesos corporales.

Los **carbohidratos** se dividen en simples y complejos. Los simples son azúcares con una estructura química que se compone de uno o dos azúcares: son azúcares refinados que se digieren rápidamente y tienen muy poco valor nutritivo, porque no contienen suficientes nutrientes esenciales; por lo que es aconsejable limitar su consumo en pequeñas cantidades. Los alimentos que contienen carbohidratos simples incluyen azúcar de mesa, productos fabricados con harina blanca, mermelada, dulces, pasteles, galletas, chocolate, frutas y sus zumos, refrescos, leche, yogur y cereales envasados. De todos ellos, las frutas son las más beneficiosas. Los carbohidratos complejos poseen una estructura que se compone de tres o más azúcares que por lo general están unidos entre sí para formar una cadena. Estos azúcares son en su mayoría ricos en fibra, vitaminas y minerales y debido a su complejidad, tardan más tiempo en ser digeridos, por lo que no aumentan los niveles de azúcar en la sangre tan rápidamente como los carbohidratos simples y actúan como el combustible del cuerpo para producir energía. Se encuentran en verduras, cereales integrales y legumbres. Nuestro cuerpo transforma los carbohidratos en glucosa, que es la principal fuente de energía del cuerpo. Parte de esta glucosa se almacena en los músculos para cuando necesiten la energía. Pero esto no significa que podemos comer sin medida todos los carbohidratos que queramos. Los músculos solo pueden almacenar una cantidad limitada, y si comemos más carbohidratos de los que necesitamos, nuestro cuerpo los almacenará en forma de grasa.

Las **proteínas** también son esenciales para el crecimiento. Son grandes moléculas de aminoácidos que se encuentran en los alimentos tanto de origen animal (huevos, lácteos, carne y pescado) como vegetal (verduras de hoja verde, legumbres, semillas y cereales). Todas nuestras células están hechas de proteínas, las cuales transportan el oxígeno y los nutrientes por todo el cuerpo.

Los **micronutrientes** son los minerales y las vitaminas que el organismo necesita de igual forma, pero en cantidades más pequeñas. Hay muchos tipos de vitaminas. Por ejemplo, la vitamina A fortalece el sistema inmunitario. La encontramos sobre todo en frutas y verduras y en ciertos tipos de pescado. La vitamina C, que se aloja especialmente en los cítricos, es muy importante para la salud de los tejidos, aumenta la producción de colágeno y ayuda a que las células de la piel se mantengan unidas favoreciendo así la cicatrización de las heridas.

Los **minerales** como el calcio (Ca), yodo (I), magnesio (Mg) y sodio (Na) también se encuentran en diferentes alimentos: lácteos, frutos secos y mariscos, entre otros. Aunque no proporcionan energía, facilitan muchas reacciones químicas que regulan la actividad normal de nuestro cuerpo: la coagulación de la sangre, el metabolismo energético y hasta los latidos de nuestro corazón.

La **fibra alimentaria** se puede definir como la parte comestible de las plantas que resiste la digestión y absorción en el intestino delgado humano y que experimenta una fermentación parcial o total en el intestino grueso. Esta parte vegetal está formada por un conjunto de compuestos químicos de naturaleza heterogénea (polisacáridos, oligosacáridos, lignina y sustancias análogas). Desde el punto de vista nutricional y en sentido estricto, la fibra alimentaria no es un nutriente, ya que no participa directamente en procesos metabólicos básicos del organismo. No obstante, la fibra alimentaria desempeña funciones fisiológicas sumamente importantes, como estimular la peristalsis intestinal (es decir, los movimientos del intestino).

Cada alimento tiene un valor nutritivo diferente y una función particular, o varias. Mientras las frutas y las verduras nos aportan más fibra y vitaminas, la carne, el pescado y los lácteos nos ayudan a cubrir nuestras necesidades en minerales y aminoácidos esenciales. Por ello no solo es importante comer, sino comer bien. Tanto la cantidad como la calidad y variedad de los alimentos influyen en lo que somos.

Datos recientes sobre la composición de los alimentos indican una tendencia descendente del contenido mineral de los mismos, sugiriéndose que las prácticas intensivas de cultivo de los últimos años han podido inducir un agotamiento de los minerales del suelo. Los elementos que suelen mostrar carencias son: hierro (Fe), zinc (Zn), cobre (Cu), calcio (Ca), magnesio (Mg), yodo (I) y selenio (Se); que pueden generar deficiencias subclínicas y predisponer a ciertas enfermedades y a la pérdida de calidad de vida.

Actualmente, y a pesar del notable incremento en la producción de alimentos, cientos de millones de seres humanos en el mundo, incluidos una gran proporción de niños, padecen malnutrición crónica. La anemia por falta de hierro, los trastornos por carencia de I, la ceguera por falta de vitamina A, la falta de Ca en embarazadas y lactantes, el escorbuto debido a la ausencia de vitamina C; todos ellos son factores que provocan desnutrición y anomalías en el desarrollo de millones de niños, que luego tendrán dificultades graves para enfrentarse a una vida llena de miserias y pobreza.

9.3. ALIMENTOS NUTRITIVOS Y DIETAS SALUDABLES. IMPACTO DEL SISTEMA ALIMENTARIO EN LA SALUD

Alimentos nutritivos y dietas saludables

El término "alimento nutritivo" se refiere a un alimento inocuo que aporta nutrientes esenciales, como vitaminas y minerales (micronutrientes), fibra y otros componentes a las dietas saludables, que resultan beneficiosos para el crecimiento, y la salud y el desarrollo, y protegen de la malnutrición. En los alimentos nutritivos, se reduce al mínimo la presencia de nutrientes que suscitan preocupación respecto de la salud pública, como las grasas saturadas, los azúcares libres y la sal o el Na.

Los principios rectores de las dietas saludables son:

- Comienzan en los primeros años de vida con el inicio temprano de la lactancia materna; la lactancia materna exclusiva durante los seis primeros meses y su continuación hasta los dos años de edad, y posteriormente combinada con una alimentación complementaria adecuada.

- Están basadas en una gran variedad de alimentos no elaborados o mínimamente elaborados, equilibrados entre los grupos de alimentos, al tiempo que restringen los productos alimentarios y bebidas altamente procesadas.

- Incluyen cereales integrales, legumbres, frutos secos y una abundancia y variedad de frutas y hortalizas.

- Pueden incluir cantidades moderadas de huevos, productos lácteos, aves de corral y pescado, y pequeñas cantidades de carne roja.

- Incluyen el agua potable sana y limpia como líquido de preferencia.

- Son adecuadas (es decir, satisfacen las necesidades, pero no las superan) en cuanto a la energía y los nutrientes para el crecimiento y el desarrollo y para satisfacer las necesidades, a fin de llevar una vida activa y sana durante todo el ciclo de vida.

- Contienen niveles mínimos, o nulos, a ser posible, de patógenos, toxinas y otros agentes que pueden causar enfermedades transmitidas por los alimentos.

Según la Organización Mundial de la Salud (OMS), las dietas saludables incluyen menos del 30% del aporte energético total procedente de grasas, con un cambio en su consumo que se aleja de las grasas saturadas y se orienta a las grasas insaturadas y la eliminación de las grasas trans industriales; menos del 10% del aporte energético total procedente de azúcares libres (preferiblemente menos del 5%); un consumo de al menos 400 g de frutas y hortalizas al día, y no más de 5 g diarios de sal (que debe ser yodada).

Los sistemas alimentarios que desarrollan dietas más saludables son complejos y multidimensionales y evolucionan en cada parte del mundo. Comprender los impactos de los sistemas alimentarios en nuestra dieta es fundamental para abordar y superar la desnutrición. Gracias al desarrollo de estudios profundos, se pueden llevar a cabo diferentes intervenciones que mejoren la dieta de las personas y además pueda ser replicada en otros lugares (Fig. 9.1).

Los patrones dietéticos se definen como las cantidades, proporciones, variedad o combinaciones de diferentes alimentos y bebidas en las dietas, y la frecuencia con la que se consumen habitualmente. El énfasis actual en los patrones de alimentación saludable, en lugar de grupos de alimentos individuales, alimentos o nutrientes, proporciona un enfoque más integral para evaluar los resultados de la salud y ambientales relacionados con la dieta. Existe abundante evidencia sobre los patrones dietéticos *a priori* que promueven la salud, incluidos la dieta, el patrón dietético mediterráneo, las dietas vegetarianas y sus variaciones. Estos patrones, consumidos en una concentración calórica adecuada, promueven un crecimiento y desarrollo saludables al tiempo que reducen el riesgo de enfermedades crónicas prevenibles, incluidas las enfermedades cardiovasculares, la diabetes tipo 2, la obesidad y algunos tipos de cáncer.

Figura 9.1 Acciones políticas prioritarias para la transición de los sistemas alimentarios hacia dietas sostenibles y saludables (adaptado de Herrero, *et al.*, 2023)

España está considerada durante los últimos años como el país más saludable del mundo según el Índice Bloomberg Healthiest Country, con una puntuación total de 92,75 sobre 100 (2023).

La calidad de la dieta es un eslabón fundamental entre la seguridad alimentaria y la nutrición. Una dieta de mala calidad puede dar lugar a diferentes formas de malnutrición, como desnutrición y carencias de micronutrientes, así como a sobrepeso y obesidad.

Alimentos y salud

La relación entre alimentos, nutrición y salud es obvia, pero aún se desconoce mucho sobre ella. En primer lugar, un alimento individual no se puede llamar insalubre o saludable, pero las dietas sí. En otras palabras, es la combinación de varios alimentos en una dieta lo que determina lo que es saludable. En los países en desarrollo, los problemas de salud están relacionados principalmente con la ingesta insuficiente de energía y la falta de micronutrientes. En el mundo desarrollado, el principal problema es el consumo excesivo y muy poca fibra. Se ingieren demasiadas calorías con un mínimo de ejercicio físico, lo que conduce a la obesidad y, en última instancia, a las llamadas "enfermedades de la civilización", como la enfermedad coronaria y la diabetes. No solo es la comida, sino también el estilo de vida, lo que determina la incidencia de la obesidad. A su vez, la obesidad también está aumentando en ciertas poblaciones en el mundo en desarrollo. Obviamente, la salud también está relacionada con la seguridad alimentaria si los microorganismos causan anomalías digestivas con problemas asociados y otras intoxicaciones alimentarias.

En segundo lugar, cuando las materias primas se procesan en alimentos, suceden cosas deseadas y no deseadas. Los efectos deseados son una mayor digestibilidad, una mayor seguridad alimentaria debido a la eliminación de patógenos y una mayor vida útil. Los efectos no deseados son la destrucción de nutrientes esenciales y la pérdida de recursos (desperdicio excesivo). Debido a que la falta de micronutrientes es un problema grave en el mundo en desarrollo, hacer que los micronutrientes sean más biodisponibles, posiblemente agregándolos a los alimentos y evitando la pérdida de estos compuestos, contribuiría en gran medida a aliviar una nutrición inadecuada.

Muchos de los alimentos asociados con un mayor riesgo de enfermedades crónicas como la diabetes y las enfermedades cardiacas, como la carne roja y los alimentos altamente procesados, también tienen los mayores impactos ambientales. Comer menos de estos alimentos y más frutas, verduras, legumbres y frutos secos de producción local reduciría las emisiones de gases de efecto invernadero (GEI) y al mismo tiempo disminuiría la cantidad de años de vida perdidos por enfermedades relacionadas con la dieta. Unas dietas más sostenibles y saludables también podrían tener muchos otros beneficios, incluido un mayor apoyo a los agricultores, una mayor resiliencia de los sistemas alimentarios y una mayor equidad entre los consumidores.

La base de conocimientos sobre las grasas (término que incluye grasas sólidas como la mantequilla y grasas líquidas como el aceite de oliva) es un buen ejemplo de la necesidad de ampliar la investigación sobre todos los nutrientes principales. En algunos lugares, la gente come demasiada grasa; en otros lugares comen muy poco. Algunas grasas no son saludables; otras son muy saludables. Según la Organización de las Naciones Unidas para la Alimentación y la Agricultura (FAO), para garantizar un suministro adecuado de energía, vitaminas liposolubles y ácidos grasos esenciales, entre el 20 y el 35% de la energía alimentaria debe provenir de las grasas. Para alcanzar este objetivo es necesario que algunas personas aumenten y otras disminuyan su consumo. En el caso de los alimentos de origen animal, las mayores fuentes de grasa a nivel mundial son la carne de cerdo, los lácteos, las aves, la carne de vacuno, los huevos y el pescado. En el caso de los alimentos de origen vegetal, las fuentes más importantes son el aceite de soja, aceite de palma, aceite de girasol, aceite de colza, aceite de oliva y aceite de cacahuete. Otras fuentes potenciales son los frutos secos, las algas y los hongos, que en el futuro podrían cultivarse a partir de celulosa o residuos de alimentos. Cada una de las principales fuentes de grasas de origen vegetal tiene sus propios problemas de sostenibilidad. La expansión de la producción de aceite de palma, por ejemplo, ha conducido a la deforestación. Las grasas del ganado y del pescado pueden ser nutritivas, pero su producción también puede tener importantes consecuencias medioambientales.

The Dietary Guidelines Advisory Committee concluyó, en el 2015, que "la evidencia consistente indica que, en general, un patrón alimenticio que es más alto en alimentos de origen vegetal, como verduras, frutas, granos enteros, legumbres, nueces y semillas, y más bajo en alimentos de origen animal, promueve más la salud y se asocia con un menor impacto ambiental (GEI y consumo de energía, suelo y agua).

La malnutrición, en todas sus manifestaciones (desde la desnutrición severa que padecen aún cientos de millones de seres humanos a la obesidad que padecen aún más personas) es la mayor causa de enfermedad y muerte en el planeta. Nuestra mayor amenaza sigue siendo comer mal: en unos casos por la carencia de recursos, en otros por el exceso.

Los efectos del desarrollo agrícola en la salud humana van más allá de la seguridad alimentaria. La agricultura transforma paisajes e interviene en los medios de vida, cambiando las condiciones en las que surgen enfermedades y la capacidad que tienen las personas para protegerse. Los investigadores de salud están trabajando juntos para identificar los efectos negativos del desarrollo agrícola sobre las enfermedades, y llevar a cabo intervenciones para reducir los riesgos de enfermedades y mejorar la salud humana.

Otro nuevo aspecto de suma importancia a considerar en la relación entre los cultivos alimentarios y la salud humana indica una tendencia descendente del contenido mineral en la composición de los alimentos. Se ha sugerido que las prácticas intensivas de cultivo de los últimos años han podido inducir un agotamiento de los minerales del suelo. Los elementos que suelen mostrar carencias, como ya se ha mencionado, son: Fe, Zn, Cu, Ca, Mg, I y Se; que pueden generar deficiencias subclínicas y predisponer a ciertas enfermedades y a la pérdida de calidad de vida. Según la FAO, actualmente 2.000 millones de personas sufren carencias de micronutrientes; lo cual supone altos costes económicos y sociales y representa un gran desafío de máxima prioridad mundial en materia de nutrición: incrementar el contenido de micronutrientes de los alimentos básicos con la finalidad de obtener alimentos enriquecidos. Se conoce por "biofortificación" el proceso para mejorar el valor nutricional de las partes comestibles de las plantas mediante el uso de prácticas agronómicas, principalmente la fertilización; y también la mejora genética convencional y la biotecnología.

Nutrición y genética

La nutrición es un pilar fundamental para la salud, como ya se ha indicado, especialmente para las enfermedades más comunes en los países industrializados. En este punto hay consenso internacional entre la comunidad científica. Siendo la nutrición esencial para que los genes funcionen, la nutrición de precisión (también llamada nutrición personalizada), se refiere a cómo la variabilidad genética influye en la forma en que cada persona responde a los diferentes componentes de la nutrición.

Y no solamente hay que contar con nuestros genes que interaccionan con nuestra nutrición, sino también con los millones de genes que llevamos en nuestra microbiota (conjunto de microorganismos que habitan nuestros cuerpos).

Desde la época de los antiguos griegos, sabemos que no todos respondemos de la misma manera a lo que comemos, como ya lo manifestaba el poeta y filósofo griego Tito Lucrecio Caro, "Lo que para unos es comida, para otros es amargo veneno". Esta expresión se ha simplificado en el siglo XXI como nutrición de precisión o nutrición personalizada, que como definición estándar y acordada por los expertos es aquella que adecúa la estrategia nutricional a las necesidades específicas del individuo, incluyendo las interacciones nutrigenéticas y nutrigenómicas. Dos conceptos que resultan *a priori* de carácter técnico, pero que cada vez están tomando más relevancia en el debate público sobre su impacto en la salud.

La nutrigenética es otra rama de la genómica nutricional, que tiene como objetivo estudiar cómo las distintas variantes genéticas de las personas influyen en el metabolismo de los nutrientes, la dieta y las enfermedades asociadas a esta. Su objetivo es ofrecer a las personas consejos personalizados de prevención de enfermedades basados en la genómica personalizada.

La nutrigenómica es otra rama de la genómica nutricional que pretende proporcionar un conocimiento molecular y genético sobre los componentes de la dieta que contribuyen a la salud, mediante la alteración de la expresión y/o estructuras según la constitución genética individual. La nutrigenómica es básicamente el estudio de las interacciones entre el genoma y los nutrientes.

9.4. CAMBIOS EN LOS SISTEMAS ALIMENTARIOS. LA COMIDA DEL FUTURO. SOSTENIBILIDAD ALIMENTARIA

Sistemas alimentarios: cambios de dieta

Los sistemas alimentarios están cambiando rápidamente. La globalización, la liberación del comercio y la rápida urbanización han provocado cambios importantes en la disponibilidad, asequibilidad y aceptabilidad de diferentes tipos de alimentos, lo que ha impulsado a una transición nutricional en muchos países del mundo desarrollado.

La globalización genera sistemas de comercialización que requieren intensificar y estandarizar la producción de alimentos. La producción de alimentos se ha vuelto más intensiva en capital, y las cadenas de suministro se han alargado a medida que los ingredientes básicos sufren múltiples transformaciones antes del producto final. Las cadenas de valor transfieren el poder de los productores a los minoristas y supermercados. La estandarización beneficia a los proveedores más grandes, lo que hace que los mercados globales sean más difíciles de acceder para los pequeños agricultores. La agricultura familiar y la agrobiodiversidad asociada están siendo marginadas, aunque los pequeños agricultores siguen desempeñando un papel crucial en el suministro de productos agrícolas frescos y asequibles a los mercados locales (Fig. 9.2).

Figura 9.2 Cómo se relacionan las políticas agrícolas del sistema alimentario con la calidad de la dieta, como medida de buena nutrición, incluidas las opciones políticas (adaptado de Gillespie y Van den Bold, 2017)

Las consecuencias de una creciente globalización de las cadenas de valor van mucho más allá del sistema de producción agrícola. El surgimiento de establecimientos de comida rápida y los supermercados, la intensificación de la publicidad y la comercialización de productos industrializados comparativamente baratos, la inversión extranjera directa en los países en desarrollo y la aceleración de la urbanización se han traducido en cambios importantes y rápidos en los patrones dietéticos. El consumo de alimentos y bebidas ultraprocesados, de baja calidad nutricional y ricos en energía, así como de snacks y dulces fritos, ha aumentado espectacularmente en la última década. La comercialización agresiva de estos alimentos por parte de empresas transnacionales ha coincidido con un cambio de las comidas caseras o preparadas en casa a comidas preparadas previamente o listas para comer. Combinado con estilos de vida cada vez más sedentarios, las tasas de sobrepeso y obesidad y las enfermedades crónicas relacionadas se han disparado.

La transición dietética se está desarrollando en este contexto y atraviesa diferentes fases, a medida que los ingresos tienden a aumentar. Al aumentar los ingresos, los hogares urbanos pobres y de clase media emergente tienden a reducir su consumo de cereales, raíces y tubérculos, al tiempo que aumentan la demanda de cereales y harinas refinadas, azúcar, sal y grasas. También aumenta la demanda de alimentos procesados de supermercados, restaurantes y comidas callejeras informales. En el caso de los grupos de población de clase media, la demanda de frutas, verduras y productos alimentarios, como lácteos, aves, huevos, carne y pescado, ha aumentado considerablemente. En los países de ingresos altos y medios, el consumo de alimentos más saludables ha aumentado en las últimas dos décadas. Sin embargo, particularmente en los países de bajos ingresos, el consumo de alimentos menos saludables, como carnes procesadas y azúcares, está aumentando aún más rápido.

El aumento del consumo de carne ha sido una de las características de la cambiante dieta global. Hasta principios de la década de 1980, las dietas que incluían el consumo diario de leche y carne eran en gran medida privilegio de ciudadanos de países industrializados. Hoy, en lo que se ha denominado una "revolución ganadera", los ciudadanos de los países en desarrollo comen muchos más alimentos de origen animal (aunque no los ciudadanos más pobres). El consumo de carne *per capita* en los países en desarrollo se duplicó de 11 a 28 kg por año entre 1980 y 2002. El consumo de todas las carnes principales (pollo, cerdo y ternera) ha crecido desde 1990. El consumo de pollo ha crecido más rápidamente, duplicándose desde 1990, mientras que el consumo de carne de cerdo aumentó 1,5 veces y la carne de vacuno 1,2 veces.

Los cambios hacia dietas más saludables pueden reducir los impactos ambientales del sistema alimentario, cuando los alimentos ambientalmente intensivos, en particular los productos animales, son reemplazados por tipos de alimentos menos intensivos. Se consideran los cambios hacia las dietas en línea con las pautas dietéticas globales para el consumo de carne roja, azúcar, frutas y verduras, y la ingesta total de energía; así como a dietas basadas en plantas (flexitarias) que reflejen de manera más completa la evidencia actual sobre alimentación saludable al incluir cantidades más bajas de carnes rojas y otras carnes y mayores cantidades de frutas, hortalizas, y legumbres. Los cambios hacia dietas más saludables podrían reducir las emisiones de GEI y otros impactos ambientales. Estos cambios están en línea con la composición dietética de las dietas y las huellas ambientales de cada grupo de alimentos.

A escala mundial, la seguridad y la calidad de los alimentos aún no se ha conseguido, y aunque la situación ha cambiado desde el siglo pasado, todavía nos enfrentamos a enormes desafíos que requieren nuevas opciones de alimentos para proporcionar dietas nutritivas y saludables para superar la desnutrición. Las siguientes opciones pueden ayudar en este esfuerzo: (1) aumentar el contenido de micronutrientes en las partes comestibles de las plantas a través de la mejora genética (es decir, biofortificación); (2) producir alimentos ricos en proteínas por métodos novedosos, basados en materiales vegetales, como alternativa a los productos animales; (3) eliminación de compuestos potencialmente tóxicos en alimentos básicos; (4) reducción de toxinas constitutivas o microbianas en productos básicos seleccionados que afectan a la calidad de los alimentos, la seguridad y la salud humana; (5) evaluar las estrategias de biofortificación en el contexto de otros enfoques, como la diversificación de la dieta, para mejorar la de las personas con desventajas nutricionales.

La comida del futuro

Los mayores cambios que se prevén en el sistema alimentario en los próximos diez años son:

1. Presión del cambio climático:

    - Influirá en qué se puede cultivar y dónde.

    - Acelerará la necesidad de reducir los desperdicios alimentarios o reutilizarlos con otras propiedades nutricionales.

    - La calidad de la comida se verá afectada y se tenderá a buscar una mayor eficiencia energética a través de toda la cadena de suministro.

2. Automatización en la cadena de producción de alimentos:

    Utilización de robots en las plantas procesadoras y envasadoras, afectando a la mano de obra de las fábricas y centros de producción. Esto tendrá un alto impacto en el mercado laboral.

3. Uso exponencial de tecnologías punteras:

    La digitalización generalizará el uso de nuevas tecnologías como el Cloud Computing, IoT, Blockchain, e Inteligencia Artificial, que permitirán ofrecer más transparencia, optimizar la producción, disminuir el desperdicio de alimentos y rediseñar los modelos de negocio.

4. La comida será la medicina preventiva del futuro:

    Se producirá un aumento en la demanda de alimentos saludables, donde la nutrición personalizada será un eje conductor. Los consumidores buscarán determinados alimentos de alto valor nutricional adecuados a su condición vital, para aumentar la longevidad o prevenir y tratar enfermedades crónicas.

5. Calidad alimentaria vinculada al nivel socioeconómico del consumidor:

   El perfil socioeconómico de ingresos altos tendrá nutrición y dietas personalizadas basadas en la genética; y el perfil de ingresos bajos consumirá alimentos no personalizados y de peor calidad nutricional. Además, se prevé que en algunas regiones del mundo se reduzca el consumo de carne animal, mientras que en otras aumentará su demanda.

6. Proteínas animales cultivadas e impresión de alimentos en 3D accesibles y asequibles:

   Esta alternativa debe democratizarse, ofreciendo a los consumidores precios al alcance de sus bolsillos, que les permitan consumir nuevas proteínas o darles una nueva oportunidad a los alimentos infrautilizados, como por ejemplo a través de la impresión 3D de recetas.

7. "*Millennials*" comprometidos con el cambio:

   Se producirá un cambio global en el pensamiento sobre la comida entre generaciones. El estrato de más de 50 años se convertirá en 2030 en el más numeroso para el consumo y con mayor poder adquisitivo. Los expertos creen que es posible que estas generaciones no sigan el movimiento denominado "*foodie*", impulsado por los "*millenials*" que se preocupan por su salud personal y por el bienestar del planeta, apostando por un consumo consciente de alimentos orgánicos, libres de gluten, y contrarios al maltrato animal.

8. Del campo a la mesa, directo al consumidor:

   ¿La gente seguirá cocinando? Tecnologías como la robótica o el IoT revolucionarán la industria alimentaria, facilitando la expedición y recepción de alimentos y cambiando la forma en que la comida llega al usuario final, donde, además, las plataformas digitales favorecerán la conexión directa entre pequeños productores y consumidores.

Sostenibilidad alimentaria

En el marco de la sostenibilidad alimentaria, las grandes iniciativas que se podrían poner en marcha serían: (1) nutrición adecuada a nivel mundial; (2) impacto del sistema alimentario en la salud; (3) soluciones "*foodtech*".

En relación con la nutrición adecuada a nivel mundial, el cambio climático podría tener un alto impacto en el suministro de alimentos, así como en la creciente desigualdad en su acceso, ya que cada vez se podría disponer de menos tierra cultivable, lo que provocaría un suministro de alimentos más inestable. Para poder abordar estos problemas, se necesita inversión en los siguientes ámbitos:

- Tecnología alimentaria (*foodtech*): al no depender tanto de la tierra puede ser más eficiente.
- Cultivos más resistentes: uso de nuevas especies que puedan soportar climas con otras características definidas por el cambio climático.
- Agricultura 4.0 (o inteligente), que busca reducir y mejorar el uso de los recursos naturales mediante la aplicación práctica de las tecnologías de la información.

Los expertos recomiendan, además, crear regulaciones y legislación que garanticen la provisión de alimentos a las poblaciones más vulnerables. Esto se podría conseguir mediante una combinación de incentivos, gravámenes y multas. La cooperación global, entre actores no gubernamentales e inversores privados será clave para mejorar la resiliencia de los mercados locales.

Otra iniciativa necesaria será la de educar y preparar a los consumidores para consumir diferentes fuentes de nutrientes. Según los expertos, esto se puede conseguir impulsando la demanda para que los consumidores adquieran proteínas alternativas biosostenibles. Por otro lado, se recomienda promover iniciativas locales de autoabastecimiento y educación culinaria para que las personas dependan menos de la cadena alimentaria.

Es necesario impulsar políticas públicas que promuevan el consumo de alimentos saludables y desaconsejar los alimentos procesados con grasas saturadas y altas cantidades de azúcar que producen obesidad, diabetes, cáncer o enfermedades cardiovasculares, como reiteradamente se ha mencionado. Implantar iniciativas educativas nutricionales en todos los niveles de la sociedad (comedores escolares, empresas, restaurantes) para mejorar la calidad de los alimentos y de la dieta y garantizar la seguridad alimentaria. El consumidor juega un papel importante, ya que influye en la oferta de alimentos que se producen. Por tanto, es necesario formarle e informarle adecuadamente para que sea un consumidor crítico y sepa discernir entre información y publicidad.

Se deben promover e incentivar las soluciones *foodtech* en todos los procesos de la cadena de suministro alimentario siempre que puedan aportar:

- Mayor transparencia.
- Optimización de la producción ante la demanda.
- Información compartida por todos los actores involucrados.
- Alimentos que promueven la biodiversidad y disminuyen la huella de carbono.
- Alimentos más saludables.

Algunos ejemplos de soluciones *foodtech* que ya son una realidad serían:

- Proteínas a base de plantas y proteínas cultivadas.
- Agricultura de precisión y agricultura vertical.

- Impresión 3D de alimentos, reutilizando alimentos que de otra manera se desperdiciarían.

- Uso de inteligencia artificial y "*Big Data*" para análisis predictivo y preventivo.

- Uso de "*Blockchain*" para el seguimiento desde el origen a la mesa.

La propuesta relacionada con la alimentación supone repensar algunas estructuras establecidas sobre producción, reparto de alimentos, guías nutricionales, comercio y consumo; aunque algunos esperen que ello suponga también un recorte de las libertades de elección. Una cosa es luchar por una dieta global más sana y justa y otra imponer estándares alimentarios a nivel global. Sea como fuere, el pistoletazo de salida ya está dado. Con sus luces y sus sombras, puede que las Naciones Unidas tengan otra emergencia en la recámara, tras la emergencia climática, "la alimentaria".

9.5. CONTAMINANTES ALIMENTICIOS

La contaminación alimentaria puede constituir una amenaza para la inocuidad de los alimentos y poner en peligro la salud humana. Los peligros de contaminación química en la cadena alimentaria agrícola pueden tener su origen en los residuos de los productos agroquímicos (como los medicamentos veterinarios y los plaguicidas), las toxinas naturales (p. ej., las micotoxinas) y los metales pesados. La contaminación microbiológica de los alimentos por microorganismos nocivos transmitidos por los alimentos, como la salmonella y la *Escherichia coli*, también es peligrosa para la salud humana.

Las amenazas a la salud humana por metales pesados igualmente pueden ser un problema, y se asocian principalmente con la exposición al plomo, cadmio, mercurio y arsénico. Las concentraciones elevadas de metales pesados en el suelo agrícola y la absorción foliar de los mismos en la atmósfera, producidos por las emisiones de los vehículos, son fuentes de contaminación por metales pesados en hortalizas y frutas, al igual que el compost compuesto por desechos urbanos contaminados. Una proporción significativa de contaminación ocurre durante el transporte al mercado o en el punto de venta. Los sistemas de producción de hortalizas urbanas y periurbanas son particularmente vulnerables.

Deben enfatizarse las Buenas Prácticas Agrícolas para garantizar la producción segura y el manejo poscosecha de hortalizas y frutas, para garantizar que el producto sea saludable y libre de contaminantes. Esas posturas teóricas son fáciles de postular, pero demuestran ser extraordinariamente difíciles de poner en práctica en el mundo en desarrollo, donde la falta de conocimiento de las implicaciones de actividades nocivas como pulverización excesiva con tratamientos químicos es común entre los pequeños productores.

Reducir el uso de pesticidas en los cultivos de frutas y hortalizas ayuda a reducir el nivel de residuos de pesticidas en las cosechas de los cultivos. La resistencia de la planta huésped, el control biológico, las feromonas sexuales y los controles mecánicos son algunas alternativas al uso de pesticidas.

Las autoridades necesitan instrumentos para detectar, vigilar y controlar esos contaminantes y determinar el origen de los productos alimenticios y los contaminantes de alimentos, a fin de definir y aplicar medidas correctoras. Las aplicaciones nucleares y las técnicas isotópicas constituyen una ventaja en el desarrollo de metodologías analíticas en materia de rastreabilidad de alimentos y garantía de calidad. Los radioisótopos son trazadores ideales para investigar los contaminantes de los alimentos y pueden utilizarse como instrumentos para mejorar los programas de gestión y control de laboratorio.

9.6. INFLUENCIA DE LA AGRONOMÍA EN LA CALIDAD NUTRICIONAL

La agronomía del futuro debe responder no tanto a objetivos de producción agrícola como a las necesidades de formular y desarrollar instrumentos conceptuales capaces de generar un nuevo paradigma tecnológico, que reconcilie las necesidades de producción de alimentos para la población con la gestión de los recursos naturales. Se trata de integrar el desarrollo de una agricultura sostenible, que efectivamente considere el entendimiento científico del agroecosistema, con las necesidades y demandas de los consumidores. Esto puede no implicar un nuevo rango de técnicas, pero sí una reorientación de la síntesis del conocimiento. Con la consideración medioambiental, las actividades científicas y educativas se reorientarán hacia los problemas de diversidad y complejidad de la producción agrícola, las presiones del crecimiento de la población y la disminución de los recursos. En consecuencia, el soporte teórico del conocimiento agrícola tendrá otro enfoque.

El desafío principal de la agricultura del siglo XXI será alcanzar un incremento significativo de la productividad agrícola en la tierra disponible, con el objetivo de producir alimentos para una población en continuo aumento y a la misma vez conservar los recursos naturales. Las palabras del Premio Nobel Norman E. Borlaug, pronunciadas en su discurso de Investidura de Doctor "*Honoris Causa*", en la Universidad de Granada en el año 2005, son a la vez esperanzadoras y también claras en este sentido: "... el mundo posee la tecnología —bien disponible en este momento o bien muy avanzada en términos de investigación— para alimentar una población de 10.000 millones de personas en un contexto de medio ambiente sostenible... La cuestión más pertinente hoy en día es si se permitirá a los agricultores el uso de esta nueva tecnología... Algunos grupos anticientíficos y antitecnológicos, pequeños y vociferantes, aunque bien financiados, están ralentizando la aplicación de las nuevas tecnologías, tanto derivadas de la biotecnología como incluso de los métodos convencionales de la ciencia agrícola".

Siempre es necesario conocer todos los aspectos relacionados con la calidad: factores que influyen, medios para modificarlos y el coste económico que suponen dichas modificaciones, y si compensa realizarlas desde el punto de vista de la cantidad y el precio. Con frecuencia, muchos de estos factores son poco conocidos o han sido insuficientemente investigados. A veces los problemas relacionados con la calidad de los productos agrícolas son difíciles de resolver. Muchos factores presentan una influencia simultánea sobre los diversos aspectos de la calidad, que puede ser positiva sobre algunos de ellos y negativa sobre otros, lo que obliga a hacer una elección.

Es difícil establecer índices evaluadores de la calidad de la producción agrícola: influyen factores físicos, químicos y biológicos. El análisis instrumental u objetivo exige representatividad, reproductividad y adecuada expresión de resultados. El análisis sensorial es frecuentemente subjetivo y demanda una evaluación mediante paneles de catadores, aunque en los últimos años se están haciendo notables progresos a través de sistemas electrónicos asociados a instrumentos de alta sensibilidad capaces de detectar olores y sabores.

La interacción rendimiento y calidad, está ligada a la interacción genotipo–ambiente y las técnicas de cultivo utilizadas, y raramente es positiva. Es el caso del rendimiento y el contenido de proteínas en los cereales. Sin embargo, cantidad y calidad no son necesariamente términos contrapuestos, aunque el manejo de ambos parámetros requiere el equilibrio de diferentes factores y un control del cultivo más directo. En la calidad de la producción agrícola influyen factores genéticos, condiciones ambientales y prácticas de cultivo.

La variedad o el cultivar, normalmente tienen una influencia capital en la calidad. La mejora genética de la calidad es actualmente de suma importancia y será aún mayor en el futuro. En su comienzo, los programas de mejora genética de los cultivos inciden más sobre la producción que sobre los aspectos relacionados con la calidad. Con frecuencia, el mejorador tiene escasa información sobre la mejora de la calidad. Por otro lado, los objetivos de la mejora de la calidad varían mucho según los mercados y la utilización del producto; esto es especialmente relevante en las plantas hortícolas. La mejora de la calidad ha alcanzado grandes logros, cuya enumeración sería interminable. Se han obtenido cultivares de altos rendimientos, adaptados a diferentes sistemas de producción, resistentes a enfermedades y que responden a características de calidad determinadas, tanto desde el punto de vista nutricional y de composición como de época de maduración, tamaño, forma, sabor, textura, color, etc. Es el caso de numerosas especies de cultivos industriales y hortícolas.

Las condiciones ambientales permiten el desarrollo del potencial genético del cultivo y lo modifican positiva o negativamente. La influencia del ambiente puede ser mayor sobre el rendimiento que sobre la calidad o a la inversa. También esta influencia puede ser opuesta para los distintos parámetros de la calidad que caracterizan un mismo producto. Las posibilidades de modificar las condiciones ambientales pueden ser viables económicamente en ciertos casos, por ejemplo, la producción hortícola en invernaderos.

La influencia del ambiente sobre la calidad puede ser mayor o menor que la influencia del cultivar, también según los casos. Es típica la gran influencia del suelo sobre la calidad del garbanzo. La influencia del medio justifica la existencia de las denominaciones de origen o indicaciones geográficas de calidad en zonas concretas, debido a las singulares condiciones de clima y suelo. El clima, en un sentido amplio, tiene un gran efecto en la calidad de los productos agrícolas: temperatura, lluvia, radiación, latitud, altitud, humedad, etc., que afectan al ciclo y a la adaptación del cultivar, época de maduración, rendimiento, composición, características organolépticas, conservación, aptitud para la transformación, rendimiento industrial, etc.

Las características del suelo también actúan sobre la calidad de los productos agrícolas, y con frecuencia están interrelacionadas. Las propiedades físicas del suelo, como la profundidad y la textura, influyen tanto en el rendimiento como en la calidad de numerosos cultivos (tabaco, espárrago, zanahoria, etc.). El pH del suelo origina bloqueos o liberación de nutrientes e influye en la práctica de la fertilización. Asimismo, la presencia de ciertos elementos minerales afecta a la calidad de numerosos productos, bien modificando su composición y características sensoriales o influyendo en su aptitud para la transformación. Con frecuencia es posible corregir los factores negativos del suelo, por ejemplo, a través de la fertilización, aunque otras veces no es económicamente viable, por lo que hay que descartar ciertos tipos de suelo para la producción de materias primas de calidad. Algunos elementos traza, sobre todo los denominados metales pesados (plomo, cadmio, mercurio y arsénico), sirven como un valioso índice para determinar la pureza de los alimentos. Erróneamente, su concentración en estos la atribuyen algunos a ciertas prácticas agrícolas, como la fertilización y los tratamientos fitosanitarios principalmente, cuando en realidad su incremento es consecuencia, sobre todo, de la actividad industrial. Una elevada concentración de metales pesados significa siempre que existe un desequilibrio ecológico o daño en alguna parte a lo largo de la cadena de producción. Las prácticas agrícolas son un factor menor en la contaminación por metales pesados. El origen del plomo extra en los alimentos se debe principalmente a la gasolina de los automóviles.

Las prácticas de cultivo son un factor decisivo en la calidad de los productos agrícolas. Su adecuado manejo permite mejorar notablemente la calidad en sus diferentes aspectos de composición, organolépticos, conservación, transformación industrial, etc. Sin embargo, existen pocos ejemplos que comparen los efectos del sistema de cultivo sobre la calidad de los alimentos, aparte del movimiento potencial de los productos agroquímicos a través de la cadena alimentaria. La conexión entre prácticas de cultivo y valor nutricional no ha sido evaluada suficientemente. El valor proteico del grano de los cereales se reconoce como una variable que responde al manejo, aunque actualmente, en general, no hay incentivos en el mercado para producir este tipo de grano. El valor nutricional de los forrajes para el ganado es reconocido para su producción eficiente, aunque esta variable no suele ser medida como parte del sistema agrícola, ni se ha intentado incluir el valor nutricional como parte de los estudios de comparación entre sistemas. Esta situación puede cambiar en el futuro, a medida que se lleven a cabo nuevos estudios en los que existe un amplio campo para incluir una valoración de la calidad del producto más que el rendimiento total. Existe una abundante literatura sobre el efecto de las prácticas de cultivo en el valor nutricional de los productos agrícolas, especialmente sobre la influencia de los fertilizantes. Las observaciones son en muchos casos contradictorias, debido al efecto de la variabilidad y difícil control de otros factores, como la diversidad de suelos o disponibilidad de agua.

Un comentario particular merece, por su actualidad, la seguridad alimentaria de los cultivos transgénicos. La aplicación de la biotecnología moderna en la obtención de alimentos no conlleva necesariamente una pérdida de seguridad con respecto a las tecnologías tradicionales. Todavía no se ha publicado ningún estudio serio que demuestre que los alimentos obtenidos por biotecnología moderna sean menos seguros que los alimentos tradicionales. Por el contrario, en algunos nuevos alimentos, la biotecnología ha permitido eliminar ciertos componentes tóxicos o impedir el desarrollo de microorganismos patógenos o de sus toxinas. Los alimentos obtenidos por biotecnología moderna pueden poseer períodos de conservación y estabilidad mayores sin el empleo de aditivos o conservantes químicos. Asimismo, todavía no se ha detectado que los cultivos transgénicos puedan tener un efecto sobre el medio ambiente mayor al que producen los cultivos convencionales. Para comprobar la seguridad de una planta modificada genéticamente, para ser utilizada como alimento, se realizan experimentos de laboratorio y en invernadero para confirmar que solo se han introducido las modificaciones genéticas planificadas y que el material genético añadido se ha incorporado de manera estable al genoma de la planta; también se llevan a cabo ensayos de campo, bajo condiciones controladas, para confirmar que la variedad ensayada no es perjudicial para la salud humana o animal ni afecta al medio ambiente. Hay que demostrar, ante las Autoridades Competentes, que las modificaciones en el ácido desoxirribonucleico (ADN) de la nueva variedad no introducen ningún riesgo de ser incorporado al genoma de otros organismos, que las proteínas codificadas por los nuevos genes no son tóxicas ni alérgicas, y que la nueva variedad, desde el punto de vista de la composición nutricional, es equivalente a la original; por último, para los productos aprobados para su comercialización, se exige el desarrollo de un Plan de Seguimiento durante un número de años para detectar cualquier efecto perjudicial como consecuencia del uso del nuevo alimento.

Tres tipos de cuestiones científicas se plantean al considerar la calidad de la producción agrícola: (1) cómo una planta produce una calidad determinada y cómo los cambios en las condiciones ambientales y las prácticas de cultivo influyen en ello; (2), cómo interactúan cantidad y calidad; y (3), cómo las diferencias de calidad entre parcelas, regiones y años pueden ser analizadas, codificadas y reguladas.

La fertilización es, sin duda, la técnica de cultivo que mayor influencia ejerce en la calidad de las materias primas agrícolas, tanto en un sentido negativo como positivo. Además del rendimiento, afecta a la composición, conservación, sabor, textura, aptitud para la transformación, etc. El suministro de nutrientes a las plantas y su regulación por el abonado mejora la calidad y también puede ocasionar efectos negativos, según se haga correcta o incorrectamente. Es esencial que la nutrición sea óptima y equilibrada. Cuando el suministro de nutrientes se produce desde una situación de deficiencia hasta un nivel óptimo, mejora la calidad. Cuando el suministro tiene lugar dentro de los márgenes del nivel óptimo, la calidad puede mejorarse adicionalmente. Las aportaciones de "lujo" pueden tener o no un efecto negativo. Las aplicaciones excesivas en extremo pueden ocasionar toxicidad y tienen un claro efecto negativo sobre la calidad. Con frecuencia, los resultados experimentales de la fertilización sobre la calidad son contradictorios debido a la dificultad de interpretarlos de forma precisa. También, a veces, la fertilización es un mal indicador del suministro de nutrientes a los cultivos.

El nitrógeno (N) es el elemento clave de la producción y el rendimiento de los cultivos, e influye considerablemente en la calidad (contenido y valor de las proteínas, contenido de otras sustancias nitrogenadas o no y contenido de otros componentes que pueden tener efectos positivos o negativos). Existe, frecuentemente, una correlación positiva entre el contenido de nitratos en las plantas y el rendimiento. Es necesario un cierto nivel mínimo de nitratos para producir rendimientos normales. El control de nitratos en las plantas es más difícil que en el suelo; la acumulación de nitratos en las plantas depende de diferentes factores: unos pueden ser controlados por el agricultor y otros no. Por esta razón es mucho más difícil mantener un determinado límite de nitratos superior en las plantas por medio del cultivo y la fertilización, que reducir el lavado de nitratos sistemáticamente por el control del suministro de N y adaptación de la rotación de cultivos. Naturalmente, la fertilización nitrogenada tiene una influencia principal en el contenido de nitratos en las plantas, el cual puede también variar en los diferentes órganos de las mismas.

El fósforo (P) también juega un papel esencial en la calidad de muchas materias primas agrícolas. El P orgánico forma fitatos que afectan a la calidad de las legumbres de alimentación humana y animal. También interacciona con otros componentes determinantes de la calidad, como proteínas, hidratos de carbono y algunas vitaminas.

El potasio (K) está presente en las materias primas agrícolas en mayor proporción de la que es necesaria para la alimentación del hombre y del ganado. Los elevados contenidos de K no tienen efectos negativos, aunque disminuyen la presencia de Ca, Mg y Na, que pueden llegar a ser deficientes. El K interviene en la regulación de la presión osmótica de las plantas e influye en la actividad enzimática y el intercambio químico, que afectan a la calidad de los productos vegetales.

Otros nutrientes que afectan a la calidad son el calcio (Ca), magnesio (Mg) y azufre (S), a través de procesos de síntesis y actividad enzimática. Su contenido óptimo en la composición de los alimentos es por sí mismo un factor de la calidad nutricional.

Los insectos y otros invertebrados, así como los hongos fitopatógenos y algunas malas hierbas, son ya una alteración de la calidad con su simple presencia en el producto final y pueden reducir seriamente la producción, ocasionar daños al producto y tener consecuencias accesorias sobre otros parámetros de la calidad organoléptica. El uso adecuado de productos fitosanitarios para el control de plagas, enfermedades y malas hierbas, está relacionado con la sanidad y buena calidad de las materias primas. Los tratamientos, abusivos, o con productos inadecuados o aplicados en la proximidad de la recolección, generan residuos que afectan negativamente a la calidad. La lucha integrada que preconiza el uso racional de productos agroquímicos, y el control biológico y con otros medios, es esencial para garantizar la ausencia de residuos o que estos no superen los niveles tolerables.

La utilización de reguladores de crecimiento en la forma conveniente ayuda a mejorar el rendimiento y la calidad de la producción. Sin embargo, a veces, su comportamiento en la planta es anómalo y tiene efectos negativos en la calidad de los frutos. También cuando se aplican inadecuadamente. Son conocidos los efectos adversos del uso de auxinas, giberelinas y etileno en la calidad.

Las demás prácticas de cultivo pueden afectar también a la calidad de producción, además de tener una influencia decisiva en los rendimientos. La preparación óptima del suelo evita los problemas de compactación y encharcamiento, que ocasionan mal establecimiento de plantas y escaso desarrollo radicular. Esto es especialmente importante en los cultivos aprovechados por sus órganos subterráneos, como remolacha azucarera, zanahoria, patata, espárrago, etc. La fecha de siembra condiciona la adaptación del cultivar a una zona concreta y determina la fecha de recolección, que afecta, según las condiciones climáticas, a la calidad del producto final y también al precio del mismo.

La "Agricultura biomédica" es un nuevo paradigma que, con un enfoque transdisciplinar, involucra a científicos, agrónomos y biomédicos; y tiene como objetivo identificar, desarrollar y producir genotipos específicos de cultivos alimentarios para constituir un modelo de dieta que reduzca el riesgo de enfermedades crónicas (cáncer, enfermedades cardiovasculares, diabetes tipo II y obesidad).

BIBLIOGRAFÍA

BEHRENS, P., KIEFTE–DE JONG, J.C., BOSKER, T., et al., 2017. Evaluating the environmental impacts of dietary recommendations. Proceedings of the National Academy of Sciences USA, 114(51):13412–13417.

DE CASTRO P. 2015. Comida: el desafío global. Eumedia. 197 pp.

FAN, S., ZHAO, Q., WANG, J. 2024. Transforming agri–food systems for multiple wins in nutrition, inclusion and environment. Journal of Integrative Agriculture, 23 (2): 355–358.

FAO. 2018. El estado del Planeta. La nueva revolución agrícola: ¿Cómo vamos a alimentar a 10.000 millones de personas? Organización de las Naciones Unidas para la Alimentación y la Agricultura. 117 pp.

FAO. 2018. El estado del Planeta. La nutrición: ¿Es la obesidad la epidemia del siglo XXI? Organización de las Naciones Unidas para la Alimentación y la Agricultura. 117 pp.

FAO. 2018. El estado del Planeta. Los grandes desafíos: ¿Estamos a tiempo de salvar nuestro planeta? Organización de las Naciones Unidas para la Alimentación y la Agricultura. 117 pp.

FAO. 2019. El estado de la seguridad alimentaria y la nutrición en el mundo 2019. Organización de las Naciones Unidas para la Alimentación y la Agricultura. 129 pp.

FAO. 2022. El estado de la seguridad alimentaria y la nutrición en el mundo 2022. Adaptación de las políticas alimentarias y agrícolas para hacer las dietas saludables más asequibles. Organización para las Naciones Unidas para la Alimentación y la Agricultura. 291 pp.

FOLEY, J.A., RAMANKUTTY, N., BRAUMAN, K.A. 2011. Solutions for a cultivated planet. Nature. 478: 337–342.

FRANCIS, C. 2013. The international dimension of the American Society of Agronomy: past and future. International Journal of Agricultural Sustainability, 11(3), 298–299.

FRIEL, S., SCHRAM, A., & TOWNSEND, B. 2020. The nexus between international trade, food systems, malnutrition and climate change. Nature Food, 1: 51–58.

FUNDACIÓN INNOVACION BANKINTER. 2020. La comida del futuro. Future Trends Forum, 25 pp.

GARVEY, M. 2019. Food pollution: a comprehensive review of chemical and biological sources of food contamination and impact on human health. Nutrire, 44: 1–13.

GILLESPIE, S., VAN DEN BOLD, M. 2017. Agriculture, food systems, and nutrition: meeting the challenge. Global Challenge, 107: 1–12.

GODFRAY, H.C., BEDDINGTON, J.R., CRUTE, I.R., et al., 2010. Food security: the challenge of feeding 9 billion people. Science, 327(5967): 812–818.

HANSON, C. 2014. A menu of solution. En "Feeding the World in 2050. CSA News, 59 (11): 14–17.

HARRIS, J., DE STEENHUIJSEN, P.B., MCMULLIN, S., et al., 2023. Fruits and vegetables for healthy diets: priorities for food system research and action. In Science and Innovations for Food Systems Transformation (von Braun, J., Afsana, K., Fresco, L.O., Hassan, M.H.A., eds) Springer, 87–144.

HENDRIKS, S., SOUSSANA, J.F., COLE, M., et al., 2023. Ensuring access to safe and nutritious food for all through the transformation of food systems. In Science and Innovations for Food Systems (von Braun, J., Afsana, K., Fresco, L.O., Hassan, M.H.A., eds.) Springer, 31–58.

HERRERO, M., HUGAS, M., LELE, U., et al., 2023. A shift to healthy and sustainable consumption patterns. In Science and Innovations for Food Systems (von Braun, J., Afsana, K., Fresco, L.O., Hassan, M.H.A., eds.) Springer, 59–85.

HLPE (PANEL DE EXPERTOS DE ALTO NIVEL EN SEGURIDAD ALIMENTARIA Y NUTRICIÓN). 2020. Seguridad alimentaria y nutrición: elaborar una descripción global de cara a 2030. FAO, Roma. 91 pp.

HODSON, R. 2017. Food security. Nature 544, S5.

INGRAM, J. 2017. Look beyond production. Nature 544, S17.

KEATINGE, J.D.H., WALIYAR, F., JAMNADAS, R.H., et al., 2010. Relearning old lessons for the future of food— by bread alone no longer: diversifying diets with fruit and vegetables. Crop Science, 50: S–51–S–62.

LÓPEZ-BELLIDO, L. 2005. El ingeniero agrónomo en la producción agraria. Congreso conmemorativo del Sesquicentenario de la creación de la carrera de Ingeniero Agrónomo. Asociación Nacional de Ingenieros Agrónomos. Madrid, 20–22 octubre 2005, 61–82.

López–Bellido, L. 2011. ¿Cómo alimentar al mundo?: "An evergreen revolution". Revista del Colegio Oficial de Ingenieros Agrónomos de Andalucía, 25: 36–38.

López–Bellido, L. y López–Bellido, R.J. 2001. Agronomía y calidad de la producción. 7º Symposium Nacional de Sanidad Vegetal. Sevilla (España). 24–26 de enero.

McDermott, A. 2021. Science and Culture: Looking to 'junk' food to design healthier options. Proceedings of the National Academy of Sciences USA, 12: 118(41).

Misselhorn, A., Aggarwal, P., Ericksen, P., et al., 2012. A vision for attaining food security. Current Opinion in Environmental Sustainability, 4: 7–17.

Moreau, T., Speight, D. 2019. Cooking up diverse diets: advancing biodiversity in food and agriculture through collaborations with chefs. Crop Science, 59: 2381–2386.

Muncke, J., Andersson, AM., Backhaus, T. et al., 2020. Impacts of food contact chemicals on human health: a consensus statement. Environmental Health, 19: 25.

National Academy of Science. 2021. The challenge of feeding the world sustainably. Summary of the US–UK Scientific Forum on Sustainable Agriculture. Washington, DC. The National Academies Press. 40 pp.

Nelson, M.E., Hamm, M.W., Hu, F.B., et al., 2016. Alignment of healthy dietary patterns and environmental sustainability: a systematic review. Advances Nutrition, 7(6): 1005–1025.

Neufeld, L.M., Hendriks, S., Hugas, M. 2023. Healthy diet: a definition for the United Nations Food Systems Summit. In Science and Innovations for Food Systems (von Braun, J., Afsana, K., Fresco, L.O., Hassan, M.H.A., eds.) Springer, 21–30.

O'Brien, P., Kral–O'Brien, K., Hatfield, J.L. 2021. Agronomic approach to understanding climate change and food security. Agronomy Journal, 113: 4616–4626.

Pingali, P.L. 2012. Green revolution: impacts, limits, and the path ahead. Proceedings of the National Academy of Sciences, 109(31): 12302–12308.

Pretty, J., Sutherland, W. J., Ashby, J., et al., 2010. The top 100 questions of importance to the future of global agriculture. International Journal of Agricultural Sustainability, 8(4): 219–236.

Spielman D. J., Pandya–Lorch R. 2009. Una mirada al proyecto de Millions Fed. Éxitos demostrados en desarrollo agrícola. International Food Policy Research Institute. 24 pp.

Springmann, M., Clark, M., Mason–D'Croz, D. et al., 2018. Options for keeping the food system within environmental limits. Nature 562: 519–525.

Vaidyanathan, G. 2021. Healthy diets for people and the planet. Nature, 600: 22–25.

Venkatesan, P. 2024. Food is medicine: clinical trials show the health benefits of dietary interventions. Nature Medicine, 30(4):916–919.

West, P.C., Gerber, J.S., Engstrom, P.M., et al., 2014. Leverage points for improving global food security and the environment. Science, 345(6194): 325–328.

Zuin Zeidler, .VG. 2024. Sustainable chemistry and food systems lessons–the same procedure as every year? Science, 383(6683).

▲ 10

EL CONSUMO DE CARNE EN EL FUTURO. NUEVAS FUENTES DE PROTEÍNAS

10.1. EVOLUCIÓN DEL CONSUMO DE CARNE

Las personas en el mundo desarrollado comen una gran cantidad de proteína animal. El consumo de carne, huevos y leche está creciendo a nivel mundial a medida que las personas en las naciones más pobres se enriquecen y cambian sus dietas. Ello representa un problema, ya que los animales comen una parte cada vez mayor de las cosechas de granos del mundo, y utilizan directa o indirectamente hasta el 80% de las tierras agrícolas del mundo. Sin embargo, proporcionan solo el 15% de todas las calorías. En consecuencia, si solo se comiese menos carne, se podrían liberar muchas producciones para alimentar a millones de personas que padecen hambre y obtener mayores y mejores tierras de cultivo.

Algunos investigadores de seguridad alimentaria, sin embargo, son escépticos. Aunque reducir la carne tiene muchos beneficios potenciales, dicen que la complejidad de los mercados mundiales y las tradiciones alimentarias humanas también podrían producir algunos resultados contradictorios, y posiblemente contraproducentes.

Estados Unidos, por ejemplo, tiene solo el 4,5% de la población mundial, pero representa aproximadamente el 15% del consumo mundial de carne. Los estadounidenses consumen aproximadamente 330 g de carne al día en promedio, el equivalente a tres cuartos de libra de hamburguesas. En el mundo en desarrollo, el consumo diario de carne promedia solo 80 g.

En 2050, se espera que con el aumento de la población humana en un 15% (más de 10.000 millones de personas), la demanda mundial de carne aumente en un 73%, y la satisfacción de esta demanda requerirá en torno a 160 millones de toneladas (t) adicionales de carne al año.

El treinta por ciento de la superficie de la Tierra ya se dedica a la producción ganadera, una práctica que representa casi el 15% de las emisiones de gases de efecto invernadero a nivel mundial. El ganado vacuno es el más culpable, no solo porque emite una gran cantidad de metano, sino también debido a que la producción de carne utiliza grandes cantidades de agua (15,415 l para un kg de carne de vacuno).

Además, el consumo de carne roja en grandes cantidades, como es típico en los países desarrollados, no es bueno para nuestra salud, y por lo general está asociado con un mayor riesgo de diabetes, cáncer y enfermedades del corazón.

El cambio a fuentes de proteínas más sostenibles permitiría aliviar tanto las preocupaciones de salud como ayudar a luchar contra el cambio climático. Sin embargo, existe el problema de que muchas personas no son capaces de dejar de depender de la carne de vacuno. A pesar de un cambio en los gustos de los países occidentales en las últimas tres décadas, se ha visto que las personas intercambian a carne de pollo y de cerdo. El apetito público de carne (sobre todo en forma de hamburguesas) sigue siendo fuerte.

Según la Organización de Naciones Unidas para la Alimentación y la Agricultura (FAO), la carne tradicional es el alimento menos eficiente para la humanidad. Un 40% de los alimentos que se cultivan en el planeta se destinan al sustento de la ganadería, y las previsiones auguran que esa cifra podría alcanzar el 60% en las próximas dos décadas, si continúa la creciente demanda de carne. Además, su producción genera una alta emisión de gases de efecto invernadero: entre el 16 y el 20% del total de estos gases proviene de la producción ganadera (Fig. 10.1).

Determinar el impacto total del consumo de carne en la seguridad alimentaria global requiere modelos informáticos sofisticados que puedan rastrear cómo las decisiones de compra se extienden a través de los sistemas agrícolas, las cadenas de suministro mundiales y los mercados de alimentos. Algunos modelos han sido utilizados para estudiar lo que podría suceder si las naciones ricas reducen a la mitad su demanda *per capita* de carne. La simulación encontró que la demanda de carne se redujo, los precios disminuyeron y la carne se volvió más asequible en todo el mundo. Como resultado, en el mundo en desarrollo, el consumo de carne *per capita* en realidad aumentó ya que los consumidores más pobres podían comprar más. Es lo que podría llamarse "equidad de carne", porque aumentar el consumo de proteínas animales entre los muy pobres puede proporcionar beneficios nutricionales sustanciales, particularmente para los niños. Sin embargo, cuando los países ricos redujeron a la mitad su hábito de carne, los países pobres no necesariamente consumieron muchos más cereales, su mayor fuente de calorías. Según el modelo, el consumo de cereales *per capita* en los países en desarrollo aumentó solo un 1,5%. Eso es suficiente grano para calmar el hambre de 3,6 millones de niños desnutridos, pero ni mucho menos los tipos de ganancias que muchos esperan de frenar el consumo de carne. Una razón importante es el desajuste entre las dietas humana y animal. En los países ricos, los agricultores suelen alimentar a su ganado con maíz o soja. Cuando los agricultores producen menos carne, la demanda de maíz y soja cae y su precio se vuelve más asequible, lo cual es bueno para las personas en África y América Latina, donde el maíz es un alimento básico. Pero las personas en muchos países en desarrollo, particularmente en Asia, no comen mucho maíz; ellos comen arroz y trigo. Entonces, la caída de los precios del maíz y la soja no les ayuda directamente.

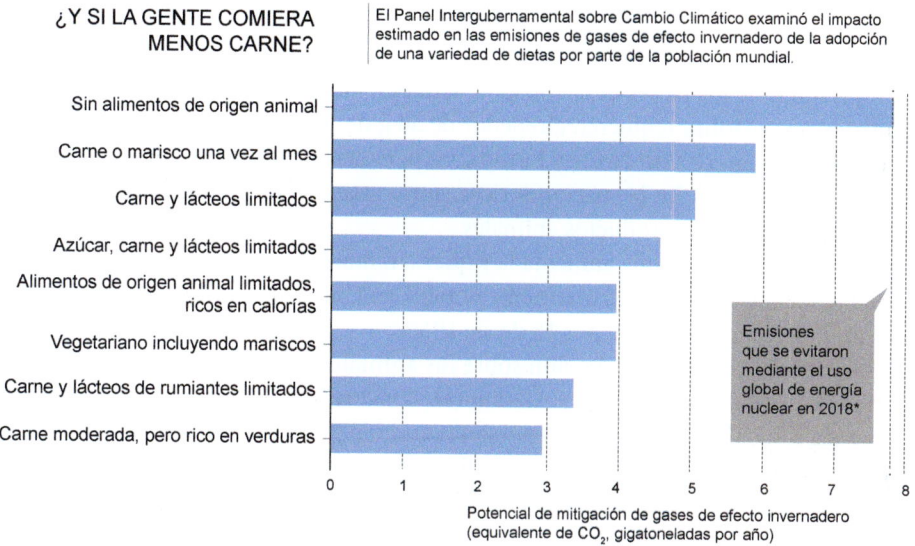

Figura 10.1 ¿Qué pasaría si la gente comiera menos carne? (adaptado de Schiermeier, 2019)

Tales simulaciones han sugerido que comer menos carne podría incluso ser contraproducente y empeorar la inseguridad alimentaria. Por ejemplo, cuando los consumidores en los países desarrollados reemplazaron la carne por pasta y pan, los precios mundiales del trigo subieron. En realidad, eso aumentó ligeramente la desnutrición en países en desarrollo como India, que dependen del trigo. Cuando se analizan todas las ventajas y desventajas, se espera que reducir el consumo de carne, en última instancia, podría ayudar a mejorar la seguridad alimentaria mundial, aunque en una pequeña contribución.

Sin embargo, dado el voraz y creciente apetito del mundo por los productos animales, ¿cómo podría convencerse a la gente de que coma menos? Un enfoque es aumentar el precio para reducir la demanda. Si los precios de la carne reflejaran los verdaderos costes ecológicos y climáticos de la cría de animales de granja, por ejemplo, muchas personas comprarían menos. En este sentido, habría que establecer impuestos relacionados con la huella de carbono de la carne. La carne de vacuno podría recibir impuestos más altos que el pollo o el pescado, y tales gravámenes liberarían el grano, para los que están más abajo en la cadena alimentaria.

Hasta ahora, es difícil saber si los esfuerzos a pequeña escala han tenido un impacto significativo. Para garantizar verdaderamente la seguridad alimentaria mundial, es necesaria también una inversión mucho mayor en investigación agrícola para aumentar los rendimientos y un mayor desarrollo económico que aumente los ingresos en las naciones más pobres. Hay que ir más allá de la responsabilidad personal, a la acción política. Las dietas humanas, en promedio, no carecen de proteínas, de hecho, la mayoría de las personas de los países desarrollados, actualmente, comen más que suficiente. En promedio, las personas requieren alrededor de 50 g de proteína por día; pero en regiones ricas como América del Norte y Europa, las personas suelen consumir alrededor del doble de esa cantidad. En las naciones ricas, aproximadamente la mitad de la proteína consumida proviene de productos animales.

En general, a medida que aumenta la riqueza, también aumenta la demanda de carne, una tendencia que es particularmente notable en China, donde la cantidad de carne consumida se ha multiplicado por 15 desde 1960.

Comer tanta carne ejerce presión sobre los animales, las personas y el planeta. Un informe de 2019 de la Comisión EAT–Lancet, concluyó que una dieta global sostenible que sea saludable, tanto para las personas como para el planeta, requeriría reducir la cantidad de carne roja producida, incluidas la carne de cerdo y de vacuno, alrededor de un 75%. Al mismo tiempo, la producción de hortalizas, frutas y legumbres debería al menos duplicarse.

La carne no es del todo mala: es abundante en aminoácidos y nutrientes esenciales, y el ganado juega un papel importante en muchos ecosistemas y sociedades. Pero reemplazar parcialmente la carne roja en particular podría marcar una gran diferencia tanto para las personas como para el planeta.

Las alternativas a la proteína animal no son difíciles de encontrar. Las plantas, como los guisantes, judías, garbanzos, lentejas, cereales y los frutos secos, son una fuente de proteína barata y omnipresente, que tiene un largo historial en el mantenimiento de la salud humana y una baja huella de carbono.

La eficiencia de conversión de la planta en materia animal es alrededor del 10%. Aproximadamente un tercio de la producción mundial de cereales alimenta a animales. Pero actualmente, uno de los principales desafíos para el sistema alimentario es la creciente demanda de carne y productos lácteos que ha llevado, en los últimos 50 años, a un aumento en torno a 1,5 veces en la cifra global de ganado vacuno, ovino y caprino, con aumentos equivalentes de aproximadamente 2,5 y 4,5 veces para cerdos y pollos, respectivamente. Esto se debe en gran medida al aumento de la riqueza de los consumidores en todas partes y más recientemente en países como China e India.

Sin embargo, el argumento de que todo consumo de carne es malo es demasiado simplista. En primer lugar, existe una variación sustancial en la eficiencia de la producción y el impacto ambiental de las principales clases de carne consumidas por las personas. En segundo lugar, aunque una fracción sustancial del ganado se alimenta de cereales y otras proteínas vegetales que podrían alimentar a los humanos, sigue habiendo una proporción muy importante que se alimenta de pastos. Gran parte de los pastizales que se utilizan para alimentar a estos animales no podrían convertirse en tierras cultivables o solo podrían convertirse con resultados ambientales muy adversos. Además, los cerdos y las aves de corral suelen alimentarse de "desechos" de alimentos humanos. En tercer lugar, mediante una mejor crianza o razas mejoradas, puede ser posible aumentar la eficiencia con la que se produce la carne. Por último, en los países en desarrollo, la carne representa la fuente más concentrada de algunas vitaminas y minerales, lo cual es importante para personas como los niños pequeños. El ganado también se utiliza para el laboreo y el transporte y proporciona un suministro local de estiércol, que puede ser una fuente vital de ingresos.

La reducción del consumo de carne y el aumento de la proporción derivada de las fuentes más eficientes ofrecen la oportunidad de alimentar a más personas y también presentan otras ventajas. Se considera que las dietas bien equilibradas y ricas en cereales y otros productos vegetales son más saludables que las que contienen una elevada proporción de carne (especialmente carne roja) y productos lácteos. A medida que los países en desarrollo consumen más carne en combinación con alimentos ricos en azúcar y grasas, es posible que tengan que lidiar con la obesidad antes de superar la desnutrición, lo que lleva a un aumento del gasto en salud que de otro modo podría usarse para aliviar la pobreza. La producción ganadera, como ya se ha mencionado, también es una fuente importante de metano, un gas de efecto invernadero muy potente, aunque esto puede compensarse parcialmente con el uso de estiércol animal para sustituir los fertilizantes nitrogenados sintéticos.

10.2. NUEVAS FUENTES DE PROTEÍNAS

Las fuentes alternativas de proteínas para la alimentación humana, están cada vez más disponibles comercialmente. Estos productos tienen un potencial considerable para el uso sostenible de proteínas para alimentos y piensos, y podrían conducir a reducciones significativas en los impactos sobre el clima y el uso de la tierra. Las fuentes alternativas de proteínas incluyen análogos de la carne, insectos, ciertas plantas leñosas y algas, incluidas las algas marinas (Fig. 10.2).

En las últimas décadas, ha habido una explosión de imitadores de carne a base de plantas. El "*Good Food Institute*", una organización sin fines de lucro con sede en Washington DC, informa que las ventas de alternativas de origen vegetal a la carne y el pescado totalizaron 6.100 millones de dólares en 2022, pero sigue siendo una pequeña proporción del mercado multimillonario de productos animales.

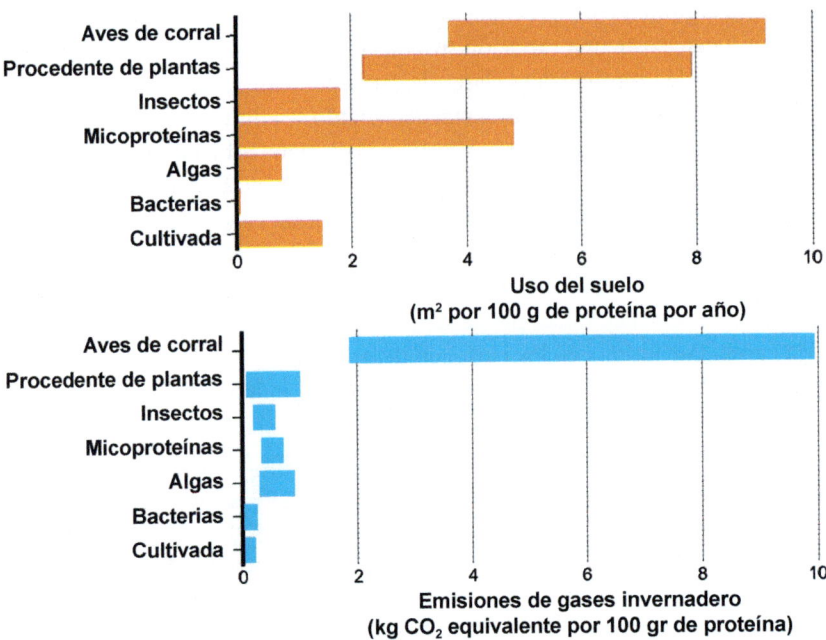

En comparación con las aves de corral, las proteínas alternativas provenientes de fuentes tales como plantas y bacterias utilizan menos tierra y emiten menos gases de efecto invernadero, según un modelo. Algunas alternativas, tal como las micoproteínas podrían utilizar cultivos como alimento, por lo que la cantidad de tierra utilizada podría variar. El modelo supone el uso de energía renovable.

Figura 10.2 Uso del suelo y de las emisiones de gases de efecto invernadero para aves de corral y seis proteínas alternativas (adaptado de Jones, 2023)

Ahora el mercado se está ampliando para abarcar todo tipo de alternativas, desde insectos hasta microbios. Estas proteínas podrían tener un papel importante en la fabricación de alimentos más eficientes y respetuosos con el medio ambiente, tanto para humanos como para animales. Investigadores y fabricantes se unen en la búsqueda de la proteína del futuro, todos con la esperanza de superar el desafío del coste y los caprichos del sabor.

La carne ahora se puede cultivar en un laboratorio en lugar de obtenerla del matadero. Los investigadores y las empresas se están enfocando en encontrar las mejores líneas celulares para usar como iniciadores, mejorar los métodos para cultivar células en biorreactores y perfeccionar el sabor y la textura; todo mientras encuentran formas de reducir los costes. Estados Unidos ya dio luz verde a sus dos primeros productos de carne cultivada. La demanda de energía de la carne cultivada es extremadamente alta, pero el uso de suelo y agua para su producción es extremadamente bajo. En general, la huella de carbono de la carne cultivada, suponiendo que se produzca con energía renovable, podría ser aproximadamente igual o menor que la de las aves de corral y una décima parte de la del ganado vacuno.

La soja ha sido el primer líder en la producción de proteínas alternativas a base de plantas, pero las proteínas de los guisantes están aumentando rápidamente, en parte debido a las preocupaciones del público sobre los alérgenos y las hormonas (la soja contiene isoflavonas, un tipo de estrógeno vegetal que imita débilmente la forma humana). Muchos productos de origen vegetal, como las salchichas, son, al igual que sus equivalentes cárnicos, altamente procesados para ayudar a crear la textura y el sabor deseados, y pueden incluir aditivos como sal, azúcar, colorantes, potenciadores del sabor y agentes enmascarantes para ocultar, por ejemplo, sabores desagradables a "judías" en la proteína de guisante; todos los cuales pueden afectar a la nutrición. Algunos investigadores y empresas se centran en adaptar cultivos como el guisante o el sorgo para carne de origen vegetal, por ejemplo, aumentando su contenido de proteínas o reduciendo la necesidad de aditivos para mejorar el sabor.

También se utilizan bacterias y levaduras genéticamente modificadas (GM) para crear una variedad de proteínas útiles a través de la "fermentación de precisión". En la fabricación de queso, por ejemplo, el cuajo, una mezcla de enzimas que tradicionalmente se extrae del estómago de los terneros y que endurece el queso, ahora se reemplaza predominantemente por quimosina producida por microbios transgénicos. Este es el caso, incluso en gran parte de la Unión Europea, donde la tecnología GM se enfrenta a grandes obstáculos regulatorios y donde muchas otras proteínas producidas mediante modificación genética aún no han recibido aprobación.

Asimismo, varias empresas están utilizando microbios modificados genéticamente para producir proteínas de caseína de leche, proteínas de clara de huevo, mioglobina muscular e incluso proteínas de la leche materna humana, junto con muchos de los factores de crecimiento necesarios en la producción de carne cultivada. La investigación se centra en encontrar las formas más eficientes y económicas de producir productos finales puros que tengan cualidades deseables (incluida la vida útil, la temperatura de fusión o la masticabilidad).

La fermentación de hongos filamentosos en un laboratorio puede producir un alimento rico en fibra y proteína con una textura similar a la del pollo magro. Otros hongos también pueden proporcionar micoproteínas para hacer empanadas sin carne y una alternativa al queso crema. Numerosas empresas tienen como objetivo desarrollar productos de micoproteínas para diversos preparados cárnicos. Otras están haciendo alternativas de pescado y tocino a base de hongos.

Los hongos necesitan ser alimentados con azúcar para producir micoproteínas, que luego se calientan para desnaturalizar el ácido ribonucleico (ARN) y hacerlo seguro para comer. Algunos productos utilizan una pequeña cantidad de huevo como aglutinante. Los investigadores están modificando el proceso para encontrar productos con la nutrición, el sabor y la textura más deseables al menor coste. Eso podría implicar, por ejemplo, alimentar a los hongos con productos de desechos agrícolas baratos, como el grano agotado de la elaboración de cerveza.

Las macroalgas, incluidas las algas marinas, son un ingrediente alimentario alto en proteínas común en algunas culturas. Hay un interés creciente en cultivar algas marinas para ayudar a los ecosistemas, secuestrar carbono, y proporcionar proteínas a personas y animales. Los estudios han sugerido que los suplementos de algas rojas, en particular, podrían reducir los eructos de metano del ganado en más del 80%, con beneficios para las emisiones de gases de efecto invernadero (GEI). Las microalgas como la espirulina también se utilizan en proteínas en polvo y en productos alternativos como la harina a base de algas. Los investigadores han sugerido aprovechar la utilización de la inteligencia artificial y el modelado por computadora para encontrar las mejores y más eficientes cepas de microalgas, y atenuar su color verde y su sabor a pescado.

Algunas bacterias producen proteínas de forma natural a partir del dióxido de carbono del aire, si también se les alimenta con gas hidrógeno. Sin embargo, producir hidrógeno requiere mucha energía, generalmente al descomponer el agua. Una cepa natural de *Xanthobacter* es usada, por ejemplo, para hacer una proteína en polvo para consumo humano llamada *"Solein"*. Asimismo, la proteína bacteriana también se usa en alimentación animal, por ejemplo, se usan bacterias que se alimentan de metano para producir *"FeedKind"*, una proteína que se convierte en alimento para peces y un suplemento para cerdos.

Muchas culturas alrededor del mundo comen insectos, a menudo enteros y asados como bocadillos. En los últimos años, las empresas se han preparado para criarlos, principalmente para alimentación animal o como alimento para mascotas. Las fábricas producen grillos y saltamontes, larvas de mosca soldado negra (*Hermitia illucens*) y gusanos de la harina. Europa es un punto clave de la cría de insectos (produce 6.000 t de proteína de insectos cada año). Las hamburguesas a base de insectos han estado disponibles durante muchos años. La Unión Europea (UE) aprobó los gusanos de la harina amarillos enteros y secos (*Tenebrio molitor*) como alimento humano en mayo de 2021. Las harinas hechas de langostas o grillos están ampliamente disponibles internacionalmente.

Aunque los insectos parecen algo fácil de criar, las proteínas en polvo hechas con ellos son sorprendentemente caras, principalmente debido a los costes de energía y mano de obra y las ineficiencias de la producción a pequeña escala. Según un libro blanco del Foro Económico Mundial de 2019 sobre proteínas alternativas, el coste de la proteína de insectos para los consumidores era aproximadamente dos tercios del de la carne cultivada, mucho más cara que las algas y el pollo, sin mencionar que la carne de vacuno convencional y las nueces son incluso más baratas.

Los insectos también son muy nutritivos. Una de las razones es que siempre han sido consumidos en el mundo en desarrollo. En general, son altos en grasa, proteínas, fibra, vitaminas y minerales, aunque las cifras exactas varían entre las especies y de una etapa de la vida a otra.

En todo el mundo, más de 2 millones de personas comen insectos como parte de su dieta. Cerca de 2.000 especies han sido utilizadas para alimentación; entre ellos los más populares son los escarabajos, orugas, abejas, avispas, hormigas, grillos y langostas.

Casi todas las proteínas alternativas que no son de carne son más saludables que la carne roja. Cuando los investigadores analizaron las formas en que las diferentes fuentes de proteínas afectaban a la salud (observando el colesterol, la sal, la fibra y la grasa), descubrieron que la carne era la más dañina. El cerdo y la carne de vacuno contribuyeron más a las muertes relacionadas con la dieta, y esto seguiría siendo el caso de las versiones cultivadas. La proteína de hongos y leguminosas fue la opción más saludable de la lista, reduciendo las tasas de mortalidad en casi un 2,5%.

En general, todas las alternativas a la carne aliviarán la carga sobre el planeta, siempre que la energía utilizada sea renovable y los alimentos reemplacen a la carne convencional. Un informe de 2021 realizado por investigadores de la Universidad de Oxford encontró que el sistema alimentario mundial libera alrededor de 14 Gt de gases de efecto invernadero, lo que representa aproximadamente una cuarta parte de las emisiones totales. De esas 14 Gt, alrededor del 40% proviene de alimentos de origen vegetal y el 60% de la carne (incluidos los cultivos para alimentar al ganado). Por lo tanto, cambiar toda la carne por cualquier proteína alternativa creada con energía renovable, concluye el informe, reduciría a la mitad las emisiones de los alimentos. Con la misma lógica, reemplazar entre el 10% y el 20% del consumo mundial de carne con alternativas podría ahorrar alrededor de una gigatonelada de emisiones de GEI, más de lo que emite cada año la industria de la aviación. Algunas alternativas son mejores que otras. Las proteínas bacterianas funcionan bien en términos de uso mínimo de la tierra y emisiones de GEI, por ejemplo, mientras que los alimentos de origen vegetal ocupan mucha tierra, pero tienen una pequeña huella de carbono.

BIBLIOGRAFÍA

CARAM, N., SOCA, P., SOLLENBERGER, L.E. 2023. Studying beef production evolution to plan for ecological intensification of grazing ecosystems. Agricultural Systems, 205, 103582.

CARRILLO, L. 2020. La comida del futuro. Fundación Innovación Bankinter y Future Trends Forum. 43 pp.

DE CASTRO, P. 2015. Comida: el desafío global. Eumedia. 197 pp.

FAO. 2022. El estado de la seguridad alimentaria y la nutrición en el mundo 2022. Adaptación de las políticas alimentarias y agrícolas para hacer las dietas saludables más asequibles. Organización para las Naciones Unidas para la Alimentación y la Agricultura. 291 pp.

FOLEY, J.A., RAMANKUTTY, N., BRAUMAN, K.A. 2011. Solutions for a cultivated planet. Nature. 478: 337–342.

FUNDACIÓN INNOVACION BANKINTER. 2020. La comida del futuro. Future Trends Forum, 25 pp.

HAZARIKA, A.K., KALITA, U. 2023. Human consumption of insects. Science, 379(6628):140–141.

HEFFERNAN, O. 2017. Sustainability: A meaty issue. Nature, 544(7651):S18–S20

Jones, N. 2023. Fungi bacon and insect burgers: a guide to the proteins of the future. Nature, 619: 26–28.

Mylan, J.K., Andrews, J., Maye, D. 2023. The big business of sustainable food production and consumption: Exploring the transition to alternative proteins. Proceedings of the National Academy of Sciences. USA., 120 (47): 1–9.

National Academy of Science. 2021. The challenge of feeding the world sustainably. Summary of the US–UK Scientific Forum on Sustainable Agriculture. Washington, DC. The National Academies Press. 40 pp.

O'Brien, P., Kral-O'Brien, K., Hatfield, J.L. 2021. Agronomic approach to understanding climate change and food security. Agronomy Journal, 113: 4616–4626.

HLPE (Panel de Expertos de Alto Nivel en Seguridad Alimentaria y Nutrición). 2020. Seguridad alimentaria y nutrición: elaborar una descripción global de cara a 2030. FAO, Roma. 91 pp.

Pingali, P.L. 2012. Green revolution: impacts, limits, and the path ahead. Proceedings of the National Academy of Sciences, 109(31): 12302–12308.

Schiermeier, Q. 2019. Eat less meat: UN climate-change report calls for change to human diet. Nature, 572(7769): 291–292.

Springmann, M., Clark, M., Mason-D'Croz, D. et al., 2018. Options for keeping the food system within environmental limits. Nature 562: 519–525.

Stokstad, E. 2010. Could less meat mean more food? Science, 327(5967):810–811.

Thornton, P., Gurney-Smith, H., Wollenberg E. 2023. Alternative sources of protein for food and feed. Current Opinion in Environmental Sustainability, 62, 101277.

Wong, C. 2023. Eat less meat: will the first global climate deal on food work? Nature, 8 december, News.

EL PAPEL DE LAS LEGUMBRES EN LA NUTRICIÓN HUMANA

11.1. INTRODUCCIÓN

Las legumbres desempeñan un papel importante en muchas dietas en todo el mundo, y son especialmente importantes en los países en desarrollo o del tercer mundo de África, América Latina y Asia. Las legumbres han sido etiquetadas como la "carne del pobre" y esta afirmación parece tener algo de verdad, como se observa en la distribución del consumo en diferentes regiones, observándose una relación inversa entre el consumo de legumbres y los ingresos. Sin embargo, nuevas investigaciones están cambiando la etiqueta de las legumbres a "alimentos saludables", fomentando su inclusión en las dietas incluso de las personas adineradas. Las legumbres se han utilizado en la producción de diversos productos comerciales como proteína vegetal texturizada, tofu, salsa de soja, pasta de soja y curry. Algunos subproductos de las legumbres incluyen fibra dietética, proteínas unicelulares, ácido cítrico y enzimas. Las legumbres se pueden incorporar de diversas formas para aumentar su aceptación en dietas nutritivas y equilibradas.

Las legumbres son valoradas en todo el mundo como una alternativa cárnica sostenible y económica, y se consideran la segunda fuente alimenticia más importante después de los cereales. Son valiosas desde el punto de vista nutricional y proporcionan proteínas (20–45%), con aminoácidos esenciales, carbohidratos complejos (±60%) y fibra dietética (5–37%). No tienen colesterol y generalmente son bajas en grasas, con un ±5% de energía proveniente de la grasa, con excepción de los cacahuetes (±45%), los garbanzos (±15%) y la soja (±47%); y aportan minerales y vitaminas esenciales.

Además de su superioridad nutricional, a las legumbres también se les han atribuido funciones fisiológicas y medicinales debido a que poseen compuestos bioactivos beneficiosos. Las investigaciones han demostrado que la mayoría de los compuestos bioactivos de las legumbres poseen propiedades antioxidantes, que desempeñan un papel en la prevención de algunos cánceres, enfermedades cardíacas, osteoporosis y otras enfermedades degenerativas.

Debido a su composición, las legumbres son atractivas para los consumidores preocupados por su salud, los pacientes celíacos y diabéticos, así como para los consumidores preocupados por el control de peso. Su incorporación en las dietas, especialmente en los países en desarrollo, podría desempeñar un papel importante en la erradicación de la desnutrición proteico–energética, especialmente en los países afroasiáticos en desarrollo. Podrían ser una base para el desarrollo de muchos alimentos funcionales para promover la salud humana.

Las leguminosas son una gran familia con más de 18.000 especies, de las cuales solo un número limitado se utiliza como alimento humano. Las leguminosas comunes utilizadas para el consumo humano incluyen guisantes, habas, garbanzos, lentejas, soja, altramuces, judías y cacahuetes; y se conocen como leguminosas de grano o alimenticias. Estas se dividen en dos grupos: semillas oleaginosas y legumbres. Las primeras son leguminosas con alto contenido de aceite, como la soja y el cacahuete, y las segundas son todas semillas secas de leguminosas cultivadas que se utilizan como alimento tradicional.

Es de suma importancia aumentar la utilización de legumbres e introducir nuevos productos a base de las mismas que sean asequibles para los grupos de bajos ingresos, como una forma de reducir la pobreza y aliviar la desnutrición. La desnutrición proteico–energética es un síndrome nutricional importante que afecta a más de 170 millones de niños en edad preescolar y mujeres lactantes en países en desarrollo de África y Asia. La prevalencia de esta desnutrición puede atribuirse a muchos factores, como el alto precio de las proteínas animales (huevos, carne y leche), la dieta basada en cereales básicos y el precio cada vez mayor de los productos alimenticios que se vuelven inasequibles para los grupos de ingresos más bajos.

La demanda nutricional de legumbres está aumentando en todo el mundo debido a la mayor conciencia de los consumidores sobre sus beneficios nutricionales y para la salud. Además, en los últimos años se ha observado que cada vez más personas sustituyen la proteína animal por proteína vegetal; aumentando aún más su demanda de legumbres, ya que son la principal fuente de proteínas vegetales. Para satisfacer esta demanda, es necesario prestar atención al perfil nutricional, aumentar la utilización de las especies infrautilizadas, producir productos baratos e innovadores con valor agregado a partir de las legumbres, educar a los consumidores sobre su valor nutricional y encontrar nuevas formas de fomentar el uso de las mismas.

La Figura 11.1 muestra una comparación de la composición aproximada de cinco cereales y cinco legumbres comunes. Es evidente que las legumbres tienen mayores cantidades de proteínas y fibra dietética que los cereales.

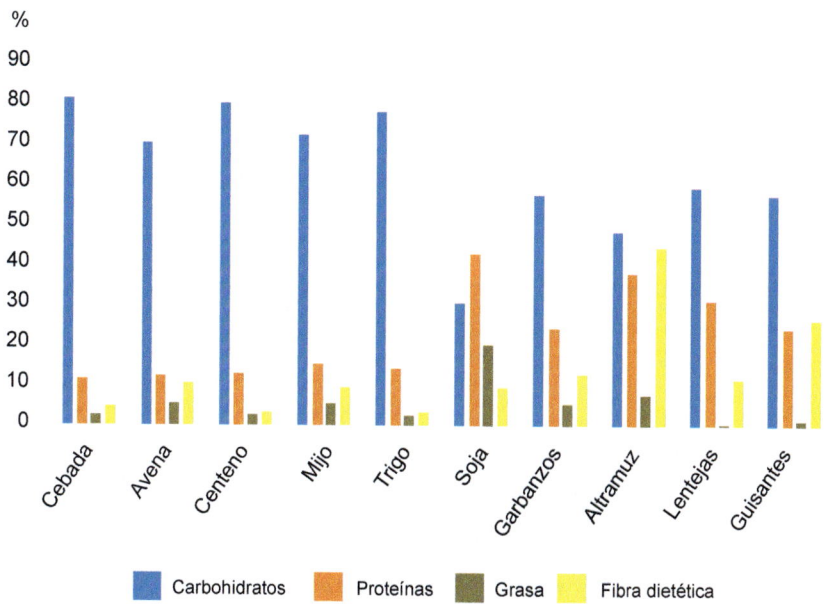

Figura 11.1 Comparación de la composición aproximada de algunos cereales y legumbres comunes (adaptado de Maphosa y Jideani, 2017)

También se ha informado que el consumo de legumbres está asociado con numerosos atributos beneficiosos para la salud, como propiedades hipocolesterolémicas, antiaterogénicas, anticancerígenas e hipoglucemiantes.

Las legumbres han demostrado ser una fuente barata de nutrientes, así como una fuente potencial de ingresos para los agricultores de subsistencia que cultivan legumbres a nivel doméstico. Son cultivos excelentes para los agricultores que no pueden permitirse costosos sistemas de riego ni fertilizantes. Esto se debe a que las legumbres prosperan en suelos pobres y condiciones climáticas adversas, son altamente resistentes a enfermedades y plagas y son cultivos de cobertura; por lo tanto, reducen la erosión del suelo y tienen una relación simbiótica con el *rhizobium* fijador de nitrógeno residente en los nódulos de sus raíces, lo que las convierte en excelentes cultivos de rotación.

11.2. CONTENIDO DE PROTEÍNAS DE LAS LEGUMBRES

Las legumbres son una excelente fuente de proteínas de buena calidad, que contienen entre un 20 y un 45% y que generalmente son ricas en el aminoácido esencial lisina. Los guisantes y las judías se encuentran en el extremo inferior del rango, entre un 17% y un 20% de proteínas, mientras que los altramuces y la soja se encuentran en el extremo superior del rango, entre un 38% y un 45% de proteínas. Las legumbres tienen un mayor contenido de proteínas que la mayoría de los alimentos vegetales, con aproximadamente el doble del contenido de proteínas de los cereales (Fig. 11.1).

Tabla 11.1 Composición de aminoácidos de diversas legumbres, expresada como g/100 g de proteína (adaptado de Maphosa y Jideani, 2017)

Aminoácidos	Cacahuete	Soja	Altramuz	Lentejas	Garbanzos	Habas	Judías
Arginina	4,0	7,2	3,9	2,2	1,8	0,7	1,5
Ácido aspártico	5,0	11,7	3,9	3,1	2,3	0,8	2,9
Histidina	2,2	2,5	1,0	0,8	0,5	0,2	0,7
Serina	3,2	5,1	1,9	1,3	1,0	0,3	1,3
Ácido glutámico	16,5	18,7	8,7	4,4	3,4	1,3	3,6
Prolina	3,2	5,5	1,5	1,2	0,8	0,3	1,0
Glicina	3,3	4,2	1,5	1,1	0,8	0,3	0,9
Alanina	3,5	4,3	1,3	1,2	0,8	0,3	1,0
Lisina*	3,0	6,4	1,9	2,0	1,3	0,5	1,6
Treonina*	2,5	3,9	1,3	1,0	0,7	0,3	1,0
Valina*	3,8	4,8	1,5	1,4	0,8	0,3	1,2
Isoleucina*	3,8	4,5	1,6	1,2	0,8	0,3	1,0
Leucina*	6,8	7,8	2,7	2,0	1,4	0,6	1,9
Tirosina*	3,2	3,1	1,4	0,8	0,5	0,2	0,7
Fenilalanina*	4,3	4,9	1,4	1,4	1,0	0,3	1,3
Triptófano*	0,7	1,3	0,3	0,3	0,2	0,1	0,3
Cistina**	0,5	1,3	0,4	0,4	0,3	0,1	0,3
Metionina**	2,0	1,3	0,3	0,2	0,3	0,1	0,4

* Aminoácidos esenciales ** Aminoácidos esenciales que contienen azufre

Sin embargo, las proteínas de las legumbres, excepto la proteína de soja (**Tabla 11.1**), son bajas en aminoácidos esenciales que contienen azufre, metionina, cistina y cisteína, así como en triptófano, por lo que se consideran una fuente incompleta de proteína. Las principales fracciones de las proteínas de las legumbres son las albúminas y las globulinas, las cuales se pueden dividir en dos grupos: vicilina y legumina. La vicilina es el principal grupo de proteínas en la mayoría de las legumbres y se caracteriza por un bajo contenido de aminoácidos esenciales que contienen azufre, lo que explica los bajos niveles de estos en las legumbres. Sin embargo, dicho bajo nivel no es del todo un factor negativo, ya que provoca una mayor retención de calcio (Ca). Los iones de hidrógeno producidos por la descomposición de estos aminoácidos esenciales provocan la desmineralización del hueso y, por tanto, la excreción de Ca en la orina. Por lo tanto, la proteína de las legumbres puede mejorar la retención de Ca en comparación con las proteínas con alto contenido de aminoácidos esenciales que contienen azufre (S) de origen animal o cereal. También se ha informado que la proteína de las legumbres contribuye a la reducción de las lipoproteínas de baja densidad, un factor conocido en el desarrollo de enfermedades coronarias.

Las legumbres y los cereales se complementan entre sí en términos de proteínas, ya que los cereales tienen un alto contenido de aminoácidos esenciales que contienen S (bajo en las legumbres) y un bajo contenido de lisina (alto en las legumbres). Como tal, la calidad de las proteínas mejora significativamente cuando las legumbres se consumen en combinación con cereales. Para el equilibrio nutricional, las legumbres y los cereales se deben consumir en una proporción de 35:65. Las legumbres son particularmente importantes en las dietas vegetarianas, ya que son la principal fuente de proteínas y también proporcionan vitaminas y minerales. Para que los vegetarianos obtengan un buen equilibrio de aminoácidos, sus dietas deben combinar legumbres con cereales.

11.3. COMPOSICIÓN DE HIDRATOS DE CARBONO DE LAS LEGUMBRES

Las legumbres son una fuente de carbohidratos complejos que aportan energía con hasta un 60% de peso seco. El almidón de las legumbres se digiere más lentamente que el almidón de los cereales y los tubérculos. Como tales, las legumbres tienen un índice glucémico bajo para el control de la glucosa en sangre, lo que las hace adecuadas para el consumo de pacientes diabéticos y aquellos con un riesgo elevado de desarrollar diabetes. Además, las legumbres no contienen gluten, lo que las hace aptas para el consumo de pacientes con enfermedad celíaca o personas sensibles a las proteínas gliadina y glutenina. Generalmente, son importantes para las personas que buscan un estilo de vida saludable y libre de enfermedades. Los aislados de almidón de legumbres se han empleado como espesantes en sopas y salsas en la industria alimentaria.

Las legumbres también son una fuente valiosa de fibra dietética (5–37%), que contiene cantidades significativas de la misma, tanto soluble como insoluble. Los monómeros de las fibras dietéticas de las legumbres incluyen glucosa, galactosa, fucosa, arabinosa, ramnosa, xilosa y manosa. Las legumbres también contienen cantidades significativas de almidón resistente y oligosacáridos, principalmente rafinosa, de las que se ha informado poseen propiedades prebióticas. Estos son fermentados por probióticos en ácidos grasos de cadena corta que mejoran la salud del colon y reducen el riesgo de cáncer del mismo. Las dietas ricas en fibra dietética se asocian con muchos beneficios para la salud. Estos incluyen la prevención y posible tratamiento de enfermedades y afecciones como el estreñimiento, la obesidad, la diabetes, las complicaciones cardíacas, las hemorroides y algunos tipos de cáncer. Además, la fibra dietética, particularmente la fibra dietética soluble, tiene la capacidad de reducir el colesterol en sangre, mejorar la tolerancia a la glucosa y reducir la respuesta glucémica al formar un revestimiento de gel protector a lo largo de las paredes intestinales, reduciendo así la asimilación de glucosa y colesterol en el torrente sanguíneo. Las fibras dietéticas insolubles son porosas, tienen densidades bajas, aumentan el volumen fecal y promueven la laxación normal. Como tales, las legumbres son un componente invaluable de la dieta humana. Las fracciones de fibra dietética de las legumbres se han utilizado en las industrias de panadería, carne, productos extruidos y bebidas como estabilizadores, agentes texturizantes, fortificantes, agentes de carga, sustitutos de grasas y estabilizadores de emulsiones.

11.4. COMPOSICIÓN DE GRASAS Y ÁCIDOS GRASOS DE LAS LEGUMBRES

Las legumbres no tienen colesterol, como ya se ha mencionado, y generalmente son bajas en grasas, con ±5% de energía proveniente de estas, con la excepción del cacahuete, el garbanzo y la soja. La grasa de las legumbres se compone de cantidades significativas de ácidos grasos mono y poliinsaturados y prácticamente no contiene ácidos grasos saturados. La mayor cantidad de ácidos grasos polisaturados (71,1%) y de ácidos grasos monoinsaturados (34%) se encuentran en las judías y los garbanzos, respectivamente. Los ácidos grasos polisaturados presentes en algunas legumbres incluyen el ácido linoleico omega–6 esencial (C18:2, ω–6) y el ácido alfa–linolénico omega–3 (C18:3, ω–3). Estos ácidos grasos polisaturados son esenciales para la salud humana y, dado que el cuerpo humano no puede sintetizarlos, deben incluirse en la dieta.

11.5. MICRONUTRIENTES EN LAS LEGUMBRES

Las legumbres son una buena fuente de vitaminas del grupo B, como folato, tiamina y riboflavina, pero son una fuente pobre de vitaminas liposolubles y vitamina C. El folato es un nutriente esencial y también se ha informado que reduce el riesgo de defectos del tubo neural como la espina bífida en los recién nacidos. Las legumbres también son fuente de minerales esenciales: zinc (Zn), hierro (Fe), calcio (Ca, selenio (Se), fósforo (P), cobre (Cu), potasio (K), magnesio (Mg) y cromo (Cr). Estos micronutrientes desempeñan funciones fisiológicas importantes, como la salud ósea (Ca), la actividad enzimática y el metabolismo del Fe (Cu), el metabolismo de los carbohidratos y lípidos (Cr, Zn), la síntesis de hemoglobina (Fe), así como la actividad antioxidante, la síntesis de proteínas y la estabilización de la membrana plasmática (Zn). Generalmente, las legumbres son bajas en sodio (Na), y esto es deseable considerando las tendencias recientes que fomentan la reducción del mismo. Aunque las legumbres tienen un alto contenido de Fe, su biodisponibilidad es pobre, lo que disminuye el valor de las legumbres como fuente del mismo. Sin embargo, si las legumbres se consumen en combinación con alimentos ricos en vitamina C, aumenta la absorción de Fe. De esta manera, el alto contenido de Fe jugaría un papel importante en la prevención de la anemia, especialmente en mujeres en edad reproductiva.

11.6. COMPUESTOS BIOACTIVOS Y NO NUTRIENTES DE LAS LEGUMBRES

Las legumbres contienen compuestos bioactivos no nutricionales, como fitoquímicos y antioxidantes. Estos incluyen isoflavonas, lignanos, inhibidores de proteasas, inhibidores de tripsina y quimotripsina, saponinas, alcaloides, fitoestrógenos y fitatos. La mayoría de estos productos químicos se denominan "antinutrientes" y, aunque no son tóxicos, generan efectos fisiológicos adversos e interfieren con la digestibilidad de las proteínas y la biodisponibilidad de algunos minerales. La mayoría de estos antinutrientes son termolábiles y, dado que las legumbres se consumen después de cocinarlas, no representan un peligro para la salud. Las legumbres también se pueden desintoxicar descascarándolas, remojándolas, hirviéndolas, cociéndolas al vapor, germinándolas, tostándolas y fermentándolas antes de procesarlas.

Las investigaciones han demostrado que la mayoría de estos no nutrientes son fitoquímicos con propiedades antioxidantes que desempeñan un papel en la prevención de algunos tipos de cáncer, enfermedades cardíacas, osteoporosis y otras enfermedades crónico–degenerativas. Las cantidades de algunos no nutrientes presentes en las legumbres se muestran en la **Tabla 11.2**. La capacidad antioxidante de las legumbres les permite inhibir o ralentizar los procesos oxidativos que son en gran medida responsables de las enfermedades degenerativas al interactuar y eliminar los radicales libres y las especies reactivas de oxígeno, quelar catalizadores metálicos, activar enzimas antioxidantes e inhibir las oxidasas. Como tal, la incorporación de legumbres a la dieta humana en todo el mundo podría ofrecer protección contra enfermedades crónicas. Por lo tanto, las legumbres, especialmente las subutilizadas, deben explorarse para el desarrollo de productos innovadores con valor agregado (Fig. 11.2).

Tabla 11.2 Algunos no nutrientes presentes en las legumbres alimenticias (% de materia seca) (adaptado de Maphosa y Jideani, 2017)

Legumbre	Polifenoles (%)	Ácido fítico (%)	Taninos (%)	α–galactósidos (%)
Judía común (blanca)	0,3	1,0	0	3,1
Judía común (marrón)	1,0	1,1	0,5	3,0
Guisante	0,2	0,9	0,1	5,9
Lentejas	0,8	0,6	0,1	3,5
Habas	0,8	1,0	0,5	2,9
Garbanzos	0,5	0,5	0	3,8
Soja	0,4	1,0	0,1	4,0
Guisantes	0,2	0,1	0	0

Figura 11.2 Potencial de las legumbres en la producción de productos de valor añadido (adaptado de Maphosa y Jideani, 2017)

Las saponinas y los glucósidos son otro grupo de compuestos bioactivos presentes en legumbres como las lentejas, garbanzos, soja y guisantes. Estos compuestos forman complejos insolubles con 3–β–hidroxiesteroides y forman micelas con ácidos biliares y colesterol; facilitando así su excreción del cuerpo humano. También se ha informado que estos compuestos poseen actividad hipocolesterolémica y anticancerígena.

Otros compuestos bioactivos importantes que se encuentran en las legumbres incluyen los polifenoles y sus derivados, como flavanoles, antocianinas/antocianidinas, taninos condensados/proantocianidinas y tocoferoles. La concentración de polifenoles como el glutatión y los tocoferoles en las legumbres oscila entre 321 y 2.404 μg/100 g.

Aunque los taninos generalmente se consideran indeseables porque hacen que las proteínas sean indigeribles, estudios recientes han demostrado que su consumo tiene una correlación inversa con la incidencia de daño a las moléculas biológicas (ADN, lípidos y proteínas) debido a su naturaleza reductora. Las legumbres con cubiertas de semillas coloreadas, como algunas judías, se han asociado durante mucho tiempo con actividad antioxidante y anticancerígena. Se cree que cuanto más denso es el color de la cubierta de la semilla, mayor es la actividad antioxidante.

Oligosacáridos

La mayoría de las legumbres contienen hasta 50 mg/g de oligosacáridos totales. Los oligosacáridos son los responsables de las flatulencias ampliamente asociadas al consumo de legumbres. La ausencia de una enzima α–galactosidasa en el tracto gastrointestinal humano para escindir el enlace α–1,6 galactosa en los oligosacáridos que contienen galactósidos, como la rafinosa y la estaquiosa, significa que estos oligosacáridos pasan sin digerir al colon, donde son metabolizados por bacterias formando grandes cantidades de dióxido de carbono, hidrógeno y metano. Estos gases pueden causar hinchazón y malestar gástrico y son expulsados del cuerpo en forma de flatulencias. Sin embargo, aunque los oligosacáridos de las legumbres se consideran negativos, sus atributos beneficiosos superan sus propiedades negativas. Los oligosacáridos son de naturaleza prebiótica y, por lo tanto, promueven el crecimiento de los probióticos, *bifidobacterias spp*, que desempeñan un papel importante en el mantenimiento de un colon sano. En Japón, se han sugerido los oligosacáridos de soja como sustituto del azúcar de mesa.

11.7. PAPEL DE LAS LEGUMBRES EN LA SALUD HUMANA Y LA SEGURIDAD ALIMENTARIA

Muchas enfermedades del estilo de vida son el resultado de una dieta rica en productos animales y baja en materia vegetal. Las legumbres son ricas en fibra dietética, ricas en carbohidratos complejos de bajo índice glucémico, ricas en compuestos bioactivos, bajas en grasas saturadas y sin colesterol (Fig. 11.3). Estos componentes dietéticos promueven la salud y la longevidad al disminuir la producción de insulina y prevenir enfermedades crónicas como la diabetes, el cáncer, las enfermedades cardiovasculares y la obesidad. Como tal, una dieta basada en legumbres puede resultar en una vida más larga y saludable.

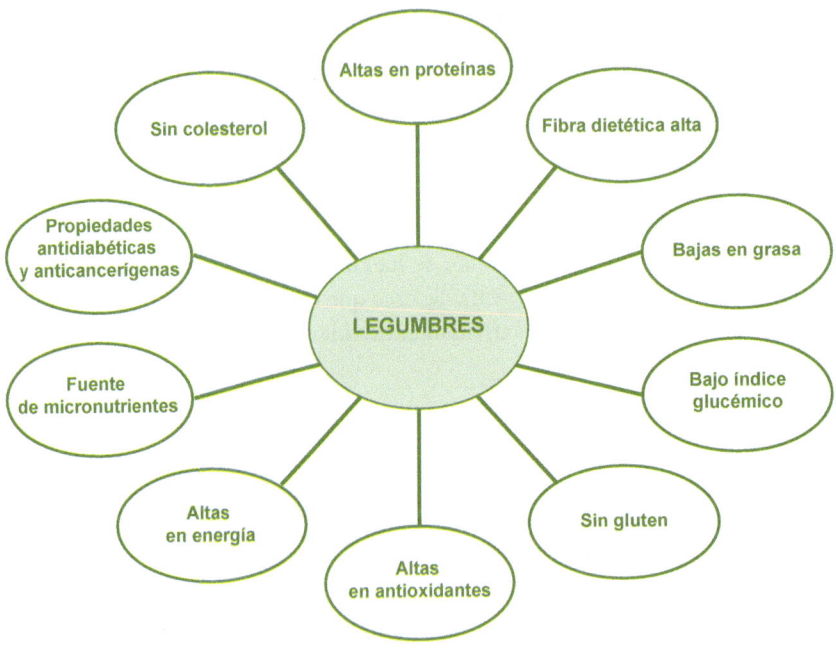

Figura 11.3 Atributos deseables de las legumbres (adaptado de Maphosa y Jideani, 2017)

Aunque las leguminosas son el segundo cultivo en importancia después de los cereales, el desconocimiento de sus beneficios nutricionales y funcionales ha hecho que no se les preste suficiente atención. Por lo tanto, los estudios futuros deberían buscar aprovechar las muchas propiedades deseables de las legumbres en el desarrollo de productos económicos que estén disponibles para todos los grupos de ingresos (Fig.11.3). La mayoría de las legumbres son cultivadas por grupos de bajos ingresos a nivel doméstico. Su mayor uso aumentaría su demanda y, a su vez, alentaría a los agricultores locales a aumentar la producción, lo que daría como resultado una mayor estabilidad financiera y seguridad alimentaria. Las propiedades funcionales de las legumbres, como la unión de agua, la unión de aceite, la estabilización de la emulsión y la gelificación, podrían aprovecharse en el desarrollo de diversos productos alimenticios. Existe una necesidad urgente de educar a las comunidades de todo el mundo sobre el valor nutricional de las legumbres, los métodos para desintoxicarlas de antinutrientes y diversos métodos para hacer que sean más atractivas para los consumidores. Además, se podría explorar la modificación genética en el desarrollo de especies de legumbres transgénicas que se cocinen más rápido y tengan bajos niveles de antinutrientes.

Teniendo en cuenta su superioridad nutricional, se espera que los dietistas y nutricionistas alienten al público a través de los medios de comunicación a incrementar su consumo de legumbres.

11.8. RESTRICCIONES ASOCIADAS CON LA UTILIZACIÓN DE LAS LEGUMBRES. POSIBLES SOLUCIONES

Existen numerosas especies de legumbres infrautilizadas, también conocidas como "cultivos huérfanos", cultivos abandonados o cultivos menores que merecen más atención. La mayoría de estas legumbres infrautilizadas prosperan en condiciones adversas, son nutricionalmente superiores y producen más que las legumbres comunes.

Existe una necesidad apremiante en los países pobres o en desarrollo, como los del África subsahariana, de complementos alimenticios ricos en nutrientes, fácilmente asequibles y disponibles para atender a una población cada vez mayor. Las legumbres infrautilizadas podrían ser la respuesta a esta demanda. La mayoría se cultivan únicamente a nivel doméstico como cultivos secundarios. Como tal, el esfuerzo debe dirigirse a realizar investigaciones exhaustivas para ampliar el conocimiento tanto técnico como práctico sobre estas legumbres para que se pueda alcanzar su máximo potencial. El alto contenido nutricional de estas legumbres podría contribuir en gran medida a combatir la desnutrición. Se prevé que las legumbres infrautilizadas podrían tener una cantidad abundante de compuestos bioactivos no descubiertos que podrían emplearse en la producción de alimentos terapéuticos, asequibles y funcionales. El mayor uso de legumbres infrautilizadas podría reducir la sobreutilización de legumbres comunes como la soja.

Varios factores contribuyen al uso limitado de legumbres. Entre ellos se incluyen la presencia de antinutrientes, que se asocian con la hinchazón y las flatulencias, así como su dificultad para cocinar. Es necesario educar a los consumidores sobre los métodos mediante los cuales estas propiedades negativas de las legumbres pueden reducirse o eliminarse por completo. Se ha informado que los métodos de procesamiento como el remojo, la germinación, la fermentación y la cocción desintoxican la semilla de la legumbre. Remojarlas antes de cocinarlas también ablanda las semillas, lo que reduce significativamente el tiempo de cocción.

Los bajos rendimientos, la escasa disponibilidad de semillas, la falta de mercado, la importante necesidad de mano de obra en la recolección, la falta de conocimiento sobre las legumbres autóctonas y la falta de aplicaciones alimentarias convenientes también contribuyen a la baja utilización de algunas especies. El desarrollo de nuevos productos de legumbres podría generar una mayor demanda de estas, lo que impulsaría a los agricultores locales a aumentar su producción con fines comerciales. Para superar la incomodidad asociada con la hinchazón y la flatulencia causadas por los oligosacáridos, se han desarrollado ayudas digestivas comerciales como *"Beano"* (AkPharma Inc, Pleasantville, Nueva Jersey). Estas ayudas digestivas contienen la enzima α–galactosidasa, que descompone los oligosacáridos, evitando así la producción de gases en el intestino grueso. Enjuagar las legumbres y cambiar el agua hirviendo varias veces también reduce significativamente la cantidad de oligosacáridos de las mismas. En la **Tabla 11.3** se muestran varios métodos para superar las restricciones que limitan el uso de legumbres.

Tabla 11.3 Problemas de aprovechamiento de las legumbres y posibles soluciones (adaptado de Maphosa y Jideani, 2017)

Restricción	Efecto negativo	Solución
Inhibidores de tripsina e inhibidores de amilasa	Disminuye la digestibilidad de las proteínas y la digestibilidad del almidón	Hervir las legumbres secas generalmente reduce el contenido entre un 80 % y un 90 %. Fermentación
Fitato	Quelatos con minerales dando como resultado una pobre biodisponibilidad mineral	Descascarado, remojo, hervido, cocción al vapor, germinación, tostado y fermentación, esterilización en autoclave, irradiación gamma
Lectinas, saponinas	Biodisponibilidad reducida de nutrientes	La mayoría se destruye al cocinar, remojar, hervir, germinar y fermentar
Oligosacáridos	Flatulencia e hinchazón	Ayudas digestivas como "Beano", cambio de agua hirviendo, remojo, cocción, germinación
Fenómeno difícil de cocinar	Consumo de energía y tiempo	Remojar las legumbres antes de cocinarlas
Falta de aplicaciones alimentarias convenientes	Aburrimiento de comer la misma comida repetidamente	Desarrollo de nuevos productos de legumbres innovadores, así como mayor utilización de legumbres menores
Bajos niveles de aminoácidos que contienen azufre	Fuente de proteína incompleta	Consumidas en combinación con cereales (ricos en aminoácidos que contienen azufre)
Falta de conciencia, comprensión y conocimiento del valor nutricional de las legumbres	Bajo consumo de legumbres	Aumentar la concienciación de los consumidores sobre el perfil nutricional de las legumbres.
Creencias y tabúes	Bajo consumo de legumbres	Aumentar la conciencia de los consumidores sobre el perfil nutricional de las legumbres y los métodos para eliminar los antinutrientes y los oligosacáridos.
Renuencia a probar un nuevo tipo de alimento o cambiar hábitos alimentarios	Bajo consumo de legumbres	Desarrollo de productos innovadores y atractivos a base de legumbres para atraer a los consumidorores
Baja biodisponibilidad de hierro	Pobre fuente de hierro	Consumir en combinación con alimentos ricos en vitamina C, se aumentaría la absorción de hierro

Varios estudios han sugerido que el consumo de legumbres podría ayudar en la pérdida de peso. Esto podría atribuirse a su naturaleza baja en grasas y alta en fibra dietética. La naturaleza del bajo índice glucémico de los carbohidratos de las legumbres también ayuda a estabilizar los niveles de azúcar e insulina en la sangre, lo que hace que el consumidor se sienta saciado durante períodos de tiempo más prolongados. Esto, a su vez, da como resultado comer menos y con menos frecuencia, lo que es ideal para controlar el peso.

11.9. PRODUCTOS NOVEDOSOS Y SALUDABLES A BASE DE LEGUMBRES

Existen diversos productos desarrollados a partir de legumbres, tanto a nivel doméstico como comercialmente. Las legumbres proporcionan sustitutos de la carne ricos en proteínas para los vegetarianos, sustitutos bajos en grasas para las personas preocupadas por su salud y productos de bajo coste para los grupos de bajos ingresos. Una de las legumbres más utilizadas es la soja. Su alto contenido de aceite lo convierte en una materia prima adecuada para la extracción de aceite. A partir de la soja se han producido comercialmente productos como leche, tofu, salsa de soja, yogur y queso. La leche de soja, el queso y el yogur son excelentes sustitutos de los lácteos para personas veganas e intolerantes a la lactosa. También está disponible la leche de soja y maíz, un producto elaborado a partir de una mezcla de leche de soja y maíz dulce. Mezclar maíz dulce con leche de soja ayuda a enmascarar el sabor a "judía" asociado con la leche de legumbres y mejora su valor nutricional.

Otros productos derivados de las legumbres incluyen proteína vegetal texturizada y judías enlatadas. El término "proteína vegetal texturizada" se refiere vagamente a la harina de soja desgrasada extruida o al concentrado con una textura masticable similar a la carne cuando se cocina o se hidrata. Este producto es muy popular entre los vegetarianos. Las legumbres enlatadas son algo habitual en muchos supermercados y pequeñas tiendas. La mayoría de las legumbres se enlatan en salmuera, solución de azúcar o puré de tomate. Si bien esta tecnología preserva las legumbres permitiendo su disponibilidad durante todo el año, aumenta su coste. El cacahuete es otro grupo popular de legumbres. Comercialmente, se utilizan en la extracción de aceite, así como en la fabricación de mantequilla, o se venden salados, hervidos, tostados, sin cáscara. Las legumbres a veces se muelen hasta convertirlas en harina para usarlas como espesantes en sopas, estabilizadores de emulsión o para hornear. La harina de legumbres disponible en el mercado de alimentos incluye la de soja, judías y otras especies.

Investigaciones recientes están explorando la función tecnológica de los ingredientes de las legumbres en la formación de alimentos novedosos y más saludables. Las fibras dietéticas de las legumbres tienen una alta capacidad de retención de agua, de aceite y de hinchamiento, lo que las hace adecuadas para su uso como espesantes en sopas, sustitutos de grasas en productos cárnicos, estabilizadores en emulsiones, texturizantes en pan, así como para mejorar el cuerpo y la sensación en boca en productos como el yogur. Además, las fibras dietéticas extraídas de legumbres poseen propiedades prebióticas y podrían usarse en la producción de suplementos prebióticos.

BIBLIOGRAFÍA

BENNETAU-PELISSERO, C. 2018. Plant proteins from legumes. In Bioactive Molecules in Food. (Mérillon, J.M., Ramawat, K. eds.). Springer, 1–43.

CUBERO SALMERÓN, J.I. 1992. Variedades tradicionales de leguminosas de grano para alimentación humana. En Cultivos marginados otra perspectiva de 1492 (Hernández Bermejo, J.E., León J., Eds). FAO, 289–301

FUENTES, M. y LÓPEZ BELLIDO, L. 1988. Presente y futuro del cultivo del garbanzo para alimentación humana. El Campo, 108, 45–48.

LÓPEZ BELLIDO, L. 1994. Grain legumes for animal feed. En "Neglected crops, 1492 from a different perspective" (Eds. J.E. Hernández y J. León). FAO, Roma. 273–288.

LÓPEZ BELLIDO, L. 1998. Calidad del garbanzo para consumo humano. En "El Garbanzo: un cultivo para el siglo XXI" (Eds. J. del Moral y A. Mejias). Consejería de Agricultura y Comercio. Junta de Extremadura. Mérida. 111–121.

LÓPEZ BELLIDO, L. 1998. Leguminosas y agricultura sostenible. En "Agricultura sostenible" (Eds. R.M. Jiménez Díaz y J. Lamo de Espinosa). Agrofuturo–Life–Ediciones Mundi–Prensa. Madrid. 401–428.

LÓPEZ BELLIDO, L. 2006. El papel de las leguminosas en la sostenibilidad de la agricultura. En "Nuevos retos y oportunidades de las leguminosas en el sector agroalimentario español" (Eds. M de los Mozos, M.J. Jiménez Alvear, M.F. Rodríguez–Conde y R. Sánchez Vioque). Consejería de Agricultura, Junta de Comunidades de Castilla–La Mancha. 29–50.

LÓPEZ BELLIDO, L. Y FUENTES, M. 1986. El cultivo del garbanzo para alimentación humana. Agricultura, 647, 402–409.

LÓPEZ BELLIDO, L. Y FUENTES, M. 1986. Lupin crop as an alternative source of protein. Advances in Agronomy, 40, 239–295.

LÓPEZ BELLIDO, L. Y FUENTES, M. 1990. Cooking quality of chickpea. Options Méditerranéennes. Serie A, Séminaires Méditerranéennes, 9, 1990. 113–125.

LÓPEZ BELLIDO, L., LÓPEZ–BELLIDO GARRIDO, F.J. 2023. Plantas que cambiaron la vida del hombre. Editorial Acribia, S.A. 538 pp.

MAPHOSA, Y., IDEANI, V. 2017. The Role of Legumes in Human Nutrition. In Functional Food – Improve Health through Adequate Food (Chávarri Hueda, M. ed.). IntechOpen. 103–121.

NADAL MORENO, S., MORENO YANGÜE, M.T., CUBERO SALMERÓN, J.I. 2004. Las leguminosas grano en la agricultura moderna. Ediciones Mundi–Prensa, Madrid. 314 pp.

▲12

LAS PÉRDIDAS Y LOS DESPERDICIOS DE ALIMENTOS

12.1. ESCENARIOS ACTUALES Y FUTUROS DE LA PÉRDIDA Y DESPERDICIO DE ALIMENTOS

¿En qué consiste exactamente la pérdida y el desperdicio de alimentos? ¿Cómo se define? No existe una definición común de pérdida y desperdicio de alimentos. Hay varias definiciones en la bibliografía. Estas a menudo reflejan los distintos problemas en los que se centran las partes interesadas o los analistas, o las dificultades con las que estos relacionan la pérdida y desperdicio de alimentos.

En su mayoría, las definiciones se centran en las pérdidas y los desperdicios cuantitativos en la cadena de suministro alimentario; pero otros consideran también la pérdida de calidad (nutricional, cosmética o de inocuidad alimentaria). Conceptualmente, es más fácil definir y medir la dimensión cuantitativa de la pérdida y el desperdicio que la cualitativa, si bien existen importantes cuestiones relativas a la medición en el caso de esta última.

Se entiende por pérdida y desperdicio de alimentos la reducción de la cantidad o la calidad de los alimentos en la cadena de suministro alimentario. Empíricamente, se consideran las pérdidas de alimentos que se producen a lo largo de la cadena, desde la cosecha, el sacrificio o la captura hasta el nivel minorista, pero sin incluirlo. El desperdicio de alimentos, por otro lado, se produce en el nivel de la venta al por menor y el consumo. Asimismo, si bien puede haber una pérdida económica, los alimentos que se desvían a otros usos económicos, como por ejemplo los piensos, no se consideran una pérdida o un desperdicio cuantitativo de alimentos. De modo similar, las partes no comestibles no se consideran una pérdida o un desperdicio de alimentos.

¿Qué sabemos en realidad acerca de la magnitud mundial de la pérdida y el desperdicio de alimentos? Al parecer, sorprendentemente poco, pero se prevé que el marco de seguimiento de los Objetivos de Desarrollo Sostenible (ODS) contribuya precisamente a colmar esta laguna a través de la intensificación de los esfuerzos para recopilar datos que permitan estimar las pérdidas y el desperdicio totales de alimentos en niveles lo más desagregados posibles.

La meta 12.3 de los ODS requiere reducir a la mitad el desperdicio de alimentos *per capita* mundial en la venta al por menor y a nivel de los consumidores de aquí a 2030, y reducir la pérdida de alimentos (incluidas las pérdidas posteriores a la cosecha) en las cadenas de producción y suministro.

En general, se ha realizado un trabajo importante respecto a la medición de la pérdida y el desperdicio de alimentos; sin embargo, las posibles causas de la pérdida y el desperdicio de alimentos son numerosas y dependen, en gran medida, del contexto socioeconómico y cultural en que operan los actores de la cadena alimentaria. En consecuencia, varían ampliamente entre regiones o países. Se puede recurrir a una gran cantidad de conocimientos, pero la realidad sigue siendo que los datos son escasos, están dispersos y tienen una representatividad limitada, o bien se desconoce la calidad de los datos.

La pérdida y el desperdicio de alimentos se han convertido en un problema importante de alcance mundial y está contemplado en el ODS 12 (producción y consumo responsables), que incluso establece una meta específica relativa a la reducción de la pérdida y el desperdicio de alimentos.

Existen connotaciones morales y éticas negativas asociadas con la pérdida y el desperdicio de alimentos, implícitas, en particular, en la palabra "desperdicio", que se percibe como algo deliberado o fácil de evitar; mientras que, en algún sentido, la "pérdida" puede considerarse una desgracia, es decir, algo que sucede, pero no es intencional.

La Organización de las Naciones Unidas para la Alimentación y la Agricultura (FAO) y el Programa de las Naciones Unidas para el Medio Ambiente están realizando esfuerzos para medir los avances hacia la meta 12.3 de los ODS a través de dos índices diferenciados: el índice de pérdida de alimentos (IPA) y el índice de desperdicio de alimentos (IDA).

Generalmente, se considera que la pérdida o el desperdicio de alimentos es algo indeseable que hay que evitar. Probablemente hay pocas cuestiones en el debate internacional sobre políticas cuyo consenso sea más amplio.

En una época en la que la alarma sobre la estabilidad del aprovisionamiento alimentario para millones de personas y la sostenibilidad medioambiental en los procesos de producción agrícola se convierten en retos a superar con cada vez más urgencia, hay un dato que no podemos ignorar: un tercio de los alimentos producidos a nivel global (1.300 millones de t anuales) se pierde o se desperdicia. Es una parte del problema de la eficiencia productiva, a la que se le suele dar menos importancia que al ahorro en el uso de inputs, a las prestaciones energéticas o al nivel de las emisiones, pero que juega un papel igual de relevante. El desperdicio de alimentos equivale a un consumo inútil de los recursos utilizados para producirlos, es decir, tierra, agua y energía, y genera emisiones de CO_2 innecesarias. Cada tonelada de desechos alimentarios produce 4,2 t de dióxido de carbono.

Se estima que entre el 25 y el 30% de todos los alimentos producidos se pierden o desperdician, según se define por el descarte de los alimentos o un uso alternativo (no alimentario) de alimentos a lo largo de toda la cadena de suministro.

Una primera estimación de la pérdida general de alimentos realizada por la FAO concluye que, en todo el mundo, se pierde el 13,8% de todos los alimentos, desde las operaciones poscosecha hasta la venta al por menor, excluida esta última (Fig. 12.1).

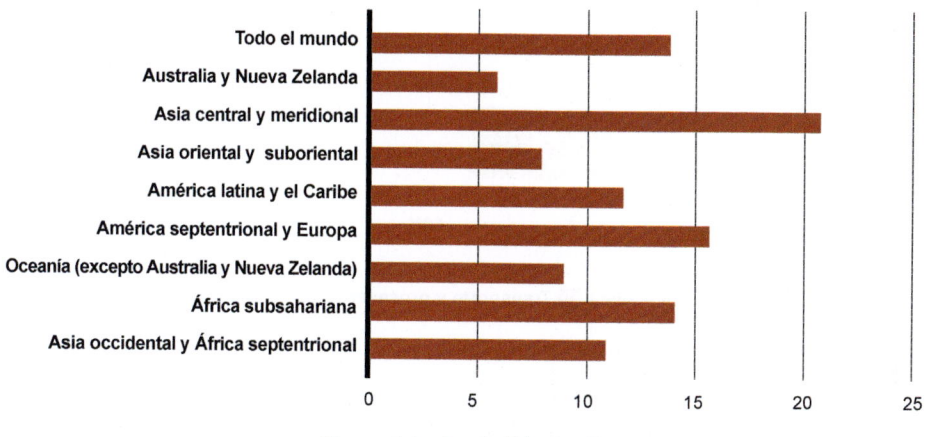

Porcentaje de pérdida de alimentos

El porcentaje de pérdida de alimentos se refiere a la cantidad física perdida para diferentes productos dividida por la cantidad producida. Se utiliza una ponderación económica para agregar porcentajes a nivel regional o de grupo de productos, de modo que los productos de mayor valor tienen más peso en la estimación de pérdida que los de menos valor.

Figura 12.1 Pérdida de alimentos desde la etapa posterior a la cosecha hasta la distribución en 2016. Porcentaje mundial y por regiones (adaptado de FAO, 2019)

Según datos de la FAO, el desperdicio de productos alimentarios por ciudadano en Europa y América del Norte llega a los 280–300 kilos anuales, dato que en el África subsahariana y en el Sureste Asiático se reduce a 120–170 kg. Números que no solo indican la mayor producción alimentaria *per capita* en las economías de renta alta (900 kg anuales) con respecto a los países en vía de desarrollo (460 kg anuales). Para entender mejor este fenómeno, hay que considerarlo desde el punto de vista de la cadena de aprovisionamiento agroalimentaria, ya que el desperdicio de alimentos se distribuye de manera considerablemente distinta según la latitud y la renta individual. Se convierte en verdadero desperdicio en los países industrializados, en los que llega hasta el 40% en las fases finales de la cadena, es decir, la distribución y el consumo. En las economías más débiles pasa lo contrario: ahí el 40% de la pérdida ocurre en las fases iniciales, es decir, en las de cosecha y transformación de los productos (Fig. 12.2).

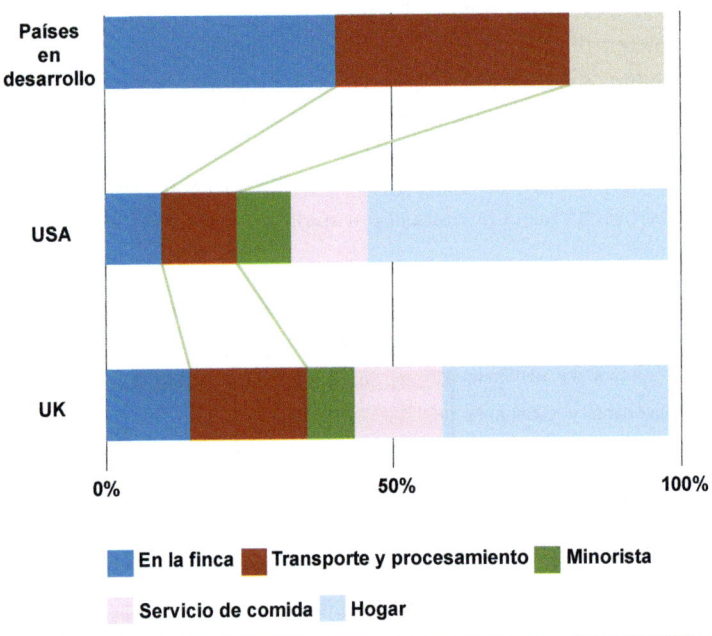

Figura 12.2 Composición del desperdicio total de alimentos en países desarrollados y en desarrollo. Las categorías de venta minorista, servicio de alimentos y hogar y municipal se agrupan para los países en desarrollo (adaptado de Godfray, *et al.*, 2010)

Los patrones de desperdicio de alimentos tienden a diferir de una parte del mundo a otra, lo que aboga por el estudio de los factores particulares que causan la pérdida de alimentos. Por ejemplo, se desperdicia más comida donde la comida es relativamente abundante y barata en comparación con lugares donde es menos abundante y más cara, y los niveles de desperdicio de comida tienden a rastrear los niveles de obesidad.

Las causas de la pérdida y el desperdicio de alimentos difieren ampliamente a lo largo de la cadena de suministro alimentario. Algunas causas importantes de las pérdidas en las explotaciones agrícolas son un momento inadecuado de recolección, las condiciones climáticas, las prácticas aplicadas en la recolección y la manipulación, y las dificultades en la comercialización de los productos. Las condiciones de almacenamiento inadecuadas, así como las decisiones adoptadas en etapas anteriores de la cadena de suministro, que predisponen los productos a una vida útil más corta, provocan pérdidas considerables. El almacenamiento en frío adecuado puede ser crucial para evitar las pérdidas cuantitativas y cualitativas de alimentos. Durante el transporte, una buena infraestructura física y una logística comercial eficiente son de suma importancia para prevenir las pérdidas de alimentos. La elaboración y el envasado pueden también desempeñar una función importante para conservar los alimentos; pero las pérdidas pueden deberse a unas instalaciones inadecuadas, así como a una deficiencia técnica o un error humano.

Las causas del desperdicio de alimentos en el nivel minorista están relacionadas con una vida útil limitada, la necesidad de que los productos alimenticios cumplan con normas estéticas en cuanto al color, la forma y el tamaño, y la variabilidad en la demanda. El desperdicio de los consumidores a menudo se debe a una mala planificación de las compras y comidas; las compras excesivas (influidas por el tamaño excesivo de las porciones y los envases), la confusión por las etiquetas (fechas de consumo preferente y de caducidad) y un mal almacenamiento en el hogar.

Distintos países tendrán diferentes objetivos que orienten sus elecciones. Es probable que los países de ingresos bajos se centren en mejorar la seguridad alimentaria y la nutrición, además de la gestión sostenible de los recursos de la tierra y el agua. Ello requiere prestar especial atención a la reducción de la pérdida y el desperdicio de alimentos en las fases iniciales de la cadena de suministro, incluido el nivel de la explotación agrícola, donde los efectos serán mayores y las pérdidas tenderán a ser más elevadas. Los países de ingresos altos con bajos niveles de inseguridad alimentaria probablemente hagan hincapié en los objetivos ambientales, en particular la reducción de las emisiones de gases de efecto invernadero (GEI). Esto requerirá intervenciones en etapas posteriores de la cadena de suministro, en particular la venta al por menor y el consumo, donde se espera que los niveles de pérdida o desperdicio también sean los más altos.

Sin embargo, las dietas inocuas y saludables requieren un cierto nivel de pérdida y desperdicio de alimentos. De hecho, para garantizar la inocuidad alimentaria, es necesario descartar los alimentos nocivos. Una dieta nutritiva y diversificada incluye alimentos muy perecederos como frutas, hortalizas y productos de origen animal, que tienden a deteriorarse.

El análisis de composición de los desperdicios ha demostrado ser sumamente complejo, costoso y, a veces, imposible. Debido a estas complejidades, no existe un acuerdo general acerca de cuál es el método más apropiado para medir el desperdicio de alimentos por los consumidores; esto explica, en parte, la escasez de datos sobre la cantidad de alimentos que se desperdician en la etapa de consumo.

Por lo general, los niveles de pérdidas son más elevados en las frutas y hortalizas que en los cereales y legumbres. Sin embargo, incluso en estos últimos, se observan niveles considerables en África subsahariana y en Asia oriental y sudoriental, mientras que en Asia central y meridional son reducidos. Los estudios sobre el desperdicio en la etapa del consumidor se ciñen a los países de ingresos elevados; indican que los niveles de desperdicio son altos en todos los tipos de alimentos, pero en particular en los alimentos muy perecederos, como los productos de origen animal y las frutas y hortalizas (Fig. 12.3).

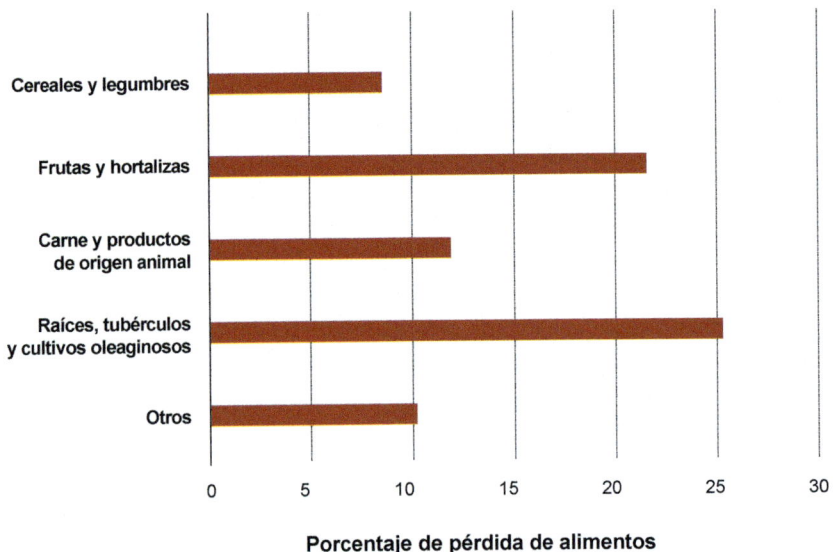

El porcentaje de pérdida de alimentos se refiere a la cantidad física perdida para diferentes productos dividida por la cantidad producida. Se utiliza una ponderación económica para agregar porcentajes a nivel regional o de grupo de productos, de modo que los productos de mayor valor tienen más peso en la estimación de pérdida que los de menos valor.

Figura 12.3 Pérdida de alimentos desde la etapa posterior a la cosecha hasta la distribución en 2016, porcentajes por grupos de productos (adaptado de FAO, 2019)

En los países de renta baja, por tanto, los desperdicios se deben principalmente a la falta de eficiencia. En un contexto en el que reducir (aunque sea un poco) el nivel de consumo de medios, energía y la generación de residuos podría tener un importante impacto sobre las condiciones de vida de los agricultores que viven al borde de la inseguridad alimentaria. La pérdida se origina en la escasez de medios económicos y en las técnicas de cosecha, en la escasez de tecnologías de almacenaje y de enfriamiento adecuadas y en el déficit de infraestructuras y de sistemas de distribución eficaces. Una de las posibles soluciones es un mayor apoyo a las inversiones en ciencia e investigación, tecnología, formación, divulgación e innovación en la agricultura para reducir el desperdicio alimentario, pero también en la mejora de los modelos de transferencia de la innovación, opción que podría ser secundada con incentivos a la incorporación de pequeños agricultores.

En cambio, en las economías de renta alta el desperdicio está relacionado, principalmente, con una postura cultural difundida: la percepción de la abundancia que legitima comportamientos poco responsables en el consumo en general, no solo el alimentario. Es una posición que, a menudo, termina por condicionar también los contratos formalizados por los actores de la cadena alimentaria. Es el caso de los acuerdos entre minoristas y productores que prevén la posibilidad de descartar productos comestibles únicamente por la forma o el aspecto del producto, como ocurre habitualmente en Europa y América del Norte en el sector hortofrutícola.

La comparación de los residuos de alimentos de los consumidores en los Estados Unidos, China y la India ilustra las conexiones entre los residuos, la dieta y el rendimiento de los cultivos. Las pérdidas de alimentos *per capita* oscilan entre <3 kcal por persona y día de carne de cerdo o hortalizas en la India a tanto como 290 kcal por persona y día para la carne de vacuno en los Estados Unidos. En consecuencia, la base de las tierras necesarias para apoyar este tipo de residuos es de aproximadamente 7 a 8 veces mayor en Estados Unidos que en la India. Frenar los residuos de los consumidores de los principales cultivos alimentarios (p. ej., el trigo, el arroz y las hortalizas) y carne (de vacuno, cerdo y aves de corral) en estos tres países por sí solos podría alimentar a 413 millones de personas/año si las calorías de alimentación incorporadas en la carne se incluyen. Esta ilustración demuestra que los pequeños cambios en el consumo y la pérdida de productos de origen animal podrían tener un gran efecto en las calorías disponibles.

12.2. LA PÉRDIDA DE ALIMENTOS EN LA CADENA DE PRODUCCIÓN Y TRANSFORMACIÓN

La "perdida" de alimentos en lugar del "desperdicio" describe los alimentos que nunca llegan a los consumidores. Este problema, como ya se ha dicho, es más frecuente en los países de bajos ingresos donde los agricultores no pueden permitirse instalaciones de almacenamiento y refrigeración seguras. Cuando no hay instalaciones de almacenamiento adecuadas, las condiciones adversas del clima pueden destruir las producciones agrícolas.

Las pérdidas de alimentos en la explotación agrícola pueden producirse antes o después de la recolección o durante esta; en algunos casos, los cultivos pueden dejarse sin recolectar en los campos. Las causas de las pérdidas en la explotación agrícola son numerosas y específicas de cada contexto. A menudo, influyen en ellas factores precosecha, como las condiciones meteorológicas, la calidad de las semillas, la variedad del cultivo y las prácticas de cultivo, las infestaciones por plagas y las infecciones por enfermedades.

La disponibilidad de infraestructuras de manipulación poscosecha y de almacenamiento es muy desigual; los países en desarrollo en general adolecen de infraestructura deficiente que limita su capacidad de transformar las cosechas en productos alimenticios que se puedan almacenar, en especial las frutas y hortalizas. El resultado de estas deficiencias en la infraestructura de almacenamiento posterior a la cosecha y de elaboración, así como de las limitaciones de la infraestructura de transporte, son los altos niveles de pérdidas de alimentos.

Si bien la medición de la pérdida de alimentos está más avanzada que la del desperdicio de alimentos, siguen planteándose dificultades. Debido a las limitaciones de la medición y la falta de disponibilidad de datos, entre otros factores, era necesario que el marco conceptual y el marco operativo de medición fueran distintos para que la FAO pudiera hacer un seguimiento de la meta 12.3 de los ODS relacionada con las pérdidas de alimentos. En el marco operativo, las pérdidas de alimentos anteriores a la cosecha y durante la misma se excluyen del índice mundial de pérdida de alimentos a fin de garantizar la coherencia con la definición de producción agrícola utilizada por los países y la FAO en el marco del balance alimentario.

Resultaría imposible resumir todas las causas posibles de pérdida de alimentos, dado que estas dependen en gran medida del contexto según el cultivo, el grupo de productos y la ubicación geográfica. Sin embargo, las categorías siguientes destacan los principales factores que entran en juego:

- *Calendario de cosecha inadecuado:* los agricultores a menudo se ven forzados a cosechar prematuramente para satisfacer una necesidad urgente de alimentos o debido a la inseguridad y el temor a los robos. En el caso de la rotación de cultivos, no obstante, pueden cosechar demasiado temprano conscientemente para sembrar un cultivo más rentable. La recolección demasiado temprana de productos alimentarios muy perecederos puede ocasionar que los alimentos carezcan de sabor o no maduren, mientras que la recolección tardía puede ocasionar que sean fibrosos o estén demasiado maduros. La demora en la recolección puede conducir a lignificación de los cultivos, infestación por plagas o contaminación por aflatoxinas (p. ej., maíz).

- *Condiciones climáticas y ambientes inesperadamente adversos:* el exceso o la falta de precipitaciones causan importantes pérdidas en precosecha o poscosecha. Las infestaciones por insectos y plagas son otra causa importante de pérdidas.

- *Prácticas de recolección y manipulación:* parte de un cultivo puede perderse durante la recolección debido a la falta de maquinaria o el uso de maquinaria inadecuada, secado insuficiente o excesivo de los cultivos o daños a los granos durante la trilla y el descascarado.

- *Dificultades relacionadas con la infraestructura y la comercialización:* los agricultores pueden preferir no comercializar o incluso no recolectar sus cultivos si, por ejemplo, el coste de llegar a los mercados debido a la deficiencia del transporte es demasiado elevado en relación con el precio de mercado. La falta de instalaciones de almacenamiento es otro importante factor de pérdidas y agrava otras causas de pérdidas.

En lo que respecta a los grupos de alimentos, las raíces, los tubérculos y los cultivos oleaginosos registran el nivel más elevado de pérdidas, seguidos de las frutas y hortalizas. No sorprende que las frutas y hortalizas sufran niveles elevados de pérdida, dado su carácter altamente perecedero. En el caso de la carne y los productos de origen animal muy perecederos, las prácticas de sacrificio, manipulación o almacenamiento inapropiadas suelen ser causas importantes de pérdidas. En el caso de la leche, los equipos de ordeño deficientes, el saneamiento deficiente durante el ordeño, la manipulación inicial inapropiada (p. ej., derrame) y la falta de instalaciones de refrigeración se encuentran entre las principales causas de pérdidas. El saneamiento deficiente puede ocasionar la contaminación de un lote entero de leche, que obliga a los productores a descartarlo por completo.

12.3. REDUCCIÓN DE LAS PÉRDIDAS Y EL DESPERDICIO DE ALIMENTOS

Aunque la reducción de la pérdida y el desperdicio de alimentos parece un objetivo claro y deseable, la aplicación efectiva no es sencilla, y su completa eliminación puede no ser realista.

Evidentemente, resulta inaceptable permitir el deterioro de alimentos por negligencia o por una deficiente manipulación, o tirar alimentos que podrían ser consumidos por los seres humanos. Por tanto, esto debería evitarse. No obstante, cuando se trata de la aplicación y de la toma de decisiones sobre las medidas, intervenciones o políticas concretas dirigidas a evitar la pérdida y el desperdicio de alimentos, el asunto se complica en mayor medida.

Reducir la pérdida y el desperdicio de alimentos es una meta importante de los ODS y es un medio para lograr otros ODS, sobre todo en relación con la seguridad alimentaria, la nutrición y la sostenibilidad del medio ambiente.

La reducción de la pérdida y el desperdicio de alimentos puede generar beneficios económicos, pero también tendrá un coste. A medida que se agoten las opciones de reducción, el coste aumentará, por lo que cierto nivel de pérdida y desperdicio de alimentos resulta inevitable.

Para reducir la pérdida y el desperdicio de alimentos y lograr beneficios importantes para la sociedad, será necesario realizar un análisis cuidadoso de los vínculos exactos entre la pérdida y el desperdicio de alimentos y la seguridad alimentaria, la nutrición y la sostenibilidad ambiental.

Reducir la pérdida y el desperdicio de alimentos puede contribuir a alimentar a la población mundial de forma sostenible desde el punto de vista ambiental, ya que ayuda a mejorar la eficiencia en el uso de recursos y reduce la cantidad de GEI emitidos por unidad de alimentos consumidos.

La justificación más amplia de la reducción de la pérdida y el desperdicio de alimentos va más allá de la justificación comercial e incluye los logros que pueda obtener la sociedad, pero que los diferentes actores quizá no tengan en cuenta. Existen tres tipos principales de beneficios sociales que justifican las intervenciones dirigidas a reducir la pérdida y el desperdicio de alimentos más allá de la justificación puramente comercial: (1) el aumento de la productividad y el crecimiento económico, como justificación económica; (2) la mejora de la seguridad alimentaria y la nutrición; (3) la mitigación de los efectos ambientales de la pérdida y el desperdicio de alimentos, en particular en términos de las emisiones de GEI, así como la disminución de la presión sobre los recursos de la tierra y el agua. Estos dos últimos beneficios sociales, en particular, suelen considerarse externalidades de la reducción de la pérdida y el desperdicio de alimentos. Cada uno de los tres logros sociales que se persiguen tiene características específicas que pueden aportar informaciones sobre el tipo más adecuado de intervenciones.

Es probable que se consigan las mejoras más notables en cuanto a seguridad alimentaria reduciendo las pérdidas de alimentos en las primeras etapas de la cadena de suministro, en especial en las explotaciones agrícolas, en los países con niveles elevados de inseguridad alimentaria.

La reducción de las pérdidas o el desperdicio en etapas posteriores de la cadena de suministro puede mejorar el acceso de los consumidores a los alimentos, pero los agricultores podrían quedar en peores condiciones en términos de ingresos y, por tanto, de seguridad alimentaria.

Se necesita, como se ha dicho, un cierto nivel de pérdida y desperdicio de alimentos como reserva para garantizar la disponibilidad de alimentos y el acceso a los mismos de forma constante, en especial a medida que las dietas se orientan hacia un consumo de alimentos con un alto contenido de nutrientes y muy perecederos.

Los niveles de producción y consumo de alimentos varían a lo largo del tiempo. De ahí que se necesite algún nivel de exceso de oferta o reserva en todas las etapas de la cadena de suministro para asegurar la disponibilidad de alimentos y el acceso a los mismos en caso de que la producción disminuya o el consumo aumente. El mantenimiento de estas reservas conlleva necesariamente cierto nivel de pérdida y desperdicio de alimentos. Por otro lado, las medidas de reducción de la pérdida y el desperdicio, como la mejora de los métodos de almacenamiento o conservación, pueden ayudar a contrarrestar la estacionalidad de los productos agrícolas y, por tanto, promover la estabilidad del suministro de alimentos, que ayudará a mejorar el acceso.

Todos los estudios sobre la pérdida y el desperdicio de alimentos deben tener debidamente en cuenta la necesidad de disponer de reservas para garantizar la estabilidad del suministro en un contexto de variaciones de la producción y el consumo en el tiempo y el espacio. Han de estudiarse las opciones de comercialización del exceso de oferta que entrañan dichas reservas.

Para que las intervenciones dirigidas a reducir la pérdida y el desperdicio de alimentos sean eficaces desde el punto de vista ambiental, es necesario tener en cuenta dónde se dejan sentir los mayores efectos de la pérdida y el desperdicio de alimentos en el medio ambiente, tanto en lo que respecta a los productos alimenticios como a la etapa de la cadena de suministro.

En los países de ingresos bajos con elevados niveles de inseguridad alimentaria, las pérdidas de alimentos suelen ser un problema más apremiante que el desperdicio de alimentos. En estos países, la reducción de las pérdidas de alimentos en las primeras etapas de la cadena de suministro alimentario tiene más posibilidades de tener repercusiones muy positivas en la seguridad alimentaria, ya que sus efectos se experimentarán a lo largo del resto de la cadena. La reducción de las pérdidas en la explotación agrícola, que constituye un punto crítico de pérdida en los países de ingresos bajos, puede mejorar significativamente la situación de la seguridad alimentaria de los pequeños agricultores pobres; también puede aumentar el suministro en los mercados locales o nacionales de alimentos, lo que mejora la seguridad alimentaria en general. Una reducción de las pérdidas o el desperdicio de alimentos en otras etapas de la cadena de suministro alimentario también puede tener repercusiones positivas en la seguridad alimentaria.

Reducir la cantidad de los alimentos que se pierden o desperdician en los países de ingresos altos difícilmente aumentará la disponibilidad de alimentos en otros países con niveles elevados de inseguridad alimentaria. De hecho, estos efectos dependen de la posibilidad de transportar las pérdidas o el desperdicio recuperados hasta los grupos expuestos a la inseguridad alimentaria en otros países. La disminución del precio de los alimentos derivada de la reducción del desperdicio en los países de ingresos altos puede transmitirse a los países con ingresos más bajos a través de los mercados internacionales; no obstante, la magnitud de las repercusiones tal vez no sea considerable y dependerá de una serie de factores.

La adopción de decisiones sobre las medidas, intervenciones o políticas concretas dirigidas a reducir la pérdida y el desperdicio de alimentos requiere dar respuesta a una serie de preguntas: ¿En qué ubicaciones y etapas de la cadena de suministro se pierden o desperdician alimentos, y en qué medida? ¿Por qué se produce la pérdida y el desperdicio de alimentos? ¿Cómo puede reducirse? ¿Qué costes supone? Y, en última instancia, ¿quién se beneficia de la reducción de la pérdida y el desperdicio de alimentos, y quién pierde? Para responder a todas estas preguntas, será necesario tener acceso a una información adecuada (Fig. 12.4).

El aumento de los precios de los alimentos, es probable que genere disminución en el volumen de desechos producidos por los consumidores en los países desarrollados. El desperdicio también puede reducirse al alertar a los consumidores sobre la magnitud del problema, así como sobre las estrategias nacionales para reducir la pérdida de alimentos. La promoción, la educación y posiblemente la legislación también pueden reducir el desperdicio en los servicios de alimentos y los sectores minoristas. Legislación como la de las fechas de caducidad y el vertido que ha aumentado el desperdicio de alimentos debe reexaminarse dentro de un marco de riesgos competitivos más inclusivo. Reducir el desperdicio de alimentos en los países desarrollados es particularmente desafiante, ya que está muy relacionado con el comportamiento individual y las actitudes culturales hacia la comida.

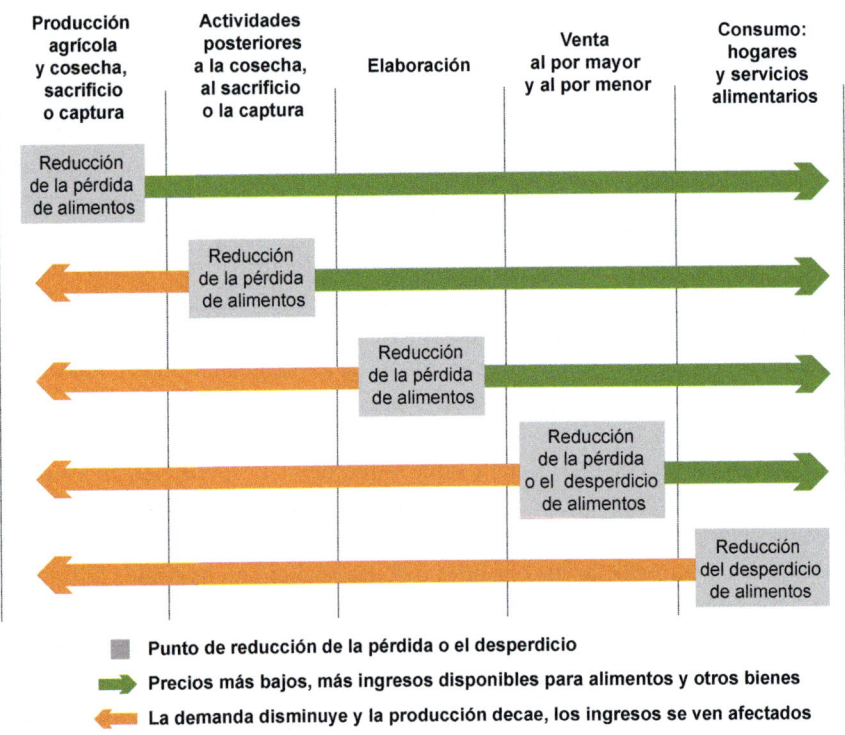

Figura 12.4 Posibles efectos sobre los precios e ingresos de la reducción de la pérdida y el desperdicio de alimentos en diversos puntos de la cadena de suministro de alimentos (adaptado de FAO, 2019)

A menudo se supone que aminorar las pérdidas y el desperdicio de alimentos automáticamente contribuirá a reducir el hambre en el mundo y mejorar la seguridad alimentaria. También se prevé que mejore la inocuidad y la calidad nutricional de los alimentos, en especial en los países en los que muchas personas sufren hambre y malnutrición. Sin embargo, los canales a través de los cuales la reducción de las pérdidas o el desperdicio de alimentos afectan a la seguridad alimentaria y la nutrición son complejos y dependen del contexto, por lo que es necesario analizarlos detenidamente. Los efectos dependen de cómo y dónde se reduzcan las pérdidas o el desperdicio de alimentos, así como del lugar en el que se encuentren las poblaciones nutricionalmente vulnerables. No se puede dar por sentado que la reducción de la pérdida o el desperdicio de alimentos mejorará la seguridad alimentaria y la nutrición; en algunos casos, sus repercusiones pueden incluso ser negativas. Además, como ya se ha insistido, se necesita un cierto nivel de pérdida y desperdicio de alimentos que permita amortiguar los efectos de las crisis de los precios y la variabilidad del clima, con miras a velar por que todas las personas tengan acceso a una alimentación adecuada en todo momento.

12.4. BENEFICIOS RELACIONADOS CON LA REDUCCIÓN DE LAS PÉRDIDAS Y EL DESPERDICIO DE ALIMENTOS

Si bien la reducción del desperdicio de alimentos es esencial para la seguridad alimentaria, no todos los desperdicios de alimentos son evitables. Actualmente, los desechos de alimentos se eliminan principalmente en vertederos en países de bajos ingresos, mientras que algunos países industrializados reciclan la mayoría de sus desechos de alimentos como alimento para animales y compost.

A menudo nos olvidamos, de que la incertidumbre del aprovisionamiento alimentario no es un problema que pertenece solo a los países de renta baja. Más de 50 millones de personas tan solo en EE.UU. están en riesgo de seguridad alimentaria, y 43 millones en la Unión Europea. Para hacer frente a sus exigencias, han nacido organizaciones inspiradas en el modelo del Banco de Alimentos, que recuperan alimentos sin vender de la industria alimentaria, del comercio minorista y de los canales de restauración para distribuirlos entre los necesitados a través de una red de puntos distribuidos por el territorio.

Sistemas más sofisticados desde el punto de vista logístico, como el *"Last Minute Market"*, que está ganando terreno en Italia, actúan localmente con el objetivo de permitir la conexión entre empresas que quieren donar alimentos sin vender y asociaciones que pueden hacerse cargo de ellos para redistribuirlos. También iniciativas con ánimo de lucro pueden contribuir en la reducción del desperdicio alimentario del norte del mundo: en el Reino Unido se está desarrollando una red de comercios especializados en la venta a bajo coste de productos cuya fecha de caducidad aconsejada ya ha pasado y tras la que un alimento empieza a perder algunas características de calidad, pero que puede consumirse sin riesgos.

La investigación publicada por la organización internacional sin fines de lucro, *"The Global FoodBanking Network"* (GFN), encontró que los bancos de alimentos que operan en 57 países han servido a 62,5 millones de personas con comidas que de otra manera se habrían desperdiciado. Un estudio de esta organización informa que los bancos de alimentos caritativos habían evitado que se desperdiciaran aproximadamente 2,68 millones de t métricas de alimentos excedentes. La presidenta y directora ejecutiva de GFN, Lisa Moon, manifestó en dicho informe la importancia del impacto ambiental y social a gran escala de los bancos de alimentos, un modelo basado en la comunidad que está posicionado para abordar tanto la paradoja del hambre global como la alimentación, en un momento en que las tasas de hambre están lamentablemente en aumento. Los bancos de alimentos son realmente la solución "verde" para el alivio del hambre, involucrados en un sofisticado sistema de recuperación y redistribución del excedente beneficioso para el medio ambiente.

La recuperación y redistribución de alimentos —también denominados rescate o donación de alimentos—, así como la rebusca, son obras de caridad que incluyen la distribución a las personas que padecen inseguridad alimentaria de alimentos, que de otro modo se perderían o desperdiciarían. Cabe señalar que pueden recuperarse alimentos en cualquier punto a lo largo de la cadena de suministro alimentario.

Ignorados por los responsables de formular las políticas hasta hace solo un decenio, los programas de recuperación y redistribución como los bancos de alimentos, las tiendas comunitarias, los supermercados sociales, los comedores sociales o los programas de alimentación y nutrición en las escuelas, desempeñan actualmente un papel cada vez más importante, no solo como soluciones para la pérdida o el desperdicio de alimentos, sino como manera de promover el derecho a una alimentación adecuada. De hecho, es posible influir positivamente en la seguridad alimentaria y la nutrición a través de la recuperación y redistribución de alimentos. Sin embargo, esto solo podrá servir como red de seguridad y no podrá ser una solución para eliminar la inseguridad alimentaria ni la pérdida y el desperdicio de alimentos. A medida que la recuperación y redistribución de alimentos cobran más importancia, también lo hace la necesidad de evaluar sus repercusiones de forma crítica.

La redistribución de alimentos no significa necesariamente que los alimentos se regalen. Por ejemplo, los supermercados sociales venden alimentos que no pueden venderse en el mercado general (como las frutas y hortalizas con defectos o los excedentes) a precios rebajados. Cabe señalar que los programas de recuperación y redistribución de alimentos deberían formularse de tal forma que se suministren alimentos sin que los destinatarios se sientan humillados. Los alimentos redistribuidos deben asimismo ser aceptables desde el punto de vista cultural y estar adaptados a los gustos locales.

Las prácticas de recuperación y redistribución de alimentos se están extendiendo rápidamente en todo el mundo. En países en los que los sistemas de seguridad social no reciben suficiente financiación, están sobrecargados o no existen, los programas de recuperación y redistribución de alimentos han demostrado ser formas eficaces de asistencia alimentaria, así como un elemento clave de las políticas sociales progresivas.

La eliminación de alimentos que se pierden o desperdician puede adoptar diversas formas, con efectos más o menos perjudiciales en el medio ambiente. La preparación de compost y la digestión anaerobia tienen un impacto ambiental más limitado que desechar alimentos en un vertedero o su incineración. La eliminación de alimentos que se pierden y desperdician constituye un problema de gestión de residuos.

Varios estudios han investigado el reciclaje de desechos de alimentos en biocombustibles. Por ejemplo, la digestión anaeróbica (DA) se ha utilizado para convertir los desechos de alimentos en energía almacenada en forma de biogás a nivel comercial a pequeña escala. El biogás producido se puede utilizar para la producción de electricidad. Por lo general, el biogás producido a partir de desechos de alimentos a menudo se limita al uso en plantas de biogás deslocalizadas, que tienden a tener eficiencias más bajas (Fig. 12.5).

A. PRODUCCIÓN DE BIOMASA A PARTIR DE DESPERDICIOS DE ALIMENTOS VÍA DIGESTIÓN ANAERÓBICA

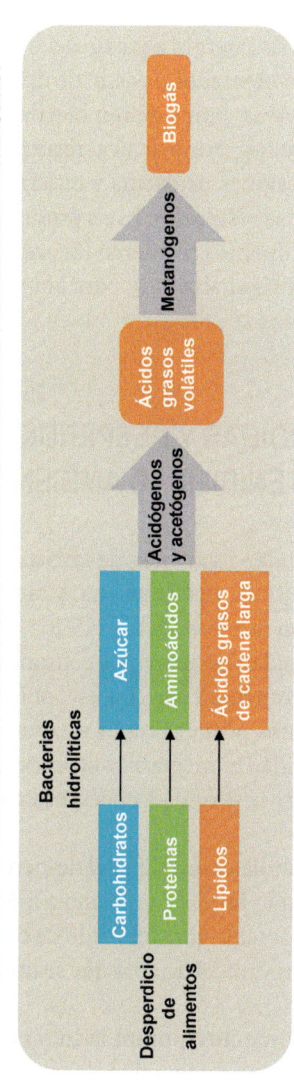

B. PRODUCCIÓN DE ALCOHOL A PARTIR DE DESPERDICIOS DE ALIMENTOS VÍA UN PROCESO INTEGRADO QUE COMBINA LA DIGESTIÓN ANAERÓBICA DE LOS DESPERDICIOS DE ALIMENTOS Y DOS FASES HETEROGÉNEAS DE REACCIONES CATALÍTICAS

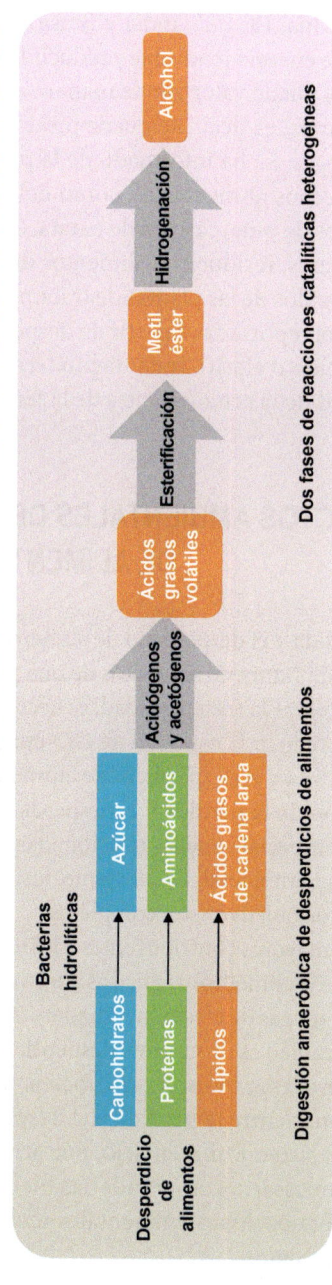

Figura 12.5 Diagrama de flujo conceptual para (A) producción de biogás y (B) producción de alcohol a partir de desecho de alimentos (adaptado de Han, *et al*., 2022)

Un escenario óptimo indica que la producción de bioetanol utilizando la mitad de todos los residuos de alimentos generados por los cuatro principales países productores de residuos (China, EE.UU., India y Brasil) puede generar 31,9–34,0 × 10^{18} Julios (J) (o 31,9–34,0 EJ) de energía renovable y reducir las emisiones de GEI en 22,8–26,8 Gt CO_2 eq.

El bioetanol puede valorizar de manera más efectiva la energía residual en el desperdicio de alimentos; es decir, se puede producir mucha más energía a partir del bioetanol que del biogás. Se ha informado de la producción de bioetanol a partir de diversas fuentes de desechos alimentarios, como desechos de cítricos, pulpa de remolacha azucarera, desechos de piña, cáscara de patata, cáscara de plátano, orujo de uva, residuos de alimentos de bares, residuos de alimentos domésticos, residuos de cocina y residuos de alimentos recogidos de las plantas de tratamientos de aguas residuales. Estas producciones de bioetanol reportadas a partir de desperdicios de alimentos requieren un pretratamiento (con ácido o álcali), tratamiento térmico e hidrólisis enzimática, para aumentar la digestibilidad de la celulosa antes de la fermentación (Fig. 12.5).

12.5. EFECTOS AMBIENTALES DE LAS PÉRDIDAS Y DESPERDICIOS DE ALIMENTOS. SOSTENIBILIDAD AMBIENTAL

Reducir la pérdida y el desperdicio de alimentos puede ayudar a satisfacer de forma sostenible la demanda futura de alimentos de una población mundial en crecimiento y cada vez más rica. Para lograr la sostenibilidad, es necesario hacer un uso más eficiente de los recursos naturales y reducir la cantidad de GEI emitidos por unidad de alimentos consumidos. Reducir la pérdida y el desperdicio de alimentos puede contribuir a lograr este objetivo.

La reducción de la pérdida y el desperdicio de alimentos puede cumplir una función importante, en especial aquellas relacionadas con la seguridad alimentaria y la nutrición y la sostenibilidad ambiental. No obstante, los vínculos entre la pérdida y el desperdicio de alimentos y estos objetivos son complejos.

Uno de los mayores contribuyentes a las emisiones mundiales de GEI es el desperdicio de alimentos. Los alimentos arrojados a un vertedero no solo producen metano a medida que se pudren, un gas de efecto invernadero 25 veces más potente que el dióxido de carbono, sino que también es un enorme desperdicio de recursos y mano de obra que se utilizan para cultivar, procesar, transportar y cocinar alimentos.

Las relaciones entre la pérdida y el desperdicio de alimentos, por un lado, y la sostenibilidad del sistema alimentario, por otro, son complejas y dependen del contexto; asimismo, es necesario comprenderlas bien para formular políticas eficaces dirigidas a abordar preocupaciones ambientales mediante la reducción de la pérdida y el desperdicio de alimentos.

Los encargados de formular las políticas deberán tener debidamente en cuenta el hecho de que las medidas de reducción de las pérdidas y el desperdicio de alimentos también pueden tener algunos efectos negativos en el medio ambiente. La utilización de envases para proteger y conservar los alimentos, por ejemplo, puede aumentar la contaminación por plástico. De forma parecida, la refrigeración ayuda a evitar la pérdida y el desperdicio de alimentos, pero también genera emisiones de GEI.

Los fenómenos meteorológicos extremos, como las sequías o las inundaciones, pueden destruir cultivos y ganado y dañar infraestructuras, mientras que las precipitaciones irregulares pueden reducir las cosechas, entorpecer los procesos de desecación y fomentar la aparición de patógenos dependientes de la humedad, como las micotoxinas. Además, es probable que el aumento de las temperaturas y de la humedad favorezca la propagación de enfermedades y plagas transfronterizas de cultivos y animales. El aumento de la temperatura también puede acelerar el deterioro de los alimentos y ser un motivo más de preocupación con respecto a la inocuidad alimentaria. El aumento de las pérdidas de alimentos inducidas por el clima puede desencadenar una expansión de las tierras agrícolas a expensas de los bosques, lo que dificulta la reducción de los GEI.

Es probable que las medidas de reducción de la pérdida o el desperdicio de alimentos sean más eficaces para disminuir las presiones sobre los recursos naturales, como la tierra o el agua, si se aplican cerca de los lugares donde se producen estas presiones, tanto desde el punto de vista geográfico como a lo largo de la cadena de suministro.

La eficacia ambiental de las intervenciones dirigidas a reducir las pérdidas o el desperdicio de alimentos no depende únicamente del tipo de producto alimenticio y de la ubicación, sino también del punto de la cadena de suministro en el que se pierdan o se desperdicien alimentos. En realidad, aunque en todas las etapas de la cadena de suministro de alimentos hay margen para mitigar los efectos ambientales de la pérdida y el desperdicio de alimentos, este margen varía en función del grado de desarrollo económico del país y del aspecto ambiental de que se trate. En países industrializados, al producirse el grueso del desperdicio de alimentos hacia el final de la cadena de suministro de alimentos, hay que ocuparse específicamente del desperdicio, que provoca importantes daños ambientales. En esta situación, se considera que la reducción de la pérdida y el desperdicio de alimentos es una forma de mejorar la sostenibilidad del sistema alimentario mundial desde el punto de vista ambiental.

En consecuencia, las intervenciones dirigidas a mitigar las presiones sobre los recursos de tierra y agua deberían realizarse en la etapa de producción primaria, donde se concentra el grueso de la huella de tierra y agua del sistema alimentario. Dado que las emisiones de GEI se acumulan cuando los productos van pasando por las diferentes etapas de la cadena de suministro, las intervenciones encaminadas a reducir la huella de carbono de las pérdidas o el desperdicio de alimentos deberían tener por objeto las etapas finales de la cadena. Puesto que la reducción de las emisiones de GEI beneficia al medio ambiente con independencia de dónde se produzcan, dichas intervenciones no tienen por qué ir dirigidas a un lugar geográfico concreto.

En general, la pérdida y el desperdicio de alimentos tienen tres tipos de huella ambiental cuantificables, a saber: las emisiones de GEI (huella de carbono), la presión sobre los recursos de tierra (huella de tierra) y la presión sobre los recursos hídricos (huella hídrica). Estas huellas pueden afectar a su vez a la biodiversidad. La huella de carbono de los alimentos es la cantidad total de GEI que se emite en todo el ciclo de vida de los mismos, expresada en equivalente de dióxido de carbono (CO_2). Esta cantidad comprende todos los GEI emitidos durante la producción, el transporte, la elaboración, la distribución y el consumo, así como las emisiones procedentes de la eliminación de los desechos. De hecho, en muchos países, la mayor parte de los alimentos que se pierden o se desperdician se lleva sin tratar a vertederos controlados o incontrolados, donde emiten estos gases.

La huella de carbono de los alimentos que se pierden o se desperdician hacia el final de la cadena de suministro puede incorporar niveles significativamente más elevados de emisiones acumuladas que los alimentos que se pierden en etapas anteriores. Téngase en cuenta que la huella de carbono de las pérdidas y el desperdicio de alimentos varía considerablemente según el tipo de alimento, a la vez que también depende en gran medida de las características del sistema de producción alimentaria.

Según las previsiones, en los próximos decenios, la competencia por la tierra aumentará debido al crecimiento demográfico, los cambios de alimentación y de hábitos de consumo y el aumento de la demanda de bioenergía. La mayor parte de la expansión histórica de las zonas agrícolas se ha producido a expensas de los bosques, que desempeñan un papel fundamental en la sostenibilidad ambiental. En consecuencia, el uso de la tierra es crítico en lo relativo al cambio climático, la biodiversidad y los servicios ecosistémicos.

La huella hídrica, incluye desde regar los cultivos y abrevar al ganado hasta los usos de la acuicultura. La agricultura representa alrededor del 70% de la extracción de agua en todo el mundo; el 30% restante se extrae para la producción industrial y el abastecimiento de agua para uso doméstico. La huella hídrica de un producto alimenticio es la medida de toda el agua dulce utilizada para producir y suministrar ese producto a su consumidor final, en todas las etapas de la cadena de suministro. La huella hídrica consta de tres componentes que reflejan diferentes tipos de agua: (1) aguas azules: aguas subterráneas o superficiales; (2) aguas verdes: precipitaciones; (3) aguas grises: aguas utilizadas para diluir concentraciones de contaminantes hasta un nivel aceptable.

Se han hecho varios intentos de cuantificar la cantidad de recursos desperdiciados al producir alimentos que no se consumen, a partir del promedio de los factores de impacto regionales. Diferentes estudios de la FAO han realizado las siguientes estimaciones: (1) la huella de carbono mundial de la pérdida y el desperdicio de alimentos, sin contar las emisiones derivadas de los cambios de uso de las tierras, es de 3,3 Gt de equivalentes de CO_2, lo que representa cerca del 7% de las emisiones totales de GEI; (2) la utilización de recursos de aguas superficiales y subterráneas (aguas azules) atribuible a los alimentos perdidos o desperdiciados es de alrededor de 250 km³, lo que representa aproximadamente el 6% de la extracción total de agua; (3) en la producción de alimentos que se pierden o se desperdician, se utilizan casi 1.400 millones de hectáreas, equivalentes a cerca del 30% de las tierras agrícolas del mundo.

La forma de garantizar la sostenibilidad ambiental de la producción alimentaria de aquí al año 2050 contempla la reducción de la pérdida y el desperdicio de alimentos como una de las opciones consideradas, según dichos estudios de la FAO. Se estima que reducir la pérdida y el desperdicio de alimentos a la mitad entre 2010 y 2050 rebajaría las presiones ambientales relacionadas con la agricultura entre el 6% y el 16%, dependiendo del aspecto ambiental de que se trate (emisiones de GEI, uso de tierras cultivadas, uso de aguas azules, aplicación de nitrógeno y fósforo), con respecto a los valores previstos para 2050. Se sostiene que la reducción de la pérdida y el desperdicio de alimentos es uno de los factores que forman parte de un conjunto más amplio de intervenciones dirigidas a lograr la sostenibilidad ambiental, junto con, por ejemplo, un cambio de alimentación y mejoras tecnológicas. Estimaciones como estas sugieren que la reducción de la pérdida y el desperdicio de alimentos tienen la capacidad de mejorar notablemente la sostenibilidad ambiental de los sistemas alimentarios. No obstante, las estimaciones totales no permiten conocer qué medidas son las más eficaces desde el punto de vista ambiental, ni distinguen entre los efectos de la pérdida y el desperdicio de alimentos que son específicos del contexto, por un lado, y los efectos de mayor alcance, o incluso mundiales, por otro.

12.6. RELACIÓN ENTRE LAS PÉRDIDAS Y DESPERDICIOS DE ALIMENTOS Y LA SEGURIDAD ALIMENTARIA

La reducción de la pérdida y el desperdicio de alimentos pueden afectar a la seguridad alimentaria y la nutrición de diversas maneras, dependiendo del lugar en el que se realicen las reducciones y en el que se encuentren los grupos que padecen inseguridad alimentaria, tanto geográficamente como a lo largo de la cadena de suministro. Las repercusiones de la reducción de las pérdidas y el desperdicio de alimentos sobre la seguridad alimentaria y la nutrición no son directas. No es correcto asumir que la reducción de la pérdida y el desperdicio automáticamente mejorará la seguridad alimentaria y la nutrición o eliminará el hambre, independientemente del lugar y el coste.

La reducción de la pérdida y el desperdicio de alimentos puede verse como una manera de disminuir los costes de producción, mejorar la seguridad alimentaria y la nutrición y contribuir a la sostenibilidad del medio ambiente, principalmente al aliviar la presión sobre los recursos naturales y reducir las emisiones de GEI. En el contexto del desafío que supone alimentar a una población mundial que se prevé aumentará hasta cerca de 10.000 millones de personas en 2050, se considera particularmente importante reducir al mínimo la pérdida y el desperdicio de alimentos y aprovechar al máximo los recursos que sustentan el sistema alimentario.

La pérdida y el desperdicio de alimentos pueden repercutir en la seguridad alimentaria y la nutrición debido a los cambios en las cuatro dimensiones de la seguridad alimentaria: la disponibilidad de alimentos, el acceso a estos, su utilización y estabilidad. No obstante, los vínculos entre la pérdida y el desperdicio de alimentos y la seguridad alimentaria son complejos, y no siempre es seguro que se logren resultados positivos. Alcanzar niveles aceptables de seguridad alimentaria y nutrición inevitablemente implica determinados niveles de pérdida y desperdicio de alimentos. Para mantener un margen de seguridad con objeto de garantizar la estabilidad alimentaria, es necesario que se pierda o desperdicie cierta cantidad de alimentos. Al mismo tiempo, garantizar la inocuidad alimentaria supone descartar los alimentos nocivos, que luego se cuentan como perdidos o desperdiciados, mientras que las dietas de mayor calidad tienden a incluir alimentos más perecederos.

Las características de los sistemas de producción de alimentos determinan la disponibilidad y la asequibilidad de los alimentos, así como su variedad y la calidad de las dietas. Así pues, la pérdida y el desperdicio de alimentos, por un lado, y la seguridad alimentaria, la nutrición y la pobreza, por el otro, pueden estar estrechamente conectados, en especial en los países de ingresos bajos, si bien esta relación no se ha investigado lo suficiente. La ausencia de datos fiables y coherentes sobre las repercusiones de la pérdida y el desperdicio de alimentos impide las comparaciones entre regiones y países.

El interés por la reducción de la pérdida y el desperdicio de alimentos creció notablemente durante el encarecimiento en 2007 y 2011 de los precios de los alimentos a nivel mundial, que suscitó preocupación acerca de la capacidad de la creciente población mundial de alimentarse a sí misma en el futuro.

En general, se reconoce que la reducción de las pérdidas o el desperdicio de alimentos puede mejorar la seguridad alimentaria y la nutrición a través de las dimensiones de la misma, esto es, la disponibilidad de alimentos, la accesibilidad económica y física de los alimentos, la utilización de los alimentos, y la estabilidad del suministro y el precio de los alimentos a lo largo del tiempo. Algunas de estas dimensiones pueden solaparse; por ejemplo, no se puede acceder a los alimentos si estos no están antes disponibles.

Una reducción de las pérdidas en la explotación agrícola puede tener repercusiones muy positivas en la seguridad alimentaria. Este es en particular el caso de los pequeños agricultores de países de ingresos bajos, donde la disponibilidad de alimentos para los agricultores de subsistencia mejora. Los agricultores que comercializan parte de su producción cuentan con mayores volúmenes para vender y, por tanto, sus ingresos y seguridad alimentaria pueden aumentar, siempre y cuando la caída de los precios derivada del aumento de la producción no neutralice este efecto.

Las intervenciones que previenen las pérdidas de alimentos evitables pueden mejorar la escasez de alimentos, sobre todo a nivel local en la producción de los pequeños agricultores, ya que estos ámbitos no están bien conectados con los mercados y, por tanto, el comercio es mínimo. Esto podría incrementar los ingresos de los agricultores y mejorar el acceso a los alimentos. Si se reducen lo suficiente las pérdidas como para influir en los precios, puede que quienes padecen inseguridad alimentaria en el medio urbano también se beneficien. En general, es probable que una estrategia encaminada a reducir la pérdida y el desperdicio de alimentos sea más eficaz en la mejora de la seguridad alimentaria de las poblaciones de estos países que en los países de ingresos altos, en particular si se centra en reducir las pérdidas en la explotación agrícola y las primeras etapas de la cadena de suministro.

La inocuidad de los alimentos, que puede relacionarse con la pérdida y el desperdicio de alimentos o con las intervenciones encaminadas a reducirla, resulta sumamente importante para la seguridad alimentaria y la nutrición. Por ejemplo, las enfermedades transmitidas por los alimentos provocadas por el consumo de los mismos contaminados dificultan la ingestión de elementos nutritivos. Los alimentos que no son inocuos deben eliminarse del sistema alimentario, lo que da lugar a pérdidas, pero, por otro lado, la reducción de la pérdida cualitativa de alimentos puede incrementar la inocuidad de los alimentos. Estos efectos se muestran en las dos situaciones hipotéticas de la Figura 12.6.

Dependiendo del contexto, la inocuidad alimentaria y la pérdida y el desperdicio de alimentos pueden guardar una relación de causalidad, ya sea negativa o positiva. En primer lugar, la eliminación de los alimentos no inocuos puede considerarse una pérdida de alimentos. En segundo lugar, muchas de las prácticas que previenen la pérdida física de alimentos y las pérdidas observables de calidad también mejoran la inocuidad alimentaria. A menudo es más fácil motivar a los agentes del sector alimentario a limitar las pérdidas observables, ya que tienen consecuencias financieras, en cuyo caso, las mejoras de la inocuidad alimentaria se convierten en una beneficiosa consecuencia de la reducción de las pérdidas. En tercer lugar, puede que los productores y proveedores apliquen productos químicos a los alimentos para protegerlos de plagas o conservarlos. Si bien esto puede evitar que se pierdan o desperdicien alimentos, también puede amenazar la inocuidad alimentaria y socavar la confianza de los consumidores.

La detección de peligros para la inocuidad de los alimentos puede dar como resultado la pérdida de productos alimenticios. La naturaleza y el alcance de la contaminación, junto con la eficacia de la reglamentación de la inocuidad de los alimentos, determinan la magnitud de la pérdida.

Algunas políticas, por ejemplo, las dirigidas a mejorar la seguridad alimentaria y la nutrición, pueden incluso aumentar los niveles de pérdida y desperdicio de alimentos, ya que implican el acceso a dietas inocuas y nutritivas con alimentos que suelen ser muy perecederos. Sin embargo, esto no debería considerarse un problema; la pregunta básica es, más bien, si la pérdida y el desperdicio de alimentos se producen debido a un sistema alimentario ineficiente y distorsionado, y si es posible adoptar medidas que reduzcan la pérdida y el desperdicio de alimentos sin comprometer la seguridad alimentaria y la nutrición.

A. La pérdida y el desperdicio de alimentos se reducen

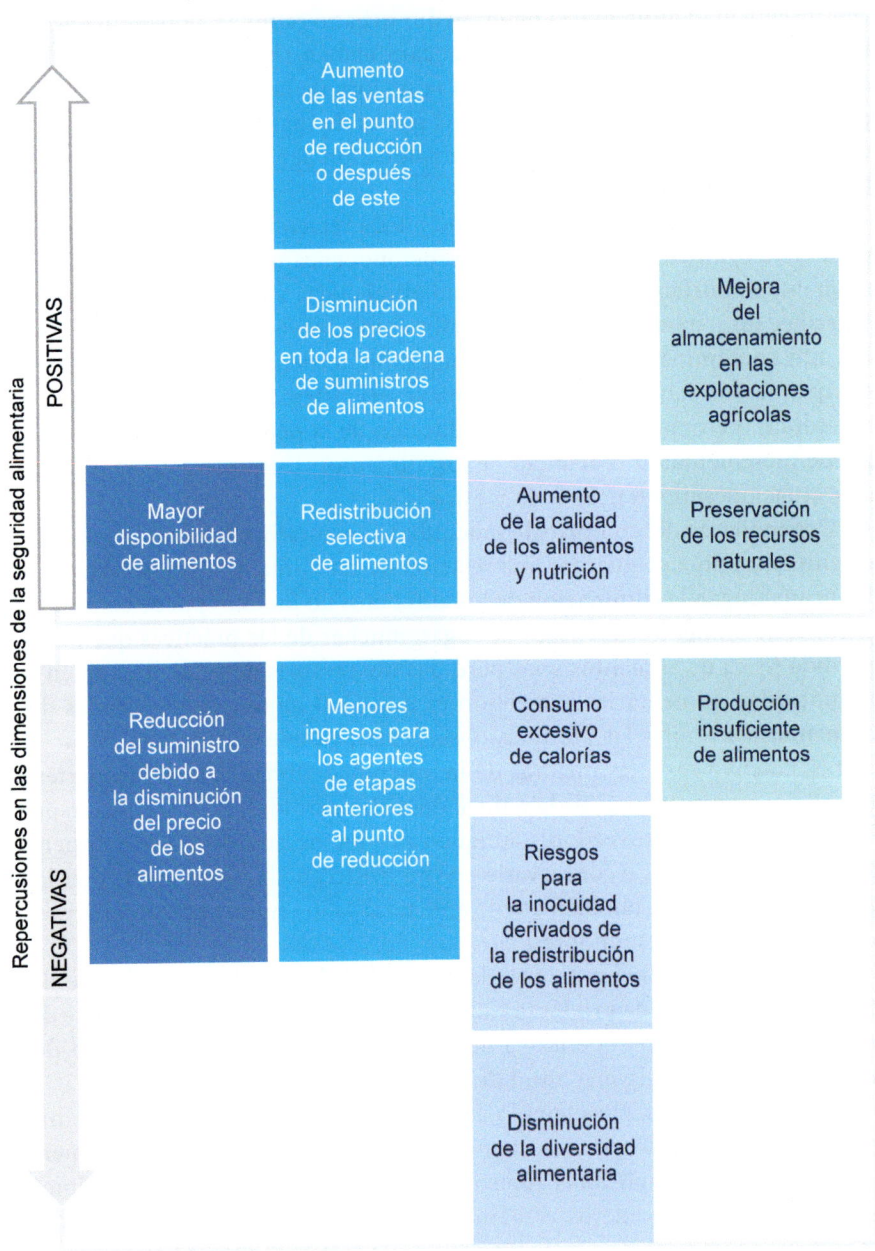

Figura 12.6 Posibles interacciones entre la pérdida y el desperdicio de alimentos y las dimensiones de la seguridad alimentaria (adaptado de FAO, 2019) *(continúa)*

B. La pérdida y el desperdicio de alimentos aumenta

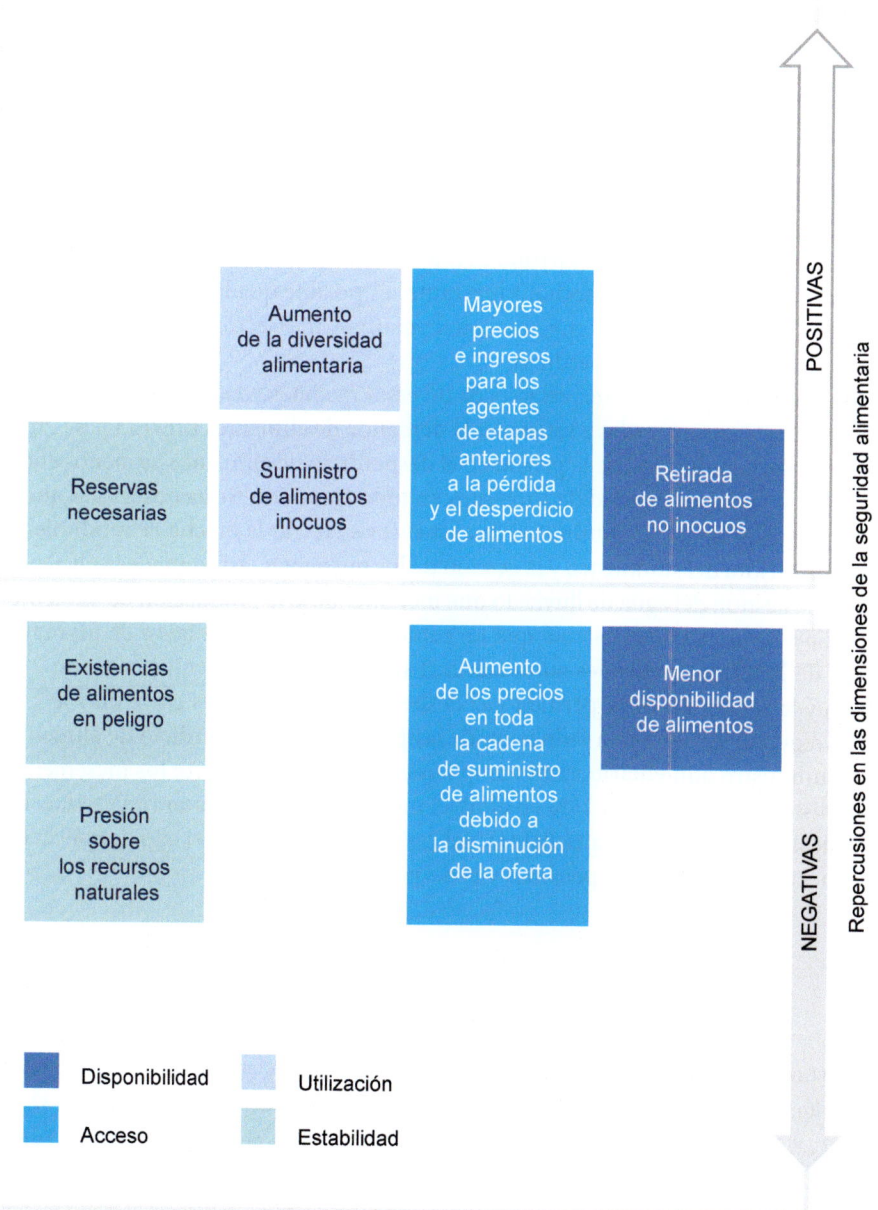

Hay que tener presente que la pobreza y las desigualdades son factores determinantes de la inseguridad alimentaria. Por lo tanto, las intervenciones destinadas directamente a reducir la pobreza y las desigualdades pueden ser más eficaces en la mejora de la seguridad alimentaria que la reducción de la pérdida y el desperdicio de alimentos. Esta última medida puede realizar una contribución, pero no puede considerarse la solución al problema de la inseguridad alimentaria.

La reducción de la pérdida y el desperdicio de alimentos no es necesariamente la manera más eficaz en función del coste para mejorar la seguridad alimentaria y la nutrición. Se ha descubierto que, a este respecto, aumentar la productividad agrícola mediante la investigación y el desarrollo es más eficaz en función del coste que reducir las pérdidas posteriores a la cosecha. Entretanto, es posible que los amplios esfuerzos en pro del desarrollo agrícola tengan efectos positivos indirectos en términos de reducción de la pérdida o el desperdicio.

En un estudio sobre la eficacia relativa de diversas medidas relacionadas con la seguridad alimentaria encaminadas a satisfacer la demanda de alimentos prevista para 2050, se concluye que la reducción de la pérdida o el desperdicio de alimentos es menos eficaz para aumentar la disponibilidad de alimentos en todo el mundo. Se ha observado que lo más eficaz para aumentar el suministro de alimentos es cerrar la brecha de rendimiento mediante la mejora del suministro y la gestión de los nutrientes, así como de la eficiencia del riego y la gestión del agua de lluvia; lo que incrementaría la producción de alimentos entre un 56% y un 113%. Se calcula que un cambio de las dietas en favor de un mayor consumo de productos vegetales aumentaría el suministro de alimentos entre un 28% y un 36% y la reducción de la pérdida y el desperdicio de alimentos entre un 7% y un 14%. Las repercusiones de una reducción de las pérdidas o el desperdicio de alimentos sobre el suministro alimentario varían ampliamente de un país a otro; los incrementos del suministro van del 2,5% al 25% en el nivel moderado de aplicación (una reducción del 25% de las pérdidas y el desperdicio) y del 2,5% al 100% en el nivel alto de aplicación (una reducción del 50% de las pérdidas y el desperdicio).

BIBLIOGRAFÍA

Calabi-Floody, M., Medina, J., Rumpel, C. 2018. Smart fertilizers as a strategy for sustainable agriculture. En Advances in Agronomy (D. L. Sparks Editor). Academic Press, 147: 119–157.

De Castro, P. 2012. Hambre de tierras. Alimentos y agricultura en la era de la nueva escasez. Eumedia. 191 pp.

FAO. 2018. El estado del Planeta. Hambre cero: ¿Lograremos finalmente erradicar el hambre? Organización de las Naciones Unidas para la Alimentación y la Agricultura. 117 pp.

FAO. 2018. El estado del Planeta. Los grandes desafíos: ¿Estamos a tiempo de salvar nuestro planeta? Organización de las Naciones Unidas para la Alimentación y la Agricultura. 117 pp.

FAO. 2018. El estado del Planeta. Los retos del futuro: ¿Qué puedes hacer tú? Organización de las Naciones Unidas para la Alimentación y la Agricultura. 117 pp.

FAO. 2019. El estado de la seguridad alimentaria y la nutrición en el mundo 2019. Progresos en la lucha contra la pérdida y el desperdicio de alimentos. Organización de las Naciones Unidas para la Alimentación y la Agricultura. 171 pp.

FOLEY, J.A., RAMANKUTTY, N., BRAUMAN, K.A. 2011. Solutions for a cultivated planet. Nature. 478: 337–342.

FUNDACIÓN INNOVACION BANKINTER. 2020. La comida del futuro. Future Trends Forum, 25 pp.

GODFRAY, H.C., BEDDINGTON, J.R., CRUTE, I.R., et al., 2010. Food security: the challenge of feeding 9 billion people. Science, 327(5967): 812–818.

HAN, J., BYUN, J., KWON, O., LEE, J. 2022. Climate variability and food waste treatment: Analysis for bioenergy sustainability. Renewable and Sustainable Energy Reviews, 160, 112336.

HLPE (PANEL DE EXPERTOS DE ALTO NIVEL EN SEGURIDAD ALIMENTARIA Y NUTRICIÓN). 2020. Seguridad alimentaria y nutrición: elaborar una descripción global de cara a 2030. FAO, Roma. 91 pp.

NATIONAL ACADEMY OF SCIENCE. 2021. The challenge of feeding the world sustainably. Summary of the US–UK Scientific Forum on Sustainable Agriculture. Washington, DC. The National Academies Press. 40 pp.

SPRINGMANN, M., CLARK, M., MASON-D'CROZ, D. et al., 2018. Options for keeping the food system within environmental limits. Nature 562: 519–525.

VON BRAUN, J., SORONDO, M.S., STEINER, R. 2023. Reduction of food loss and waste: the challenges and conclusions for actions. En "Science and Innovations for Food Systems Transformation" (Von Braun J., Afsana, K., Fresco, L.O., Hassan, M.H.A., eds). Springer, 569–578.

MERCADO Y COMERCIO DE ALIMENTOS. INFLUENCIA DE LAS POLÍTICAS AGRARIAS

13.1. MERCADOS Y COMERCIO DE ALIMENTOS. GLOBALIZACIÓN

El comercio de alimentos ha existido siempre y ha tenido un papel preponderante en el desarrollo de la humanidad. El intercambio de bienes alimentarios, posible gracias al superávit, es decir, a producciones excedentarias respecto a las necesidades locales, ha constituido un motor de desarrollo y de bienestar.

Los mecanismos de comercio de alimentos desempeñan un papel importante para garantizar que los alimentos estén disponibles, y la ayuda alimentaria deberá ser coherente con los mercados y las necesidades locales. El progreso hacia el comercio agrícola internacional que mejora la seguridad alimentaria es lento, y una necesidad crítica es que los productores agrícolas de pequeña escala no competitivos internacionalmente y los agricultores de subsistencia en los países en desarrollo estén protegidos mientras se liberaliza el comercio agrícola.

El comercio internacional de alimentos se ha relacionado con una transferencia virtual de agua, carbono, nitrógeno y fósforo, mientras que los impactos ambientales de la producción agrícola tienden a permanecer en los países productores.

Los sistemas alimentarios han cambiado con rapidez en los últimos decenios; en líneas generales, las cadenas de suministro de alimentos se han ampliado y han incrementado la distancia entre productores y consumidores, a medida que los sistemas alimentarios y las cadenas de suministro agrícola han alcanzado una mayor globalización. Entre un 20% y un 25% de la producción alimentaria mundial se comercializa en los mercados internacionales.

El crecimiento del comercio agroalimentario, y en particular el de aquellos productos con mayor valor añadido, está guiado por la alineación de los estilos alimentarios. Este incremento, si está dirigido por políticas adecuadas, puede ser sinónimo de desarrollo y de crecimiento económico y favorecer que se eleve el nivel de seguridad de los abastecimientos alimentarios a nivel global. Pero el grado de complejidad al que ha llegado la tela de araña de las negociaciones a escala planetaria también plantea problemas, como la trazabilidad y el logro de estándares comunes de salubridad alimentaria, de transparencia de los intercambios y de sostenibilidad social y medioambiental (Fig. 13.1).

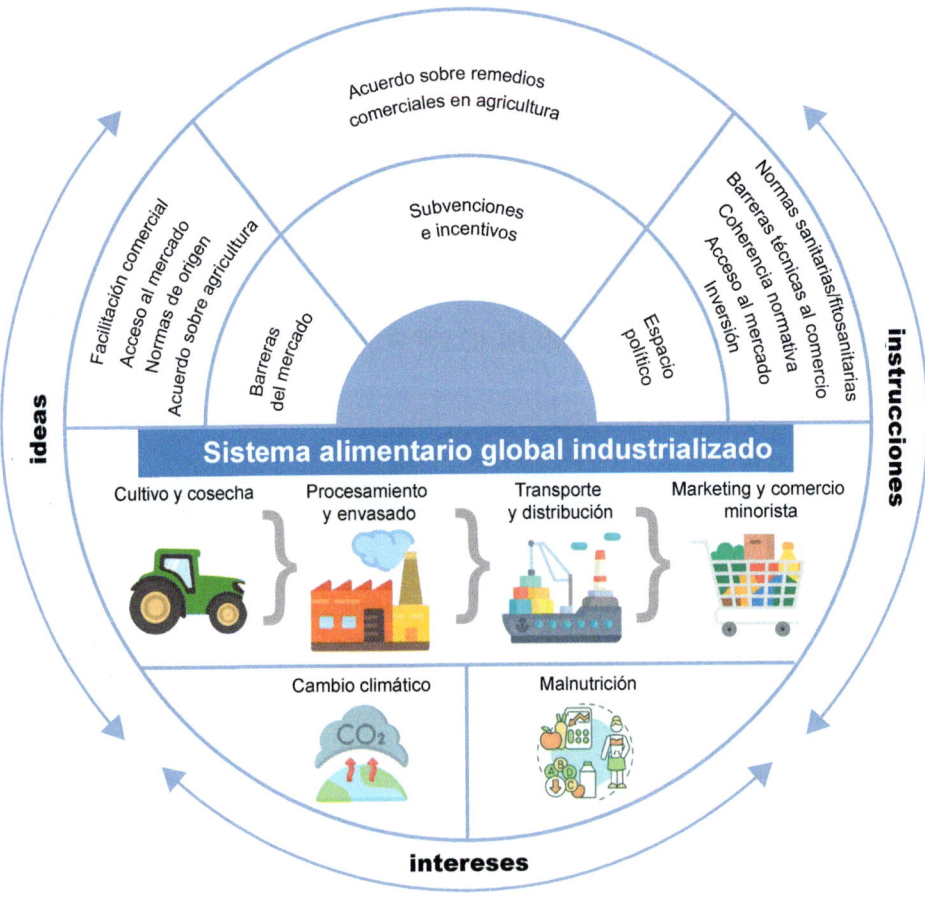

Figura 13.1 Nexo entre el comercio, el sistema alimentario, la nutrición y el clima (adaptado de Friel, *et al.*, 2020)

El comercio internacional juega un papel importante en la seguridad alimentaria, y la promoción y mantenimiento de ciertos estilos de vida y dietas ricas en calorías han sido posibles gracias al comercio mundial de alimentos.

Aunque el comercio mundial de alimentos ha experimentado una notable expansión en los últimos decenios, la repercusión en la seguridad alimentaria no siempre es clara y es objeto de un intenso debate. Mientras que algunos consideran que el comercio mejora las oportunidades de generación de ingresos (p. ej., gracias a la venta de alimentos comerciales) y aumenta así el acceso a los mismos, otros critican el proceso de liberalización que, en su opinión, es menos ventajoso para los pequeños agricultores de los países en desarrollo.

De hecho, asegurar el suministro de alimentos mediante importaciones ocurre solo en economías suficientemente fuertes. En un sistema globalizado y financiarizado, los alimentos tienden a fluir hacia el dinero y el poder, no hacia el hambre y, por lo tanto, el comercio agroalimentario internacional puede contribuir a aumentar la desigualdad social en forma de inseguridad alimentaria.

Los países de ingresos medios y bajos representan cerca de un tercio de este comercio mundial de alimentos. El crecimiento del comercio internacional de alimentos indica que el número de personas cuya seguridad alimentaria depende de los mercados mundiales es cada vez mayor.

Se espera que el comercio mundial de alimentos siga aumentando, y se prevé que el comercio de cereales aumente de 257 millones de t en el año 2000 a 584 millones de t en el 2050; y el comercio de productos cárnicos aumentará de 16 a 64 millones de t. La expansión del comercio será impulsada por la creciente demanda de importaciones del mundo en desarrollo, particularmente del África subsahariana, Asia oriental y el Pacífico y Asia meridional, donde las importaciones netas de cereales crecerán más del 200%.

Dado que la mayoría de los países en desarrollo no pueden aumentar la producción de alimentos con suficiente rapidez para satisfacer la creciente demanda, los principales países exportadores, principalmente los países de altos ingresos y Europa oriental y Asia central, desempeñarán un papel cada vez más decisivo para satisfacer las necesidades mundiales del consumo de alimentos. Estados Unidos y Europa son una válvula de seguridad crítica para proporcionar alimentos relativamente asequibles a los países en desarrollo. Sin embargo, dada la fuerte demanda de cultivos alimentarios como materia prima para biocombustibles, a corto y mediano plazo, se prevé que las exportaciones netas de cereales en estos países disminuyan durante la próxima década, antes de recuperarse después de que se reduzca el uso de cultivos alimentarios como materia prima para biocombustibles.

Como consecuencia de la expansión del comercio alimentario mundial, además de los cambios en la demanda de alimentos relacionados con la creciente urbanización, ha aumentado la disponibilidad de alimentos energéticos (es decir, alimentos que tienen un alto contenido de azúcar y grasa) en países tanto ricos como pobres. Varios estudios han vinculado estos tipos de alimentos con el aumento de los niveles de sobrepeso y obesidad y de la incidencia de las enfermedades no transmisibles, tales como las cardio-patías, la diabetes de tipo 2 y algunos tipos de cáncer.

El comercio internacional y la industrialización de las cadenas de suministro de alimentos han incrementado la importancia de un número muy limitado de productos básicos, como el maíz, la soja y el aceite de palma, que se utilizan no solo como ingredientes de alimentos procesados, sino también en piensos y como materias primas de biocombustibles.

Más de una quinta parte de la producción mundial de calorías se exporta, principalmente de Estados Unidos, Canadá, Brasil y Argentina. Los países industrializados con un alto PIB *per capita* tienden a ser importantes importadores netos de biodiversidad, mientras que los países tropicales, como Argentina y Brasil, sufren degradación de su hábitat y pérdida de biodiversidad como resultado de producir cultivos para la exportación.

El alto grado de concentración de las empresas en las cadenas agroalimentarias tiene consecuencias para la seguridad alimentaria y la nutrición, y las ventajas y desventajas de esta tendencia son objeto de debate. La concentración en los sectores del comercio de inputs y productos básicos, por ejemplo, puede dar lugar a un aumento de los precios y limitar las opciones de los agricultores y el arbitrio tanto en lo que se refiere a los inputs que utilizan como a los mercados en que venden sus cosechas. En los sectores de elaboración de alimentos y de venta al por menor, la concentración de empresas puede influir en los entornos alimentarios al incidir en los precios y aumentar la proporción de alimentos altamente procesados que se ofrecen, lo cual limita las opciones alimentarias y el arbitrio de los consumidores.

La concentración en el sistema alimentario también puede afectar a los resultados en materia de inocuidad alimentaria al centralizar las cadenas de suministro. Aunque las empresas más grandes suelen contar con los recursos para garantizar las prácticas inocuas de producción, almacenamiento y elaboración de alimentos, la concentración de los mercados también puede implicar que los problemas que surgen puedan extenderse con rapidez a través de esas cadenas de suministro. La concentración progresiva en las últimas décadas ha modificado las cadenas de suministro agroalimentario de manera que se ha reforzado el poder y la influencia de las grandes empresas en los sistemas alimentarios.

En el sector del comercio de productos agrícolas, unas pocas empresas dominan gran parte del comercio mundial de cereales. En el sector de la elaboración de alimentos, una serie de fusiones y adquisiciones en los últimos años han provocado que algunas grandes empresas controlen una enorme proporción del mercado en sus respectivos sectores. Si bien los mercados minoristas suelen organizarse a lo largo de líneas nacionales y regionales, la concentración (a menudo en el ámbito de los supermercados) también ha aumentado en este sector en los últimos decenios.

Los mercados internos y regionales de los países en desarrollo están creciendo rápidamente y son sustancialmente mayores en volumen y valor que las oportunidades de exportación global. Por lo tanto, una producción eficiente orientada al mercado y unas intervenciones eficaces en el mismo ofrecen importantes oportunidades para aliviar la pobreza y aumentar el consumo de frutas y hortalizas para los miembros más vulnerables de las comunidades, como las mujeres y los niños de los países en desarrollo. Sin embargo, las cadenas de suministro de hortalizas en los mercados nacionales y regionales tienden a ser ineficientes, largas y complejas. Las principales limitaciones incluyen un alto nivel de pérdidas poscosecha; altos costes de transacción debido a una infraestructura inadecuada; sistemas de información de mercado inexistentes o ineficientes; el escaso poder de negociación de los agricultores; y grandes fluctuaciones estacionales de precios y volúmenes debido a la falta de desarrollo de industrias procesadoras.

La globalización también está cambiando la dinámica de la seguridad alimentaria. La creciente integración de la economía y la cultura mundial puede haber llevado a un aumento de los ingresos medios en todo el mundo, pero también ha generado mayores disparidades entre los ricos y los pobres. Esto intensifica la distribución desigual de los avances técnicos en los sistemas de transporte y comunicación, así como el aumento de las economías de escala en la industria y el transporte y el sistema alimentario más ampliamente. La globalización también ha llevado a un aumento de la volatilidad de los precios mundiales de los alimentos, ya que los choques económicos idiosincráticos pueden afectar a todo el sistema alimentario mundial y pueden verse exacerbados por las fuerzas especulativas capaces de comerciar a nivel mundial.

Sin embargo, en los últimos decenios, estamos viviendo un "impacto" antiglobalización. Hoy vuelve de nuevo el proteccionismo. En casos raros, incluso, adoptando la forma de los antiguos aranceles agrícolas sobre las importaciones. En general, sin embargo, el resurgimiento se concreta mediante la imposición de barreras no tarifarias. Es decir, reglamentos y normas respecto a los estándares de seguridad sanitaria o medioambiental, que pueden convertirse en un obstáculo para la libre circulación de las mercancías cuando quien exporta debe atenerse a las reglas específicas del Estado importador, más vinculantes que los estándares internacionales. Estas barreras principalmente son de dos tipos: medidas sanitarias y fitosanitarias, relativas a la seguridad alimentaria y al bienestar de los animales y las plantas; y las barreras técnicas al comercio, reglamentos, requerimientos de certificación, etiquetado y características del envasado, que acaban haciendo difícil el acceso al mercado para los exportadores y que, en cualquier caso, conllevan para estos últimos un aumento frecuentemente insostenible de los costes de adecuación.

La cuestión de las barreras de tipo normativo es el gran desafío de los próximos años para todo el sistema de los intercambios comerciales, en particular de los que atañen a los productos agrícolas y a los géneros alimentarios, en primera fila cuando se trata de comparar estándares de seguridad sanitaria y medioambiental. Se trata de un desafío complicado.

Reglamentos, normas y estándares son a veces meros pretextos para proteger el mercado. Otras veces son solo uno de los ámbitos en los que se manifiestan convicciones muy interiorizadas en las culturas de pertenencia, independientemente de las políticas comerciales del propio país. Para salir del actual estancamiento del comercio mundial es crucial llegar a estándares que sean lo más capaces posible de interceptar este componente social y cultural, sin renunciar a las oportunidades económicas que ofrecen los intercambios. Es decir, ser eficientes desde el punto de vista técnico y "sensibles" desde el punto de vista político. Los nuevos estándares globales son el gran desafío del futuro del comercio.

13.2. LA VOLATILIDAD DE LOS PRECIOS DE LOS ALIMENTOS. EXTERNALIDADES

La globalización es parcialmente responsable también de la volatilidad de los mercados. Este término se refiere al fenómeno por el que la frecuencia y la amplitud de las variaciones de los precios registradas en cierto período de tiempo son superiores a los promedios históricos. Este fenómeno agrava la inestabilidad de los mercados agrícolas, que era ya turbulenta a nivel estructural. Los precios de las materias primas, en efecto, a menudo están relacionados con ciclos estacionales más o menos largos, normalmente anuales, que separan la siembra de la cosecha. La ley de la demanda y de la oferta dicta que el precio de equilibrio normalmente tiende a subir y las reservas del producto a disminuir cuando las cantidades empiezan a escasear en las fases que preceden a la nueva cosecha, y a bajar si la cosecha ha sido buena en el periodo inmediatamente sucesivo. Por tanto, en diferentes momentos, incluso pequeñas variaciones de la oferta o de la demanda pueden causar importantes cambios en los precios.

Esta volatilidad "natural" se acentúa con un mercado de pequeñas dimensiones, que alberga volúmenes modestos y en el que el número de exportadores es, a menudo, exiguo. Por ejemplo, solo el 12% del maíz y el 15% del trigo se destinan a los mercados internacionales, mientras que el restante se lo quedan los países productores. Esto significa que las cantidades intercambiadas son muy modestas, y las repercusiones sobre los precios pueden ser significativas, y la vuelta al equilibrio puede tardar bastante tiempo. Con cuantías tan bajas y concentradas en las manos de pocos exportadores, pequeñas variaciones de las cantidades exportadas o solicitadas para la importación producen ostensibles incrementos o disminuciones de los precios.

Está claro que las variaciones de los precios son inevitables y casi deseables para un correcto funcionamiento de los mercados y una eficiente asignación de los recursos. Pero cuando la volatilidad se manifiesta de forma extrema, tiene un impacto negativo generalizado y que afecta sobre todo a las clases más necesitadas de la población mundial.

El crecimiento y la volatilidad de los precios de las materias primas agrícolas están comprometiendo aún más la frágil situación económica y política de muchos países de renta baja. Se trata, en su mayoría, de importadores netos de productos alimentarios, que resisten de manera estoica el aumento de los precios de los alimentos. Su impacto en estos contextos pone en peligro, hoy más que ayer, el equilibrio de la balanza comercial de los Estados y favorece incrementos del coste de la vida inasumibles para las personas. En las zonas desarrolladas del mundo, la cuota de renta destinada a la compra de alimentos es del 10%, y de esta parte menos del 20% se destina a compensar el uso de productos agrícolas. El resto cubre servicios añadidos (como la transformación) durante el proceso que lleva los productos del campo a la mesa. En las zonas menos desarrolladas, la situación es radicalmente opuesta: las familias invierten gran parte de sus ingresos en la compra de alimentos que consisten prácticamente en su totalidad de productos agrícolas de base. Si la volatilidad puede tener un efecto secundario sobre los precios al consumo de los países más ricos, para los más pobres los efectos de los aumentos de los precios son definitivamente más impactantes, con consecuencias como el incremento de la pobreza que lleva progresivamente a millones de personas a la malnutrición.

En general, la estructura del sistema agroalimentario castiga a los agricultores, tendiendo a excluirles de los beneficios del alza de las cotizaciones y a descargar sobre ellos el peso de las caídas. Los mecanismos de transmisión de los precios se resienten, de hecho, de la diversidad de condiciones estructurales y organizativas que caracterizan la cadena de suministro de alimentos, históricamente, relegando los agricultores a una posición desde la que no pueden influir sobre la tendencia de los precios del mercado. Esto se debe a la gran fragmentación del tejido primario, mientras que las últimas fases de la cadena alimentaria (la industria de transformación y sobre todo la red de distribución) están cada vez más concentradas, desequilibrando así la organización del poder contractual en su contra. A corto plazo es necesario encontrar soluciones que permitan hacer frente al problema de la volatilidad de los mercados, a la vulnerabilidad alimentaria que esta conlleva y a su impacto sobre el tejido productivo agrícola. A largo plazo se trata de delinear una perspectiva capaz de garantizar sostenibilidad alimentaria duradera y extendida.

Los precios volátiles de los alimentos amenazan la seguridad alimentaria en todo el mundo. Los principales organismos internacionales y grupos de expertos identifican la volatilidad de los precios de los alimentos como una grave amenaza a la seguridad alimentaria. En términos generales, las políticas buscan reducir la volatilidad de los precios en sí misma y/o amortiguar sus impactos negativos en los consumidores y productores, a través de estrategias basadas en el mercado o intervenciones públicas.

El consenso en la literatura es que la efectividad de las intervenciones públicas depende de la dinámica de los precios agrícolas que impulsa la volatilidad. La doctrina dominante atribuye la volatilidad a choques aleatorios exógenos que los ajustes de precios amortiguan con el tiempo. En este marco, las intervenciones públicas interfieren con el "proceso de corrección natural" del mercado.

Una explicación alternativa es que la volatilidad de los precios persiste en patrones recurrentes debido al comportamiento endógeno de los mercados de alimentos, inherentemente inestables, que responden a cambios en la oferta y la demanda. Los mercados agrícolas no ofrecen un "proceso de corrección natural" para la volatilidad de los precios.

Distinguir entre volatilidad de precios endógena y exógena en determinados mercados agrícolas sigue siendo una cuestión abierta, y la única certeza es que, en teoría, las fuentes endógenas de inestabilidad teóricamente pueden existir y afectar a todos los países.

Las externalidades se refieren a situaciones en las que el efecto de la producción o el consumo de bienes y servicios impone costes o beneficios a otros, que no se reflejan en los precios cobrados por los bienes y servicios que se proporcionan. Las externalidades pueden surgir cuando las personas se ven afectadas por las elecciones de mercado de otros en las que no tienen voz. Por ejemplo, las emisiones de gases de efecto invernadero (GEI) derivadas de las acciones de una persona afectan a personas lejanas, así como a las generaciones futuras que no tienen voz en esas decisiones. Las externalidades también pueden ser beneficiosas, como la prevención de enfermedades que reduce los costes de atención médica. Existen otras fallas del mercado relacionadas con los precios que conducen a una asignación ineficiente de los recursos. Además del monopolio y el monopsonio (monopolio de demanda), la falta de información o los sesgos de comportamiento, por ejemplo, en torno a los efectos sobre la salud, pueden llevar a los consumidores a ignorar los costes y beneficios de sus decisiones. Debido a la falta de mercados, los efectos en el bienestar de los alimentos saludables y asequibles para los pobres no se traducirán en precios más altos ni impulsarán el suministro de alimentos más saludables (**Tabla 13.1**).

Tabla 13.1 Resumen de las principales externalidades en los sistemas alimentarios (adaptado de Hendriks, *et al.*, 2023)

Tipo de externalidad	Ejemplos de externalidades	Impactos finales
Ambiental (efectos sobre el capital natural)	• Contaminación del aire, el agua y el suelo. • Emisiones de GEI • Uso de la tierra • Uso excesivo de recursos renovables • Agotamiento del suelo • Uso de materiales escasos. • Uso del agua	Contribución al cambio climático, efectos sobre la salud, agotamiento de los recursos abióticos, agotamiento de los recursos bióticos, incluidos los servicios ecosistémicos y la biodiversidad
Social (efectos sobre los derechos sociales y el capital humano y social)	• Bienestar de los animales • Trabajo infantil y forzoso • Discriminación y acoso • Precios altos y variables • Capacitación • Pagos insuficientes y subganancias	Pobreza, bienestar, seguridad alimentaria y habilidades humanas
Salud (efectos sobre la salud humana)	• Resistencia antimicrobiana • Desnutrición • Composición de la dieta poco saludable • Zoonosis	Vida humana (mortalidad y calidad de vida), económica (costos médicos, días laborales perdidos)
Económicos (efectos sobre el capital financiero, industrial e intelectual)	• Desperdicios de alimentos • Evasión fiscal	Aumento de la demanda de alimentos y disminución de los fondos públicos

Garantizar sistemas alimentarios sostenibles requiere reducir enormemente sus costes ambientales y sanitarios, al tiempo que hace que los alimentos saludables y sostenibles sean asequibles para todos. Uno de los problemas centrales de los sistemas alimentarios actuales es que muchos de los costes de los alimentos nocivos se externalizan, es decir, no se reflejan en los precios de mercado. Al mismo tiempo, no se aprecian los beneficios de los alimentos saludables. Debido a las externalidades, los alimentos sostenibles y saludables suelen ser menos asequibles para los consumidores y menos rentables para las empresas que los alimentos insostenibles y poco saludables. Las externalidades y otras fallas del mercado tienen consecuencias no deseadas para las generaciones presentes y futuras, destruyen la naturaleza y perpetúan injusticias sociales como salarios bajos para los trabajadores, inseguridad alimentaria, enfermedades, muertes prematuras y otros daños. Es necesario abordar urgentemente las causas fundamentales de estos problemas. Se estima que las externalidades actuales son más del doble (19,8 billones de dólares) del consumo total actual de alimentos a nivel mundial (9 billones de dólares). Esto significa que los alimentos son aproximadamente un tercio más baratos de lo que serían si estas externalidades se incluyeran en los precios del mercado. Hay una necesidad urgente de tener en cuenta estos "costes ocultos en los sistemas alimentarios" y llevar a cabo acciones audaces para redefinir los precios de los alimentos y los incentivos para producir y consumir dietas más saludables y sostenibles. El primer paso para corregir estos "costes ocultos" es redefinir el valor de los alimentos a través de la contabilidad de costes reales (TCA) para abordar las externalidades y otras fallas del mercado. La TCA revela el verdadero valor de los alimentos al hacer visibles los beneficios de alimentos asequibles y saludables y revelando los costes de los daños al medio ambiente y la salud humana (Fig. 13.2).

Cabe señalar que existe una incertidumbre sustancial en estas, así como en otras estimaciones existentes de los costes externos de los alimentos, debido a: (1) una cobertura incompleta de los impactos, (2) grandes incertidumbres en los datos primarios, (3) incertidumbres en los datos comerciales, (4) incertidumbres en la modelización de las vías de impacto, y (5) incertidumbre en la monetización de los costes externos. Las vías de impacto ambiental que tienen una gran incertidumbre incluyen la biodiversidad y la contaminación. Cuantificar y valorar los impactos de las dietas en la salud es un campo novedoso, y las elecciones metodológicas en torno a la atribución, la racionalidad de los consumidores, el escenario de referencia y la valoración de una vida estadística afectan a las estimaciones. Esta es un área que requiere más atención y cuantificación.

Se requieren más investigaciones para incluir externalidades relevantes relacionadas con la desnutrición (que en última instancia afecta a la productividad y a los ingresos humanos), las zoonosis, la resistencia a los antimicrobianos, las pérdidas de productividad debido a enfermedades, la degradación del suelo, el uso de la tierra distinto del cultivo y los recursos agotados. Además, es importante agregar costes sociales como el pago insuficiente de los trabajadores, los ingresos insuficientes de los agricultores; el trabajo infantil y el acoso a lo largo de la cadena de valor.

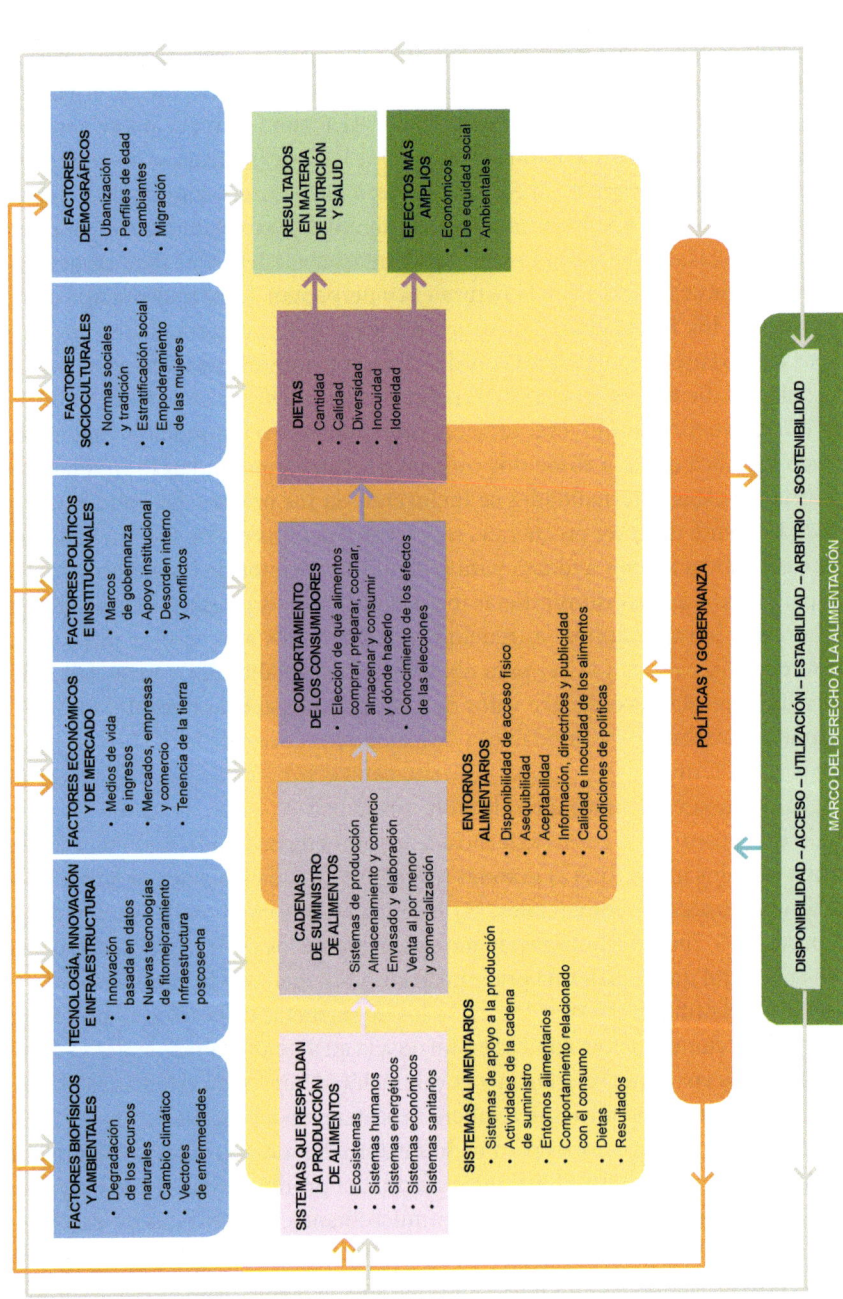

Figura 13.2 Marco de sistemas alimentarios sostenibles (adaptado de HLPE, 2020)

13.3. POLÍTICAS DE APOYO A LA AGRICULTURA Y LA ALIMENTACIÓN

La defensa del potencial agrícola no debe traducirse necesariamente en políticas proteccionistas y que distorsionan el libre comercio, como ya ha ocurrido en el pasado. Hay que renovar las estrategias de intervención según algunos parámetros compartidos a nivel internacional y compatibles con un correcto y equitativo funcionamiento de los mercados. Los incentivos deben guiar la adopción de comportamientos y tecnologías capaces de aumentar los rendimientos y tener cada vez menos impacto, compensando a los agricultores por los beneficios medioambientales que aportan. En otras palabras, el apoyo a las políticas debe destinarse a estabilizar las rentas más que los mercados, a través de medidas inteligentes y flexibles. Entre estas, los instrumentos de gestión del riesgo jugarán un papel esencial.

La adaptación de las políticas de apoyo, tal como se define en un informe conjunto publicado por la Organización de las Naciones Unidas para la Alimentación y la Agricultura (FAO), el Programa de las Naciones Unidas para el Desarrollo (PNUD) y el Programa de las Naciones Unidas para el Medio Ambiente (PNUMA) (2021), es la reducción de las medidas de apoyo que son ineficientes, insostenibles o no equitativas para sustituirlas por medidas de apoyo con el efecto contrario. En otras palabras, el apoyo no se elimina, sino que se reestructura. De este modo, la adaptación siempre implicará reformas. Las políticas de apoyo a la alimentación y la agricultura, hacen referencia a cualquier forma de apoyo financiero gubernamental a estos sectores o a políticas gubernamentales que repercutan directa o indirectamente en la producción y el comercio de alimentos o bienes agrícolas a lo largo de la cadena de valor alimentaria.

Las políticas de apoyo a la agricultura suelen incluir varios tipos de medidas que afectan implícita o explícitamente a los precios o la rentabilidad a nivel de productor o proporcionan transferencias monetarias a los agricultores o inversiones y gasto público en servicios generales y bienes públicos que benefician al sector agrícola. Esto incluye, por ejemplo, (des)incentivos de precios (principalmente medidas aduaneras e intervenciones de los precios nacionales), que representan implícitamente transferencias de los consumidores y los contribuyentes a los agricultores (o viceversa) (**Tabla 13.2**).

Las políticas de apoyo a la alimentación tienen, en general, un alcance más amplio que abarca no solo cómo se producen los alimentos, sino también cómo se elaboran, distribuyen, adquieren o proporcionan, y la manera en que estas políticas están diseñadas para garantizar las necesidades relacionadas con la salud y la nutrición humanas. Lamentablemente, la disponibilidad de datos comparables a nivel mundial sobre este apoyo a la parte relacionada con la alimentación del conjunto del sistema agroalimentario es limitada, en comparación con las políticas de apoyo solo a la agricultura, que es más amplia (Fig. 13.3).

Tabla 13.2 Apoyo al sector de la alimentación y la agricultura como porcentaje del valor de la producción, por grupos de países por nivel de ingresos, media del período 2013–2018 (adaptado de FAO, 2022)

Grupo de ingresos	Incentivos de precios	Apoyo fiscal (gasto público)		
		Subvenciones a los productos	Servicios generales	Subvenciones a los consumidores
Países de ingresos altos	9,5%	12,6%	3,9%	4,6%
Países de ingresos medios altos	10,8%	4,9%	3,0%	0,2%
Países de ingresos medios bajos	-7,6%	4,1%	2,5%	2,6%
Países de ingresos bajos	-9,5%	0,6%	2,3%	0,6%

Los gobiernos emplean políticas para crear incentivos o desincentivos que permitan inducir un cambio de comportamiento en los actores de los sistemas agroalimentarios, la población y los logros del sector agrícola. Los gobiernos también están sujetos a políticas de otros países; por ello, no solo importan las políticas del propio país.

El apoyo mundial a la alimentación y la agricultura representó casi 630.000 millones de dólares al año, de media, durante el período comprendido entre 2013 y 2018. La mayor parte de este apoyo se destina a los agricultores individualmente, a través de las políticas sobre el comercio y los mercados y de subvenciones fiscales estrechamente vinculadas a la producción o al uso sin limitaciones de inputs de producción variables. En gran parte, este apoyo no solo distorsiona el mercado, sino que además tampoco está llegando a muchos agricultores, daña el medio ambiente y no promueve la producción de alimentos nutritivos.

Los gobiernos apoyan la alimentación y la agricultura mediante diversas políticas, en particular intervenciones en el comercio y los mercados (p. ej., medidas aduaneras y controles de los precios de mercado) que generan incentivos o desincentivos de precios, subvenciones fiscales a los productores y los consumidores y apoyo relacionado con servicios generales (**Tabla 13.2**).

El apoyo a la producción agrícola se concentra principalmente en los alimentos básicos, los lácteos y otros productos ricos en proteínas de origen animal, especialmente en los países de ingresos altos y medianos altos. El arroz, el azúcar y las carnes de diversos tipos son los que más incentivos reciben a nivel mundial, a diferencia de las frutas y las hortalizas, que reciben menos apoyo en general, o a las que incluso se penaliza en algunos países de ingresos bajos.

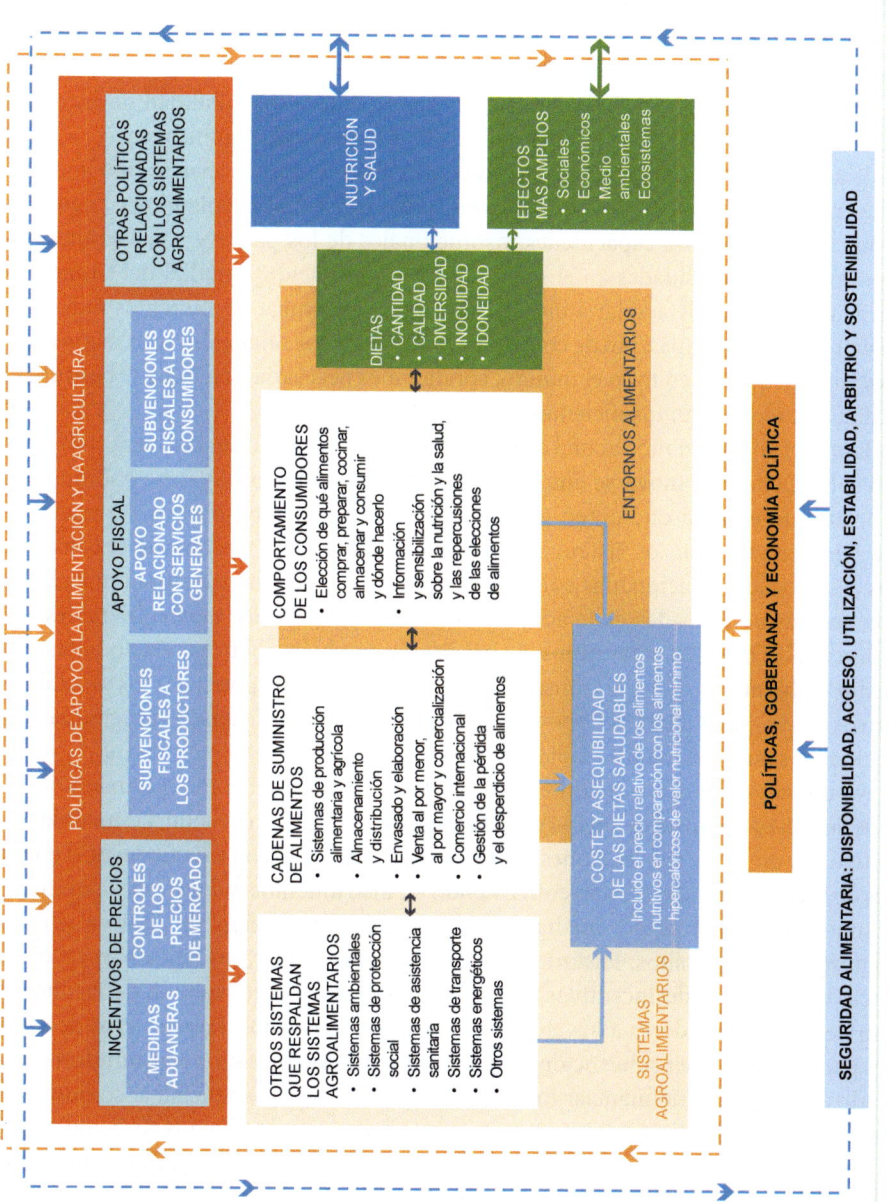

Figura 13.3 Políticas de apoyo a los sistemas agroalimentarios (adaptado de FAO, 2022)

En los países de ingresos bajos, pero también en algunos países de ingresos medianos bajos donde la agricultura resulta esencial para la economía, el empleo y los medios de vida, los gobiernos deben incrementar el gasto en servicios que apoyen la alimentación y la agricultura de manera más colectiva y otorgarle prioridad. Esto es crucial para subsanar las deficiencias de productividad en la producción de alimentos nutritivos y para permitir la generación de ingresos a fin de mejorar la asequibilidad de las dietas saludables, aunque se requerirá una financiación del desarrollo significativa.

Si la adaptación del apoyo público existente se lleva a cabo de manera inteligente y basada en la evidencia, incluyendo a todas las partes interesadas, teniendo en cuenta las economías políticas y las capacidades institucionales de los países y considerando los compromisos y flexibilidades en el marco de la Organización Mundial del Comercio, dicha adaptación puede ayudar a que el consumidor disponga de alimentos nutritivos en mayor medida. Además, puede contribuir a que las dietas saludables sean menos costosas y más asequibles en todo el mundo, condiciones necesarias para que se consuman tales dietas, aunque sean insuficientes.

Adaptar el apoyo público actual a la alimentación y la agricultura no será suficiente por sí solo. Deben promoverse entornos alimentarios saludables y debe habilitarse a los consumidores para que opten por dichas dietas mediante políticas complementarias relacionadas con los sistemas agroalimentarios. Serán necesarias políticas de protección social y relacionadas con el sistema de atención a la salud para mitigar las consecuencias no deseadas de la adaptación del apoyo sobre los más vulnerables, especialmente las mujeres, y los niños. Se precisarán también políticas relacionadas con el medio ambiente, la salud, el transporte y la energía, a fin de potenciar los resultados positivos de la adaptación del apoyo en los ámbitos de la eficiencia, la igualdad, la nutrición, la salud y el medio ambiente.

Las políticas de apoyo a la alimentación y la agricultura difieren en función de los grupos de países por nivel de ingresos y a lo largo del tiempo. En general, las medidas de incentivos de precios y subvenciones fiscales se han empleado con más frecuencia en los países de ingresos altos, y se están convirtiendo en instrumentos cada vez más populares en algunos países de ingresos medianos, en particular en aquellos situados en el nivel de ingresos medianos altos. Históricamente, los países de ingresos bajos han aplicado políticas que generan desincentivos de precios para los agricultores a fin de facilitar el acceso de los consumidores a los alimentos a precios más bajos. Los recursos de estos países para proporcionar subvenciones fiscales a los productores y los consumidores son limitados, así como para financiar los servicios generales que benefician al conjunto de los sectores agrícola y alimentario.

Las políticas de apoyo también son distintas en función de los grupos de alimentos y los productos. Los países con niveles más elevados de ingresos proporcionan apoyo a todos los grupos de alimentos y, en particular, a los alimentos básicos (entre ellos los cereales, y los tubérculos), seguidos de los lácteos y otros alimentos ricos en proteínas. En dichos países, el apoyo a estos tres grupos de alimentos se proporciona de manera equitativa en forma de incentivos de precios y subvenciones fiscales a los productores. Por el contrario, en lo que respecta a las frutas y las hortalizas y a las grasas y los aceites, las subvenciones fiscales (que representan en torno al 11 % del valor de la producción) fueron en promedio sustancialmente mayores que los incentivos de precios durante el período 2013-18.

En muchos países, el grado de apoyo público es significativo y, dependiendo de cómo se asigne, puede respaldar o dificultar los esfuerzos por reducir el coste de los alimentos nutritivos y hacer las dietas asequibles y saludables para todas las personas.

Las medidas aduaneras afectan a la disponibilidad, la diversidad y los precios de los alimentos en los mercados nacionales. Aunque algunas de estas medidas abordan importantes objetivos de política, como la inocuidad de los alimentos, los gobiernos podrían hacer más por reducir los obstáculos al comercio de alimentos nutritivos como las frutas, las hortalizas y las legumbres, a fin de incrementar su disponibilidad y asequibilidad para reducir el coste de las dietas saludables.

En los países de ingresos bajos y medianos, los controles de los precios de mercado, como los precios mínimos o administrados para los consumidores, se centran principalmente en productos básicos como el trigo, el maíz, el arroz y el azúcar, con el objetivo de estabilizar o elevar los ingresos agrícolas, garantizando al mismo tiempo los suministros de alimentos básicos con fines de seguridad alimentaria. Sin embargo, estas políticas podrían estar contribuyendo a las dietas no saludables que se identifican en todo el mundo.

Las subvenciones fiscales asignadas a algunos alimentos básicos o factores de producción específicos han contribuido significativamente al aumento de la producción de cereales (especialmente, el maíz, el trigo y el arroz) y a la reducción de sus precios, y también de la carne de vacuno y la leche. Esto ha repercutido positivamente en la seguridad alimentaria y los ingresos agrícolas, y ha apoyado indirectamente el desarrollo y el uso de una mejor tecnología y de nuevos inputs agrícolas. Por otro lado, estas subvenciones han creado, de hecho, desincentivos (relativos) a la producción de alimentos nutritivos, han alentado el monocultivo en algunos países, han hecho que cese el cultivo de determinados productos nutritivos y han desalentado la producción de algunos alimentos que no reciben el mismo nivel de apoyo.

Dados los retrocesos registrados en relación con el hambre, la seguridad alimentaria y la nutrición, así como los desafíos económicos relativos a la salud y el medio ambiente a los que se enfrenta el mundo, resulta esencial hacer las dietas saludables más accesibles económicamente para todas las personas. Para avanzar hacia esta meta, es importante examinar las políticas de apoyo al sector de la alimentación y la agricultura a fin de determinar las reformas de política más necesarias.

En todos los contextos, las reformas para adaptar el apoyo a la alimentación y la agricultura también deben ir acompañadas de políticas que promuevan cambios en los comportamientos de los consumidores, junto con políticas de protección social para mitigar las consecuencias no deseadas de las reformas sobre las poblaciones vulnerables.

Por último, estas reformas deben ser multisectoriales y abarcar las políticas sobre salud, medio ambiente, transporte y energía.

El nivel de éxito de los esfuerzos por adaptar el apoyo a la alimentación y la agricultura dependerá de la economía política, la gobernanza y los incentivos de las partes interesadas pertinentes, en un contexto local, nacional y mundial. En términos generales, la economía política hace referencia a los factores sociales, económicos, culturales y políticos que estructuran, sustentan y transforman las constelaciones de actores públicos y privados, sus intereses y sus relaciones a lo largo del tiempo. Esto incluye los contextos internacionales, "las reglas del juego" que afectan a la agenda de la formulación de políticas a diario y su estructuración. Las instituciones, los intereses y las ideas son factores dinámicos en juego que influyen en las políticas de apoyo a la agricultura y la alimentación. La gobernanza se refiere a las reglas, organizaciones y procesos formales e informales a través de los cuales los agentes públicos y privados articulan sus intereses y toman y aplican sus decisiones.

Existen tres elementos generales de la economía política que se deben considerar y gestionar de manera eficaz al adaptar las políticas de apoyo a la alimentación y la agricultura: (1) el contexto político, las perspectivas de las partes interesadas y la voluntad de los gobiernos; (2) las relaciones de poder, los intereses y la influencia de los diferentes actores; y (3) los mecanismos de gobernanza y los marcos reglamentarios necesarios para facilitar y aplicar los esfuerzos de adaptación del apoyo.

13.4. POLÍTICAS ALIMENTARIAS. TENDENCIAS

El sistema alimentario mundial es demasiado complejo, diverso y dependiente del contexto ambiental y socioeconómico para permitir recomendaciones de políticas simples o singulares. Sin embargo, debido a que los sistemas alimentarios están vinculados globalmente a través de cadenas de suministro internacionales e impactos ambientales distribuidos (p. ej., GEI), lograr una producción alimentaria sostenible para 10.000 millones de personas requerirá una coordinación a nivel mundial, a través de mecanismos tales como acuerdos intergubernamentales y acuerdos comerciales. Dicha colaboración deberá favorecer formas de producción más eficientes desde el punto de vista ambiental, mientras se cumplen los objetivos de seguridad alimentaria y otros objetivos de desarrollo sostenible, decisiones que requieren un conocimiento integral y equilibrado sobre los impactos de los diferentes sistemas de producción de alimentos y los vínculos entre ellos.

La diversidad de los sistemas alimentarios, la gama de objetivos y partes interesadas, y los vínculos entre los diferentes componentes hacen que la política alimentaria prospectiva, proactiva e integral sea un gran desafío a todos los niveles, desde los individuos hasta las organizaciones internacionales. Para hacer una política alimentaria efectiva ahora y planificar escenarios futuros y vínculos cambiantes entre los sectores alimentarios, se necesita una comprensión de base integral que incluya todos los sistemas alimentarios, sus conexiones directas e indirectas y cómo están cambiando. Con esta información, se hace posible una amplia variedad de resultados positivos al mejorar la eficiencia dentro de sistemas alimentarios particulares, favorecer los vínculos positivos sobre los negativos, alentar el consumo de alimentos de bajo impacto, o cualquier combinación de estas estrategias. Por ejemplo, los gobiernos podrían favorecer los subsidios para alimentos de bajo impacto o de enlace positivo, las compañías de alimentos podrían desarrollar (y comercializar) alimentos que saben científicamente que son más eficientes para el medio ambiente, y los consumidores podrían tomar decisiones mejor informadas en supermercados y restaurantes. Algunas de estas oportunidades ya están ocurriendo debido a una mayor conciencia de los impactos sobre la salud y el medio ambiente de los alimentos, pero muchas se pierden debido a las principales lagunas en las evaluaciones de los impactos y los vínculos en los sistemas alimentarios.

Si bien los gobiernos han hecho suyo el principio del derecho a la alimentación y lo han consagrado en marcos jurídicos a nivel internacional, la realización en la práctica de este derecho ha sido desigual. En los últimos decenios se han producido cambios importantes en las funciones y responsabilidades de los Estados, los titulares de derechos y el sector privado en la gobernanza de la seguridad alimentaria y la nutrición a escala local, nacional, regional y mundial. Los Estados han reducido en general su función, al tiempo que las voces de otras partes interesadas, incluidos el sector privado y la sociedad civil, han aumentado con la proliferación de las iniciativas de gobernanza de múltiples partes interesadas, en particular con respecto a los sistemas alimentarios y la seguridad alimentaria y la nutrición.

Asimismo, la gobernanza de la seguridad alimentaria y la nutrición a nivel tanto nacional como internacional es a menudo deficiente y fragmentada en los diferentes departamentos y organizaciones, lo que da lugar a una falta de coordinación y coherencia en las políticas y la gobernanza sobre seguridad alimentaria y nutricional. Hay muchos otros factores que influyen en los resultados en materia de seguridad alimentaria y nutrición, tales como las desigualdades económicas, las normas comerciales, el cambio climático y otras presiones ambientales. No todos se tratan de forma específica en el contexto de las políticas alimentarias, y los factores a menudo se rigen por otros mecanismos de gobernanza internacional.

Aunque las inversiones en alimentación y agricultura en general han aumentado ligeramente desde la crisis mundial de alimentos de 2007/08, una gran parte ha provenido del sector privado y la comunidad de las fundaciones, lo cual ha marcado un cambio de la financiación pública a la privada en lo que se refiere a la investigación en materia de alimentación y agricultura. La investigación y el desarrollo sobre alimentación y agricultura del sector privado se centran cada vez más en los países en desarrollo. El predominio privado en el gasto en investigación y desarrollo en el sector entraña numerosas implicaciones. Por ejemplo, suele concentrarse en los productos básicos más comercializados, y no en los cultivos que son más importantes para la seguridad alimentaria. La proporción del gasto público destinada a la alimentación y la agricultura ha disminuido en casi todas las regiones desde la década de 1980.

Durante demasiado tiempo, la inercia normativa ha desacelerado el cambio progresivo en las políticas de seguridad alimentaria y nutrición y los programas de investigación del sector público. En algunos casos, esta falta de medidas ha sido el resultado de la presión política ejercida por los actores más poderosos de los sistemas alimentarios que se benefician del *statu quo*. Los agentes empresariales, por ejemplo, han presionado activamente a los Estados en relación con los cambios en las políticas que afectan a sus operaciones comerciales. En este contexto, es fundamental que los Estados establezcan políticas y financien investigaciones que otorguen prioridad a los objetivos públicos, en particular el derecho a la alimentación.

Es importante que los gobiernos nacionales apliquen las iniciativas existentes a escala mundial, por ejemplo, las directrices mundiales promovidas por el Comité de Seguridad Alimentaria Mundial (CSA), tales como los Principios de este para la inversión responsable en la agricultura y los sistemas alimentarios, las Directrices voluntarias sobre la gobernanza responsable de la tenencia de la tierra, la pesca y los bosques en el contexto de la seguridad alimentaria nacional y las Directrices voluntarias del CSA sobre los sistemas alimentarios y la nutrición.

Algunos analistas de sistemas alimentarios han propuesto la idea de un convenio marco multilateral sobre estos sistemas con miras a proporcionar un marco reglamentario y de política internacional que respalde la equidad, la sostenibilidad, la salud y los medios de vida en los sistemas alimentarios. La ventaja de dicho acuerdo es que fortalecería la capacidad de los gobiernos nacionales de abordar los desequilibrios de poder en el sistema alimentario, en particular en los casos en que debido a la concentración de las empresas del sector privado estas tienen una influencia considerable en la formulación de las políticas que puede pasar por alto los aspectos de bienes públicos asociados a los sistemas alimentarios. Esta estrategia permitiría a los gobiernos nacionales fortalecer los objetivos de salud pública, equidad social y protección ambiental de los sistemas alimentarios en relación con el objetivo comercial predominante en la actualidad.

La gobernanza eficaz en materia de seguridad alimentaria y nutrición también exige la coordinación entre distintos sectores. Esto a menudo implica poner en marcha programas que abarcan los departamentos de agricultura, salud, bienestar, medio ambiente y desarrollo humano. Esta necesidad de coordinación resulta cada vez más evidente, ya que la intersección de los sistemas alimentarios con la biodiversidad y el cambio climático se ha convertido en uno de los temas principales de las evaluaciones mundiales recientes.

La mejora de la coordinación a diferentes escalas, desde el nivel local —que comprende la gobernanza municipal y translocal— hasta los planos nacionales, regionales y mundiales, también es necesaria para la gobernanza eficaz de la seguridad alimentaria y la nutrición. La inocuidad alimentaria, por ejemplo, es un ámbito en que las medidas mundiales, nacionales y locales deben coordinarse mejor. Al volverse más globalizado el sistema alimentario, el problema de la contaminación de los alimentos puede propagarse con facilidad a las poblaciones de varios países.

La participación representativa es importante en la gobernanza de la seguridad alimentaria y la nutrición, a fin de garantizar que los procesos sean participativos e incluyan a todas las partes interesadas, como los Estados, los productores de alimentos, las organizaciones de la sociedad civil y el sector privado.

Asimismo, se recomienda apoyar las asociaciones y organizaciones de grupos vulnerables mediante la financiación específica, con miras a garantizar que puedan contribuir a la transición hacia sistemas alimentarios sostenibles y que se tomen en consideración los efectos de las políticas e intervenciones en las comunidades y las partes interesadas. Dichas medidas deberían asegurar una participación representativa, que incluya las voces de los grupos marginados y vulnerables. La sociedad civil y los movimientos sociales, en especial los que representan a los pequeños productores de alimentos y los grupos vulnerables y marginados, desempeñan una función importante en estos contextos para brindar una perspectiva alternativa a los actores más poderosos, como los Estados y las empresas del sector privado.

Resulta importante en este contexto que los Estados desempeñen una función de liderazgo en la financiación de sistemas alimentarios más sostenibles y en la defensa del derecho a la alimentación. Esto incluye inversiones no solo en el desarrollo agrícola, sino también en los sistemas alimentarios en su conjunto con objeto de respaldar redes de producción y suministros más diversos, campañas de educación pública y sensibilización y políticas de protección social para los miembros más vulnerables de la sociedad.

Las políticas que promueven una transformación radical de los sistemas alimentarios deben ser empoderadoras, equitativas, regenerativas, productivas, prósperas y deben reformar decididamente los principios subyacentes desde la producción hasta el consumo. Entre ellas se incluyen medidas más enérgicas encaminadas a promover la equidad entre los participantes de los sistemas alimentarios, fomentando el arbitrio y el derecho a la alimentación, sobre todo de las personas vulnerables y marginadas. Las medidas para garantizar prácticas más sostenibles, también abordan la degradación de los ecosistemas, mientras que las medidas dirigidas a modificar las redes de producción y distribución de alimentos, tales como los mercados territoriales, contribuyen a superar los desafíos económicos y socioculturales, entre ellos el comercio irregular, los mercados concentrados y las desigualdades persistentes, apoyando mercados diversos y equitativos más resilientes (Fig. 13.4).

Las políticas que afrontan el hambre y la malnutrición en todas sus formas requieren sistemas alimentarios equitativos, consolidados, sostenibles, saludables y nutritivos. Las políticas en este ámbito apoyan la producción agrícola sensible a la cuestión de la nutrición, los entornos alimentarios que fomentan las dietas saludables y la disponibilidad de frutas y hortalizas variadas y frescas a escala local. Las políticas sobre la nutrición de los lactantes y los niños, incluida la mejora de las tasas de lactancia materna exclusiva hasta los seis meses de edad, son fundamentales para todas las mejoras nutricionales. Las medidas que tratan formas específicas de malnutrición también revisten importancia, en especial para las poblaciones más marginadas.

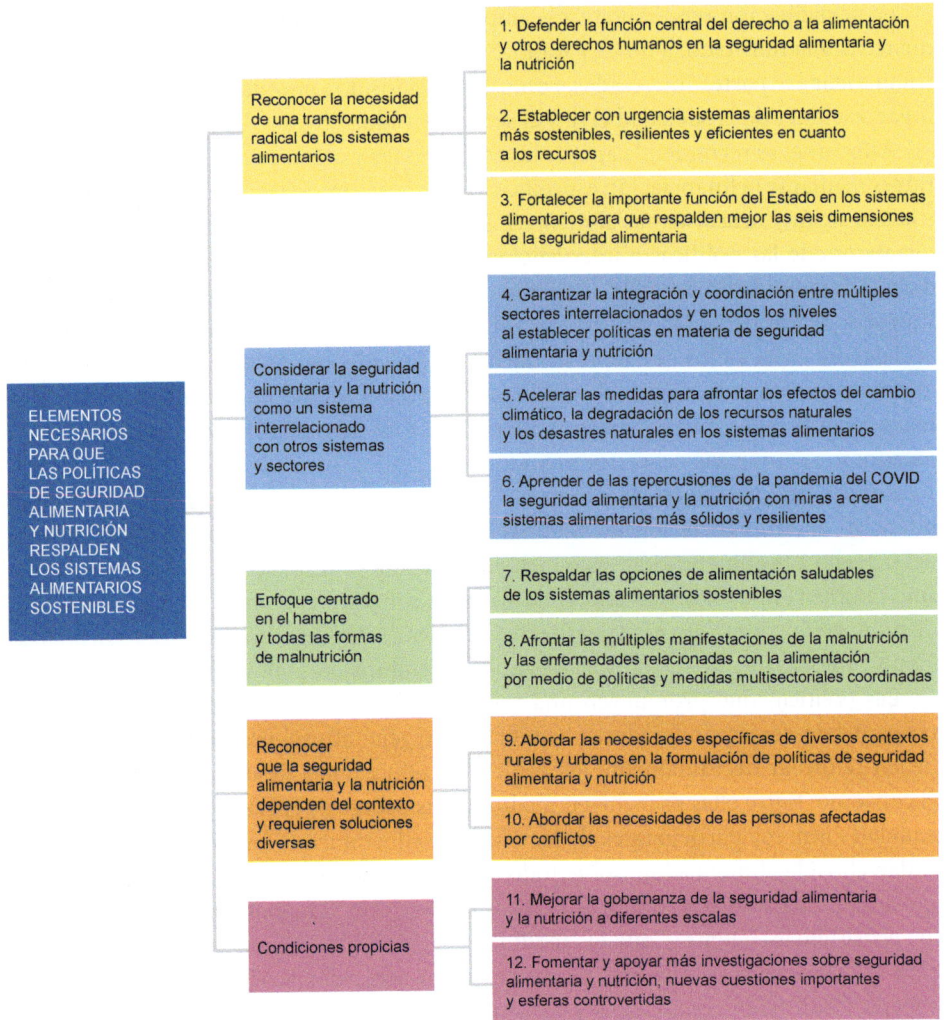

Figura 13.4 Vínculos entre los cambios en políticas y las recomendaciones (adaptado de HLPE, 2020)

Son necesarias políticas que ofrezcan soluciones específicas para cada contexto, teniendo en cuenta las condiciones y los conocimientos locales, a fin de establecer sistemas alimentarios más resilientes y productivos. Las medidas deben hacer frente a los diferentes retos que surgen en distintos tipos de contextos rurales y urbanos, con inclusión del apoyo a los sistemas de producción agropecuaria en pequeña escala y para el acceso a alimentos saludables en las zonas urbanas que se vinculen con pequeños productores de las zonas rurales. Las dificultades singulares que plantean los conflictos son una de las principales causas del hambre y exigen la adopción de medidas que apoyen la producción integrada de alimentos en situaciones de inestabilidad o después de conflictos.

El Grupo de Alto Nivel de Expertos en Seguridad Alimentaria y Nutrición (GANESAN), que es la interfaz ciencia–política del CSA, ha determinado las siguientes cuestiones nuevas y decisivas: (1) la previsión de los nexos entre la urbanización y la transformación rural en el futuro; (2) los conflictos, las migraciones y la seguridad alimentaria y la nutrición; (3) las desigualdades, la vulnerabilidad, los grupos marginados y la seguridad alimentaria y la nutrición; (4) las repercusiones del comercio en la seguridad alimentaria y la nutrición; (5) la agroecología para la seguridad alimentaria y la nutrición en un contexto de incertidumbre y de cambio; (6) la agrobiodiversidad, los recursos genéticos y los métodos modernos de mejoramiento genético para la seguridad alimentaria y la nutrición; (7) la inocuidad de los alimentos y las nuevas enfermedades; (8) desde las promesas de la tecnología hacia los conocimientos en favor de la seguridad alimentaria y la nutrición; (9) el fortalecimiento de la gobernanza de los sistemas alimentarios para la mejora de la seguridad alimentaria y la nutrición.

BIBLIOGRAFÍA

BARRETT, C.B. 2010. Measuring food insecurity.Science, 327: 825–828.

CARRILLO, L. 2020. La comida del futuro. Fundación Innovación Bankinter y Future Trends Forum. 43 pp.

COURLEUX, F., GAUDOIN, C. 2020. Changement climatique: McKinsey plaide pour un pilotage intergouvernemental des stocks. Agriculture Stratégies, 6 février 2020.

DE CASTRO, P. 2015. Comida: el desafío global. Eumedia. 197 pp.

DE CASTRO, P. 2012. Hambre de tierras. Alimentos y agricultura en la era de la nueva escasez. Eumedia. 191 pp.

FAO. 2018. El estado del Planeta. Hambre cero: ¿Lograremos finalmente erradicar el hambre? Organización de las Naciones Unidas para la Alimentación y la Agricultura. 117 pp.

FAO. 2019. El estado de la seguridad alimentaria y la nutrición en el mundo 2019. Progresos en la lucha contra la pérdida y el desperdicio de alimentos. Organización de las Naciones Unidas para la Alimentación y la Agricultura. 171 pp.

FAO. 2022. El estado de la seguridad alimentaria y la nutrición en el mundo 2022. Adaptación de las políticas alimentarias y agrícolas para hacer las dietas saludables más asequibles. Organización para las Naciones Unidas para la Alimentación y la Agricultura. 291 pp.

FRANCIS, C. 2013. The international dimension of the American Society of Agronomy: past and future. International Journal of Agricultural Sustainability, 11(3), 298–299.

FRIEL, S., SCHRAM, A., & TOWNSEND, B. 2020. The nexus between international trade, food systems, malnutrition and climate change. Nature Food, 1: 51–58.

GERTEN, D., HECK, V., JÄGERMEYR, J. *et al.*, 2020. Feeding ten billion people is possible within four terrestrial planetary boundaries. Nature Sustainability, 3: 200–208.

GILLESPIE, S., VAN DEN BOLD, M. 2017. Agriculture, food systems, and nutrition: meeting the challenge. Global Challenge, 107: 1–12.

GODFRAY, H.C., BEDDINGTON, J.R., CRUTE, I.R., *et al.*, 2010. Food security: the challenge of feeding 9 billion people. Science, 327(5967): 812–818.

HALPERN, B.S., COTTRELL, R.S., BLANCHARD, J.L., *et al.*, 2019. Opinion: Putting all foods on the same table: Achieving sustainable food systems requires full accounting. Proceedings of the National Academy of Sciences USA, 116(37):18152–18156.

HENDRIKS, S., DE GROOT RUIZ, A., ACOSTA, M.H., *et al.*, 2023. The true cost of food: a preliminary assessment. En Science and Innovations for Food Systems Transformation (von Braun, J., Afsana, K., Fresco, L.O., Hassan, M.H.A., eds). Springer: 581–601.

HLPE (PANEL DE EXPERTOS DE ALTO NIVEL EN SEGURIDAD ALIMENTARIA Y NUTRICIÓN). 2020. Seguridad alimentaria y nutrición: elaborar una descripción global de cara a 2030. FAO, Roma. 91 pp.

HUBERT, B., ROSEGRANT, M., VAN BOEKEL, M.A.J.S. Y ORTIZ, R. 2010. The future of food: scenarios for 2050. Crop Science, 50: 33–50.

HUFFAKER, R., CANAVARI, M., MUÑOZ-CARPENA, R. 2018. Distinguishing between endogenous and exogenous price volatility in food security assessment: An empirical nonlinear dynamics approach. Agricultural Systems, 160: 98–109.

KEATINGE, J.D.H., WALIYAR, F., JAMNADAS, R.H., *et al.*, 2010. Relearning old lessons for the future of food—by bread alone no longer: diversifying diets with fruit and vegetables. Crop Science, 50: S-51–S-62.

LAMO DE ESPINOSA, J., URBANO TERRÓN, P., ASOCIACIÓN ESPAÑA–FAO. 2010. Seguridad alimentaria y medio ambiente. Mundiprensa. 255 pp.

LEVI R, RAJAN M, SINGHVI S, ZHENG Y. 2020. The impact of unifying agricultural wholesale markets on prices and farmers' profitability. PNAS, USA. 117(5): 2366–2371.

MISSELHORN, A., AGGARWAL, P., ERICKSEN, P., *et al.*, 2012. A vision for attaining food security. Current Opinion in Environmental Sustainability, 4: 7–17.

MOMAGRI. 2017. Comment mieux pendre en compte l'impact du commerce sur la sécurité alimentaire et al nutrition? Groupe d'experts de haut niveau sur la sécurité alimentaire et la nutrition (HLPE), 2 pp.

NATIONAL ACADEMY OF SCIENCE. 2021. The challenge of feeding the world sustainably. Summary of the US–UK Scientific Forum on Sustainable Agriculture. Washington, DC. The National Academies Press. 40 pp.

OTEROS-ROZAS, E., RUIZ-ALMEIDA, A., AGUADO, M., RIVERA-FERRE, M.G. 2019. A social–ecological analysis of the global agrifood system. Proceedings of the National Academy of Sciences, 116 (52) 26465–26473.

PRETTY, J., SUTHERLAND, W. J., ASHBY, J., *et al.*, 2010. The top 100 questions of importance to the future of global agriculture. International Journal of Agricultural Sustainability, 8(4): 219–236.

Savary, S., Akter, S., Almekinders, C. *et al.*, 2020. Mapping disruption and resilience mechanisms in food systems. Food Security 12: 695–717.

Schulte, L.A., Dale, B.E., Bozzetto, S. *et al.*, 2022. Meeting global challenges with regenerative agriculture producing food and energy. Nature Sustainability, 5: 384–388.

Spielman D. J., Pandya–Lorch R. 2009. Una mirada al proyecto de millions Fed. Éxitos demostrados en desarrollo agrícola. International Food Policy Research Institute. 24 pp.

Springmann, M., Clark, M., Mason–D'Croz, D. *et al.*, 2018. Options for keeping the food system within environmental limits. Nature 562: 519–525.

14

PRODUCCIÓN AGRÍCOLA Y SEGURIDAD ALIMENTARIA EN LA UNIÓN EUROPEA

14.1. INTRODUCCIÓN

Este apartado introductorio recopila un resumen del análisis del Grupo de Trabajo de la Comisión Europea sobre la seguridad alimentaria "*Drivers of Food Security, 2023*". Hoy en día, la seguridad alimentaria ocupa un lugar destacado en la agenda política, tanto a nivel de la Unión Europea (UE) como a nivel mundial. Garantizar la disponibilidad y el acceso de los consumidores a alimentos a precios razonables son objetivos establecidos en el artículo 39 del Tratado de Funcionamiento de la Unión Europea. Sin embargo, el logro de estos objetivos no puede darse por sentado.

La seguridad alimentaria se encuentra en el nexo entre la sociedad, la producción agrícola, el clima, la biodiversidad, la energía, la salud, la tecnología, la paz y la seguridad. Sin agricultores y pescadores no hay comida en nuestra mesa. Como tal, garantizar un nivel de vida justo para estas comunidades es de suma importancia para la producción de alimentos. Con una gran presión sobre el sistema alimentario mundial, y cómo la producción de alimentos se basa predominantemente en procesos naturales y los rendimientos son intrínsecamente inciertos, las vulnerabilidades se vuelven más relevantes en tiempos como los que vivimos actualmente.

A lo largo de los años, la Política Agrícola Común (PAC) ha desempeñado un papel importante a la hora de convertir la agricultura de la UE en uno de los principales productores de alimentos del mundo, lo que a su vez garantiza la seguridad alimentaria de 450 millones de ciudadanos europeos y contribuye a la seguridad alimentaria mundial. Los agricultores europeos están respondiendo a las demandas de los ciudadanos en materia de seguridad, calidad y sostenibilidad de los alimentos.

En el centro del Pacto Verde Europeo, incluidas las estrategias "de la granja a la mesa", la biodiversidad, entre otras estrategias, la UE estableció una visión estratégica a largo plazo sobre cómo cambiar la forma en que producimos, distribuimos y consumimos alimentos. Esta visión apunta a sistemas alimentarios justos, saludables y respetuosos con el medio ambiente, al tiempo que fortalece aún más su resiliencia general.

En los últimos años, los efectos del cambio climático y la degradación ambiental han puesto a los sistemas alimentarios, incluida la producción agrícola, pesquera y acuícola, bajo una presión cada vez mayor en todo el mundo. Los sistemas alimentarios se encuentran entre los principales impulsores de las variaciones climáticas y la pérdida de biodiversidad y, al mismo tiempo, la producción de alimentos se encuentra entre las más afectadas por ellos. Además, los sistemas alimentarios pueden ofrecer una gran cantidad de soluciones a estos desafíos.

La UE ha lanzado muchas iniciativas para salvaguardar la seguridad alimentaria, fortalecer la resiliencia de los sistemas alimentarios y garantizar la disponibilidad de suministros. Esto supone un progreso tangible en lograr el Objetivo de Desarrollo Sostenible de la ONU "Hambre cero" (ODS2), que se centra en poner fin al hambre y la malnutrición, aumentar la producción agrícola sostenible y reducir sus impactos ambientales.

La disponibilidad de alimentos no está hoy en riesgo en la UE. Esta es en gran medida autosuficiente en productos agrícolas clave y logra un superávit general estable en las exportaciones de alimentos. Es un importante exportador de trigo y cebada, y en gran medida puede cubrir sus propias necesidades de consumo de otros cultivos básicos, como el maíz y el azúcar. La UE también es en gran medida autosuficiente en productos animales, incluidos lácteos y carne, con la notable excepción de los mariscos.

Sin embargo, la inflación actual de los precios de los alimentos, estimada en un 18% en octubre de 2022, pone en peligro la asequibilidad de los alimentos para los hogares más vulnerables. Como resultado, los hogares gastan una mayor proporción de sus presupuestos en alimentos, lo que podría comprometer la calidad de la dieta si cambian a productos que contengan más calorías y sean más pobres en micronutrientes. Si bien las formas más graves de hambre, incluida la desnutrición, son raras en la UE, la inseguridad alimentaria moderada o grave autoinformada en la UE aumentó entre 2019 y 2020. La creciente inflación de los precios de los alimentos ha empeorado la situación y agrava la mayor presión, sobre los ingresos de los hogares, junto con los costes de energía, costes de combustible, etc.

La Figura 14.1 ilustra el marco conceptual utilizado para este análisis de los factores que impulsan la seguridad alimentaria dentro de la UE. Un concepto que reconoce las complejas interrelaciones entre muchos de los impulsores de la seguridad alimentaria descritos en este análisis es el enfoque de "Una Salud", que es un enfoque integrado y unificador que apunta a equilibrar y optimizar de manera sostenible la salud de los seres humanos, los animales, las plantas, y los ecosistemas. Reconoce que la salud de los seres humanos, los animales domésticos y salvajes, las plantas y el medio ambiente en general (incluidos los ecosistemas) están estrechamente vinculados y son interdependientes.

Las interrelaciones entre los factores que impulsan la seguridad alimentaria en la UE son múltiples y complejas, especialmente si se consideran también los efectos indirectos (Fig. 14.2). En Europa, los factores biofísicos y ambientales tienen una gran influencia en la seguridad alimentaria como en todo el mundo. La pérdida de biodiversidad está socavando los cimientos de los sistemas alimentarios mundiales, en particular mediante la disminución de la diversidad de plantas en los campos de los agricultores, el aumento del número de razas de ganado en riesgo de extinción y el aumento de la proporción de poblaciones de peces sobreexplotadas.

Si bien la disponibilidad de alimentos no está en juego en Europa hoy en día, la asequibilidad de los alimentos es una preocupación creciente para un número cada vez mayor de los hogares de bajos ingresos. Las tendencias y la combinación de factores llaman la atención sobre el hecho de que la disponibilidad, el acceso (asequibilidad), la utilización y la estabilidad no pueden darse por sentados ni a corto ni a largo plazo, y que algunos de estos factores pueden convertirse en riesgos para la seguridad alimentaria y exponer las vulnerabilidades del sistema alimentario, si no se abordan adecuadamente.

El Informe confirma que la producción se enfrenta a una presión cada vez mayor sobre los recursos naturales (escasez de agua, contaminación, disminución de la fertilidad del suelo y contaminación del aire), disminución de los polinizadores, plagas y enfermedades, reducción de la biodiversidad y los servicios ecosistémicos, así como los impactos multifacéticos de las variaciones del clima. Si no se aborda debidamente con urgencia, esto limitará la producción necesaria para proporcionar alimentos a una población mundial en aumento.

Los plaguicidas contribuyen a estabilizar los rendimientos a corto plazo, su uso y sus riesgos deben reducirse progresiva e inteligentemente para evitar efectos perjudiciales en la dimensión de la utilización y estabilidad de la seguridad alimentaria a medio y largo plazo, evitando al mismo tiempo una mayor degradación ambiental y promoviendo así sistemas alimentarios resilientes.

El análisis destaca la complejidad de cualquier debate sobre la seguridad alimentaria: no se trata de priorizar un factor sobre otro, sino que es importante comprender las dimensiones de corto y largo plazo de los factores y sus interrelaciones. Por definición, como ya se ha referido, la seguridad alimentaria tiene una dimensión de corto plazo: las personas deben tener acceso a los alimentos todos los días, no solo mañana. Esto requiere políticas que permitan garantizar la seguridad alimentaria en sus cuatro dimensiones en el corto plazo.

En ese proceso, la investigación y la innovación, el desarrollo tecnológico, la transferencia de conocimientos y la capacitación son factores clave que permiten lograr una mayor eficiencia en la producción de alimentos y al mismo tiempo minimizar los efectos sobre los recursos naturales. El momento para el desarrollo de las soluciones tecnológicas más avanzadas y su adopción entre los productores se encuentran entre los desafíos más apremiantes en el debate sobre la seguridad alimentaria.

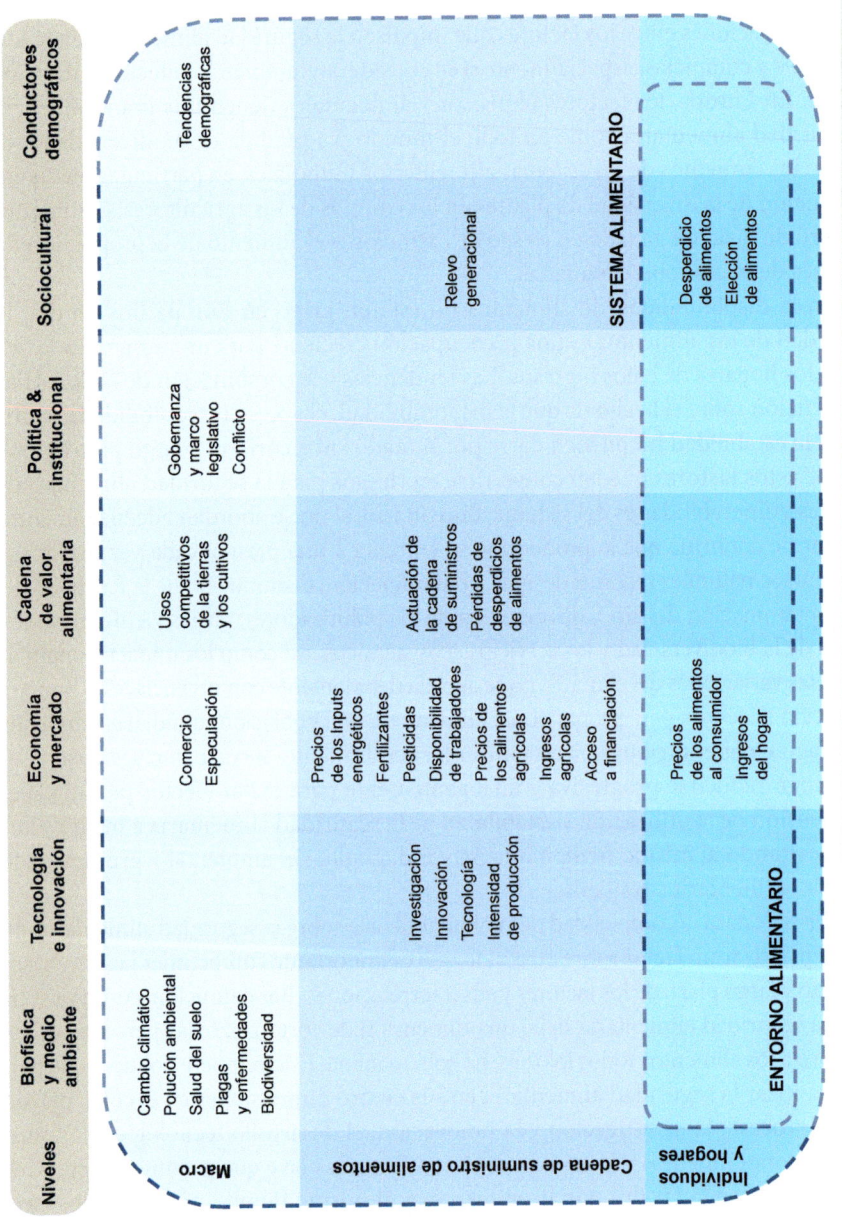

Figura 14.1 Marco conceptual para el análisis de los factores que afectan a la seguridad alimentaria de la Unión Europea (adaptado de European Commission, 2023)

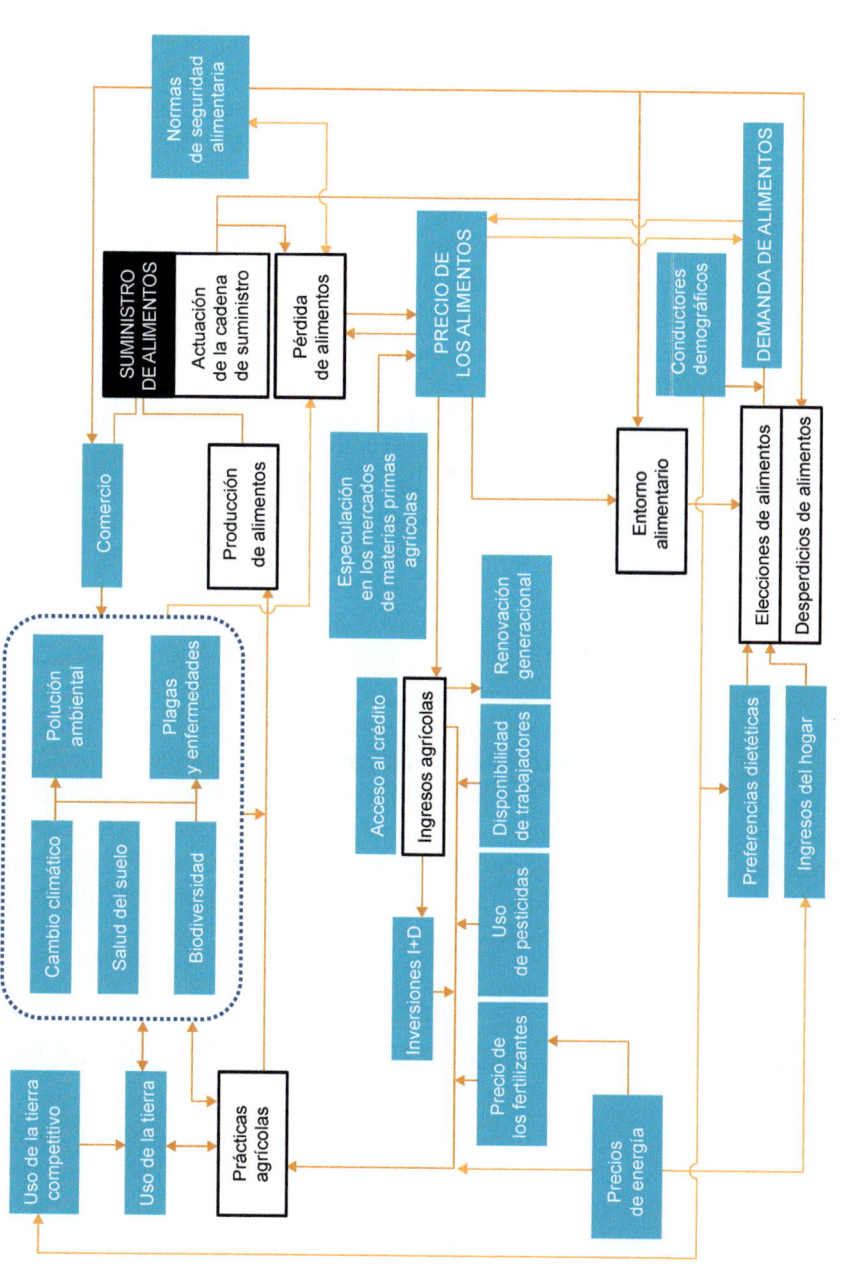

Figura 14.2 Interrelaciones entre los factores que impulsan la seguridad alimentaria en la Unión Europea (adaptado de European Commission, 2023)

En el contexto global, la UE es un importante productor y exportador de productos agrícolas, lo que la convierte en un actor esencial para contribuir a la seguridad alimentaria mundial. Aunque principalmente orientada hacia la exportación de productos alimenticios de alto valor añadido, la UE también desempeña un papel importante en el suministro de alimentos básicos, como cereales, a terceros países dependientes de las importaciones, en particular a los países en desarrollo. La UE es también uno de los principales donantes mundiales que proporciona ayuda humanitaria alimentaria y financiación de cooperación al desarrollo muy significativas en apoyo de la seguridad alimentaria y la agricultura en los países socios.

El análisis subraya que existe una urgencia inherente de actuar. En un contexto incierto y volátil, la transición hacia un sistema alimentario sostenible debería seguir guiando la acción política, normativa y programática de la UE. Dicho análisis proporcionará un marco para que los servicios de la Comisión determinen y sopesen las múltiples dimensiones relacionadas con la seguridad alimentaria a la hora de llevar adelante iniciativas políticas pertinentes.

Una implementación coherente e integral del Pacto Verde Europeo, incluidas las estrategias "de la granja a la mesa", la biodiversidad y otras estrategias relevantes, debería ayudar a la UE a garantizar un sistema alimentario sostenible, inclusivo y resiliente dentro de un calendario realista y con los instrumentos de apoyo necesarios.

La Política Agrícola Común, en particular, así como la Política Pesquera Común, seguirán apoyando a las comunidades agrícolas y pesqueras de la UE, incluso en la transición hacia un modelo agrícola y pesquero más sostenible, que preserve mejor los recursos naturales. Esto ayudará a garantizar la disponibilidad y el acceso a los alimentos para los consumidores a precios razonables. Predicando con el ejemplo, utilizando su mercado interno y sus relaciones y asociaciones comerciales globales para aprovechar los estándares globales, la UE puede promover estrategias ambiciosas en materia de sistemas alimentarios a través de asociaciones en todo el mundo. Esto seguiría el camino indicado por la Cumbre de las Naciones Unidas sobre Sistemas Alimentarios de 2021 y la Agenda 2030 para el Desarrollo Sostenible.

14.2. PRESENTE Y FUTURO DE LA PAC

La PAC es uno de los pilares históricos de la política europea. Es un sistema de orientación, regulación y apoyo para la agricultura y los agricultores en los Estados miembros de la UE. Oficialmente en vigor desde 1962, la PAC se basa en dos pilares. El primero se refiere al apoyo a los precios y los mercados agrícolas (el pilar histórico de la PAC); el segundo se centra en el desarrollo rural.

La PAC permitió el desarrollo del mercado único más integrado. Gracias a la PAC, el sector agrícola de la UE ha sido capaz de responder a las demandas de la ciudadanía en relación con la seguridad alimentaria, la calidad, la sostenibilidad y la seguridad. No obstante, al mismo tiempo, el sector se enfrenta al problema de la baja rentabilidad debido, entre otros, a las exigentes normas de la UE en relación con la producción, los elevados costes de los factores de producción y la fragmentación en la estructura del sector primario. Esta actividad compite ahora con los precios del mercado mundial en la mayor parte de los sectores, lidera el terreno en términos de calidad y diversidad de los productos alimentarios y registra las mayores exportaciones de productos agroalimentarios del mundo.

Los pagos directos consolidan actualmente la resiliencia de siete millones de explotaciones agrícolas, que cubren el 90% de la tierra cultivada. Representan un 46% de los ingresos de la comunidad agrícola de la UE, si bien la proporción es muy superior en numerosas regiones y sectores. De este modo, facilitan una relativa estabilidad respecto a los ingresos de los agricultores, que se enfrentan a una importante volatilidad de la producción y de los precios, ayudando así a mantener la base de producción alimentaria de alta calidad de la UE, cuya importancia es vital, repartida por toda la Unión. Su impacto se complementa con la implantación de instrumentos de mercado. Asimismo, las zonas con limitaciones naturales son también objeto de un apoyo específico.

Los ciudadanos europeos deben seguir teniendo acceso a una alimentación sana, de alta calidad, asequible, nutritiva y diversa. El modo de producir y comercializar estos alimentos debe satisfacer sus expectativas, en concreto, en lo que se refiere al impacto en su salud, el medio ambiente y el clima. Para poder garantizar esto en el contexto de una población mundial cada vez más numerosa, de una mayor presión medioambiental y del cambio climático, la PAC tiene que seguir evolucionando, manteniendo su orientación comercial y su apoyo al modelo de explotación agrícola familiar de la UE en todas las regiones de la Unión.

La actual arquitectura verde de la PAC, que depende principalmente de la aplicación complementaria de tres instrumentos políticos diferentes —la condicionalidad, los pagos directos para prácticas agrícolas beneficiosas para el clima y medidas voluntarias de apoyo al clima y al medio ambiente rural— será sustituida, y todas las operaciones se integrarán en un enfoque más específico, más ambicioso y flexible al mismo tiempo. El nuevo modelo de aplicación permitirá a los Estados miembros diseñar una combinación de medidas obligatorias y voluntarias en los pilares I y II para cumplir los objetivos en materia medioambiental y climática definidos a escala de la UE.

La PAC 2023-27 sigue un enfoque basado en el rendimiento y los resultados, construido en torno a diez objetivos, que enmarcan los planes estratégicos de la PAC de los países de la UE. Estos combinan intervenciones específicas que abordan necesidades específicas y cumplen objetivos a nivel de la UE.

Los planes estratégicos de la PAC pretenden fomentar la transición hacia un sector agrícola inteligente, sostenible, competitivo, resiliente y diversificado, garantizando al mismo tiempo la seguridad alimentaria a largo plazo. También contribuyen a la acción climática, la protección de los recursos naturales, la preservación y mejora de la biodiversidad, así como a fortalecer el tejido socioeconómico de las zonas rurales.

Los países de la UE implementan la PAC 2023-27 con un Plan Estratégico a nivel nacional. Cada plan combina una amplia gama de intervenciones específicas que abordan las necesidades determinadas de ese país de la UE y ofrecen resultados tangibles en relación con los objetivos a nivel de la UE, al tiempo que contribuyen a las ambiciones del Pacto Verde Europeo. Cada Plan Estratégico de la PAC incluye una estrategia de intervención que explica cómo cada país de la UE utilizará los instrumentos de la PAC para lograr los objetivos de la misma, de acuerdo con las ambiciones del Pacto Verde.

Esta nueva reforma de la PAC 2023-2027 supondrá un refuerzo de las normas de condicionalidad (la condicionalidad se refiere a todas las normas que deben respetarse para poder beneficiarse de las ayudas de la PAC). Las normas de pago verde se integran en las Buenas Condiciones Agrícolas y Ambientales 2022-2027. Ya no generan ayudas adicionales, pero forman parte de la base de reglas a respetar para poder beneficiarse de todas las ayudas de la PAC en dicho período.

Sin embargo, diversos estudios e informes, críticos con la PAC, sostienen que una nueva PAC amplifica el declive de las anteriores, con menos dinero, más medio ambiente y menos igualdad.

La PAC a partir de la década de los 90 no ha favorecido con sus mecanismos de ayuda la sostenibilidad y eficiencia de los sistemas agrícolas europeos, con el desacoplamiento de la producción y los precios y el desmantelamiento de los instrumentos de regulación. Entre otros efectos negativos de la PAC hay que resaltar la creciente dependencia alimentaria de la UE, que casi ha duplicado sus importaciones agrarias en una década, lo cual equivale a la producción de más de 35 millones de ha de tierra agrícola (aproximadamente la superficie de Alemania).

Europa es cada vez más exigente en términos de medio ambiente y bienestar animal. Responde así a la creciente preocupación de los consumidores, amplificada por los medios de comunicación, pero a cambio sigue queriendo avanzar en la firma de tratados de libre comercio ¿Es normal exigir a nuestros productores que se esfuercen cada vez más, sin mayores compensaciones económicas, para que nuestros virtuosos productos se vayan al otro lado del mundo, para importar productos más baratos, producidos con métodos que nos negamos a que se apliquen a nuestros productos? En otras palabras, ¿es normal que el contribuyente europeo financie alimentos de calidad para otros países?

El presupuesto de programación 2021-2027 se reduce en más de un 12% respecto, al periodo 2014-2020, y un 21% respecto al período 2007-2013, expresados en euros constantes de 2018, eliminando Reino Unido. El presupuesto de la PAC se ha reducido en casi 90.000 millones en 20 años, una pérdida media de 4.500 millones por año. Esta PAC ha dado un nuevo paso en la creación de desigualdades intraeuropeas en términos de condiciones de producción agrícola, a través de la consagración de los Planes Estratégicos Nacionales, lo que permitirá a cada Estado miembro dictar sus propias reglas dentro de un marco amplio, pero también a través de una implementación de condicionalidad que se ha vuelto esterilizante y conducente a elecciones nacionales, que pueden aumentar sus efectos bajo la influencia de los grupos de presión ambientalistas hasta el final.

Con un presupuesto anual de más de 60.000 millones de euros, la PAC ha representado históricamente la mayor partida presupuestaria (alrededor del 40% del presupuesto europeo). Es, una vez más, sobre todo, conocido por el público en general por lo que ya no es: un sistema para regular los volúmenes e, indirectamente, los precios de los productos agrícolas y alimenticios. Porque desde la década de 1990, los diversos sectores se han desregulado, dejando a la agricultura europea en contacto directo con los mercados agrícolas mundiales, donde los precios están fijados por el juego libre de la oferta y la demanda. En esta competencia global desigual (ciertos Estados que apoyan o subsidian su agricultura más o menos fuertemente, sin mencionar los costes de mano de obra y producción), la PAC actúa cada vez menos como un amortiguador o una pantalla, como fue el caso con el pasado. Ahora debe perseguir objetivos diferentes, a veces contradictorios: garantizar la orientación de la producción agrícola, mantener un nivel relativo de suficiencia alimentaria, teniendo en cuenta los cambios ambientales necesarios: se habla de "ecologizar" la PAC.

La aplicación indiscriminada de la PAC puede acarrear numerosos peligros a los sistemas extensivos de secano al sur de la UE, ante la dicotomía de la intensificación de los cultivos o el abandono a gran escala de áreas menos productivas. Estos sistemas mediterráneos son tradicionalmente de bajos inputs, respecto a la agricultura de otros países europeos, como se ha dicho, su fragilidad y su valor requieren la protección mediante una política medioambiental decidida y realista, a través de la potenciación de las ayudas agroambientales ya existentes, e incluso mediante un tratamiento diferencial dentro de las medidas de la PAC. Su futuro hay que garantizarlo no por la vía de la competitividad con la agricultura del norte y centro de Europa, sino por el mantenimiento de la extensificación, de la conservación del suelo y el fomento de producciones sanas y de calidad, valorando su riqueza ambiental y su biodiversidad.

Así, bajo una aparente cohesión en términos de objetivos que se han vuelto esencialmente medioambientales, el marco general promulgado en esta nueva PAC deja realmente a los Estados miembros con un margen de maniobra sin precedentes ¿Qué queda de la PAC más allá de un presupuesto por asignar? Las orientaciones individuales de los Estados miembros en materia de agricultura y medio ambiente, que se harán seguras a través de los Planes Estratégicos, corren el riesgo de debilitar aún más el carácter común de la PAC, que ya pende de un hilo.

Según la Comisión Europea, los objetivos de apoyo a la renta también se han ampliado, que incluyen: (1) servir como red de seguridad y hacer que la agricultura sea más rentable; (2) garantizar la seguridad alimentaria en Europa; (3) ayudar a producir alimentos seguros, saludables y asequibles; (4) pagar por la provisión de bienes públicos que normalmente no son remunerados por los mercados, como la preservación del espacio natural y el medio ambiente ¿Cómo pueden las ayudas disociadas, por definición fijas e independientes de las condiciones de producción, alcanzar tales objetivos? Esta PAC reconoce la necesidad de garantizar una renta para los agricultores, pero desvincula explícitamente esta renta de la remuneración del productor sin proporcionar los medios para garantizar una soberanía alimentaria medible.

Mientras la volatilidad de los precios no tiene precedentes, la UE multiplica los acuerdos de libre comercio sin poder imponer cláusulas espejo que cumplan con los requisitos europeos en materia de medio ambiente o bienestar animal; en tanto que las otras potencias agroexportadoras como Estados Unidos, despliegan apoyos ilimitados para sus agricultores, Europa persiste en financiar ayudas ineficaces en un contexto de recortes presupuestarios. Al mismo tiempo, exige esfuerzos adicionales en materia medioambiental y de bienestar animal, no remunerados, sin proteger a sus ganaderos de la falta de competitividad que les impone ni dotar a sus consumidores de los medios para permitirse este alimento más virtuoso, pero más caro, que el de importaciones ambientalmente menos costosas.

La dificultad que tienen los europeos para apoyar adecuadamente a su sector agrícola se explica en parte por el hecho de que la sociedad ya no considera necesario gastar tanto dinero en una categoría tan débil de la población, que pretende mantener artificialmente la competitividad para poder seguir exportando. Los consumidores ya no conocen los costes de producción y el precio real de sus alimentos. El período inflacionario actual tiende a hacer que los productos de calidad sean inasequibles y obliga a los consumidores a reorientar sus elecciones alimentarias hacia productos importados de gama baja, de modelos agrícolas que se rechazan en suelo europeo.

Este ascenso, acentuado por los objetivos de las distintas hojas de ruta vinculadas a la estrategia *Farm to Fork* (F2F) (reducción de fitosanitarios, fertilizantes, aumento de superficies orgánicas, de elementos no productivos) no puede llevarse a cabo sin una reducción de la producción y un aumento en el precio de los productos alimenticios vinculado al aumento inducido del coste de producción. Se comienza a observar que el consumidor no tiene la capacidad de pagar el precio de los alimentos demandados por el ciudadano, ya que no se ha implementado una política de apoyo al consumo para financiar la transición agroecológica.

El aumento del gasto en forma de ayudas del Estado durante la crisis que ya dura dos años, la multiplicidad de excepciones y la incapacidad de la UE para producir estudios de impacto de los cambios normativos que pide el *Green Deal* ("Pacto Verde Europeo") en el contexto actual, demuestra que esta PAC sin aliento no se adapta al giro que está tomando la economía mundial. El mundo ahora es más inestable y garantizar la sostenibilidad de nuestros sistemas agrícolas y cadenas de suministro es una prioridad.

Así, los precios mínimos garantizados varían en una proporción de 1 a 3 entre Europa y China; incluso cuando se incluye la ayuda disociada, sigue existiendo un fuerte desequilibrio a favor de los otros principales países productores. Además, dado que la ayuda desvinculada no está ligada a objetivos productivos y de soberanía alimentaria, puede reducirse por razones exógenas como, por ejemplo, la necesidad de dar cabida a otras políticas comunitarias dentro de un presupuesto limitado. Este es todo el problema de Europa que, a diferencia de Estados Unidos en particular, sigue constreñida por el rigor del marco financiero plurianual, que limita su gasto y reduce la escala de las estrategias que intenta desplegar, donde los países soberanos deciden en función de las necesidades y objetivos estratégicos. Basta con mirar la plasticidad extrema de la Ley Agrícola Americana (*"Farm Bill"*) donde de un año a otro, el apoyo se adapta a las realidades.

Los países de la UE siguen siendo los únicos entre los principales productores que reducen su apoyo a la agricultura y se muestra reacia a proteger a sus agricultores, que, sin embargo, también dependen de las fluctuaciones del mercado. En todo el mundo, hay un fortalecimiento de las políticas de apoyo a los precios, incluso el almacenamiento estratégico administrado por el Estado, mientras que la UE no tiene ninguno. El precio de apoyo al trigo, relegado al rango de "red de seguridad" que no puede cubrir los costes de producción, está lejos de los niveles de Estados Unidos, India o China, añadiendo incluso ayudas disociadas para apoyar la renta de los agricultores.

El aumento del nivel de ambición ambiental va de la mano de una reducción del presupuesto europeo dedicado a la PAC y una reducción de la protección del mercado interior, mediante la firma de acuerdos de libre comercio con países con menor desempeño ambiental que someten nuestras producciones a competencia desleal. A pesar de las declaraciones europeas sobre medidas espejo, el concepto de autonomía estratégica, las cláusulas espejo que se integrarían en los nuevos capítulos sobre agricultura sostenible integrados en los nuevos acuerdos comerciales, la realidad es bien distinta. Además de que faltan los medios para permitir el control de estas medidas, en realidad la UE está luchando por imponer sus preocupaciones ambientales de manera unilateral, como lo demuestran las tormentosas reacciones del Mercosur al anuncio de la regulación sobre deforestación importada. Es preocupante la capacidad de la UE para concluir acuerdos rápidamente gracias a la división de la parte comercial, validada únicamente por las autoridades europeas y no sujeta a la ratificación de los parlamentos nacionales. De hecho, los capítulos sobre agricultura sostenible se limitan al cumplimiento de acuerdos internacionales, que no siempre son legalmente vinculantes y de ninguna manera corresponden a cláusulas espejo.

Ahora la PAC no es más que el remanente de un marco común desgastado, de un amplio menú donde cada Estado miembro es libre de elegir su plato y su sazón. Ante la dificultad de llegar a un acuerdo de los 27, ante la imposibilidad de ceñirse a los calendarios de reforma y de encontrar compromisos que satisfagan a todos, el desvío de la subsidiariedad ha superado un nuevo umbral, resultando en 27 versiones nacionales de la PAC, a través de los Planes Estratégicos Nacionales. Cada Estado miembro es ahora libre de definir elementos claves de la política, tales como:

- Sus objetivos y los indicadores seleccionados
- La forma de utilizar el presupuesto a través de los diferentes tipos de ayudas (acopladas, programas operativos, nuevas medidas agroclimáticas y climáticas, etc.)
- Su "auténtico agricultor" capaz de recibir ayuda, su joven agricultor

- La gestión de los riesgos climáticos y la dotación presupuestaria a dedicar a ella
- Condiciones de acceso a los ecoregímenes
- Buenas condiciones agrarias y ambientales

Cada Estado miembro también puede solicitar excepciones a la aplicación de estas normas, que ya son cada vez más flexibles. Recientemente, la adopción de excepciones (rotación de cultivos, barbecho) a partir del primer año de aplicación de esta PAC 2021–2027 demuestra una vez más la falta de un rumbo estratégico europeo, y da la sensación de que se va viento en popa, lo que no está a la altura de los desafíos y solo conduce al reforzamiento de las distorsiones de la competencia entre los Estados miembros. De hecho, no se solicitan excepciones en todos los Estados miembros y, por lo tanto, las normas se aplican de manera desigual, incluso para la producción bajo una etiqueta común como la agricultura ecológica.

En consecuencia, se puede observar una desintegración de la arquitectura común de la PAC, donde su implementación difiere cada vez más de un Estado miembro a otro. Ante este marco que se ha vuelto demasiado flexible y la incapacidad de los 27 para ponerse de acuerdo sobre sus ambiciones, las políticas nacionales adquieren un peso cada vez más significativo que conduce nuevamente a mayores distorsiones de la competencia: directivas (p.ej., nitratos), planes (p.ej., ecophyto), Egalim 1, 2, 3, obligaciones específicas (p.ej., jaulas, castración, prohibición específica de pesticidas, etc.).

La necesidad de iniciar un proyecto de reforma de la PAC a partir de 2023 está indisolublemente ligada a la evolución del contexto internacional y a la urgencia de desplegar una estrategia de soberanía alimentaria del mismo modo que la soberanía energética para proteger a los países europeos de crisis especialmente graves. La nueva PAC, no cumple este requisito porque, no solo no persigue los objetivos que la situación exige, sino que se ha marchitado en una telaraña de Planes Estratégicos Nacionales que constituyen el decorado barroco de una Europa incapaz de mantener una política común.

La organización francesa MOMAGRI (Movimiento para una Organización Mundial de la Agricultura) a través de su publicación *Agriculture Strategies*, ha elaborado una propuesta de reforma que se inspira en algunos puntos en la política estadounidense, pero adaptándose a una Europa diversa, cuyo futuro depende más que nunca de su capacidad de innovar y de superar las comodidades de un equilibrio sutil, a menudo cercano al inmovilismo. Su objetivo es reunir a nuestro alrededor suficientes apoyos para que este proyecto de reforma, que debe ser profundizado y perfeccionado, se convierta en una plataforma de influencia que permita concienciar al mundo político y a la opinión pública para desencadenar un rápido proceso de revisión del PAC. El momento es propicio porque las crisis que nos aqueja exigen encontrar soluciones y librarse de marcos que se han vuelto inadecuados.

Dicho proyecto sostiene una nueva convergencia que debe integrar las políticas alimentarias y perpetuar el objetivo de una transición agroecológica sustentable y sostenible. Para ello, se deben cumplir tres elementos:

- Cambiar los principios de asignación de ayudas comunitarias reduciendo la proporción de ayuda disociada e introduciendo herramientas regulatorias como las ayudas anticíclicas.

- Proporcionar un marco de ingresos estabilizados para los agricultores con el fin de consolidar el nivel de soberanía alimentaria y permitirles asumir el riesgo de cambiar las prácticas.

- Reorientar el consumo hacia los productos resultantes de esta transición y abrir ampliamente, en esta lógica, el campo de la ayuda alimentaria como factor de transferencia social e instrumento de apoyo a la producción agrícola y alimentaria.

Para ser relegitimada, la PAC debe convertirse en una PAAC, una política agrícola y alimentaria común, e integrar un enfoque sectorial para asegurar el potencial industrial y al mismo tiempo promover la ayuda alimentaria a los más desfavorecidos. Debe reorientarse hacia las necesidades intraeuropeas, centrarse en la gestión de la oferta y la demanda y movilizar herramientas de intervención potentes y eficaces: ayudas anticíclicas, stocks estratégicos, cuotas y hacer frente al empeoramiento de la pobreza y la inseguridad alimentaria en Europa. La Unión Europea debe volver a sus raíces y reintegrar la ayuda alimentaria en la PAC, asignando el presupuesto necesario: recordemos que hasta 2011, las materias primas procedentes de las existencias de intervención de la PAC (cereales, arroz, azúcar, leche en polvo, mantequilla) eran intercambiadas por los Estados miembros por productos alimenticios (materias primas o productos elaborados) mediante licitaciones de los fabricantes. Los productos así intercambiados se redistribuían luego a asociaciones caritativas. La desaparición gradual de las existencias supuso una modificación del sistema: en lugar de intercambiar materias primas de las existencias por productos alimenticios, los Estados miembros tuvieron que comprarlos para facilitarlos a sus asociaciones caritativas. Este cambio de prácticas marcó el fin de la conexión entre la PAC y la ayuda alimentaria y los presupuestos disociados y su gestión, a diferencia de Estados Unidos, donde la ayuda alimentaria está incluida en la Ley Agrícola.

Por lo tanto, sería necesario iniciar ahora un proceso excepcional de reforma de la PAC, sin esperar a 2027 y superando los Planes Estratégicos Nacionales, que son inadecuados y favorecen en general políticas cada vez más divergentes, fuentes de una distorsión de la competencia interna. Se trata de dar a la Unión Europea la oportunidad de reencontrarse adoptando una vez más un proyecto político común, capaz de reconciliar a la sociedad civil y a los agricultores, para permitir la estabilización de los ingresos y los precios, desde la granja hasta la mesa, y asegurar salidas al mercado interior en este contexto internacional trastornado donde las otras potencias se están adaptando.

Sin una propuesta constructiva del mundo agrícola, el presupuesto de la PAC seguirá debilitándose y se dedicará cada vez más a la consecución de objetivos medioambientales, bajo la presión de las organizaciones no gubernamentales (ONG).

Para obtener la necesaria revalorización del presupuesto de la PAC, es imprescindible proponer un proyecto que relegitime estas ayudas utilizándolas para defender nuestra soberanía alimentaria.

Esta propuesta de PAAC se basaría en tres pilares heredados de la PAC y de una nueva política: la ayuda alimentaria (Fig. 14.3):

- Un pilar de gestión de la oferta y la demanda, que reúne todos los mecanismos de regulación y apoyo a los precios, seguros de cosechas y los mecanismos de ayudas acopladas específicas.

- Un pilar dedicado a la transición medioambiental y energética, que reúne las ayudas de "Calidad Europa" que retribuyen las limitaciones comunes a todos, las ayudas destinadas a remunerar los esfuerzos medioambientales adicionales y las ayudas asociadas a las zonas con desventajas naturales.

- Un pilar que pretende financiar las inversiones del futuro: los gastos vinculados al transporte y la instalación, inversiones para mejorar el aprovechamiento de los recursos y la competitividad de las empresas, ayudas a la investigación varietal.

Figura 14.3 Propuesta de desglose en tres pilares de una nueva PAAC (adaptado de Agriculture Strategies, 2023)

A esto se sumaría una política de ayuda alimentaria que supondrá en sí misma una nueva asignación de la PAAC con nuevos créditos y mecanismos de cofinanciación nacional y regional por definir. En esta etapa se mantendrá el presupuesto para el segundo pilar, cuyas disposiciones actuales se encuentran en el segundo y tercer pilar, aunque la distribución entre las diferentes medidas y la integración de las nuevas deberán ser objeto de debates posteriores.

14.3. EL PACTO VERDE (*"GREEN DEAL"*). LA ESTRATEGIA *"FARM TO FORK"* (DE LA GRANJA A LA MESA)

La estrategia *"Farm to Fork"* (F2F) propone un marco para un sistema alimentario justo, saludable y respetuoso con el medio ambiente y se cita como el corazón del Pacto Verde Europeo. Dicha estrategia F2F se describe en el documento de política de la Comisión Europea (CE) como "un nuevo enfoque integral de cómo los europeos valoran la sostenibilidad alimentaria. Es una oportunidad para mejorar los estilos de vida, la salud y el medio ambiente. La creación de un entorno alimentario favorable que facilite la elección de dietas saludables y sostenibles beneficiará la salud y la calidad de vida de los consumidores y reducirá los costes sanitarios para la sociedad".

El enfoque para lograr estos objetivos está relacionado con la noción de que existe una "necesidad urgente de reducir la dependencia de plaguicidas y antimicrobianos, reducir el exceso de fertilización, aumentar la agricultura orgánica, mejorar el bienestar animal y revertir la pérdida de biodiversidad". La CE cree que la transición representará una "gran oportunidad económica" y esencialmente crea su marca para la sociedad y el mundo. Inclusiva es la expectativa de cambiar la dieta de las personas para reducir la obesidad y la ingesta de alimentos asociada, lo que reduciría aún más la huella agrícola.

De importancia para el comercio global, la estrategia F2F sostiene que "también está claro que no podemos hacer un cambio a menos que llevemos al resto del mundo con nosotros" y enfatiza que su esfuerzo incluye políticas para elevar los estándares a nivel mundial para evitar la exportación de bienes producidos por prácticas insostenibles.

Los objetivos declarados son reducir la huella ambiental y climática del sistema alimentario de la UE y fortalecer su resiliencia, garantizar la seguridad alimentaria frente al cambio climático y la pérdida de biodiversidad, y liderar una transición global hacia la sostenibilidad competitiva de la granja a la mesa y aprovechar las nuevas oportunidades.

En cuanto a los objetivos y metas, la estrategia F2F se centra en los plaguicidas químicos debido a su contribución declarada a la contaminación del suelo, el agua y el aire; y la pérdida de biodiversidad. La CE reducirá el riesgo en un 50% con la eliminación de los plaguicidas más peligrosos para 2030. Se alentará y/o incentivará a los agricultores a utilizar mecanismos de control mecánicos, culturales o naturales. De manera similar, los nutrientes se señalan como otra fuente importante de contaminación del aire, el suelo y el agua y los impactos climáticos, que de manera similar ha reducido la biodiversidad. La UE reducirá las pérdidas de nutrientes en al menos un 50% sin pérdida de fertilidad del suelo. Se propondrán planes de acción de gestión integrada de nutrientes junto con disposiciones para servicios y tecnologías de asesoramiento. Observando que la ganadería representa casi el 70% de las emisiones de gases de efecto invernadero relacionadas con la agricultura, la estrategia F2F fomentará las proteínas vegetales cultivadas en la UE y las materias primas para piensos alternativos, como insectos y poblaciones de piensos marinos/desechos de pescado, como alternativas a la carne, junto con una producción de carne más sostenible. Las preocupaciones sobre la resistencia a los antimicrobianos están llevando a la CE a reducir las ventas de antimicrobianos para los animales de granja y en la acuicultura en un 50% para 2030. También se observa un enfoque especial en el bienestar animal, incluido el etiquetado del sistema de producción en toda la cadena alimentaria.

En cuanto a la innovación, la estrategia F2F sugiere que las nuevas técnicas innovadoras, incluida la biotecnología y el desarrollo de productos biológicos, pueden desempeñar un papel en el aumento de la sostenibilidad, siempre que sean seguras para los consumidores y el medio ambiente y, al mismo tiempo, aporten beneficios a la sociedad en su conjunto. Además, la estrategia pide una ampliación rápida y expansiva de la agricultura orgánica, buscando tener al menos el 25% de las tierras agrícolas de la UE bajo agricultura orgánica para 2030. Se propone una financiación sustancial de los Estados miembros para alcanzar estos objetivos que aceleren la adopción de los llamados "eco-esquemas".

La estrategia F2F también reconoce la necesidad de cambiar los patrones actuales de consumo de alimentos para incluir puntos de vista tanto de salud como ambientales, buscando reducir la ingesta de energía, carnes rojas, azúcares, sal y grasas. Se señala como el objetivo para una dieta más basada en plantas. La CE también determinará la mejor manera de establecer criterios mínimos obligatorios para la compra sostenible de alimentos, a fin de garantizar que cada autoridad pública haga su parte para impulsar los sistemas agrícolas sostenibles, como la agricultura orgánica.

En resumen, la estrategia F2F establece objetivos ambiciosos centrados directamente en la reducción del impacto medioambiental de la agricultura en la UE. Se observan objetivos de reducción claros y directos para plaguicidas, fertilizantes y antimicrobianos animales, junto con la rápida expansión de la agricultura orgánica y los cambios en la dieta de la proteína animal basados en argumentos tanto de salud como ambientales. La estrategia reconoce un papel para la innovación en el apoyo a la transición, e incluye un énfasis especial en el comercio y los estándares globales.

La participación y el compromiso de todas las partes interesadas, incluidos los productores, los procesadores, los minoristas y los consumidores de alimentos europeos, son cruciales para implementar con éxito la estrategia F2F y lograr un verdadero cambio sostenible en el sistema alimentario de Europa. Dado que se planea completar una gran cantidad de diferentes medidas habilitadoras para 2024, todavía queda mucho trabajo por hacer. Para garantizar que la estrategia F2F pueda desplegar todo su potencial, se necesitará un sólido compromiso de los Estados miembros de la UE y una coordinación multinivel entre la UE y los gobiernos de sus Estados, con una mayor cooperación entre las instituciones y dentro de ellas.

La estrategia F2F es una hoja de ruta ambiciosa que permitirá adoptar un sistema alimentario más sostenible. Sin embargo, para que pueda impactar de la manera prevista, deberán superarse varios desafíos. Una cuestión clave relacionada con la implementación de dicha estrategia es que la CE aún no ha definido con claridad el concepto y los principios generales de los sistemas alimentarios sostenibles. Hasta que no se logre un entendimiento común de este concepto multidimensional, será difícil formular objetivos coherentes, adoptar un enfoque de sistemas apropiado y asumir los compromisos concretos y claros que necesitan todas las partes interesadas.

Los problemas acechan detrás de la retórica. En primer lugar, la UE depende en gran medida de las importaciones agrícolas; solo China importa más. En el año 2022, la UE compró una quinta parte de las producciones agrícolas y el 1% de la carne y los productos lácteos consumidos dentro de sus fronteras (118 y 4 megatoneladas, respectivamente). Esto permite a los europeos cultivar de forma menos intensiva. Sin embargo, las importaciones provienen de países con leyes ambientales que son menos estrictas que las de Europa. Y los acuerdos comerciales de la UE no requieren que las importaciones se produzcan de manera sostenible.

El resultado neto es que los Estados miembros de la UE están subcontratando el daño ambiental a otros países, mientras se llevan el crédito por las políticas verdes a casa. Aunque la UE reconoce que se requerirá alguna nueva legislación en torno al comercio, a corto plazo, nada cambiará bajo el *"Green Deal"*.

No se han fijado objetivos paralelos para el comercio exterior. Un mosaico de normas, algunas obligatorias y otras voluntarias, seguirán rigiendo la sostenibilidad de las importaciones agrícolas a la UE. Todos deben cumplir con una política general, que estipula, por ejemplo, que los granos oleaginosos como la soja no deben provenir de tierras recientemente deforestadas. Dichos requisitos son irregulares y se aplican de manera deficiente.

Los departamentos de aduanas no tienen los mecanismos, el dinero o el personal para comprobar que las mercancías cumplen los criterios de sostenibilidad cuando llegan a los puertos europeos. Los acuerdos comerciales de la UE no dicen qué estándares específicos deben cumplir las importaciones, o si los países exportadores deben tener leyes o controles ambientales adecuados. Los signatarios del pacto UE–Mercosur, por ejemplo, acuerdan únicamente "esforzarse" por mejorar sus leyes ambientales y de protección laboral.

En Europa, por ejemplo, existe una moratoria "de hecho" al cultivo de organismos modificados con la técnica del ácido desoxirribonucleico (ADN) recombinante, conocidos como organismos modificados genéticamente (OMG). Se trata de técnicas que permiten llevar a cabo con mucha precisión y gran eficiencia un trabajo que los agricultores de todo el mundo han ido haciendo durante los siglos, es decir, el de seleccionar las especies más productivas y resistentes para crear nuevas. En favor de esta moratoria hay una difundida sensibilidad que considera los productos agrícolas fruto de transgénesis como potencialmente dañinos para la salud y/o para el medio ambiente. Se descuidan así los progresos de la ciencia, llegando a ignorar, o en el mejor de los casos tachándolas como dudosas, las evaluaciones de las agencias públicas que certifican la seguridad de los OMG y las pruebas recopiladas en el ámbito de la investigación científica. La cuestión más grave es que los miedos sobre los OMG están frenando y, en algunos casos, hasta prohibiendo de hecho la investigación sobre esta materia. Y es justo uno de esos campos que necesita más protagonismo público, por una razón que definiríamos "ética", es decir, evitar que se siga excluyendo a los pobres y a los pequeños agricultores de los beneficios generados por la investigación privada, debido a las barreras de adaptabilidad (y por tanto de rentabilidad).

Las prácticas agrícolas que están restringidas en Europa están explícitamente permitidas en las producciones importadas, no simplemente pasadas por alto. Por ejemplo, los organismos genéticamente modificados (GM) han sido severamente restringidos en la agricultura de la UE desde 1999. Sin embargo, Europa importa soja y maíz GM de Brasil, Argentina, Estados Unidos y Canadá. Muchos cultivos transgénicos son resistentes a los herbicidas. Por ejemplo, el 80% de la producción de soja en Estados Unidos y Brasil utiliza el glifosato, un herbicida que se pretende restringir en la UE. Las tasas de aplicación de herbicidas, incluido el glifosato, se han duplicado para algunos cultivos en los Estados Unidos en los últimos 10 años.

La UE debería adoptar prácticas de "intensificación sostenible" que utilicen nuevas tecnologías para aumentar el rendimiento de los cultivos. Por ejemplo, las técnicas de edición de genes (como CRISPR–Cas9) pueden mejorar la masa comestible, la altura y la resistencia a plagas de las plantas, sin utilizar genes de otras especies. A diferencia de Estados Unidos y China, la UE actualmente trata al CRISPR como tecnología GM convencional y va a la zaga en cuanto a patentes CRISPR para uso agrícola (respecto a Estados Unidos y China), así como en inversiones en dicha investigación.

Algunas de las tecnologías clave utilizadas para diseñar plantas mediante la introducción de genes de otras especies se inventaron en universidades europeas, pero en 2001 la Unión Europea prohibió efectivamente el cultivo de plantas GM en su agricultura. La medida ha debilitado tecnológicamente el sector agrícola de Europa y ha llevado el talento científico a otros países. Recientemente fue una buena noticia cuando la Comisión Europea, propuso formalmente una nueva ley largamente esperada para regular el uso de nuevas técnicas genómicas. Este es un término general para las tecnologías, en particular la edición de genes CRISPR–Cas9, que puede editar genomas con precisión sin agregar ADN de otra especie. Según las normas actuales de la UE, las plantas modificadas con nuevas técnicas genómicas están estrictamente reguladas como cultivos transgénicos.

Europa utiliza un promedio de más del doble de fertilizantes en la soja (34 kilogramos por tonelada de soja en comparación con los 13 kg en EE.UU.). El uso en Brasil se ha duplicado desde 1990, a 60 kg por tonelada en 2014.

Los productores europeos se encuentran en una situación desfavorable ligada al aumento de los costes de producción, inducidos por el aumento de los requisitos ambientales por la llegada del *"Green Deal"* y deben soportar la competencia desleal de los productos estadounidenses que se benefician del consiguiente aumento de las subvenciones. Para poder seguir siendo competitivos en estas condiciones y tener la esperanza de vender su producción a precios remunerativos, Europa deberá necesariamente tomar decisiones políticas firmes.

Si bien la revisión de la PAC y la política comercial anticipa una hipotética resurrección de la Organización Mundial del Comercio (OMC), para defender las preferencias ambientales de la UE y penalizar las importaciones de productos que no cumplan con sus estándares, teniendo en cuenta las consecuencias sociales que también tendrán que derivar en nuevas medidas. El establecimiento de cláusulas "espejo" para imponer normas similares a los productos importados implicaría un aumento de los precios de los alimentos. De adoptarse, debería ir acompañada de una política alimentaria reforzada, a fin de permitir que los más desfavorecidos tengan los medios para pagar este alimento más virtuoso, pero también más caro.

14.4. PAC *VERSUS* FARM BILL

A finales del año 2020, el Departamento de Agricultura de los Estados Unidos (USDA) publicó un estudio que analiza los impactos de la adopción del *"Green Deal"*, según varios escenarios alarmistas que generalmente anuncian una caída de la producción europea, un aumento de los precios agrícolas y alimentarios y una caída de la renta agrícola europea y un aumento del hambre en el mundo. En detalle, los escenarios son los siguientes: o la UE se compromete sola en la reducción de inputs, o la siguen varios socios comerciales, o la estrategia se adopta en todo el mundo. Dependiendo del caso, la producción agrícola europea descendería en 2030 en un 12%, 11% y 7% respectivamente. Este estudio del USDA se produce para convencer con un argumento público muy general: Europa ya no podrá alimentar al mundo, lo que implica una amenaza para la seguridad alimentaria mundial y un aumento del hambre en el mundo. Por lo tanto, indica que, según los escenarios, el número de personas que padecen hambre aumentaría de 22 millones (caso de adopción solo por la UE) a 185 millones (caso de adopción global). Estos elementos fueron rápidamente recogidos por la prensa, especialmente porque el estudio estadounidense es actualmente el único que evalúa los efectos del *"Green Deal"*.

En Estados Unidos, el *"Green Deal"* es inquietante. Descrita inicialmente como proteccionista, esta nueva política ahora corre el riesgo de perturbar la seguridad alimentaria mundial, según expertos estadounidenses. Según el USDA, los nuevos requisitos medioambientales de la UE podrían conducir a una reducción de la producción europea. En lugar de regocijarse por la ganancia inesperada que presentaría la liberación de nuevas cuotas de mercado otorgadas por los UE, Estados Unidos está preocupado y agitando el espectro del aumento del hambre y la inseguridad en el mundo. Si bien la UE tiene un gran déficit de productos vegetales crudos, el riesgo en realidad radica en el aumento de los requisitos europeos para acceder a su mercado, lo que afectaría directamente a su principal proveedor, que es Estados Unidos.

Los EE.UU. y la UE comparten objetivos comunes, especialmente con respecto a cualquier impacto nocivo para el medio ambiente o la capacidad de producción del suelo. Sin embargo, sus respectivos enfoques son muy diferentes junto con diferentes niveles de énfasis en la producción y la productividad. Además, la estrategia F2F pone un énfasis adicional en la nutrición como parte de la estrategia general, mientras que EE.UU. incorpora este enfoque como parte de otras iniciativas alineadas, incluido el Plan científico del USDA. Esta comparación se centrará únicamente en los aspectos de producción y capacidad de producción que son comunes entre ambas estrategias.

Una de las muchas distinciones clave es la opinión diferente sobre el papel futuro de la tecnología y la innovación en la agricultura. La estrategia F2F pone al frente y al centro la reducción de las herramientas convencionales utilizadas por los agricultores sin mencionar un paradigma de evaluación de riesgos o una disposición sobre cómo reemplazar el papel y el valor que brindan estas herramientas, ciertamente no antes del cronograma de eliminación de 2030. Además, no existe ninguna iniciativa de acompañamiento significativa descrita como objetivos de descubrimiento para crear nuevas herramientas (p. ej., plantas editadas genéticamente para reducir el uso de plaguicidas o la eficiencia del uso de nitrógeno), o comprometerse directamente con el sector privado para desarrollar nuevas soluciones. La *Agriculture Improvement Act* (AIA) americana, por el contrario, adopta las tecnologías en las que confían los agricultores y ganaderos.

Las nuevas demandas y expectativas del Pacto Verde de la UE y concretamente las estrategias "Del campo a la mesa" y "Biodiversidad 2030", están requiriendo ya que los agricultores puedan disponer de variedades más rentables y producir de forma más sostenible. Distintos especialistas han señalado que, si estas estrategias de la UE se llegan a aplicar por completo antes de 2030, la producción agrícola va a disminuir considerablemente, con unas pérdidas de producción, dependiendo de los cultivos, de entre el 23% y 50%. El Departamento de Agricultura de EE.UU., por ejemplo, estima que con estas estrategias los precios se incrementarán un 17%, los ingresos brutos de los agricultores disminuirán un 16% y el coste de la cesta de la compra *per capita* se encarecerá 125€, lo que supondría para una familia un gasto añadido de 500€ al año. En consecuencia, es imprescindible poder emplear todas las tecnologías disponibles, especialmente aquellas que, como la edición genética, consiguen ofrecer mejoras de los cultivos de manera más dirigida y en un menor tiempo. Por eso, el marco normativo y regulatorio general de la UE tiene que fomentar y no impedir las inversiones necesarias para la futura obtención de plantas y semillas.

En términos más generales, debe reconocerse que tanto los EE.UU. como la UE gastan enormes cantidades de dinero de los contribuyentes para apoyar a los agricultores. Durante la última década en los EE.UU., los agricultores recibieron alrededor de 18.000 millones de dólares anuales para subsidios de seguros de cultivos, subsidios de precios de cultivos, ayuda en casos de desastre y prácticas de conservación. En consecuencia, durante ese período, aproximadamente el 21% de los ingresos agrícolas netos de los EE.UU. provino de los contribuyentes a través del Gobierno Federal. El gasto de fondos públicos en agricultura es aún mayor en la UE: de 2014 a 2020, los gastos de la Política Agrícola Común para el sector agrícola promediaron 52.000 millones de euros (62.000 millones de dólares) al año, lo que constituye el 38% del presupuesto de la UE para ese período. Estos gastos indican que, tanto en los EE.UU., como en la UE, los ciudadanos deberían tener mucho que decir sobre cómo se lleva a cabo la agricultura. Pueden insistir en el bienestar de los animales, el agua limpia, la exposición mínima a las toxinas, la reducción de los impactos climáticos, los salarios justos, las condiciones de trabajo saludables, etc. La determinación de los tipos de prácticas agrícolas y de uso de la tierra no debe ser del dominio exclusivo de los científicos agrícolas que se centran en aumentar la producción y la capacidad de producción. La sostenibilidad agrícola requiere que las preferencias y las voces de todos los miembros de la sociedad desempeñen un papel en la configuración del futuro.

Si se consideran las suposiciones hechas, la UE de hecho lograría una reducción de plaguicidas del 50%, fertilizantes del 20%, antibióticos del 50%, en comparación con su nivel actual; y se eliminaría el 10% de la tierra cultivable (en beneficio de infraestructuras agroecológicas). Si bien en su comunicación sobre el Pacto Verde, la UE se ha mantenido muy vaga sobre los niveles de referencia a adoptar, y solo ha mencionado una reducción del "riesgo" o del "recurso a inputs" y no de cantidades. El estudio estadounidense cuenta con una disminución de las cantidades y su sustitución por mano de obra y capital (mecanización). Para ello, el modelo utilizado incide en la relación productividad/(capital+trabajo) mediante un coeficiente fijo de -13%, hipótesis sumamente cuestionable que no prevé ningún cambio en el modo de producción o consumo. Las producciones más afectadas en la UE serían los cereales y las oleaginosas (-48,5% para el trigo y -60% para las oleaginosas en el primer escenario).

La balanza comercial europea de productos vegetales ha estado en déficit crónico durante 20 años, y el déficit se ha incrementado en los últimos años, por una suma de -20.000 millones de euros. La participación de los cereales en el comercio es bastante pequeña en valor, representa el 7% de las exportaciones de productos vegetales europeos. El superávit comercial de los cereales europeos representa en promedio menos de mil millones de euros durante el período 2017–2019. En realidad, no es suficiente para alimentar al mundo, por lo tanto, la amenaza de un aumento de la inseguridad alimentaria mundial en caso de una reducción de la producción europea parece, por tanto, sobreestimada en gran medida. Por otro lado, la amenaza de una restricción de acceso al mercado europeo es real. Estados Unidos es el principal proveedor de productos vegetales de la UE (representan el 10% de sus importaciones).

Métodos de "alta tecnología", como la química sintética, como solución, son denominados con el inteligente posicionamiento político del "principio de precaución" adoptado por la UE. Dicho principio de precaución no se basa en la ciencia y restringe la introducción de nuevos productos cuyos efectos finales son cuestionados o desconocidos, considerándolos que tienen demasiado riesgo, hasta que se pueda demostrar que tienen un riesgo cero. Este enfoque se ha utilizado para evitar el cultivo de soluciones biotecnológicas que han demostrado ser seguras más allá de todo nivel de duda después de más de 25 años y miles de millones de ha de uso en las Américas, obligando a los agricultores de la UE a depender, irónicamente, de plaguicidas y labranza convencional. Si ahora, la estrategia F2F, se implementa, eliminará estas herramientas y dejará a los agricultores con herramientas limitadas para proteger sus cultivos. Actualmente también se rechazan las tecnologías novedosas, como la edición de genes que no introducen ADN extraño, lo que demuestra que la reticencia no se debe al riesgo para los consumidores, sino a una aversión ideológica a toda la tecnología agrícola en sí misma a favor de la "agricultura natural". La estrategia F2F también distorsiona políticamente la noción legítima de agroecología a una solución inviable para abordar la inseguridad alimentaria. Europa, que alguna vez fue la cuna de la ciencia para el mundo, parece haberla abandonado por completo, al menos para la agricultura, además de abandonar a sus científicos y agricultores, ambos marginados por dicha estrategia F2F. Su enfoque regulatorio basado en peligros codifica su ideología, buscando de manera efectiva declarar que la mayoría de las herramientas tecnológicas son demasiado peligrosas, mientras endurecen las opciones de innovación del sector privado.

Si bien las políticas de AIA y F2F son relativamente nuevas, ambas regiones han adoptado sus principios de manera efectiva durante décadas. Los grupos de investigación de los sectores públicos y privados de EE.UU. han liderado el mundo con el descubrimiento, desarrollo y lanzamiento de nuevas tecnologías audaces para apoyar a los agricultores y sus objetivos, junto con la entusiasta adopción de descubrimientos fuera de EE.UU. que también benefician a la causa. La UE tiene organizaciones de investigación muy capaces, pero su trabajo ha sido limitado debido a la filosofía reguladora y la voluntad política tan claramente contraria a la tecnología agrícola. Por supuesto, las grandes potencias biotecnológicas del sector privado prácticamente no tienen salida en la UE para muchas de sus inversiones, a pesar de que se ha demostrado que son seguras y eficaces en muchas otras regiones del mundo donde se utilizan ampliamente. En resumen, en la UE no hay un legado de innovación moderna ni voluntad política para crear un nuevo camino que se centre en la tecnología en la agricultura.

Las herramientas y la tecnología no son el fin, sino los medios para alcanzar un fin. Cuando se trata de diferentes enfoques de producción y conservación en varias regiones, los datos cuentan una historia convincente. El maíz, un cultivo que se ha beneficiado enormemente de una variedad de tecnologías transformadoras, demuestra claramente la comparación de enfoques. La biotecnología para la resistencia a los insectos se introdujo en los EE.UU. a mediados de la década de 1990 y rápidamente demostró valor con una rápida adopción. Para el cambio de siglo, el impacto positivo de estas técnicas y las técnicas de tolerancia a herbicidas en el rendimiento se han reconocido claramente como ganancias netas de productividad con una complejidad reducida en el control de malas hierbas, de modo que, hoy en día, la brecha de rendimiento entre EE.UU. y la UE supera el 13% con el uso de la tecnología (Fig. 14.4).

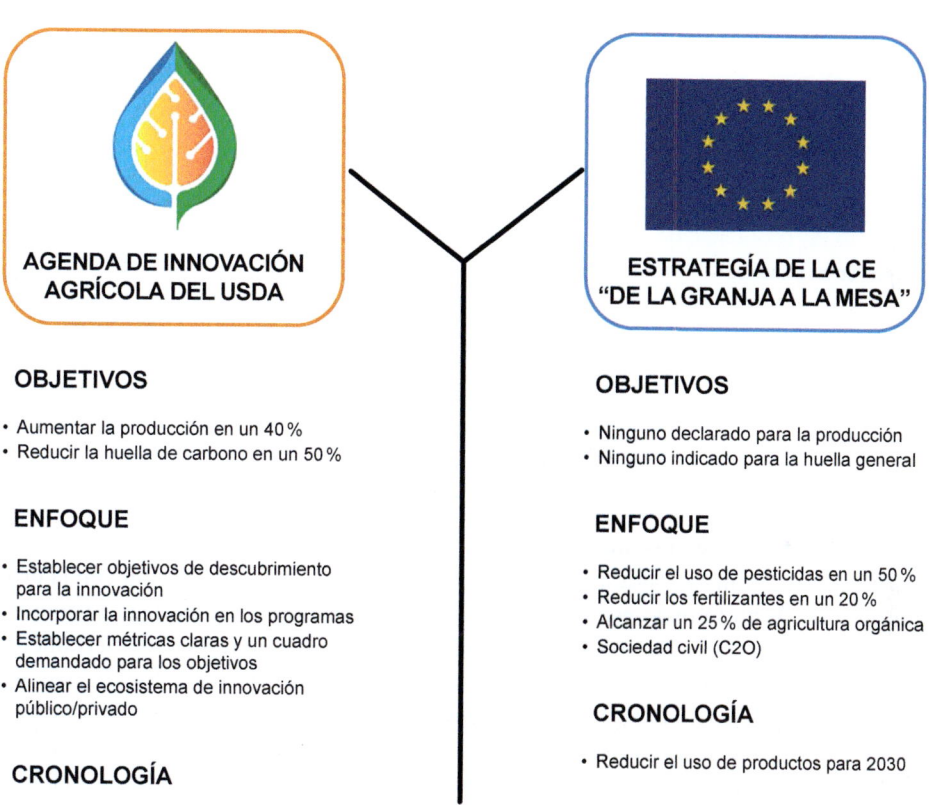

AGENDA DE INNOVACIÓN AGRÍCOLA DEL USDA

OBJETIVOS

- Aumentar la producción en un 40 %
- Reducir la huella de carbono en un 50 %

ENFOQUE

- Establecer objetivos de descubrimiento para la innovación
- Incorporar la innovación en los programas
- Establecer métricas claras y un cuadro demandado para los objetivos
- Alinear el ecosistema de innovación público/privado

CRONOLOGÍA

- Alcanzar los objetivos generales para 2050

ESTRATEGIA DE LA CE "DE LA GRANJA A LA MESA"

OBJETIVOS

- Ninguno declarado para la producción
- Ninguno indicado para la huella general

ENFOQUE

- Reducir el uso de pesticidas en un 50 %
- Reducir los fertilizantes en un 20 %
- Alcanzar un 25 % de agricultura orgánica
- Sociedad civil (C2O)

CRONOLOGÍA

- Reducir el uso de productos para 2030

Figura 14.4 Comparación de los objetivos, enfoques y plazos de la Agencia de Innovación Agrícola del USDA y la Estrategia de la "Granja a la mesa" de la Comisión Europea (adaptado de Hutchins, 2021)

Sin embargo, un estudio reciente realizado por el Servicio de Investigación Económica del USDA reveló el impacto económico de la estrategia F2F basándose en la información descrita en los documentos públicos. Los resultados son convincentes. Si tan solo la UE adoptara las prácticas propuestas, se esperarían los siguientes resultados: reducción de la producción y los ingresos agrícolas brutos de la UE, aumento de los precios al consumidor y aumento de la inseguridad mundial (**Tabla 14.1**).

Tabla 14.1 Solo la UE adopta una estrategia de la "granja a la mesa" (adaptado de Hutchins, 2021)

Impacto	UE	USA	Mundo
Producción	-12%	+0%	-1%
Precios	+17%	+5%	+9%
Importaciones	+2%	-3%	-2%
Exportaciones	-20%	+6%	+2%
Ingresos agrícolas	-16%	+6%	+2%
Precio de los alimentos+	+$153	+$59	+$51
Inseguridad alimentaria*	–	–	+22 millones
PIB	$71 10³ millones	$2 10³ millones	$94 10³ millones

El ingreso agrícola bruto se basa en los retornos que la agricultura obtiene de los cambios en los precios y las cantidades (+ *per capita* anual; * estimación de la inseguridad alimentaria limitada a 76 países más pobres del mundo)

Las naciones prósperas, una vez que migraron a la diversificación económica, pueden elegir un camino para desacelerar o incluso revertir el enfoque continuo en la producción: la CE ha tomado esa decisión con su estrategia F2F. Y aunque la misma no presenta evidencia de que maximice la conservación y la biodiversidad, ciertamente dañará económicamente a los agricultores y empujará a millones a la inseguridad alimentaria. La alternativa es acelerar el camino de la innovación, igualmente enfocada en la productividad y la sustentabilidad. El USDA ha tomado esa decisión con la AIA al expandir la capacidad de producción y el desempeño ambiental, confiando en la ciencia y la innovación, para crear las transformaciones necesarias. El enfoque es involucrar a los agricultores y dinamizar la gran infraestructura de investigación agrícola en los sectores público y privado para descubrir, desarrollar, y transferir o comercializar las herramientas del futuro para asegurar que los productores y consumidores prosperen. Los objetivos de descubrimiento descritos en la AIA son incrementales y transformadores; describen la realidad del renacimiento de la ciencia y la tecnología que está experimentando la agricultura.

La verdadera agricultura sostenible requiere sostenibilidad económica, social y ambiental. La estrategia F2F de la CE podría reducir los ingresos de los agricultores europeos, empujar a 22 millones de personas más a la inseguridad alimentaria y no tiene una ciencia concluyente para respaldar los objetivos ambientales que defiende, fallando la prueba de sostenibilidad. El USDA (AIA) aumentará la productividad/rentabilidad agrícola con menos tierra; garantizará un suministro de alimentos seguros, abundantes y asequibles, social y ambientalmente responsable; y estará impulsado por tecnologías e innovaciones seguras y basadas en la ciencia que transforme la agricultura.

La comparación de la producción y los input agrícolas totales de los EE.UU. frente a la UE desde 1961, muestra una pendiente más pronunciada de la producción debido a la adopción de innovaciones relacionadas con la biotecnología como sustitutos de tecnologías anteriores (manteniendo los input relativamente estables) (Fig. 14.5).

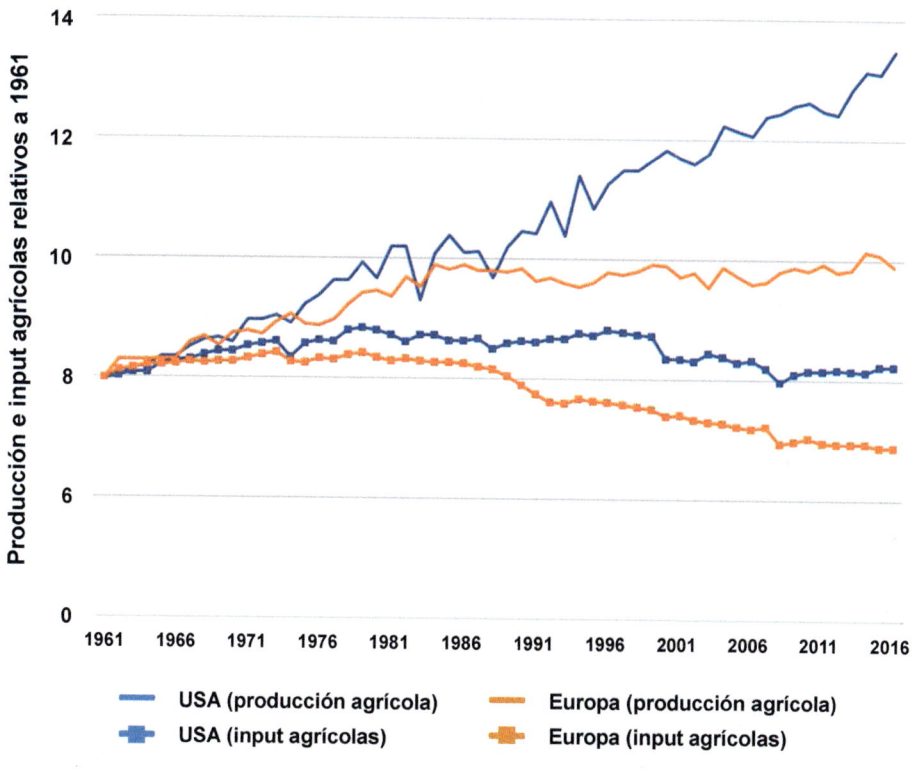

Figura 14.5 Crecimiento de la producción y los input agrícolas en los Estados Unidos y en Europa (adaptado de Hutchins, 2021)

La comparación del uso de prácticas de laboreo de conservación en los EE.UU. frente a la UE muestra una adopción mucho más amplia, habilitada por el uso de tecnología que respalda el manejo efectivo de malas hierbas con herbicidas posteriores a la aplicación. Por lo tanto, los avances tecnológicos impactan tanto a la producción (rendimiento) como a la capacidad de producción (salud del suelo) simultáneamente, lo cual es la esencia del enfoque de AIA en la intensificación sostenible. Además, la adopción de la tecnología ha reducido drásticamente el uso de plaguicidas en el maíz de EE.UU.

y ha permitido nuevas prácticas de cultivo, como laboreo cero y laboreo reducido, que mejoran la salud del suelo, reducen la escorrentía de fertilizantes, reducen las emisiones de gases de efecto invernadero y conservan el agua. El nivel de estas prácticas de laboreo de conservación ha alcanzado el 72% en los EE.UU. frente a una adopción comparativa del 23–33% en la UE. Sin duda, los agricultores de la UE adoptarían rápidamente estas prácticas, pero el control eficaz de las malas hierbas es prácticamente imposible sin tecnologías como los cultivos tolerantes a herbicidas que reemplazan los métodos de laboreo convencional (Fig. 14.6).

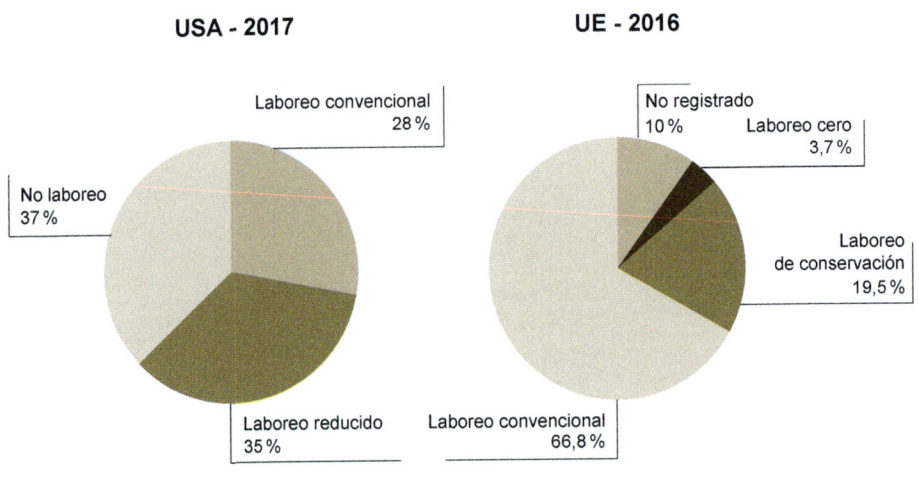

Figura 14.6 Uso del no laboreo o mínimo laboreo en la producción de cultivos, 2016 (adaptado de Hutchins, 2021)

Otro resultado crítico de la agricultura son los alimentos disponibles y asequibles. En esta categoría, el enfoque impulsado por la tecnología de la AIA ha dado como resultado que el ciudadano promedio estadounidense gaste uno de los porcentajes más bajos de sus ingresos en alimentos en el mundo, casi la mitad del gasto de la UE y, con la responsabilidad de ayudar a alimentar al mundo, el sistema estadounidense produce más de 300 calorías más *per capita* con sistemas de producción sosteniblemente intensivos (Fig. 14.7).

EE.UU. no busca imponer su enfoque basado en la tecnología a ninguna nación, sino que solo busca garantizar que la ciencia y la evidencia se respeten y se utilicen como base de una política comercial justa y basada en la demostración. No obstante, EE.UU. busca apoyar los sistemas de desarrollo agrícola de estos socios comerciales para mejorar su economía y por razones humanitarias. En contraste, la CE propone esencialmente exigir a los socios comerciales que utilicen su enfoque en la estrategia F2F como una condición del comercio, evitando por completo la evidencia y los argumentos científicos o incluso reconociendo las necesidades tecnológicas especiales que requieren sus sistemas agrícolas. Esto ha devastado la perspectiva de muchos países de producir alimentos adecuados para sus propios ciudadanos o crear empresas comerciales competitivas. La estrategia F2F abarca la máxima expresión del elitismo global.

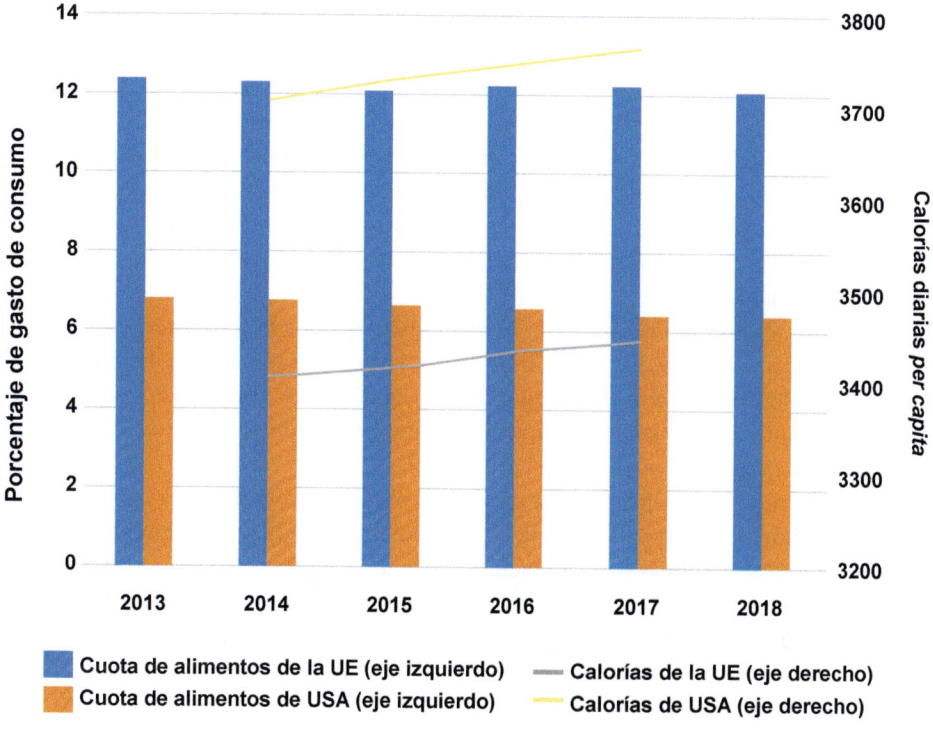

Figura 14.7 Porcentaje de gasto en alimentos y disponibilidad de calorías: USA *vs* UE (adaptado de Hutchins, 2021)

La ayuda alimentaria es un importante apoyo indirecto para los agricultores estadounidenses: los cupones de alimentos, o cheques de alimentos al estilo estadounidense, se acreditan en una tarjeta que solo se puede usar en tiendas que tienen una licencia, donde solo permiten la compra de productos estrictamente alimenticios. Los cupones de alimentos están destinados a productos frescos y crudos, y los agricultores pueden aceptarlos en el marco de los cortocircuitos. Entre 2013 y 2020, la cantidad gastada en ayuda alimentaria en los mercados de agricultores casi se duplicó hasta alcanzar los 33.000 millones anuales, a lo que se sumaron en 2020 2,5 mil millones a través del programa "Caja de Alimentos de los Agricultores a las Familias", un programa de compra directa a los agricultores y redistribución, que se puso en marcha durante la pandemia. Un total de 35.500 millones, es decir, el 30% de los 122.000 millones de ayuda alimentaria que, por tanto, se utilizaron en 2020 para comprar materias primas directamente a los agricultores, además de los 51.600 millones pagados en forma de ayuda directa (ayuda anticíclica, ayuda de crisis y seguro de cosechas).

En conjunto, además de los 33.000 millones destinados directamente como ayuda alimentaria a los agricultores, se estima, según un estudio realizado por MOMAGRI que el 93% de los productos alimentarios adquiridos gracias a los créditos de ayuda alimentaria se destinan a productos cuyos componentes son de origen americano, que indirectamente beneficia a los agricultores estadounidenses en aproximadamente una cuarta parte. Este mecanismo es, por tanto, una extraordinaria fuente de ingresos y apoyo que, de hecho, es un formidable dispositivo de subvención por razones sociales, que garantiza un complemento de ingresos muy importante y muy estable en el tiempo para los agricultores. También cabe señalar que el nivel de ayuda aumenta en tiempos de crisis, lo que indirectamente responde a un doble objetivo de soberanía y seguridad alimentaria.

De hecho, mientras Europa gasta a regañadientes unos 650 millones de euros al año en ayuda alimentaria, Estados Unidos gastó entre 2019 y 2021 casi 400.000 millones, superando alegremente el presupuesto de 326.000 millones previsto para 5 años. Es probable que este presupuesto inicial, aunque impresionante, casi se duplique al final del período de aplicación de la Ley Agrícola.

Estados Unidos está lejos de estar encerrado en una camisa de fuerza presupuestaria o en una ideología específica de la OMC. Los americanos son pragmáticos: saben que tienen que alimentar a una población creciente, y que es necesario asegurarse de que sigan dependiendo lo menos posible de los suministros externos. El nivel de ayuda que reciben los agricultores varía cada año en función del nivel de ingresos derivados de su actividad, lo que no es posible con ayudas disociadas, independientemente de la producción.

La "*Farm Bill*" es votada por el Congreso cada 5 años, y los lineamientos definidos permiten estimar un presupuesto teórico..., pero en modo alguno limitativo. Una vez validados los objetivos políticos, si los medios necesarios son superiores a los previstos por una evolución imprevista de los mercados, se financiará la política, sea cual sea el coste. Es, por tanto, lo contrario a la lógica de UE que define un presupuesto estricto para 7 años en el marco financiero plurianual, y que luego intenta encajar la PAC y sus múltiples objetivos en dotaciones cada vez más restringidas. Así es como Estados Unidos es capaz de multiplicar las ayudas directas a los agricultores para proporcionarles una renta en tiempos de crisis: en 4 años, Estados Unidos habrá gastado casi el doble de lo presupuestado para 5 años en términos de ayuda directa.

En última instancia, en términos de ayuda alimentaria, Estados Unidos y Europa tienen políticas radicalmente diferentes. Sus efectos sociales y agrícolas, sin mencionar el multiplicador del PIB, se financian con presupuestos en proporciones de 1 a 150. Esta brecha empeorará con los años. Este es un tema político importante en el que, lamentablemente, Europa está constantemente ausente.

14.5. SOBERANÍA ALIMENTARIA EUROPEA

La soberanía alimentaria, como ya hemos definido en el Capítulo 1, es el derecho de las personas a definir su alimentación. La definición también incluye una noción de sostenibilidad alimentaria, dieta saludable y calidad. La soberanía alimentaria es la libertad de elegir todo eso. Existe un vínculo con la autonomía, ya que esta es la capacidad de no depender de otros. Si en términos de soberanía alimentaria queremos poder decidir comer localmente, debemos poder producir lo suficientemente y, por tanto, ser autónomos. Esta es una gran diferencia con la seguridad alimentaria, que, en el extremo, puede basarse en importaciones, ya que, en términos de seguridad alimentaria, solo necesitas poder obtener tu comida.

En los últimos años, la noción de soberanía alimentaria se aborda, se debate y, sobre todo, se utiliza habitualmente como argumento para defender la necesidad de producir. A pesar del superávit comercial, ¿es la Unión Europea de los 27 capaz de alimentarse a sí misma? ¿Su producción interna apunta a satisfacer las necesidades de su población o a satisfacer una vocación agroexportadora? La respuesta no es inequívoca, y el análisis de los ratios de autosuficiencia, capacidad exportadora y dependencia de las importaciones de los diferentes sectores permite aportar elementos objetivos al debate.

Si la soberanía alimentaria es la capacidad de elegir alimentos de calidad, producidos de acuerdo con un cierto tipo de estándar, de aquellos que elegimos imponer a nuestros agricultores, también es necesario que en los estantes de los supermercados encontremos productos que correspondan a los estándares que exigimos. Sin embargo, en dichos estantes se puede encontrar de todo, y el consumidor no necesariamente tiene idea de las condiciones en que se produjeron los alimentos que se le ponen a su disposición. El primer elemento que tiene en cuenta es el precio, y el precio es más bajo cuando se produce con menos requisitos sanitarios o medioambientales.

Es por esto que cada vez más productores y asociaciones piden la implementación de cláusulas espejo, es decir, negarse a importar alimentos que no hayan sido producidos de acuerdo con los estándares exigidos a nivel de la UE. Esta revisión de la política comercial europea, comunica explícitamente esta posibilidad: la de rechazar productos que no cumplan con los estándares de calidad.

La PAC debería garantizar que los alimentos producidos en el territorio europeo se produzcan en las mismas condiciones. No es normal que las condiciones de producción y las reglas del juego no sean las mismas respecto a la normativa europea. Esta debe proporcionar un marco común más preciso, en lugar de dejar que los Estados miembros decidan las modalidades de aplicación.

La consecución de los objetivos establecidos a través del Pacto Verde y la estrategia "De la granja a la mesa" corre el riesgo de tener un impacto en los niveles actuales de producción de la UE, lo que lleva a cuestionar sus efectos en la soberanía alimentaria de la UE, su capacidad para alimentarse y abastecer los mercados externos, cuya volatilidad será amplificada por una reducción de la oferta europea. Es esencial, la realización de estudios sobre los impactos acumulativos de diferentes estrategias sobre la producción y los precios.

Las futuras regulaciones europeas (en particular en materia de plaguicidas, bienestar animal o restauración de la naturaleza) podrían ser una oportunidad para poner fin (al menos en parte) a las distorsiones internas de la competencia. Pero si cada Estado miembro prioriza la reducción de plaguicidas como desea, en los sectores, cultivos y regiones de su elección, no se podrá lograr la necesaria estandarización de prácticas dentro del espacio europeo. Además, será necesario que la aplicación de estas políticas no contribuya a reforzar la dependencia de la producción deficitaria en favor de la que seguirá siendo la más rentable.

Los productores europeos se encuentran en una situación desfavorable ligada al aumento de los costes de producción, inducida por el aumento de los requisitos ambientales por la llegada del Pacto Verde, y deben soportar la competencia desleal de los productos de otros países y en especial los estadounidenses que se benefician del consiguiente aumento de las subvenciones. Como ya se ha dicho, se estima que la producción agrícola europea caerá un 12%, los precios se dispararán un 17%, la facturación de los agricultores se reducirá un 16% y las exportaciones agrícolas se hundirán un 20%. La soberanía y la seguridad alimentaria estarían en grave peligro.

En realidad, la cuestión de la soberanía alimentaria está íntimamente ligada a nuestra dependencia de las importaciones. Para permitir que los agricultores europeos sigan siendo competitivos en estas condiciones y tener la esperanza de vender su producción a precios remunerativos, Europa necesariamente tendrá que tomar decisiones políticas firmes, en el sentido de que las importaciones deben cumplir con las regulaciones y estándares pertinentes de la UE. En este sentido, cabría preguntarse si la soberanía alimentaria es una utopía frente a la realidad de los mercados agrícolas.

La producción europea consigue cubrir el consumo de lácteos, cereales y carne y solo el sector de las oleaginosas y las proteínas es deficitario. Sin embargo, a veces cabe señalar disparidades significativas en cada uno de estos sectores (**Tabla 14.2**). La tasa de autosuficiencia en productos lácteos es superior al 100% para todas las categorías de los mismos. No es de extrañar que la UE sea el segundo mayor productor de leche del mundo. Además, la descapitalización del rebaño lechero europeo, cuyo número se está reduciendo lenta pero constantemente (la UE tiene 5 millones de vacas lecheras menos que en 2000), está por el momento más que compensada por el aumento de la producción de leche. En conjunto, la producción de todos los productos lácteos es suficiente para cubrir la creciente demanda, y la tasa de autosuficiencia en leche de la UE ha ido aumentando ligeramente durante 20 años.

La situación también parece favorable para la carne, cuyo consumo se cubre con la producción de carne de vacuno, pollo y cerdo. El consumo de carne en la UE se ha mantenido muy estable durante los últimos diez años: los europeos consumieron 67 kg *per capita* al año en 2010 y esta cifra se mantuvo igual en 2020.

Tabla 14.2 Indicadores de soberanía alimentaria de la UE 27 (promedios de 2019–2022, en comparación con los promedios de desarrollo de 2009–2012 durante 10 años), datos de la Comisión Europea (adaptado de Kirsch, 2023)

	Tasa de autoabas-tecimiento	Evolución de la tasa de abastecimiento durante 10 años	Capacidad de exportación	Dependencia de las importaciones
(Leche y derivados) Acumulación de leche (en equivalente de leche)	117%	4%	17%	3%
Carne	116%	6%	16%	4%
Cereales	110%	5%	15%	10%
Oleaginosas (grano)	58%	-9%	2%	43%
Tortas	63%	15%	4%	41%
Proteaginosas	81%		10%	30%

Los cereales muestran tendencias heterogéneas. Si la producción global permite cubrir las necesidades comunitarias de este sector, es principalmente gracias a la cebada y al trigo harinero, cuyo índice de autoabastecimiento es superior al 120% y viene aumentando desde hace diez años.

En cuanto a las oleaginosas, la producción solo cubre el 58% del consumo europeo. Es la conocida insuficiencia de la producción de soja la que explica este pobre ratio: su tasa de autosuficiencia es solo del 15% (2,5 millones de t producidas para un consumo de 16,2 millones de t en 2022). Aunque insatisfactoria, la situación está mejorando: la producción casi se ha triplicado en diez años, gracias a un fuerte aumento de las superficies sembradas desde 2015 (vinculado a la aplicación de ayudas asociadas a la soja), cuyo uso se estabiliza. De hecho, la demanda se ha mantenido estable durante los últimos diez años y las importaciones de harina de soja están disminuyendo, en consonancia con el desarrollo de la producción y, especialmente, de la transformación interna.

La producción de proteaginosas de la UE tampoco puede cubrir la demanda interna, cuya superficie se mantiene estable en alrededor de 2,1 millones de ha. La Comisión Europea tiene como objetivo alcanzar 2,8 millones de ha en el 2032, lo que, asociado a un aumento de los rendimientos del 14%, debería cubrir el aumento de la demanda de piensos. Previsiones que nos parecen muy optimistas mientras las rentabilidades se estancan.

La palabra "escasez" había desaparecido del vocabulario europeo durante décadas, en particular con respecto a los productos agrícolas, que rimaban más con excedente, exportación, y en círculos con fuerte resonancia mediática, contaminación. La crisis del COVID–19, la primera que afecta al sector agroalimentario occidental desde hace mucho tiempo, dio un primer aviso sobre la sensibilidad de nuestras cadenas de suministro a los vaivenes que pueden impactar en el transporte. La agricultura europea demostró entonces una fuerza de resiliencia significativa, una capacidad de adaptación rápida a través de una reubicación parcial del suministro a través de circuitos cortos, y recordó a todos la necesidad de tener agricultores en el territorio.

Pero esa primera advertencia no fue nada frente a los acontecimientos que siguieron. La invasión rusa de Ucrania demostró cuán frágil era realmente el equilibrio del comercio mundial. Hay que recordar que, Ucrania y Rusia representan alrededor de un tercio de las exportaciones mundiales de trigo, el 20% de las exportaciones de maíz y el 70% de las exportaciones de girasol. Rusia también es un importante proveedor de hidrocarburos y fertilizantes. El miedo a las restricciones a la exportación de cultivos que ya están almacenados, junto con las posibles dificultades de siembra para los cultivos de primavera y verano, así como la cosecha de las tierras sembradas, ha provocado un pánico generalizado en los mercados agrícolas. Los mercados respondieron con una intensidad y velocidad casi sin precedentes a los temores de los importadores.

La combinación de varios factores está en el origen de esta reacción: temores de falta de disponibilidad de cereales en un mercado ya de por sí apretado, en un contexto inflacionario ligado al alza de los precios de la energía y el transporte, impulsado por una rápida recuperación económica mundial. Un cóctel explosivo, que conduce necesariamente a importantes tensiones geopolíticas para los países cuya seguridad alimentaria depende del abastecimiento externo.

Es en este convulso contexto en el que se decidió la reforma de la PAC, preparada en 2018, integrando nuevos objetivos con una vocación principalmente medioambiental sin cuestionar la adaptación de sus herramientas a las necesidades de estabilidad económica de los agricultores y suministros para fabricantes y consumidores.

Ahora se supone que la PAC debe servir a objetivos cada vez más diversificados e incluso antagónicos, como garantizar unos ingresos justos para los agricultores y aumentar la competitividad en los mercados internacionales donde el *dumping* es la regla, pero también proteger el medio ambiente, actuar contra el cambio climático, al tiempo que satisface las expectativas sociales y, más que nunca, asegurando una oferta a los precios de consumo más bajos posibles.

Actualmente, la PAC parece muy alejada de los objetivos fundacionales del Tratado de Roma: (1) aumentar la productividad de la agricultura desarrollando el progreso técnico y asegurando el uso óptimo de los factores de producción, en particular la mano de obra; (2) garantizar un nivel de vida justo para la población agrícola; (3) estabilizar los mercados; (4) garantizar la seguridad de los suministros; y (5) garantizar precios razonables para los consumidores. Estos objetivos de 1957, sin embargo, parecen acercarse mucho a los objetivos de soberanía alimentaria que nuestros líderes políticos dicen perseguir ahora. Garantizar unos ingresos dignos para los productores y precios razonables para los consumidores en un entorno económico estabilizado debería ser ahora una prioridad política absoluta (Fig. 14.8).

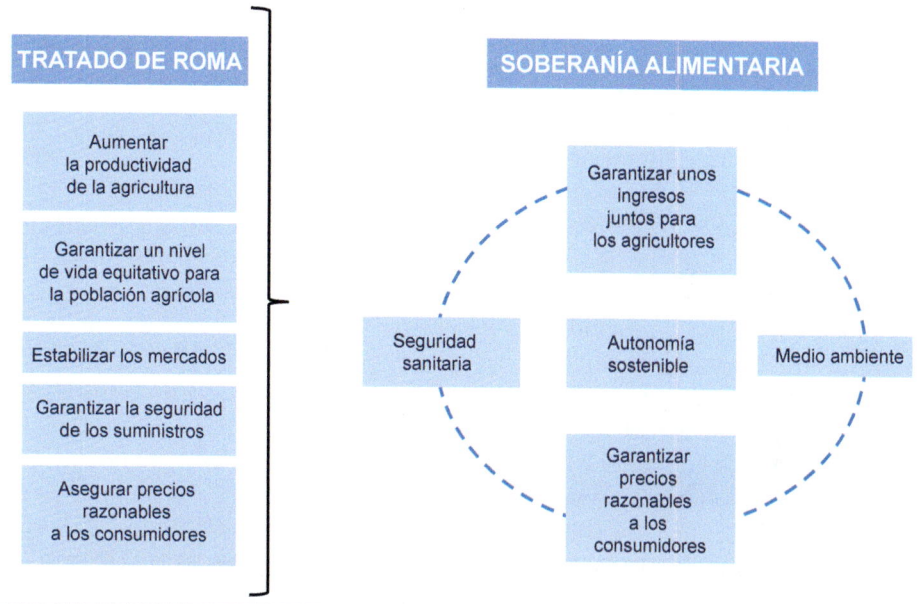

Figura 14.8 Comparación entre los objetivos del Tratado de Roma y los componentes de la Soberanía alimentaria (adaptado de Agriculture Strategies, 2023)

Pero esta noción requiere volver por un momento a su definición para aclarar sus contornos y lograr distinguirla de otros conceptos: la soberanía alimentaria es el derecho de los pueblos a definir su alimentación, por lo que es necesario poder elegir su alimentación, su origen, y su modo de producción. Definición que fue ampliada al incluir también en la noción de sostenibilidad de los alimentos, dieta saludable, calidad y ausencia de *dumping* frente a terceros países. Existe un consenso sobre tal definición y es la que se mantiene como referencia, destacando sus similitudes con el Tratado de Roma cuya perdurabilidad institucional parece así ser notable. Mientras que en 1996 la propuesta de la organización Vía Campesina había sido poco seguida por el mundo agrícola y el Estado; se aprecia que hoy todos los discursos políticos se han apoderado de esta noción, sin por otra parte dominar todas las sutilezas. Ante esta definición de soberanía alimentaria, nos parece por tanto prudente precisar las relativas a la autonomía alimentaria y la seguridad alimentaria para definir claramente los términos de la reflexión.

Por lo tanto, existe un vínculo con la autonomía, ya que esta es la capacidad de no depender de los demás. Si en términos de soberanía alimentaria queremos poder decidir comer localmente, debemos poder producir localmente lo suficiente, y por lo tanto poder ser autónomos. Esta es toda la diferencia con la seguridad alimentaria, como ya se ha dicho, que en extremo puede basarse en importaciones, ya que en términos de seguridad alimentaria solo es necesario poder obtener alimentos (Fig. 14.9).

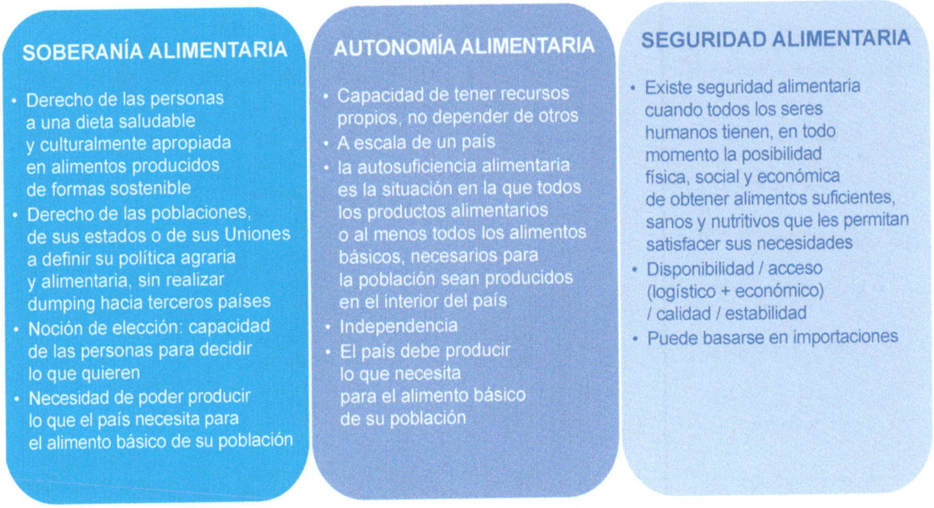

SOBERANÍA ALIMENTARIA

- Derecho de las personas a una dieta saludable y culturalmente apropiada en alimentos producidos de formas sostenible
- Derecho de las poblaciones, de sus estados o de sus Uniones a definir su política agraria y alimentaria, sin realizar dumping hacia terceros países
- Noción de elección: capacidad de las personas para decidir lo que quieren
- Necesidad de poder producir lo que el país necesita para el alimento básico de su población

AUTONOMÍA ALIMENTARIA

- Capacidad de tener recursos propios, no depender de otros
- A escala de un país
- la autosuficiencia alimentaria es la situación en la que todos los productos alimentarios o al menos todos los alimentos básicos, necesarios para la población sean producidos en el interior del país
- Independencia
- El país debe producir lo que necesita para el alimento básico de su población

SEGURIDAD ALIMENTARIA

- Existe seguridad alimentaria cuando todos los seres humanos tienen, en todo momento la posibilidad física, social y económica de obtener alimentos suficientes, sanos y nutritivos que les permitan satisfacer sus necesidades
- Disponibilidad / acceso (logístico + económico) / calidad / estabilidad
- Puede basarse en importaciones

Figura 14.9 Comparación entre los objetivos del Tratado de Roma y los componentes de la Soberanía alimentaria (adaptado de Agriculture Strategies, 2023)

Si abordamos la soberanía alimentaria a escala de la Unión Europea, parece que nuestras preferencias sociales implican condiciones de producción que no existen en otras regiones del mundo y/o no son verificables (en términos de trazabilidad sanitaria, bienestar animal, productos que no dejen residuos detectables después de la cosecha, condiciones de trabajo, etc.). La soberanía depende entonces del mantenimiento de la agricultura en nuestros territorios, y debe integrar imperiosamente la necesidad de garantizar un ingreso estable y sostenible a los agricultores, para poder aspirar a atraer a las nuevas generaciones. Para garantizar a la población este derecho a una alimentación sana y culturalmente adecuada, esta también debe ser accesible al consumidor, a través de precios razonables. El diagrama de la Figura 14.8 el cual integra estos diferentes principios, se aproxima entonces a los objetivos fundacionales del Tratado de Roma: se trata de asumir estos objetivos de estabilidad del abastecimiento, de renta de los agricultores, de accesibilidad para el consumidor, integrando una dimensión de sostenibilidad en el tiempo y protección del medio ambiente.

Estos objetivos parecen más susceptibles de "dar un nuevo rumbo a la PAC" que la multiplicación de objetivos medioambientales sin cohesión comunitaria y sin recursos.

En la primavera del año 2024, tuvo lugar en la mayoría de los 27 países integrantes de la UE, multitudinarias manifestaciones de los agricultores y ganaderos en protesta por las deficiencias y aplicación de la PAC actual; al considerar que cada vez más se está arruinando al sector. La Comisión Europea y su presidenta, en vísperas de elecciones al Parlamento Europeo y consecuentemente de la renovación de los miembros de la Comisión, estableció un "Diálogo Estratégico sobre el Futuro de la Agricultura de la UE", designando para ello un amplio comité de expertos y organizaciones agrarias. El mandato del Diálogo consistió en reflexionar sus cuatro cuestiones: (1) ¿Cómo podemos ofrecer a nuestros agricultores y a las comunidades rurales en las que viven una mejor perspectiva, incluido un nivel de vida justo?; (2) ¿Cómo podemos apoyar la agricultura dentro de los límites de nuestro planeta y de su ecosistema?; (3) ¿Cómo podemos aprovechar mejor las inmensas oportunidades que ofrecen los conocimientos y la innovación tecnológica?; y (4) ¿Cómo podemos promover un futuro prometedor y floreciente para el sistema alimentario europeo en un mundo competitivo?

Como resultado de este diálogo, dicho Comité elaboró un informe final denominado "Una perspectiva compartida para la agricultura y la alimentación en Europa", lleno de importantes recomendaciones y sugerencias, que supuestamente podrán ser tenidas para una reforma de los aspectos más críticos de la PAC actual; con su filosofía "de la granja a la mesa", como pedían los agricultores. Ahora, queda por ver, una vez constituida la nueva Comisión Europea, si el mencionado Diálogo y el Informe Final se llevan a la práctica o queda en más de lo mismo o en "papel mojado", como con frecuencia viene ocurriendo en los últimos años en las políticas agrarias de la UE.

El contenido del informe ha suscitado de inmediato numerosas reacciones favorables y desfavorables (más estas últimas) por la imprecisión y la falta de concreción a las propuestas demandadas por los agricultores. De hecho, este informe supone privilegiar la protección del medio ambiente frente a la producción de alimentos, lo que plantea interrogantes tanto sobre la renta agrícola como sobre la soberanía alimentaria, si el deseado reequilibrio entre la oferta y la demanda no funciona, y si la puesta en marcha de cláusulas espejo y de medidas autónomas funcionales no logra proteger la agricultura europea. Tal como están las cosas, esta nueva PAC no parece capaz de permitir un aumento de la competitividad de la agricultura europea y no ofrece ninguna garantía real de protección con respecto a otras agriculturas, mientras que los otros grandes países productores apoyan, regulan y protegen su agricultura.

BIBLIOGRAFÍA

AGRICULTURE STRATEGIES. 2023. Projet de réforme PAC: L'impératif de mettre en œuvre une Politique Agricole et Alimentaire Commune (PAAC). Paris. 63 pp.

ANÓNIMO, 2018. Food chain: european advisers set our a path to a sustainable future for food production. Nature, Vol. 558, 6.

BOIX-FAYOS, C., DE VENTE, J. 2023. Challenges and potential pathways towards sustainable agriculture within the European Green Deal. Agricultural Systems, 207, 103634.

CHAPRON, G. 2024. Reverse EU's growing greenlash. Science, 383(6688):1161.

COMISIÓN EUROPEA. 2017. El Futuro de los alimentos y de la agricultura. Bruselas.

EUROPEAN COMMISSION. 2022. Agriculture and rural development: Ensuring the availability and affordability of fertilizers. Bruselas.

EUROPEAN COMMISSION. 2023. Drivers of food security. Bruselas. 137 pp.

FAO. 2018. El estado del Planeta. Hambre cero: ¿Lograremos finalmente erradicar el hambre? Organización de las Naciones Unidas para la Alimentación y la Agricultura. 117 pp.

FAO. 2018. El estado del Planeta. La nueva revolución agrícola: ¿Cómo vamos a alimentar a 10.000 millones de personas? Organización de las Naciones Unidas para la Alimentación y la Agricultura. 117 pp.

FRÉDÉRIC COURLEUX. 2020. Enquête du New York Times sur les détournements de la PAC : quelles suites à attendre ? Agriculture Stratégies, 31 janvier 2020.

FUCHS, R., BROWN, C., ROUNSEVELL, M. 2020. Europe's Green Deal offshores environmental damage to other nations. Nature, 586: 671–673.

HUTCHINS, S.H. 2021. Sustainable Agriculture in the U.S. vs. the EU. CSA News, 66: 24–34.

JACQUES CARLES. 2021. Souveraineté alimentaire, révision de la politique commerciale européenne, relance américaine. Agriculture Stratégies nº 28.

JACQUES CARLES. 2021. SPACE, PAC, EGALIM. Agriculture Stratégies nº 21.

JACQUES CARLES. 2023. Souveraineté alimentaire européenne, que disent les chiffres? Agriculture Stratégies nº 53.

KIRSCH, A. 2021. Une noúwelle PAC qui amplifie le déclin des précédentes. Agriculture Strategies, nº 31

KIRSCH, A. 2023. Souveraineté alimentaire européenne, que disent les chiffres? Agriculture Strategies, e 29 août 2023.

KIRSCH, A. 2024. Conclusions du dialogue stratégique: verse une PAC pour services environnementaux? Agriculture Strategies, le 11 septembre 2024.

LIEBMAN, M. 2021. Response to "sustainable agriculture in the US vs the EU. CSA News, may: 40–43.

LOI, A., GENTILE, M., BRADLEY, D., CHRISTODOLERE, M. 2024. Research for AGRI, Committee – The dependency of the EU`s/food system on inputs and their sources, European Parliament Policy Department for Structural and cohesion Policies, Brussels, 76 pp.

LÓPEZ-BELLIDO, L. Y LÓPEZ-BELLIDO, R.J. 2001. Agronomía y calidad de la producción. 7º Symposium Nacional de Sanidad Vegetal. Sevilla (España). 24–26 de Enero. Nacional.

RASTOIN, J.L. 2021. La souveraineté alimentaire est-elle une utopie face á la réalité des marchès agricoles? Agriculture Strategies–Newsletter, 28: 13 pp.

15

EL CASO DE ÁFRICA.
LA REVOLUCIÓN VERDE AFRICANA

15.1. LA SEGURIDAD ALIMENTARIA EN ÁFRICA

El África subsahariana (ASS) sigue siendo la única región del mundo donde prevalece el hambre y la pobreza. En los últimos 20 años, el número de africanos que viven por debajo de la línea de pobreza global (un dólar por día) ha aumentado en más del 50%, y más de un tercio de la población del continente continúa padeciendo hambre.

Una de cada cinco personas en África (el 20,2% de la población) se enfrentaba al hambre en 2021, en comparación con el 9,1% en Asia, el 8,6% en América Latina y el Caribe, el 5,8% en Oceanía y menos del 2,5% en América septentrional y Europa. África también es la región en que la proporción de la población afectada por el hambre ha registrado el mayor aumento.

Se estima que 322 millones de africanos padecían inseguridad alimentaria grave en 2023, 21,5 millones más que en 2020 y 58 millones más que en 2019, antes de la pandemia del COVID–19. A escala mundial, más de un tercio del número total de personas que padecían inseguridad alimentaria grave en 2021 vivía en África.

En África se aprecian diferencias de ámbito subregional. La prevalencia de la inseguridad alimentaria en África septentrional ronda la mitad de aquella del ASS; sin embargo, la situación de la seguridad alimentaria parece haber empeorado más en África septentrional de 2020 a 2021. Dentro del ASS, África central es la subregión donde se registran los mayores niveles de inseguridad alimentaria y donde se produjeron los mayores aumentos de 2020 a 2021.

A pesar de los esfuerzos continuos para mejorar el nivel de vida de los agricultores, la pobreza y la inseguridad alimentaria siguen prevaleciendo en grandes áreas del ASS. La prevalencia a menudo es alta en las tierras áridas (es decir, en zonas de secano húmedas y en zonas agroecológicas subhúmedas a áridas), donde la variabilidad climática expone a los pequeños agricultores y pastores a un riesgo mayor.

Muchos países del ASS están experimentando múltiples cargas de desnutrición, incluidas enfermedades no transmisibles relacionadas con la dieta. El aumento del sobrepeso, la obesidad y dichas enfermedades coexisten con cargas persistentes e importantes de desnutrición y deficiencias múltiples de micronutrientes. La pobreza y la desigualdad social siguen siendo factores clave de las dietas poco saludables y la malnutrición.

Esta carga múltiple de malnutrición se debe en gran medida a las transiciones a sistemas alimentarios que son cada vez más insalubres y ambientalmente insostenibles. Los sistemas alimentarios han sido conceptualizados para abarcar toda la gama de actividades involucradas en la producción, procesamiento, comercialización, consumo y eliminación de bienes que se originan en la agricultura, la silvicultura o la pesca, incluidos los inputs necesarios y los productos generados en cada una de estas etapas. Los sistemas alimentarios contribuyen particularmente a la carga de las enfermedades no transmisibles relacionadas con la dieta, al permitir el consumo de alimentos no saludables que son altamente procesados, ricos en energía y de bajo valor nutritivo.

África, gastó 50.000 millones de dólares USA en sus importaciones anuales de alimentos en 2022, y se estima que esto se duplique con creces a 110.000 millones de dólares en importaciones de alimentos para 2030. En el desafío de la seguridad alimentaria de África destacan tres aspectos: (1) los bajos rendimientos de los cultivos básicos como el trigo, el arroz, la soja y otros cultivos oleaginosos, que no pueden satisfacer las demandas locales; (2) es más fácil comprar alimentos en el mercado internacional que a través del comercio intraafricano; solo alrededor del 20% de las importaciones de alimentos de los países africanos proviene de otros países africanos; y (3) las alteraciones del clima han dificultado la agricultura en África, la falta de agua es el factor más limitante.

Aunque se espera, como ya se ha referido en capítulos anteriores, que la demanda mundial de alimentos aumente un 60% para 2050 en comparación con 2005/2007, el aumento será mucho mayor en el ASS. De hecho, es la región que corre mayor riesgo de seguridad alimentaria, ya que para 2050 su población se multiplicará por 2,5 y la demanda de cereales aproximadamente se triplicará; mientras que los niveles actuales de consumo de cereales ya dependen de importaciones sustanciales. La cuestión es si el ASS puede satisfacer este enorme aumento de la demanda de cereales sin una mayor dependencia de las importaciones de cereales o una mayor expansión de la superficie agrícola. Estudios recientes indican que el aumento global de la demanda de alimentos para 2050 puede satisfacerse cerrando la brecha entre el rendimiento agrícola actual y el potencial de rendimiento en las tierras de cultivo existentes, aunque otras estimaciones indican que no será factible satisfacer la demanda futura de cereales en el área de producción existente solo cerrando dicha brecha de rendimiento.

Más específicamente, aunque el actual índice de autosuficiencia en cereales básicos del ASS es ligeramente superior a 0,8, se encuentra entre los (sub)continentes con el índice de autosuficiencia de cereales más bajo, mientras que tiene el mayor aumento proyectado en población. La autosuficiencia se define aquí como la relación entre la producción nacional y el consumo (o demanda) total; se supone que este último es igual a la producción nacional más las importaciones netas. Si bien se reconoce que la autosuficiencia alimentaria no es una condición previa esencial para la seguridad alimentaria, la autosuficiencia de los países en desarrollo de bajos ingresos es motivo de gran preocupación porque muchos carecen de reservas de divisas adecuadas para pagar las importaciones de alimentos y de infraestructura para almacenarlos y distribuirlos eficientemente.

Por lo tanto, una pregunta clave es si África, y en particular el ASS, puede ser autosuficiente en alimentos para 2050, y si esto se puede lograr en las tierras agrícolas existentes mediante un aumento del rendimiento o dependerá de una expansión continua del área de cultivo, como ha ocurrido en las últimas cuatro décadas. Aunque el crecimiento de la productividad total de los factores se ha convertido en la fuente más importante de crecimiento de la producción agrícola mundial en las últimas dos décadas, en ASS esta medida creció menos del 1% anual durante ese período, incluso mientras enfrenta las tasas de crecimiento de población más altas del mundo.

Por lo tanto, el camino hacia la autosuficiencia probablemente requerirá, además de cerrar la brecha de rendimiento, una mayor intensidad de cultivo y una expansión del área de producción irrigada en regiones que puedan respaldar estas opciones de manera sostenible. Si no se logran estas opciones de intensificación, se producirá una mayor dependencia de las importaciones de cereales y una gran expansión de la superficie de tierras de cultivo de secano, especialmente porque se prevé que la población en ASS aumentará aún más entre 2050 y 2100, en un factor de 1,9. Al resaltar la necesidad de intensificación a través de un crecimiento acelerado del rendimiento, una mayor intensidad de cultivo y una mayor área de riego, hay que enfatizar la importancia de inversiones adecuadas en I+D.

La cuestión de si el ASS podrá ser autosuficiente en cereales para 2050 es de relevancia mundial. Actualmente, el ASS se encuentra entre los (sub)continentes con la mayor brecha entre el consumo y la producción de cereales, mientras que su demanda proyectada de triplicarse entre 2010 y 2050 es mucho mayor que en otros continentes. Se muestra que es necesario cerrar casi por completo la brecha entre los rendimientos agrícolas actuales y el potencial de rendimiento para mantener el nivel actual de autosuficiencia de cereales (aproximadamente 80%) para 2050. Para todos los países, cerrar esa brecha de rendimiento requiere una aceleración grande y abrupta en la tasa de aumento del rendimiento. Si no se logra esta aceleración, es de esperar una expansión masiva de las tierras de cultivo o una gran dependencia de las importaciones.

15.2. CARACTERÍSTICAS Y SINGULARIDADES DE LA AGRICULTURA AFRICANA

Además de las grandes limitaciones basadas en la naturaleza, como la prevalencia de la sequía, la diversidad de agrosistemas, la escasa fertilidad del suelo y las plagas y enfermedades únicas, el desarrollo agrícola africano también tiene que superar los persistentes desafíos institucionales y programáticos. Las instituciones africanas de educación superior aún carecen de la fuerza y la infraestructura para producir regularmente graduados y posgraduados de alta calidad en la cantidad necesaria para promover el cambio. La creación de capacidad y el fortalecimiento de las instituciones locales son las áreas en las que se necesita con urgencia la asistencia extranjera. Sin embargo, históricamente, la relación entre África y la comunidad internacional de ayuda ha sido problemática. La excesiva dependencia de fondos externos para programas de desarrollo agrícola ha llevado a la falta de un marco estratégico nacional firme y agendas para el desarrollo nacional.

El tamaño de las explotaciones de la mayoría de los hogares de pequeños agricultores se ha ido reduciendo gradualmente durante décadas debido al crecimiento de la población rural y al limitado potencial de expansión continua del área en zonas relativamente densamente pobladas, donde vive la mayoría de los africanos rurales. A nivel continental, las estimaciones muestran que el 52% de la tierra potencialmente cultivable del mundo se encuentra en ASS. Sin embargo, la mayor parte de esta tierra se concentra en solo ocho países, mientras que muchos de los 41 países restantes de la región contienen grandes poblaciones rurales agrupadas en áreas notablemente pequeñas. De las tierras rurales cultivables del área subsahariana que reciben más de 400 mm de precipitación promedio por año, el 20% contiene el 74% de su población rural. Hoy en día, muchos jóvenes africanos rurales no pueden obtener tierras adicionales mediante herencias o instituciones de tierras tradicionales como solían hacerlo. Por lo tanto, aunque la mayor parte de ASS podría considerarse "tierra abundante", una proporción relativamente grande de africanos rurales se enfrentan a la escasez de tierras. Los precios de la tierra en la región también están aumentando rápidamente, incluso en áreas antes consideradas remotas. Por estas razones, la mejora de los medios de vida de los agricultores africanos depende cada vez más del aumento de la productividad de las tierras agrícolas existentes.

Muchos agricultores no tienen acceso o no pueden responder a los incentivos del mercado para aumentar la productividad, y tampoco pueden permitirse dejar sus tierras para que otros las cultiven por falta de estilos de vida alternativos gratificantes en las zonas urbanas. Muchos hogares dependen sustancialmente de los ingresos no agrícolas, a menudo con los hombres trabajando en ciudades y minas, mientras las mujeres, los niños y los ancianos trabajan la tierra; quizás se describan más correctamente como agricultores a tiempo parcial en lugar de agricultores de subsistencia. Para ellos es una decisión de estilo de vida defendible permanecer en la tierra que, lamentablemente, desde una perspectiva nacional, mantienen como rehén de la producción eficiente de alimentos necesaria para el aumento de las poblaciones urbanas.

Dos regiones principales (ASS y Asia occidental–África del norte) muestran brechas muy grandes entre el rendimiento agrícola y el rendimiento potencial (>100% del rendimiento agrícola, a menudo >200%). Cerrar estas brechas de rendimiento exige una investigación adaptativa local inmediata; e inevitablemente implicará la adopción de la misma secuencia de tecnologías, principalmente agronómicas, que han ocurrido en otros lugares durante el último siglo. Sin embargo, también se deben atender muchas otras barreras, a menudo fuera de la explotación y que involucran instituciones, infraestructura y políticas, para que esta progresión se acelere de inmediato, elevando el crecimiento del rendimiento agrícola al 2% anual o más.

La cuestión de los suelos en África es paradójica. Las superficies son extensas, pero en ninguna región del mundo el impacto de los terrenos empobrecidos sobre la producción de alimentos se deja sentir de forma más aguda que en el área subsahariana, donde el 65% de las tierras cultivables están degradadas. El hecho de que 180 millones de personas dependan de un suelo empobrecido para cultivar sus cosechas es una de las razones principales por las que estas regiones están atrasadas respecto a otras en el cumplimiento de los objetivos de seguridad alimentaria.

La introducción en África de variedades mejoradas, utilizando prácticas agronómicas de vanguardia, incluidos fertilizantes minerales, produjeron mayores rendimientos que los que se podrían obtener en la mayoría de los campos de pequeños agricultores en la región subsahariana, que tienden a tener suelos con pocos nutrientes. Los agricultores generalmente no aportan los nutrientes extraídos de las cosechas como fertilizantes, creando un círculo vicioso de agotamiento de la fertilidad del suelo que impidió el potencial de rendimiento de las variedades mejoradas cuando se usaban en la mayoría de los campos de agricultores. Esto contrasta con lo que sucedió durante la Revolución Verde en Asia, donde los agricultores descubrieron que las variedades mejoradas duplicaban o triplicaban los rendimientos cuando se agregaban fertilizantes nitrogenados. La reposición de la fertilidad del suelo en ASS finalmente se reconoció como punto de entrada clave para aumentar los rendimientos de los cultivos en África a fines de la década de 1990. En 2006, los agricultores utilizaban 8 kg de fertilizantes minerales por ha, mientras que agricultores asiáticos utilizaron 15 veces más. Aunque el uso de fertilizantes por ha en ASS se ha duplicado desde entonces a 17,9 kg por ha en 2018, todavía está muy por debajo de lo que se necesita para compensar los nutrientes extraídos.

Un pilar fundamental de la seguridad alimentaria en el ASS es garantizar la calidad de las semillas para consolidar a los agricultores en el cultivo de alimentos y piensos para el ganado, fomentando así la generación de ingresos a partir de la producción agrícola. Entre los cultivos producidos por pequeños agricultores, las leguminosas tienen el potencial de generar beneficios multifacéticos. Las legumbres son ricas en nutrientes y mejoran la salud del suelo gracias a sus cualidades fijadoras de nitrógeno.

Sin embargo, en muchos casos, el desarrollo, la liberación y el suministro de variedades mejoradas de leguminosas son insuficientes para satisfacer las necesidades de los pequeños agricultores.

El acceso a variedades mejoradas de leguminosas es un elemento clave para garantizar la seguridad alimentaria y la adaptación climática de los pequeños agricultores del ASS. Las leguminosas tienen importantes beneficios para su uso en los sistemas agrícolas de pequeños agricultores, y a menudo se las promociona como "cultivos climáticamente inteligentes" por el papel que desempeñan en la mejora de la resiliencia agrícola frente al cambio climático. Lo más importante es que su capacidad para fijar nitrógeno facilita el desarrollo de sistemas de cultivo más sostenibles. La capacidad de fijación de nitrógeno de las leguminosas tiene un valor significativo para las pequeñas explotaciones agrícolas del ASS, caracterizadas por suelos degradados y deficientes en nutrientes, especialmente teniendo en cuenta el uso limitado de fertilizantes inorgánicos debido a sus altos precios. Además de sus beneficios agroecológicos, las legumbres son un importante alimento básico rico en nutrientes y se consideran beneficiosas tanto para la salud humana como para la salud del planeta, como ya se ha descrito en el capítulo correspondiente. En este sentido, la ampliación de la adopción de variedades de leguminosas entre los pequeños agricultores podría servir como un factor fundamental para mejorar la seguridad alimentaria y nutricional de los hogares. Sin embargo, a pesar de los conocidos beneficios de las leguminosas tanto para la nutrición humana como para los sistemas de cultivo, los sistemas de suministro de semillas de leguminosas en ASS siguen estando subdesarrollados, particularmente en comparación con sistemas de variedades bien establecidos para cereales importantes como el maíz.

Los sistemas de semillas de leguminosas en el ASS operan tanto formal como informalmente, con intersecciones e interacciones entre ambos modos de entrega de semillas y acceso para los pequeños agricultores. En la mayoría de los casos, los sistemas de semillas formales e informales tienden a existir en paralelo, donde el grado en que un pequeño agricultor utiliza cada sistema puede diferir dependiendo de su ubicación geográfica, tamaño de la finca, sistema de cultivo, su poder adquisitivo, redes sociales, etnia y género, entre otros factores. Para la mayoría de las leguminosas, excepto los cultivos comerciales (como la soja y la judía común), los pequeños agricultores dependen del sistema informal de semillas. A pesar de esto, existe una brecha notable en el mercado de variedades mejoradas de leguminosas asequibles y adaptadas a los pequeños agricultores. Además, las inversiones para intensificar los esfuerzos en el mejoramiento de leguminosas y mejorar el suministro de semillas son actualmente insuficientes.

En la actualidad, hay más de 100 empresas de semillas de propiedad africana, que venden semillas mejoradas que pueden alcanzar altos rendimientos cuando el cultivo se fertiliza. En muchos casos, se necesitan reformas regulatorias que eliminen las barreras al comercio de semillas y permitan una mayor inversión privada en el desarrollo y distribución de semillas, para que las variedades mejoradas sean más accesibles. Por ejemplo, la producción de semillas de la primera generación (semillas de base) ha sido un cuello de botella frecuente en la producción y el suministro de semillas certificadas, lo que ha retrasado el acceso de los agricultores a variedades mejoradas. La mayoría de los gobiernos africanos anteriormente tenían el monopolio de la producción de semillas, pero ahora muchos han permitido que las empresas privadas comiencen a producirlas. También es necesario ampliar la cobertura de los países del ASS que se benefician de la investigación en semillas, tanto nacional como internacional. Se han producido enormes aumentos en los rendimientos de maíz y arroz en 10 países, que recibieron asistencia técnica y financiera (Fig. 15.1).

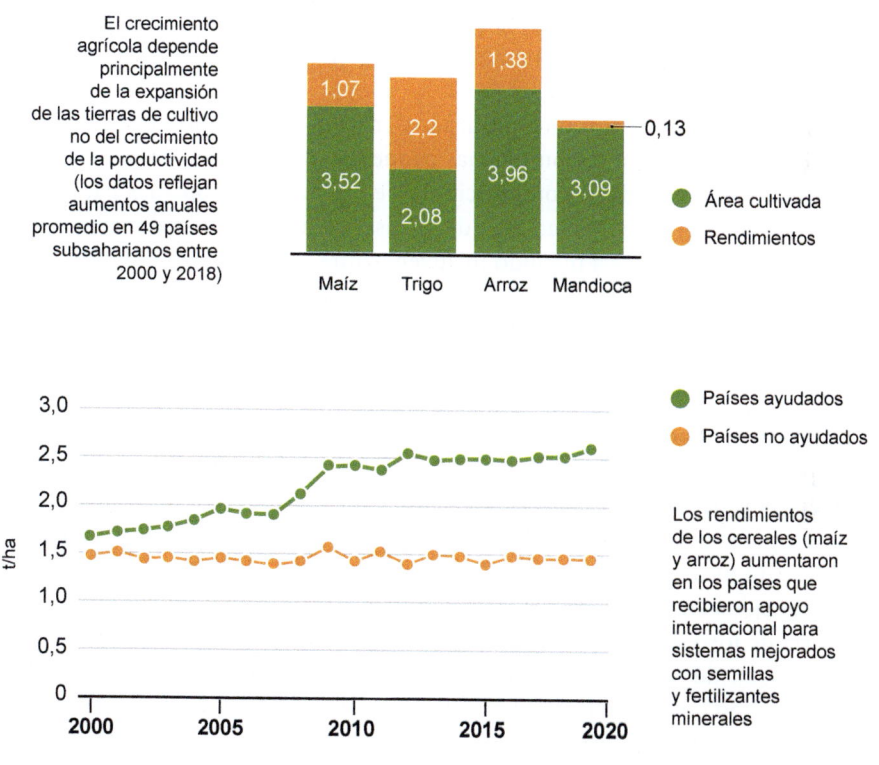

Figura 15.1 Evolución de los rendimientos de los cultivos en África subsahariana (adaptado de Jayne y Sánchez, 2021)

Se reconoce cada vez más que muchos agricultores africanos obtienen una respuesta del cultivo muy variable y generalmente baja a los fertilizantes que se aplican. La eficiencia agronómica del nitrógeno (es decir, los kg adicionales de producción de los cultivos por kg de nutrientes nitrogenados aplicados al campo) en África promedia 14,2, con una variabilidad considerable según el tipo de suelo, lluvia y manejo. Con fertilizantes minerales apropiados, inputs orgánicos, variedades que responden a los fertilizantes y una mejor gestión del suelo, la respuesta de los cultivos a los fertilizantes se puede duplicar o triplicar, alcanzando el promedio mundial de la eficiencia agronómica del N de valor 37. Aumentar la respuesta de los cultivos a los fertilizantes minerales es uno de los pasos más importantes para lograr el crecimiento de la productividad agrícola en ASS. Esto, a su vez, promovería una mayor inversión en las cadenas de suministro de todo tipo de inputs agrícolas y servicios de apoyo, lo que a su vez respaldaría ciclos virtuosos de mejora en la productividad agrícola, una mayor competitividad de los cultivos africanos de exportación e ingresos de los pequeños agricultores y aumento de la inversión privada en sistemas agroalimentarios. También son necesarios entornos normativos propicios para la inversión privada y la competencia en los sistemas agroalimentarios para garantizar que estos ciclos virtuosos puedan materializarse.

La mayoría de los fertilizantes utilizados en ASS son importados. En la última década, han surgido en la región muchas pequeñas instalaciones de mezcla de fertilizantes que pueden producir composiciones de nutrientes apropiadas para áreas específicas, basadas en recomendaciones de análisis de suelo junto con mapas digitales. Algunas recomendaciones a menudo incluyen azufre, un nutriente que comúnmente es deficiente en grandes áreas de la zona. La combinación mejorada para adaptarse a las necesidades específicas del suelo ha contribuido a duplicar el uso de fertilizantes durante la última década. Aun así, se necesita una intensidad mucho mayor en el uso de fertilizantes para que se logre un fuerte crecimiento agrícola liderado por ganancias de productividad en las tierras de cultivo existentes.

Los pequeños agricultores africanos utilizan estiércol de ganado, residuos de cultivos y cultivos de cobertura (sembrados para cubrir el suelo, en lugar de para la cosecha), en parte porque esos input son difíciles de producir en suelos de fertilidad reducida. Aunque el estiércol de ganado se utiliza en toda África como input orgánico, y los producidos en granjas lecheras generalmente son de alta calidad de nutrientes, la mayoría de los estiércoles utilizados por los pequeños agricultores a menudo son de baja calidad de nutrientes ya que el ganado se alimenta de pastos cultivados de baja calidad, con los nutrientes de los suelos agotados. Los residuos de cultivos como el rastrojo de cereales (hojas y tallos que quedan después de la cosecha) alimentan principalmente al ganado, pero cuando los cultivos de cereales rinden más del doble, como suele ocurrir con los fertilizantes minerales y las variedades mejoradas, los residuos de cultivos también aumentan. Esto brinda la oportunidad de satisfacer la alimentación del ganado y devolver al suelo cantidades sustanciales de residuos de cultivos que contienen un 45% de carbono.

Los análisis realizados hasta ahora revelan el enorme desafío continuo que enfrenta el ASS para abordar la autosuficiencia en la producción de alimentos y plantean la importante cuestión del papel potencial del riego, que está poco desarrollado en el continente. Las sequías en toda la región son más comunes en África oriental y meridional, donde el riego actualmente depende de represas de pequeñas cuencas que son propensas al agotamiento periódico. Que el riego debe convertirse en parte de la solución parece claro. Una comparación con las "revoluciones verdes" anteriores identifica la contribución principal y constante del riego, cuestionándose si la falta de desarrollo del riego en África es un descuido o una respuesta a la insuficiencia del agua. Un análisis detallado concluye que existe un potencial sustancial para el desarrollo de sistemas de riego a pequeña y gran escala, que podrían aumentar la producción de alimentos en un 50% en un continente que actualmente riega solo el 6% de la superficie cultivada (13 Mha), en comparación con el 37% en Asia y el 14% en América Latina. Se ha confirmado que el ASS tiene reservas considerables de aguas subterráneas poco profundas.

Los cultivos alimentarios "olvidados" de África podrían sustentar sistemas alimentarios más resilientes al clima y saludables en el ASS, pero la promoción de estos cultivos ha recibido una atención limitada. Tales cultivos, diferenciados por grupos de alimentos, tienen un alto potencial para diversificar los sistemas de cultivo de los principales alimentos básicos y apoyar la nutrición en la región.

Una amplia variedad de plantas alimenticias tradicionales africanas, que han coevolucionado con los sistemas alimentarios humanos durante siglos o milenios, podrían respaldar la diversificación de cultivos; aunque con el cambio hacia dietas "occidentales" y cambios drásticos en el uso de la tierra en las últimas décadas, muchas de estas plantas han sido descuidadas en los principales mercados y suministro de alimentos. Este abandono significa que estos cultivos alimentarios "olvidados", que incluyen muchas hortalizas, frutas, cereales, legumbres, frutos secos, y raíces y tubérculos, han sido poco estudiados formalmente, lo que inhibe aún más su promoción agrícola y su inclusión en los sistemas de cultivo. Sin embargo, muchos de estos cultivos ocupan nichos bioclimáticos marginales donde los principales alimentos básicos crecen mal; son alimentos importantes fuera de temporada que son ricos en nutrientes y están fuertemente conectados con la historia e identidad de los pueblos locales, todos los cuales son atributos que respaldan dietas saludables en un clima cambiante. Aunque algunos estudios han comenzado a explorar opciones para la diversificación de cultivos a fin de apoyar la resiliencia climática en el ASS, hasta el momento no se ha realizado ninguna evaluación sistemática sobre la medida en que los cultivos alimentarios olvidados, de diferentes grupos de alimentos, podrían desempeñar un papel. Esto limita el desarrollo de opciones de adaptación apropiadas para los sistemas alimentarios, especialmente en lo que respecta al suministro de alimentos ricos en micronutrientes.

Por último, es importante anticipar y evitar los impactos ambientales negativos de la intensificación, y especialmente un uso excesivo de nutrientes y plaguicidas como en Europa y China. De hecho, es necesaria una transición directa de una agricultura que explote el suelo a una basada en la alta eficiencia en el uso de los recursos y la conservación de los recursos naturales, que requiere una I+D anticipada, centrada en el objetivo dual de aumentar los rendimientos y proteger la calidad del medio ambiente (Fig. 15.2).

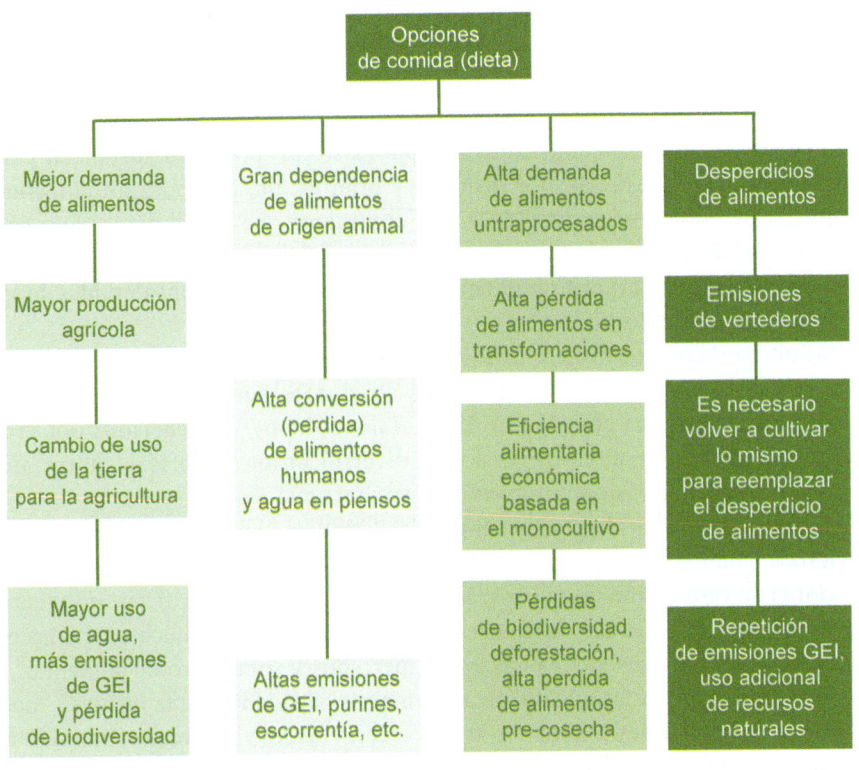

Figura 15.2 Vías de impacto de la dieta en la sostenibilidad ambiental (adaptado de Holdsworth, *et al.*, 2023)

La Revolución Verde Africana

África fue la principal excepción al éxito de la Revolución Verde en el mundo en desarrollo. La estrategia de esta no era apropiada donde las densidades de población eran bajas y/o la infraestructura del mercado era pobre. Además, la base de recursos agrícolas no podía mantener de manera sostenible el crecimiento de la productividad, y los pobres dependían en gran medida de los cultivos huérfanos en lugar de los tres cereales básicos principales. El paquete de innovaciones que estimuló el éxito de la Revolución Verde en Asia fue en gran medida inapropiado para el contexto africano en ese momento. Sin embargo, las historias de éxitos emergentes del crecimiento de la productividad agrícola en las últimas décadas muestran que: (1) el contexto para el desarrollo agrícola ha cambiado drásticamente; y (2) las inversiones en investigación para abordar los cultivos y las limitaciones relevantes para la agricultura del continente producen altos rendimientos.

En primer lugar, durante el período de la Revolución Verde en el mundo, la demanda de intensificación en África fue bastante baja, porque la tierra era relativamente abundante. Los agricultores tenían pocos incentivos para intensificar el uso de la tierra, porque no tenían ningún incentivo para ahorrar en costes de la tierra. Sin embargo, hoy hay algunas áreas en África donde las relaciones tierra/trabajo ahora son similares a lo que eran en Asia durante la Revolución Verde. Por ejemplo, en África oriental y meridional, la cantidad de tierra cultivable ha aumentado solo marginalmente, pero el porcentaje de hogares dedicados a la agricultura se ha triplicado. En consecuencia, la demanda de tecnologías para mejorar el rendimiento está aumentando en la región.

En segundo lugar, las mejoras en el arroz, el trigo y el maíz abordaron en gran medida las principales preocupaciones de seguridad alimentaria en Asia. Sin embargo, África tiene una gran diversidad de sistemas de cultivo, y muchos cultivos "huérfanos" son fundamentales para la seguridad alimentaria (los cultivos "huérfanos" son aquellos que no son objeto de comercio internacional y reciben menos atención en términos de mejora genética, investigación y formación de la extensión agrícola). Incluso donde los principales cereales se cultivan en África, pocas variedades adecuadas estuvieron disponibles para esos agrosistemas hasta el final de la Revolución Verde y el comienzo del período posterior a la misma. En las décadas de 1960 y 1970, los programas nacionales e internacionales intentaron acortar el proceso de mejora de variedades en el ASS, mediante la introducción de variedades inadecuadas de Asia y América Latina. Este patrón se mantuvo hasta la década de 1980, cuando finalmente se obtuvieron variedades más adecuadas, basadas en investigaciones específicamente dirigidas a las condiciones africanas. Las variedades mejoradas de sorgo, mijo y yuca también comenzaron a surgir a mediados o finales de la década de 1980. Las ganancias de productividad de tales inversiones ahora están comenzando a emerger, se estima que los beneficios de las inversiones del Grupo Consultivo sobre Investigación Agrícola Internacional (CGIAR) en África solo para el maíz superan los 2,9 mil millones de dólares. El crecimiento del rendimiento de raíces y tubérculos aumentó fuertemente entre 1980 y 2005 (un 40% durante este período).

En la década de 1960, cuando surgió la Revolución Verde Asiática, nació el África independiente. Gran parte de la capacidad humana e institucional esencial para una revolución agrícola en África era débil o inexistente. Los descubrimientos de las variedades de cultivos milagrosos que alumbraron la Revolución Verde Asiática fueron el trigo y el arroz, dos cultivos de importancia mundial, pero no el sorgo, mijo, maíz o mandioca, los cultivos críticos para los africanos. No obstante, como ya se ha dicho, África no estaba lista para una campaña de desarrollo basada en la ciencia.

Durante las siguientes dos décadas, se realizaron inversiones de fuentes internas y a través de la asistencia para el desarrollo del extranjero, para construir instituciones clave, incluidas las de educación superior, investigación agrícola e instituciones de transferencia de tecnología, como los servicios de extensión agrícola y las agencias de distribución de semillas. Decenas de miles de jóvenes hombres y mujeres africanos fueron enviados a cursar estudios de posgrado en ciencias agrícolas en instituciones europeas y norteamericanas.

Hoy en día, existe una base de capacidad humana y una infraestructura de investigación agrícola en desarrollo, aunque todavía no sólida, centrada en la búsqueda de soluciones para los problemas locales en África, y vínculos con programas regionales y centros de investigación internacionales, universidades extranjeras y otras organizaciones científicas que están apoyando este esfuerzo. Las colaboraciones de investigación entre científicos africanos y agencias extranjeras ya han arrojado resultados importantes, por ejemplo, el control biológico de las principales plagas de insectos de la yuca, el desarrollo de variedades de arroz adecuadas para África y los sorgos resistentes a la sequía y a las malas hierbas. Desafortunadamente, el crecimiento alcanzado en la educación e investigación agrícolas no ha sido igualado por un avance concomitante en la transferencia de tecnología pública y privada; las instituciones y los resultados de una investigación exitosa aún no se han ampliado al nivel del continente.

Se observa un nuevo sentido de urgencia y un mayor compromiso para hacer un cambio duradero en el desarrollo agrícola africano. También un aumento en el número y el tamaño de las instituciones dedicadas a los esfuerzos de investigación y desarrollo de África. Una de las principales iniciativas que surgió recientemente en el continente es la Alianza para la Revolución Verde en África (AGRA), una organización creada por las contribuciones conjuntas de las fundaciones Rockefeller y Bill y Melinda Gates. AGRA no es una institución de investigación o desarrollo; es una agencia de donaciones creada para apoyar los esfuerzos nacionales de investigación y desarrollo agrícola en países africanos seleccionados. Patrocinaría un mayor desarrollo y despliegue de tecnologías generadas por los servicios agrícolas nacionales existentes y los centros internacionales de investigación agrícola (IARC). Además de estas, hay muchas más instituciones extranjeras dedicadas a la investigación agrícola en África, incluidas varias de EE.UU. y universidades europeas. Para alcanzar los objetivos eventuales de AGRA y sus socios nacionales, los programas aliados deben funcionar juntos. Lo que se necesita no es una preponderancia de unidades independientes que operen sin compromiso, con las instituciones locales, sino un programa coordinado y orientado a la misión, con participación selectiva de asociaciones que conduzcan a una división adecuada del trabajo y el compromiso de recursos.

Los líderes africanos han puesto la agricultura en sus agendas y han hecho una promesa histórica de comprometer el 10% de sus presupuestos nacionales a la seguridad alimentaria y el crecimiento impulsado por la agricultura a través del Programa Integral de Desarrollo Agrícola de África. Se han establecido organizaciones regionales y subregionales para facilitar la generación y transferencia de tecnología. La asistencia extranjera a África está siendo examinada y redefinida por varias agencias; poniendo énfasis en las asociaciones dirigidas por los países africanos.

Una "revolución verde" africana puede ser una realidad, pero África no podrá desarrollar una agricultura y una economía basadas en la ciencia sin una asistencia externa considerable, particularmente en las áreas de desarrollo de capacidades humanas e institucionales. Sin embargo, ninguna cantidad de fondos producirá un cambio tan transformador a menos que sea liderado localmente por una ciudadanía inspirada y conducido por un apoyo y compromiso inequívocos de los líderes y responsables políticos africanos.

15.3. EL PAPEL DEL COMERCIO EN LA SEGURIDAD ALIMENTARIA EN ÁFRICA

Un informe reciente del Banco Mundial explica que el Área de Libre Comercio Continental Africana (AfCFTA) es una oportunidad real para estimular el crecimiento, reducir la pobreza y expandir la inclusión económica en África, y esto a pesar de la crisis provocada por el coronavirus, con un aumento en los ingresos del 7%. Sin embargo, la opinión de los economistas especialistas en el tema es mucho menos optimista. Este acuerdo, que ratifica el desmantelamiento de las barreras arancelarias entre 54 de los 55 países africanos, tiene como objetivo la creación de un mercado común, que supuestamente permitirá la conquista de mercados de exportación. Sin embargo, su puesta en marcha se ha ralentizado, quedando por acordar diferentes aspectos, entre ellos liberalizar las barreras aduaneras. La aplicación de este acuerdo fue finalmente aplazada hasta después del COVID–19.

Con el Acuerdo AfCFTA, están surgiendo varias oportunidades para países de diferentes sectores de la economía. Las grandes esperanzas se basan en particular en el comercio agrícola interior, dado el déficit de alimentos y la importancia de los empleos agrícolas.

Al promover el AfCFTA, la Unión Africana está olvidando las múltiples limitaciones que obstaculizan su integración. En concreto, los déficits de infraestructura, en particular de transporte; acceso a energía y agua; habilidades técnicas; acceso al crédito a tasas razonables; la fuerte disparidad en las políticas monetarias y de tipos de cambio; enormes diferencias en los derechos aduaneros, especialmente los agrícolas; y en los niveles de vida, etc. En relación con el transporte, es más barato traer productos chinos a Lagos que traerlos desde el norte del país (Nigeria). Lo mismo ocurre con el maíz americano, cuyo transporte desde Chicago a Lagos cuesta menos que transportarlo desde el norte del país. Todo esto indica que el AfCFTA es un proyecto legítimo, que corre el riesgo de fracasar mientras no se haya logrado fortalecer la integración interna con una armonización de las reglas para la libre circulación de productos. El AfCFTA es un proceso que debe complementar la consolidación de las comunidades económicas regionales y completar, al mismo tiempo, el libre comercio interno en cada comunidad, la solución de los problemas relacionados con todos los obstáculos, en particular los gravámenes ilícitos realizados por agentes encargados de hacer cumplir la ley, que son a veces superiores a los propios derechos de aduana.

Si no se tienen en cuenta las exportaciones de productos alimenticios que generan flujos de caja, como el café, el cacao y el té, el déficit de la balanza agroalimentaria es aun más significativo. Los políticos no deben olvidar que dos tercios de los trabajadores en el ASS y un tercio en el norte de África trabajan en la agricultura, la ganadería o la pesca. La eliminación de aranceles entre los países miembros de la Unión Africana plantea serios problemas. Sobre todo porque las exportaciones agrícolas de la UE se benefician de altas subvenciones, y que también exige que todos los países que han firmado Acuerdos de Asociación Económica eliminen el 80% de los derechos de aduana sobre sus exportaciones. Lo que ya supone un desastre para los países del ASS firmantes.

Si se tiene la voluntad política de lograr un continente que a largo plazo reduzca su déficit alimentario y se vuelva autosuficiente en productos alimenticios básicos en un contexto de crecimiento demográfico muy fuerte, se deben utilizar los medios de protección utilizados por todos los países desarrollados, incluidos los de Asia, que siguen imponiendo aranceles muy elevados a las importaciones de alimentos. Todo esto porque los productos alimenticios no son como los demás, pues dependen en gran medida de las amenazas climáticas.

África debe preocuparse realmente por proteger a los agricultores que representan, como se ha dicho, dos tercios de la población al sur del Sahara y un tercio en el norte, para mejorar su seguridad alimentaria con alimentos que puedan producirse localmente y no necesariamente importados. Por lo tanto, es necesario garantizar precios rentables y estables a medio y largo plazo a los agricultores, para que puedan invertir con total seguridad y también que los bancos les concedan préstamos, porque de esta forma tendrán la seguridad de que los agricultores obtendrán así unos precios mínimos que les permitan pagar estos préstamos. Obviamente, si se aumentan los precios agrícolas a un nivel mucho más alto que el actual para garantizar la rentabilidad de la producción (esto a través de importantes protecciones aduaneras), se penalizará a los consumidores desfavorecidos; de hecho, a la mayoría de los ciudadanos. Entonces será necesario establecer ayudas alimentarias internas muy elevadas, como las que se utilizan en India, Estados Unidos o Brasil, que permiten a la mayoría de la población desfavorecida obtener alimentos básicos de origen local a precios fuertemente subvencionados.

Por otro lado, el problema es que los consumidores africanos se han acostumbrado a consumir productos alimenticios importados, porque son menos costosos que los productos nacionales debido a los fuertes subsidios de los que se benefician los primeros. Por lo tanto, será necesario también cambiar los hábitos alimenticios, gravando los productos importados y mejorando el procesamiento de los productos locales para hacerlos tan fáciles de consumir como el pan o la pasta a base de trigo. Hay mucho para inspirarse en las tortillas de maíz de América Central o los grandes pasteles de yuca del norte de Brasil. Debe desarrollarse la producción de cereales locales (mijo, sorgo, maíz) y otros tubérculos y carbohidratos (yuca, ñame, plátano) y proteaginosas (caupí, soja), basados en métodos de producción sostenible.

15.4. LA SALUD Y LA SEGURIDAD ALIMENTARIA EN ÁFRICA

Actualmente hay 54 países en el continente africano, que difieren significativamente en términos de desarrollo económico y social, cultural y creencias religiosas, modelos de gobernanza política, disponibilidad de recursos naturales, demografía, divisiones étnicas e historia colonial.

Dadas las amplias variaciones existentes en el clima y las zonas ecológicas, se espera que los desafíos alimentarios que enfrentan estos países sean diferentes. A pesar de ello, un denominador común es la creciente carga de obesidad y enfermedades no transmisibles relacionadas con la alimentación en medio de una desnutrición prevalente. En toda África, se prevé que la población aumentará hasta alcanzar los 2.500 millones en 2050.

Las altas tasas de fertilidad al sur del Sahara significan que la región africana representará más de la mitad del crecimiento de la población mundial desde ahora hasta 2050. La población de la región seguirá aumentando rápidamente a fines del siglo, cuando la cantidad de personas que viven en gran parte de Asia y en otros lugares disminuirá.

Durante mucho tiempo se ha considerado que las enfermedades infecciosas humanas representan una carga especialmente grave en el ASS. El VIH/SIDA y la tuberculosis, la malaria, el dengue y el chikungunya, las enfermedades diarreicas como el cólera, las fiebres hemorrágicas como el Ébola, la hepatitis, la meningitis meningocócica, la esquistosomiasis y las infecciones bacterianas y virales del tracto respiratorio inferior, se encuentran entre las enfermedades infecciosas más importantes de los seres humanos en ASS. La infección por COVID–19 ha sido una recién llegada a este complejo panorama.

En gran parte de la región, la carga de morbilidad humana sobre la agricultura en pequeña escala y sobre la seguridad alimentaria de los hogares rurales y urbanos afecta gravemente múltiples aspectos de los sistemas alimentarios. La mortalidad y morbilidad humana debida a enfermedades comprometen de manera recurrente la toma de decisiones de los agricultores y reducen tanto la disponibilidad como la productividad de la mano de obra.

La asignación de tiempo de los responsables de la familia se interrumpe y los ingresos se reducen debido a la necesidad de cuidar a los enfermos y de obtener medicamentos; las cantidades y diversidad de alimentos disponibles pueden verse gravemente afectadas, al igual que la calidad de la preparación de los alimentos, afectando a todos los miembros de la familia. Los efectos se extienden a las áreas urbanas, que pueden sufrir reducciones en la oferta de productos agrícolas y en la demanda de alimentos del mercado, así como efectos directos de las enfermedades. Las consecuencias para la nutrición y la salud humanas, y para los medios de subsistencia y el bienestar de los hogares y las comunidades, pueden ser graves y persistir mucho después de que disminuyan los efectos directos de una enfermedad.

El VIH/SIDA ha sido especialmente devastador en África meridional y oriental. Investigaciones sustanciales realizadas a lo largo de varias décadas han demostrado efectos profundos, generalizados y prolongados de la enfermedad en los sistemas de producción de alimentos y en la seguridad alimentaria y de los medios de vida en la región. Además de los efectos sobre la producción agrícola y el suministro de alimentos, las personas que viven en hogares afectados por el VIH/SIDA consumen menos calorías, tienen dietas menos diversas y peor nutrición y salud. Las consecuencias del VIH/SIDA para la alimentación, la nutrición y la seguridad de los medios de vida se han manifestado en toda la sociedad africana, tanto en entornos urbanos como rurales, lo que ha dado lugar a numerosas intervenciones, incluidas las relacionadas con la alimentación y la nutrición.

15.5. IMPACTO DE LAS ACCIONES POLÍTICAS EN LA SEGURIDAD ALIMENTARIA

La iniciativa de la Gran Muralla Verde liderada por África es uno de los planes de restauración ecológica más ambiciosos del mundo. La región Sahel–Sahara es el hogar de muchas de las personas más pobres del mundo, que viven en algunas de las condiciones más secas y se encuentran entre las más vulnerables a las variaciones del clima. El proyecto de Muro Verde fue adoptado formalmente por la Unión Africana en 2007. Fue defendido por los jefes de gobierno: de Nigeria y de Senegal. El objetivo es restaurar 100 millones de has de tierra degradada en 11 países a ambos lados del Sahel al sur del Sahara, desde Senegal en el oeste hasta Djibouti en el este; todo de aquí a 2030. Concebido originalmente como un muro de árboles de 7.000 km, ha evolucionado hacia un conjunto más complejo de actividades, que incluyen no solo plantar nuevos árboles, sino también mejorar los suelos, establecer jardines comunitarios y proteger los bosques existentes.

El proyecto también pretende crear 10 millones de puestos de trabajo y secuestrar 250 millones de toneladas (t) de dióxido de carbono (CO_2). Los donantes internacionales prometieron aportar la mayor parte del presupuesto del proyecto, aunque se ha señalado que el ritmo de financiación es demasiado lento para alcanzar este objetivo.

Hasta 2020, se habían restaurado una quinta parte de las tierras degradadas (20 millones de ha) y se habían creado 350.000 de los 10 millones de puestos de trabajo prometidos. Esto se debe principalmente, aunque no exclusivamente, a que desde que comenzó el proyecto solo se han gastado 2.500 millones de dólares de los 30.000 millones necesarios.

La confianza entre la Unión Africana y los donantes internacionales parece ser escasa. Las naciones donantes parecen estar eligiendo en qué países invertir, con preferencia por aquellos en regiones relativamente estables. Etiopía, Eritrea, Níger y Senegal se encuentran entre los participantes más activos. Los países menos involucrados (Chad, Malí, Burkina Faso y Sudán, por ejemplo) también son los que están gobernados por sus fuerzas armadas, con inestabilidad, insurgencias y altas tasas de desplazamiento interno; con pérdida de medios de vida y pobreza a medida que las personas huyen. También la situación en Sudán se ha vuelto particularmente precaria, porque las fuerzas militares y paramilitares están en conflicto abierto. Los proyectos de conservación y desarrollo económico son difíciles de lograr en tales condiciones.

Al proyecto también le ha resultado difícil entusiasmar a los principales líderes africanos de la forma en que lo hicieron los jefes de gobierno de Nigeria y Senegal, quienes lo vieron como algo en lo que el continente podría unirse en los primeros días de la Unión Africana. Ahora, la Gran Muralla Verde del continente corre el riesgo de convertirse en su Gran Jardín Verde Amurallado: una red de actividades aisladas en un número relativamente pequeño de países. También corre el peligro de abandonar aparentemente a las personas que más lo necesitan.

Las cumbres internacionales no son difíciles de organizarse si tiene el dinero, y es fácil hacer promesas. Pero las promesas incumplidas alimentan la ira y la desconfianza, y al mismo tiempo empeoran tanto la pobreza como el medio ambiente. Mientras se esperan los detalles del nuevo plan de conservación forestal (Plan Libreville), es esencial que la visión original de la Gran Muralla Verde de África no quede archivada en la casilla de "demasiado difícil".

Los actores del sistema alimentario africano, especialmente los formuladores de políticas, deben reconocer y apreciar el valor de las acciones políticas de la OMS para transformar los entornos alimentarios africanos. Si los gobiernos africanos implementan una combinación de acciones políticas para informar y fortalecer, guiar, influir e incentivar el consumo de alimentos saludables y desalentar el consumo de alimentos no saludables, entonces, los actores del entorno alimentario pueden tomar decisiones inmediatas o estratégicas que reduzcan significativamente la importación, la producción, el procesamiento, la venta minorista y/o la comercialización y el consumo de alimentos no saludables. Esto hará que los alimentos poco saludables no estén disponibles, sean poco atractivos e inasequibles. Los compromisos políticos y la implementación real son dos cosas diferentes. Tener políticas que aborden todas las acciones políticas de la OMS, o las diversas dimensiones de las dietas saludables y sostenibles, no significa necesariamente que dará como resultado un sistema alimentario transformado. Desarrollar la capacidad necesaria no solo para generar compromisos o formular políticas, sino también para implementarlas, debería ser una consideración importante por parte de los gobiernos africanos.

La Cumbre de las Naciones Unidas sobre Sistemas Alimentarios (UNFSS) de 2021, reunió a diversos actores y partes interesadas en los sistemas alimentarios de todo el mundo para tomar parte en su transformación. Los compromisos asumidos por los Jefes de Estado Africanos en dicha cumbre, responden a tres dimensiones de las dietas saludables sostenibles, a saber, nutrición y salud, socioeconómico y ambiental. En segundo lugar, los compromisos con las acciones políticas prioritarias para los sistemas alimentarios de la Organización Mundial de la Salud, que incluyen el etiquetado nutricional, la regulación de la comercialización, la compra pública de alimentos, las políticas fiscales y la fortificación.

La asignación de acciones políticas a las diferentes partes del sistema alimentario ilustra que es más probable que actúen para mejorar la calidad de los alimentos, el suministro y el entorno alimentario, como puntos de entrada, con menos políticas centradas directamente en factores individuales, comportamiento de los consumidores o dietas (Fig. 15.3).

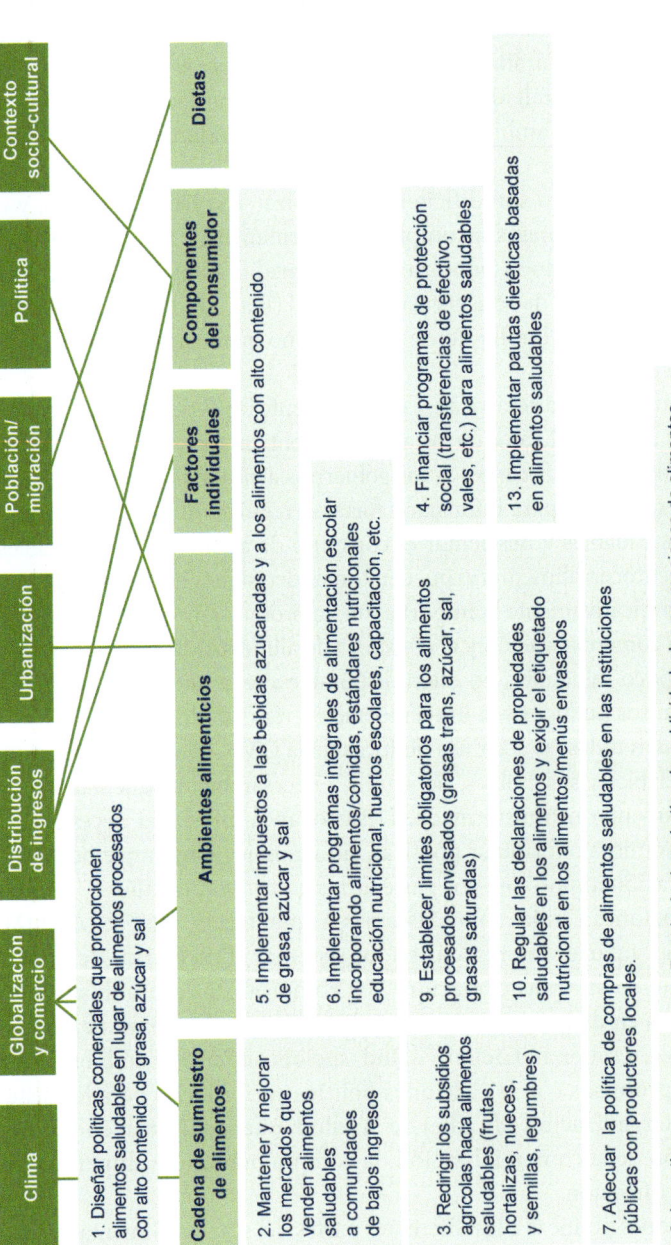

Figura 15.3 Acciones políticas para África subsahariana con mayor evidencia de éxito en todo el sistema alimentario (adaptado de Holdsnorth, *et al.*, 2023)

15.6. SISTEMAS ALIMENTARIOS SOSTENIBLES. PERSPECTIVAS DE UNA NUEVA AGRICULTURA AFRICANA

África necesita políticas transformadoras de los sistemas alimentarios que los actores regionales, nacionales y locales puedan utilizar para promover dietas saludables y sostenibles, dentro de una visión integral de desarrollo humano sostenible. Los compromisos políticos asumidos por los Jefes de Estado y de Gobierno africanos pueden servir para ampliar la apreciación de los múltiples desafíos y necesidades del sistema alimentario del continente. Los compromisos dominantes se han centrado en abordar el hambre y la seguridad alimentaria, promover sistemas de producción sostenibles y crear resiliencia a la actual emergencia climática y otras crisis. Muy pocos países han incluido en sus compromisos la salud y nutrición, el medio ambiente y las dimensiones socioeconómicas de la sostenibilidad.

Los países africanos se han comprometido colectivamente, a través de la Posición Común Africana sobre los sistemas alimentarios, en una visión continental clara y un marco común sobre los sistemas alimentarios. Se trata de buscar una serie de soluciones innovadoras que se consideren fundamentales para transformar los sistemas alimentarios de África. Al igual que con los compromisos a nivel de país, el documento de Posición Continental ha respondido a algunas de las dimensiones de las dietas saludables sostenibles, así como a las acciones políticas prioritarias de la OMS e impulsar soluciones positivas para la naturaleza.

En el documento de Posición Común Africana, también se espera que el resto del mundo desempeñe su papel, permitiendo que África alcance sus propios objetivos y metas, así como que África desempeñe el apoyo en abordar y alcanzar objetivos y metas acordados a nivel global, en la búsqueda de propósitos y objetivos compartidos para sistemas alimentarios resilientes, viables e inclusivos y los impactos entre ellos. Se necesitan sistemas alimentarios saludables y sostenibles para hacer frente a estos considerables desafíos de manera equitativa, por lo que las medidas políticas deben equilibrar las dimensiones sanitaria, ambiental y económica de las dietas y los sistemas.

Para transformar los sistemas alimentarios africanos, existen indicaciones para incluir cambios en la estructura espacial de las cadenas de suministro de alimentos, para abordar la creciente presión sobre los recursos naturales y promover cambios en los hábitos de consumo de alimentos. De hecho, no se puede decir que cualquier sistema alimentario que no apoye la salud pública sea sostenible.

Asimismo, promover y hacer cumplir las normas de seguridad alimentaria en los mercados de alimentos formales y no formales para proteger a los consumidores, así como adoptar medidas políticas y fiscales para apoyar la asequibilidad de los alimentos (es decir, subsidios para alimentos saludables y sostenibles, expansión de los programas de protección social, impuestos para los alimentos no saludables y políticas de adquisición para comidas escolares saludables).

Varias iniciativas ya están ayudando a que la investigación sobre biodiversidad y agricultura sea más accesible e inclusiva. Asimismo, el "Proyecto Áfrican BioGenome" tiene como objetivo desarrollar un importante recurso genómico en África para ayudar a los mejoradores y conservacionistas.

En las dos primeras décadas del siglo XXI, el ASS ha evolucionado rápidamente y muchas de estas mejoras, incluidas las del producto interno bruto (PIB) *per capita*, las tasas de pobreza, la salud, la esperanza de vida, la educación y la agricultura, se han reforzado mutuamente. La región ha logrado la tasa de crecimiento más alta del valor de la producción agrícola (cultivos y ganado) de todas las regiones del mundo desde 2000; creció un 4,3% anual entre 2000 y 2018, aproximadamente el doble de lo que experimentó durante las tres décadas anteriores. El promedio mundial durante el mismo período fue del 2,7% anual. El valor agregado agrícola por trabajador en dólares USA aumentó de 846 en 2000 a 1.563 dólares en 2019, con una tasa de crecimiento anual del 3,2%. Pero afirmar que África se está desarrollando rápidamente no significa que todos los indicadores de medios de vida estén mejorando, aunque lo están en la mayoría de los países. Sin embargo, el ASS aún se enfrenta a muchos desafíos importantes.

La mayoría de los países africanos muestran una fuerte correlación entre el crecimiento agrícola y el PIB. Incluso para la región en su conjunto, el grado de correlación es notable, lo que confirma las sinergias reforzadas entre la agricultura y las economías africanas. Cuando la agricultura crece, sus amplios vínculos con las etapas no agrícolas del sistema agroalimentario y los sectores no agrícolas amplían el empleo y los medios de vida en el resto de la economía. El rápido crecimiento agrícola desde 2000 fomentó la inversión privada y el empleo en las cadenas de valor agrícola y los sectores no agrícolas de las economías africanas; lo que llevó a la mano de obra de la agricultura a trabajos no agrícolas que proporcionan rendimientos laborales considerablemente más altos que la agricultura de semisubsistencia; más del 40% de la fuerza laboral del ASS, principalmente jóvenes, se dedica ahora a trabajos no agrícolas. La conclusión es que el alto crecimiento de la producción agrícola en ASS ha contribuido a un alto crecimiento económico general y mejoras en el bienestar de la mayoría de los africanos. A pesar del impresionante crecimiento agrícola de la región desde 2000, aproximadamente el 75% del crecimiento de la producción provino de la expansión del área cultivada y solo el 25% de la mejora en el rendimiento de los cultivos (t métricas por ha cosechada). Los rendimientos de cereales en el ASS aumentaron un 38% entre 1980 y 2018, aproximadamente la mitad que en el sur de Asia y el sudeste asiático. Sigue existiendo un gran potencial no aprovechado para mejorar el rendimiento de los cultivos, o más apropiadamente aumentos con el tiempo en la relación entre la producción agrícola y los inputs (productividad).

Pasar de la expansión del área cultivada a un crecimiento sostenido de la productividad en las tierras agrícolas existentes se está volviendo cada vez más urgente. La dependencia continua de la expansión de la superficie como la principal fuente de crecimiento agrícola no es una opción viable por motivos ambientales, incluida la conservación de la biodiversidad y la destrucción de la vegetación natural. Los objetivos de alimentar a la creciente población de África y conservar los recursos naturales del planeta, los diversos ecosistemas y los servicios que brindan se lograrán de manera más efectiva mediante mejoras de productividad en las tierras agrícolas existentes en lugar de la expansión del área de cultivo.

Lograr tasas más altas de crecimiento de la productividad agrícola requerirá innovación técnica, es decir, hacer las cosas de manera diferente y hacer las cosas existentes de manera más eficiente. El uso mayor y más eficiente de variedades mejoradas, fertilizantes minerales e inputs orgánicos, son ampliamente reconocidos como condiciones previas para lograr un crecimiento de la productividad en las fincas africanas.

Hoy en día, hay cada vez más demanda de una segunda Revolución Verde dirigida a regiones con condiciones agrícolas precarias, como el ASS. Un desafío central es ir más allá del aumento de la producción agrícola *per se* y mitigar los riesgos planteados por el aumento del clima variable y las condiciones de producción marginales, para garantizar que una gran cantidad de agricultores salgan de la pobreza y aumente la prosperidad rural.

África se perdió los avances científicos que revolucionaron la agricultura en Asia, como se ha dicho. Sin embargo, con tecnologías desarrolladas a nivel local, una capacidad humana e institucional acrecentada y una política y liderazgo nacional de apoyo, una Revolución Verde Africana puede ser una realidad.

BIBLIOGRAFÍA

ANÓNIMO. Is Africa`s great green wall at risk of being forgotten? Nature, 616.

ANTONELLI, A. 2023. Indigenous knowledge is key to sustainable food systems. Nature, 613(7943): 239–242.

BADIANE, O., HENDRIKS, S.L., GLATZEL, K., *et al.*, 2023. Policy options for food system transformation in Africa and the role of science, technology and innovation. In Science and Innovations for Food Systems Transformation (von Braun, J., Afsana, K., Fresco, L.O., Hassan, M.H.A., eds.) Springer, 713–736.

BREEN, C., NDLOVU, N., MCKEOWN, P.C., SPILLANE, C. 2024. Legume seed system performance in sub-Saharan Africa: barriers, opportunities, and scaling options. A review. Agronomy Sustainable Development, 44(2):20.

DE CASTRO, P. 2015. Comida: el desafío global. Eumedia. 197 pp.

DELABU, D.B., FRANKE, A.C. 2023. Status of underutilized crop production: Its potentials for mitigating food insecurity. Agronomy Journal, 115, 2174–2193.

EJETA, G. 2010. African Green Revolution needn't be a mirage. Science, 327(5967): 831–832.

FAO. 2018. El estado del Planeta. Los grandes desafíos: ¿Estamos a tiempo de salvar nuestro planeta? Organización de las Naciones Unidas para la Alimentación y la Agricultura. 117 pp.

FAO. 2022. El estado de la seguridad alimentaria y la nutrición en el mundo 2022. Adaptación de las políticas alimentarias y agrícolas para hacer las dietas saludables más asequibles. Organización para las Naciones Unidas para la Alimentación y la Agricultura. 291 pp.

FISCHER, R.A., CONNOR, D.J. 2018. Issues for cropping and agricultural science in the next 20 years. Field Crops Research, 222: 121–142.

HANSEN, J., HELLIN, J., ROSENSTOCK, T., et al,. 2019. Climate risk management and rural poverty reduction. Agricultural Systems, 172: 28–46.

HOLDSWORTH, M., KIMENJU, S., HALLEN, G. et al., 2023. Review of policy action for healthy environmentally sustainable food systems in sub–Saharan Africa. Current Opinion in Environmental Sustainability, 65, 101376.

JAYNE, T.S., SÁNCHEZ, P.A. 2021. Agricultural productivity must improve in sub–Saharan Africa: The region must pivot from area expansion to increasing crop yields on existing farmland. Science, 372, 1045–1047.

LAAR, A., TAGWIREYI, J., HASSAN–WASSEF, H. 2023. From dialogues to action: commitments by African governments to transform their food systems and assure sustainable healthy diets. Current Opinion in Environmental Sustainability, 65, 101380.

NLEYA, T., CLAY S.A. 2021. Near–term problems in meeting world food demands at regional levels: a special issue overview. Agronomy Journal, 113: 4437–4443.

PINGALI, P.L. 2012. Green revolution: impacts, limits, and the path ahead. Proceedings of the National Academy of Sciences, 109(31): 12302–12308.

ROHR, J,R., SACK, A., BAKHOUM, S., et al., 2023. A planetary health innovation for disease, food and water challenges in Africa. Nature, 619 (7971): 782–787.

SAVARY, S., AKTER, S., ALMEKINDERS, C. et al., 2020. Mapping disruption and resilience mechanisms in food systems. Food Security 12: 695–717.

THOMSON, J. 2021. GM crops and the global divide. CSIRO Publishing. 200 pp.

VAN ITTERSUM, M.K., VAN BUSSEL, L.G., WOLF, J., et al., 2016. Can sub–Saharan Africa feed itself? Proceedings of the National Academy of Sciences, 113(52):14964–14969.

VAN ZONNEVELD, M., KINDT, R., MCMULLIN, S. 2023. Forgotten food crops in sub–Saharan Africa for healthy diets in a changing climate. Proceedings of the National Academy of Sciences USA, 120 (14).

VOOSEN, P. 2020. The hunger forecast. Science, 368: 226–229.

WHALEN, J.K. 2023. More will be asked of agriculture in 2023 and beyond: asa's communities, programs can help us meet this challenge. CSA News, 68(2).

INVESTIGACIÓN EN LOS SISTEMAS AGRÍCOLAS Y SEGURIDAD ALIMENTARIA GLOBAL EN EL SIGLO XXI

16.1. LA NUEVA AGRICULTURA. INNOVACIÓN Y TRANSFERENCIA TECNOLÓGICA

La agricultura moderna es el resultado de la integración de nuevos descubrimientos en prácticas históricas. En muchas situaciones, los descubrimientos son el resultado directo del desarrollo de una solución creativa a problemas complejos. Las soluciones a los problemas del siglo XXI requieren una planificación y una gestión cuidadosa de la producción de cultivos. Hay muchos desafíos de investigación para la agricultura, la biología y el medio ambiente sostenibles en el siglo XXI. Se necesitan directrices científicas adecuadas para afrontar estos retos.

Los investigadores deben averiguar cómo producir más alimentos en tierras limitadas. Las mejoras en la genética de plantas y animales aumentarán los rendimientos. Las nuevas prácticas agrícolas que minimizan el daño ambiental y utilizan los recursos de manera eficiente deberían ampliarse. Estas incluyen la agricultura de precisión (que utiliza GPS y otras tecnologías para medir y responder a la variabilidad dentro y entre los sistemas de producción agrícola), el riego por goteo y el manejo integrado de plagas. La robótica, las redes de sensores y la inteligencia artificial podrán ayudar a aumentar los ingresos de los agricultores al vincular los mercados, optimizar los inputs y reducir la pérdida y el desperdicio de alimentos.

Hay que incorporar la ciencia multidisciplinar en los esfuerzos por mejorar los rendimientos, mediante la creación de equipos transdisciplinarios de agrónomos, genetistas, fitopatólogos, entomólogos, malherbólogos y nutricionistas humanos, para evaluar la respuesta de diferentes genotipos al estrés y las prácticas de manejo en el rendimiento y la calidad de la producción; para asegurarse que todos los aspectos de la relación genotipo × ambiente × manejo (G × E × M) se abordan de manera integral. También incorporar al agricultor en la investigación aplicada, para determinar qué prácticas son factibles desde su perspectiva y solicitar sus comentarios sobre tecnologías y enfoques.

La Organización de las Naciones Unidas para la Agricultura y la Alimentación (FAO), estima que la población mundial superará los 9.000 millones de personas en 2050, y considera que la demanda de productos agrícolas se incrementará entre un 60 y 70%, como ya se ha mencionado en los capítulos anteriores. En este contexto, solo un desarrollo complejo y acelerado de tecnologías podrá satisfacer la demanda. Surge así el desarrollo de la Agricultura de Precisión (AP), una variante del "*Smart Farming*" o agricultura Inteligente, mediante la aplicación de Tecnologías de la Información y Comunicación (TIC), y que progresivamente se va considerando como la "segunda revolución verde".

La tecnología actual "*AgTech*" (*Agricultural Technology*), en constante desarrollo, comprende herramientas como Internet de las cosas o "*IoT*" (*Internet of Things*), servicios en la nube (*Cloud Computing*), desarrollo de microsensores (nanotecnologías), robótica, *Big Data*, inteligencia artificial (IA), fotosíntesis artificial, agricultura neutra en emisiones (reducciones y compensación = 0), agricultura molecular, agricultura celular, fitomonitoreo en AP, agricultura vertical (en edificios con cultivos hidropónicos o aeropónicos) y utilización de vehículos aéreos no tripulados (VANT) o UAV (*Unmanned Aerial Vehicle*).

Es fundamental avanzar en el campo de la biofortificación para conseguir cultivos con mejores características nutritivas. Se trata de producir cultivos que aumenten su valor alimenticio. La biofortificación se distingue del fortalecimiento ordinario porque está enfocada en hacer que alimentos cultivados sean más nutritivos a lo largo de su crecimiento, en lugar de añadir sustancias nutritivas a los productos cuando ellos están siendo procesados. Esto es una mejora sobre el fortalecimiento ordinario cuando se trata de proveer de nutrientes al sector rural de bajos recursos, quienes rara vez tienen acceso a productos de alimentación comercialmente fortificados. Como tal, la biofortificación es vista como una estrategia próxima para tratar las carencias de micronutrientes en las áreas en vías de desarrollo. En el caso del hierro (Fe), por ejemplo, se ha estimado que la biofortificación podría ayudar a la curación de los 2.000 millones de personas que carecen de este, y por consecuencia padecen anemia. Expertos han declarado la biofortificación entre los cinco mejores métodos para acabar con la malnutrición en el mundo. En algunos casos esta no se puede conseguir de manera convencional y se ha de utilizar ingeniería genética.

Abordar la mejora del suelo en relación con el suministro de agua y el ciclo de nutrientes, con el fin de eliminar los factores que limitan el crecimiento (temperatura y precipitación), los cuales se volverán más variables y más extremos; y la disponibilidad de agua y nutrientes será más crítica para lograr altos rendimientos. También es necesario revertir la tendencia de la degradación del suelo y centrar la atención en su mejora para cerrar la brecha del rendimiento.

La inminente necesidad de aumentar la producción sin aumentar los recursos y minimizando el impacto ambiental, demanda, tal vez de manera inexorable, dar el paso de la mecanización a la automatización de la agricultura, en donde la robótica agrícola gana progresivamente un protagonismo destacado. Respecto de esta, aunque inicialmente los robots fueron construidos para realizar tareas sencillas, en la actualidad incorporan cada vez más funciones cognitivas derivadas de la inteligencia artificial.

En agricultura, las nuevas tecnologías tardan en ser aplicadas debido al coste y porque, además, el campo es un sector donde resulta más lento promover un cambio de modelos productivos. No obstante, la adopción, adaptación o rechazo de innovaciones tecnológicas expresan un fenómeno complejo, con variables económicas, sociales y políticas, entre otros aspectos. Respecto de la curva de adopción de tecnologías evidentemente el contraste es muy grande entre los extremos: los adoptantes tardíos (agricultura tradicional) y los innovadores en temas de *AgTech* (*Agricultural Technology*). Si se analiza quiénes son los visionarios en la adopción tecnológica para usos agrícolas, se observa que se trata de grandes empresarios que pueden costear la implementación de una nueva tecnología, pudiendo producir en condiciones ventajosas y asegurando su acceso a los mercados. Los pequeños y medianos productores no tienen la capacidad de incorporarse en este flujo tecnológico o no arriesgan parte importante de su capital en una tecnología no probada en su totalidad, a menos que dispongan de algún apoyo del Gobierno. Entre las causas que podrían favorecer la adopción de innovación tecnológica en la "mayoría tardía" y los "escépticos" (un 50% o más de los adoptantes), deben considerarse aspectos no siempre viables.

El concepto de innovación en agricultura no puede ser un proceso liderado únicamente por los centros de investigación, basado simplemente en procesos de transferencia de tecnología, sino que debe ser un proceso de generación, acceso, intercambio y aplicación de conocimientos, en el que los diferentes actores aprenden e innovan juntos, ordenan los riesgos y comparten los beneficios (Fig. 16.1).

De forma distinta a lo que sucedía en el pasado, ya no se piensa en la innovación como en una línea recta, sino como en un sistema multifactorial y multidireccional, en el que hay una estrecha interacción entre gobierno, empresas, agricultores, mundo académico y sociedad civil. La innovación deberá ser promovida para favorecer la implantación inmediata de nuevas soluciones basadas en tecnologías punteras.

Hay que considerar también el gran tema de la transferencia de la innovación. Las inversiones en investigación deben combinarse con servicios de transferencia tecnológica y asistencia eficientes, y con incentivos de mercado apropiados para su introducción y utilización. Hay tecnologías que ya se consideran obsoletas en las regiones más avanzadas y que todavía ni siquiera han entrado en las realidades más pobres del mundo.

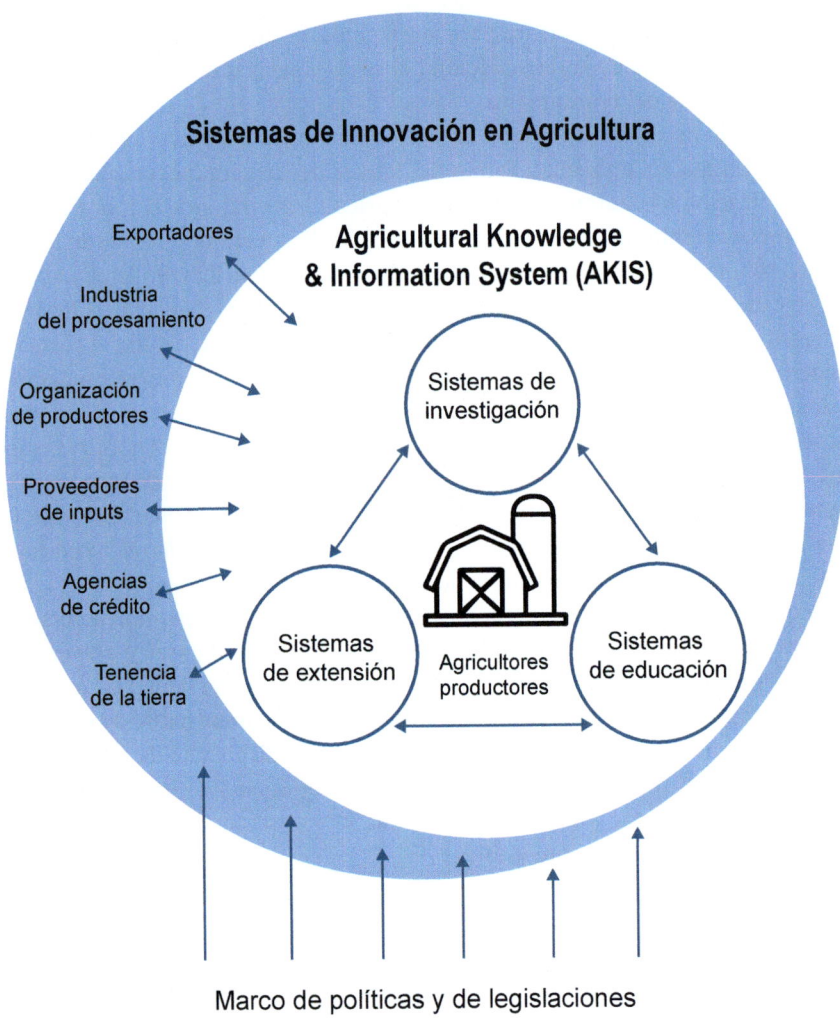

Figura 16.1 Innovación en agricultura (adaptado de Sonnino y Ruane. 2013)

Es necesario que haya una rápida recuperación de la actividad experimental que ha de mirar más lejos, a la sostenibilidad á largo plazo, para que sea posible el desarrollo de la agricultura en contextos medioambientales más frágiles. De aquí la necesidad de desarrollar técnicas menos contaminantes y a la vez más productivas, capaces de potenciar la expansión de las zonas de escasez hídrica. En el ámbito de las ciencias agrarias está muy difundido el lema "*more crop per drop*" (más cosecha por gota), para indicar una de las principales necesidades a las que tiene que responder la investigación agraria y sobre todo la genética aplicada a las plantas.

En síntesis, algunos desafíos que debe afrontar la agricultura del futuro constituyen un complejo tema relacionado con la seguridad alimentaria, que por su relevancia y múltiples implicaciones nos concierne a todos. Entre ellos:

- Mejorar la productividad agrícola de forma sostenible (*AgTech*).
- Preservar los recursos naturales y garantizar una huella ambiental reducida.
- Proteger los bienes y servicios ambientales o ecosistémicos y la biodiversidad.
- Propiciar una agricultura climáticamente inteligente.
- Fortalecer los sistemas de alerta temprana y respuesta inmediata.
- Prevenir la propagación de plagas y enfermedades.
- Incrementar las inversiones en I+D.
- Monitorear fenómenos meteorológicos extremos como sequías e inundaciones.
- Mitigar desastres naturales.
- Desarrollar y mejorar la baja eficiencia de los sistemas de riego y el manejo del recurso del agua.
- Innovar en estudios genéticos mediante nuevas técnicas innovadoras de mejora de precisión. La secuenciación del genoma vegetal, su análisis y los avances de la bioinformática permitirán a los genetistas identificar los genes asociados a características específicas y deseables.
- Transformar los sistemas alimentarios para que sean más eficientes, inclusivos y resilientes.
- Atender a los efectos negativos de la extranjerización y concentración de la tierra "*land grabbing*", por parte de transnacionales dedicadas a la producción de biocombustibles, monocultivos (caso de la soja) y otros "*commodities*" agrícolas.

16.2. EL FUTURO DE LA SEGURIDAD ALIMENTARIA

La agricultura es calificada entre las actividades más antiguas de la especie humana con origen en la prehistoria, siendo actualmente un sector económico indispensable y fundamental en la alimentación mundial. El valor de la agricultura queda corroborado al comprobar, que casi la mitad de la población mundial se dedica a esta actividad, aunque es cierto que su distribución es muy variable. Así, mientras que en África y Asia superan el 60% de la población; en los Estados Unidos y Canadá apenas alcanza el 5%. Por su parte, en América del Sur la población dedicada a estas tareas es casi la cuarta parte; en Europa Occidental supone alrededor del 7%; y en los países de la Federación Rusa y los englobados en la antigua Unión Soviética alcanza el 15%.

La promoción de la agricultura en los países en desarrollo es la clave para alcanzar la seguridad alimentaria. En efecto, la agricultura representa, en promedio, alrededor del 30% del PIB de los países agrícolas y el 50% del empleo en el mundo en desarrollo. Tres de cada cuatro personas pobres viven en zonas rurales y la mayoría depende de la agricultura para su subsistencia diaria.

Según las estimaciones actuales, el crecimiento medio anual de la producción agrícola mundial de 2013 a 2022 se sitúa en torno al 1,5% frente al 2,1% de la década anterior. La llamada "Revolución Verde" aumentó muy significativamente la cantidad de alimentos mediante la intensificación de la agricultura, pero también trajo consigo problemas ambientales asociados. Por otro lado, gracias a la agricultura es posible una mejora de la gestión del paisaje, favorecer la regeneración de los ecosistemas y actuar como un sumidero de dióxido de carbono (CO_2).

Los sistemas de producción agrícola actualmente se enfrentan a múltiples desafíos: el cambio climático, el agotamiento de los recursos naturales y la interrupción de la cadena de suministro, junto con el crecimiento de la población mundial. Dado que la agricultura sostenible debe brindar simultáneamente una miríada de servicios (p.ej. proporcionar seguridad alimentaria, mantener los recursos naturales, retener y mejorar la rentabilidad de los productores y sustentar la biodiversidad), se necesita un enfoque sistémico y multidisciplinario. En este contexto, las nuevas tecnologías basadas en sensores, máquinas automáticas, robots y aplicaciones digitales muestran mucho potencial.

Las nuevas tecnologías cambiarán el concepto de agricultura y agroindustria haciéndola más rentable, eficiente, segura, atractiva, simple, inteligente y, finalmente, sostenible. Las políticas de desarrollo rural y seguridad alimentaria deben apoyar y financiar el acceso más fácil posible a las nuevas tecnologías para los productores agrícolas.

En la agricultura, el proceso de globalización se ha visto acelerado por las nuevas tecnologías que han generado desafíos ambientales, económicos y sociales a nivel mundial. Se han producido innovaciones en la capacidad de insertar nuevos genes en las plantas, procesar rápidamente grandes cantidades de datos y detectar factores limitantes del rendimiento en el campo. Estas innovaciones son una herramienta esencial para gestionar la seguridad alimentaria. El desarrollo de nuevas herramientas requiere un apoyo continuo de la investigación.

En el futuro, el sistema alimentario mundial podría tomar direcciones muy diferentes. Una posibilidad es que la degradación ambiental, el aumento de la desigualdad y la injusticia, la dependencia exclusiva de las redes de distribución globales y la homogeneización de las dietas ricas en energía desestabilicen los sistemas alimentarios. En este escenario, la investigación podría centrarse en cultivos básicos, biofortificación, alimentos ultraprocesados, largas cadenas de suministro y robótica. El resultado sería un sistema alimentario caracterizado por una baja diversidad, altos niveles continuos de desperdicio, dependencia de inputs externos y desigualdades.

Un futuro alternativo es que el sistema alimentario mundial sea más equitativo y justo, más respetuoso de las cuestiones culturales y de género, más biodiverso a través de la gestión agroecológica, menos despilfarrador y más seguro alimentariamente. La agenda de investigación podría entonces centrarse en dietas más variadas para proporcionar nutrientes, sistemas agrícolas más variados, agricultura a menor escala, eficiencia sistémica, bajo desperdicio, alimentos integrales, alimentos menos procesados y cadenas de suministro cortas. Los investigadores podrían acometer la integración de datos y sistemas, las consecuencias de las prácticas agrícolas, la salud del suelo y las interacciones suelo-agua, es decir, el sistema alimentario en su conjunto (incluidas las dependencias, los puntos de contacto, las oportunidades inmediatas).

Es indispensable que la comunidad mundial adopte nuevos marcos de seguridad alimentaria y nutrición que amplíen nuestros conocimientos sobre este tema, reconozcan la complejidad de los factores y resultados de los sistemas alimentarios, e incorporen cambios esenciales en las políticas que respalden todas las dimensiones de la seguridad alimentaria; todo ello resulta fundamental para defender el derecho a una alimentación adecuada.

Es importante que los diversos agentes —entre ellos los gobiernos, la sociedad civil, los ciudadanos, el sector privado y las instituciones— converjan de manera más sistemática en torno a un nuevo enfoque consolidado en materia de seguridad alimentaria y nutrición que: (1) se rija por los principios y el marco jurídico del derecho a la alimentación; (2) amplíe las conceptualizaciones de la seguridad alimentaria a seis dimensiones, con miras a incorporar el arbitrio y la sostenibilidad de forma más sistemática, además de la disponibilidad, el acceso, la utilización y las obligaciones de los Estados con respecto al derecho a la alimentación; (3) se fundamente en un marco analítico de sistemas alimentarios sostenibles; y (4) fomente políticas que: (i) respalden la transformación radical de los sistemas alimentarios prestando especial atención a las múltiples dimensiones de la calidad; (ii) reconozcan la complejidad de los sistemas alimentarios y la interacción con otros sectores y sistemas; (iii) se centren en ampliar la comprensión del hambre y la malnutrición; y (iv) formulen soluciones de políticas específicas para cada contexto a fin de afrontar problemas diversos (Fig. 16.2).

Los sistemas alimentarios interactúan de forma compleja con los sistemas económicos y de mercado, los ecológicos, los energéticos, los sociales y los sanitarios, entre otros. Las políticas que tienen en cuenta estas interconexiones, que son elementos esenciales de los sistemas alimentarios sostenibles, están en mejores condiciones de garantizar que los diferentes sistemas y sectores gubernamentales que están relacionados con la alimentación se orienten al logro de objetivos que se apoyan mutuamente, en vez de perseguir fines opuestos.

Las iniciativas encaminadas a afrontar las pérdidas y el desperdicio de alimentos también contribuyen a reducir la inseguridad alimentaria y a promover un uso más eficiente de los recursos. Desde una perspectiva ambiental, la reducción de las pérdidas y el desperdicio de alimentos ayuda a reducir las huellas de carbono, agua y tierra. Se considera que prestar especial atención a la reducción de las pérdidas de alimentos en las etapas de producción primaria en los países en desarrollo con una alta inseguridad alimentaria, tiene un gran efecto positivo en la seguridad alimentaria.

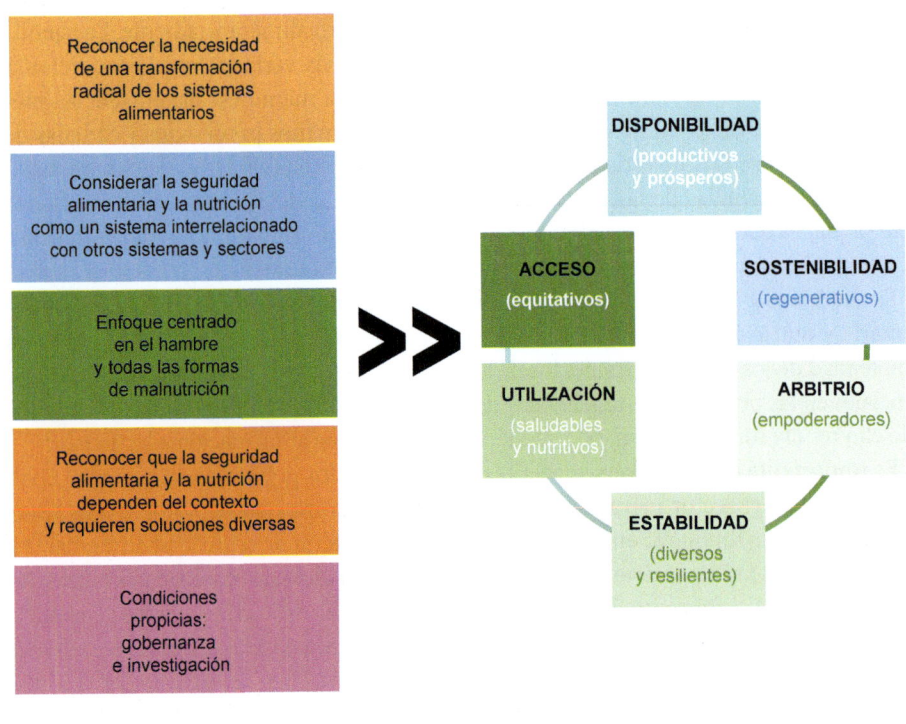

Figura 16.2 Teoría del cambio (adaptado de HLPE, 2020)

Las biotecnologías aplicadas a la agricultura, pueden contribuir considerablemente a incrementar la productividad y a lograr los objetivos de seguridad alimentaria. Esto es aún más cierto en las regiones más frágiles del mundo, donde epidemias, *shocks* climáticos y escasez hídrica son trabas determinantes para el desarrollo de la actividad agrícola y de la economía en general. El Grupo Consultivo sobre Investigación Agrícola Internacional (CGIAR) recalca el papel que las biotecnologías y, en general, la mejora genética de los cultivos pueden jugar en el incremento de los rendimientos y de las rentas de los agricultores en las zonas más pobres del planeta. La FAO, el Banco Mundial y las demás importantes instituciones internacionales comprometidas en la lucha contra la pobreza, también hacen lo propio. La ingeniería genética ofrece la oportunidad de ampliar de manera decisiva las técnicas tradicionales. Los desarrollos en este campo han permitido obtener cultivos resistentes a los estreses climáticos, hídricos y a algunas de las patologías vegetales más comunes, permitiendo a la vez reducir el uso de pesticidas y de otros agentes contaminantes.

Es fundamental que los Estados fomenten y respalden una amplia variedad de investigaciones sobre la seguridad alimentaria y la nutrición, en especial acerca de cuestiones nuevas y decisivas clave y de ámbitos controvertidos. Por ejemplo, las nuevas tecnologías, como la agricultura digital y la edición del genoma, tienen un enorme potencial para mejorar la producción de alimentos y la seguridad alimentaria y la nutrición.

Las iniciativas de investigación también deberían ser participativas e incluir a las principales partes interesadas, en especial las aportaciones de los grupos vulnerables que tienen más posibilidades. También es importante el apoyo a las investigaciones sobre temáticas controvertidas en materia de seguridad alimentaria y nutrición, a fin de arrojar luz en relación con las posibles orientaciones sobre políticas en las que existen discrepancias, respecto tanto de las causas como de las consecuencias de determinadas tendencias y desafíos.

Garantizar la seguridad alimentaria y nutrir de forma adecuada a toda la población mundial será una iniciativa que se apoyará grandemente en la tecnología y la innovación, para reducir y mejorar el uso de los recursos naturales de la tierra y generar nuevos cultivos más resistentes, preservando además la biodiversidad de estos.

Por último, los programas de investigación deberían incluir la elaboración de instrumentos de evaluación integrada y de modelización de sistemas, a fin de respaldar la previsión de los efectos probables de diferentes opciones de políticas para lograr la seguridad alimentaria y la nutrición.

Para garantizar la integración y coordinación entre los múltiples sectores interrelacionados y en todos los niveles, al establecer políticas en materia de seguridad alimentaria y nutrición, se requiere (**Tabla 16.1**):

- Adoptar medidas firmes con objeto de abordar de forma inmediata la desigualdad social, de riqueza y de ingresos, que tiene profundas consecuencias para la seguridad alimentaria y la nutrición.

- Proteger los servicios ecosistémicos esenciales que sustentan los sistemas alimentarios sostenibles.

- Garantizar que el comercio de alimentos sea equitativo y justo para los países que dependen de las importaciones de alimentos, los países exportadores de productos agrícolas, los productores, incluidos los pequeños agricultores, y los consumidores.

- Mejorar la coordinación en todos los sectores pertinentes, por ejemplo, la agricultura, el medio ambiente, la economía, la energía, el comercio y la salud; a fin de mejorar las respuestas en materia política a cuestiones como la disponibilidad de alimentos, la malnutrición, la inocuidad alimentaria y las enfermedades.

- Restringir el uso de cultivos agrícolas para la producción no destinada a la alimentación (p. ej., biocombustibles).

Tabla 16.1 Relación entre las principales características de las políticas y el tratamiento de los factores y tendencias de la seguridad alimentaria y la nutrición (adaptado de HLPE, 2020)

Cambios esenciales en las políticas	Apoyo a una transformación radical de los sistemas alimentarios	Reconocer la compleja interacción entre alimentarios y otros sectores y sistemas	Enfoque centrado en el hambre y todas las formas de malnutrición	Reconocer que las situaciones diversas requieren soluciones diversas
Factores de la seguridad alimentaria y la nutrición				
Biofísicos y ambientales	Cambio orientado a un modelo de la agricultura regenerativa y sensible a la cuestión de la nutrición	Reconocer mejor los vínculos entre la degradación del medio ambiente y los recursos naturales y la seguridad alimentaria y la nutrición	Centrarse más en la nutrición para evitar las enfermedades y la degradación	Trabajar a múltiples escalas (local, nacional y mundial) para abordar los desafíos internacionales y en el plano local prestando atención a las características específicas de la situación
Tecnológicos, de innovación y de infraestructura	Reorientar la tecnología y la infraestructura para lograr una producción de alimentos de calidad	Reorganizar mejor la forma en que la seguridad alimentaria y la nutrición interactúan con la agricultura digital, la ingeniería genética, la pérdida de alimentos y la infraestructura	Adoptar un enfoque centrado en la nutrición para abordar la pérdida de alimentos como un problema importante	Adaptar mejor la tecnología y la infraestructura a las limitaciones y oportunidades locales
Económicos y de mercado	Apoyar una actividad de los pequeños productores más dinámica y redes de producción y distribución más diversas	Entender mejor cómo afectan los cambios económicos a la seguridad alimentaria y la nutrición	Aplicar un enfoque centrado en la nutrición para abordar los cambios en la dieta y los factores relacionados	Reconocer que los cambios en el sistema económico mundial tienen repercusiones diversas y soluciones diversas
Políticos e institucionales	Hacer hincapié en la producción de alimentos de calidad al realizar inversiones públicas en agricultura	Garantizar la coordinación entre sectores para lograr una gobernanza eficaz de la seguridad alimentaria	Reformular los programas de producción de alimentos y de acceso a estos prestando atención a la nutrición	Abordar los conflictos y el diseño de políticas a múltiples escalas
Socioculturales	Dar prioridad al empoderamiento y la equidad a fin de garantizar el acceso a alimentos de calidad y su producción para todos, en particular las personas y los grupos vulnerables y marginados	Hacer que la equidad y los derechos humanos formen parte integrante de las políticas en materia de seguridad alimentaria y nutrición	Fortalecer el enfoque centrado en la malnutrición con vistas a mejorar las vidas de las categorías vulnerables (p. ej., quienes viven en la pobreza y las mujeres)	Garantizar que las estrategias para mejorar la seguridad alimentaria y la nutrición de las categorías vulnerables, incluidas las consideraciones relativas al género, la edad y los ingresos, sean específicas para cada contexto
Demográficos	Crear más oportunidades para los jóvenes agricultores mejorando la producción de alimentos de calidad	Garantizar que las políticas y el pensamiento sobre seguridad alimentaria y nutrición abarquen la división entre las zonas rurales y urbanas	Reflejar mejor los desafíos alimentarios relacionados con el medio urbano a través de un enfoque centrado en la malnutrición	Adaptar las políticas de manera que consideren los cambios demográficos y los patrones migratorios, que varían considerablemente por región

16.3. LOS RETOS DE LA FORMACIÓN AGRARIA Y ALIMENTARIA

En un artículo de la revista Plant Physiology (124, 2000), titulado «Acabando con el hambre en el mundo. La amenaza del fanatismo anticientífico», el Premio Nobel Norman Borlaug afirmó que «uno de los grandes cambios que debe afrontar la sociedad en el siglo XXI es la modernización y la ampliación de la educación científica a todas las edades. En ningún sector es tan importante acabar con el miedo nacido de la ignorancia como en la producción de alimentos, al ser todavía la actividad humana más básica. La innecesaria confrontación de muchos consumidores contra el desarrollo de los cultivos transgénicos en Europa, podría haberse evitado si mucha más gente hubiese recibido una educación más adecuada en temas relacionados con la diversidad genética. Los científicos tenemos la obligación moral de advertir a los líderes políticos, educativos y religiosos, de la magnitud y gravedad del problema de la disminución de tierra cultivable y de la producción de alimentos»

Los cambios tecnológicos, la enseñanza y el cambio cultural deben ir necesariamente de la mano, son indivisibles. Con este argumento, que admite muchas más consideraciones, los responsables del sistema educativo deben preguntarse, entre otros aspectos:

- ¿Cómo se reorienta y a qué ritmo la educación, frente a este nuevo escenario de innovación tecnológica?

- ¿Cómo se motiva e introduce a las nuevas generaciones en los variados campos del saber? (agricultura y biotecnologías de precisión, retos tecnológicos en robótica agrícola, modelos neuronales para la clasificación de enfermedades en cultivos, *"Deep Learning"* como aspecto de la inteligencia artificial (IA) asociado al manejo de *"Big data"*, *"Machine Learning"* en la toma de decisiones del productor, otros abordajes)

- ¿Cómo se los mentaliza de que son los depositarios de las nuevas tecnologías emergentes y vehículo de esta necesaria transformación?

- ¿El sistema agrícola convencional, tiene fecha de vencimiento?

- ¿Cómo lograr la "Alianza 4.0" entre la academia, la industria, los sectores públicos y privados y otros ámbitos en un mundo globalizado, bajo el precepto "actuar localmente y pensar globalmente"?

- ¿Cómo garantizar presupuestariamente la alfabetización digital y tecnológica como respaldo al pensamiento estratégico?

- ¿Cómo fortalecer el vínculo virtuoso entre ciencia, tecnología, políticas públicas, academia, nuevos profesionales y actividad productiva, entre otros factores?

Estas y otras preguntas exigen respuestas frente a la creciente demanda de alimentos, inmersa en patrones de insostenibilidad, que hacen repensar nuevas acciones frente a una visión crítica de la problemática social, ambiental y económica de la producción agrícola a nivel global.

Algunos empleos, los más personalizados, tendrán escasa automatización, y se generarán otros empleos como el caso de "Consultores de *Big Data*". Muy probablemente, los avances tecnológicos no hagan perder empleos, sino cambiar su composición. Esta es una visión de los grupos conocidos como "tecno-optimistas"; pero los hay "tecno-pesimistas" para quienes los avances tecnológicos pueden producir una destrucción masiva de puestos de trabajo. Tanto si se es "tecno-optimista" o "tecno-pesimista" el ser humano deberá diferenciarse de un robot en las tareas tanto personales como intelectuales que desarrolla. En épocas de grandes avances tecnológicos, la probabilidad de obsolescencia profesional en los conocimientos es obviamente mayor. Hay quienes afirman que con la alta tecnificación solo reduciendo la jornada de trabajo, mejorarán las oportunidades para los desempleados. Se hace necesario, por lo tanto, comenzar a construir y a reflexionar sobre las políticas públicas. Las nuevas tecnologías transforman la percepción del trabajo y pueden contribuir a la transformación de los modos de prestación de servicios. Se requerirá mayor educación universitaria, aprovechando las mayores habilidades digitales de las nuevas generaciones, para formar profesionales en "agricultura digital", aunque hay profesiones que aún no existen. Los trabajos de menor cualificación serán los primeros en desaparecer.

Para llevar a cabo una mejora tecnológica, ecológica y administrativa de la agricultura de pequeñas fincas, es importante la capacitación, el entrenamiento, el reequipamiento y la reubicación tanto de los agricultores como de los graduados agrícolas. En muchos países en desarrollo también hay un número creciente de institutos de investigación y desarrollo en el sector privado y una serie de organizaciones de la sociedad civil que trabajan en cuestiones agrícolas.

También es necesario renovar la formación de los graduados en ciencias agrícolas y domésticas. La principal misión de las universidades agrícolas, veterinarias, pesqueras, y rurales deberían ayudar a todos los académicos a convertirse en empresarios. Las cooperativas de servicios formadas por graduados en ciencias agrícolas pueden ayudar a mejorar rápidamente la eficiencia y la viabilidad económica de las pequeñas explotaciones, ya que pueden facilitar iniciativas productivas de producción descentralizada respaldadas por servicios centralizados. Las cooperativas deberían organizarse basándose en el principio de las partes interesadas y no de los accionistas.

Una reorientación en la mentalidad de los graduados agrícolas solo puede lograrse mediante cambios innovadores en los planes de estudio y los cursos. En todas las áreas aplicadas, la gestión comercial y financiera debería añadirse a la formación disciplinaria. Por ejemplo, un curso de Tecnología de Semillas puede reestructurarse y denominarse "Tecnología y Negocios de Semillas". De manera similar, los cursos de nutrición podrían reorganizarse como programas de "Seguridad Alimentaria y Nutricional". Los cursos de Agronomía podrían desarrollarse en "Programas de Agronomía y Agronegocios". Si los aspectos empresariales, financieros y comerciales se integran con la formación disciplinaria, dichos cursos darán a los graduados en ciencias agrícolas y domésticas la confianza en sí mismos, esencial para emprender una carrera de autoempleo.

Actualmente se están formando a un gran número de graduados en el campo de la biotecnología. Sin embargo, muchos de ellos no pueden utilizar su formación después de completar sus estudios debido a la falta de oportunidades laborales adecuadas. La biotecnología agrícola es un área donde existen considerables oportunidades de empleo por cuenta propia remunerado. Por lo tanto, sería apropiado que se ampliara el apoyo a la creación de una asociación de empresarios del genoma, que podría recibir apoyo con fondos de capital de riesgo para permitirles convertir el rico conocimiento disponible en las instituciones gubernamentales, en el campo de la genómica funcional y en productos comercialmente viables. También podrían emprenderse trabajos de preparación de mapas genómicos de cultivos, de interés para los países en desarrollo.

Integrar el emprendimiento y las habilidades empresariales en todos los cursos aplicados, en lugar de mantener separados los cursos de gestión empresarial, es esencial para que la agricultura de pequeñas explotaciones sea económicamente sostenible y para que los jóvenes educados se sientan atraídos a seguir una carrera en agricultura.

Otra necesidad urgente es el establecimiento de una cadena de Institutos de Seguridad Alimentaria. Pueden establecerse en universidades agrícolas, veterinarias o pesqueras apropiadas. Los graduados en ciencias del hogar pueden ser empleados en dichos institutos regionales para lanzar un movimiento en favor de la inocuidad de los alimentos, incluido el conocimiento de las normas del *Codex Alimentarius*.

La capacitación de todos los involucrados en la administración agrícola en los principios básicos y la economía de la agricultura es esencial. En los Estados Unidos, los agricultores practicantes suelen ocupar puestos de liderazgo en los departamentos de agricultura durante períodos específicos.

A menos que mejoren los conocimientos prácticos de los responsables del desarrollo de programas y políticas agrícolas, no hay esperanza para la agricultura de los países en desarrollo en el marco de una economía globalizada.

En muchos países en desarrollo, las principales fortalezas agrícolas son una gran población de mujeres y hombres agrícolas trabajadores, un recurso climático y de suelo variado, abundante luz solar durante todo el año, precipitaciones y recursos hídricos razonables, y una rica biodiversidad agrícola. El desafío es convertir estas fortalezas en empleos e ingresos. Debería considerarse la agricultura no solo como una máquina de producción de alimentos para una población urbana, sino también como la principal fuente de empleo calificado y remunerativo y un centro global de subcontratación.

Algunas de las universidades de agricultura, ciencias animales y pesca podrían crear oficinas para la externalización de negocios en agricultura, con el fin de facilitar los contactos entre las organizaciones de agricultores, así como con los centros de agronegocios operados por graduados en ciencias agrícolas y domésticas y empresas externas de agronegocios.

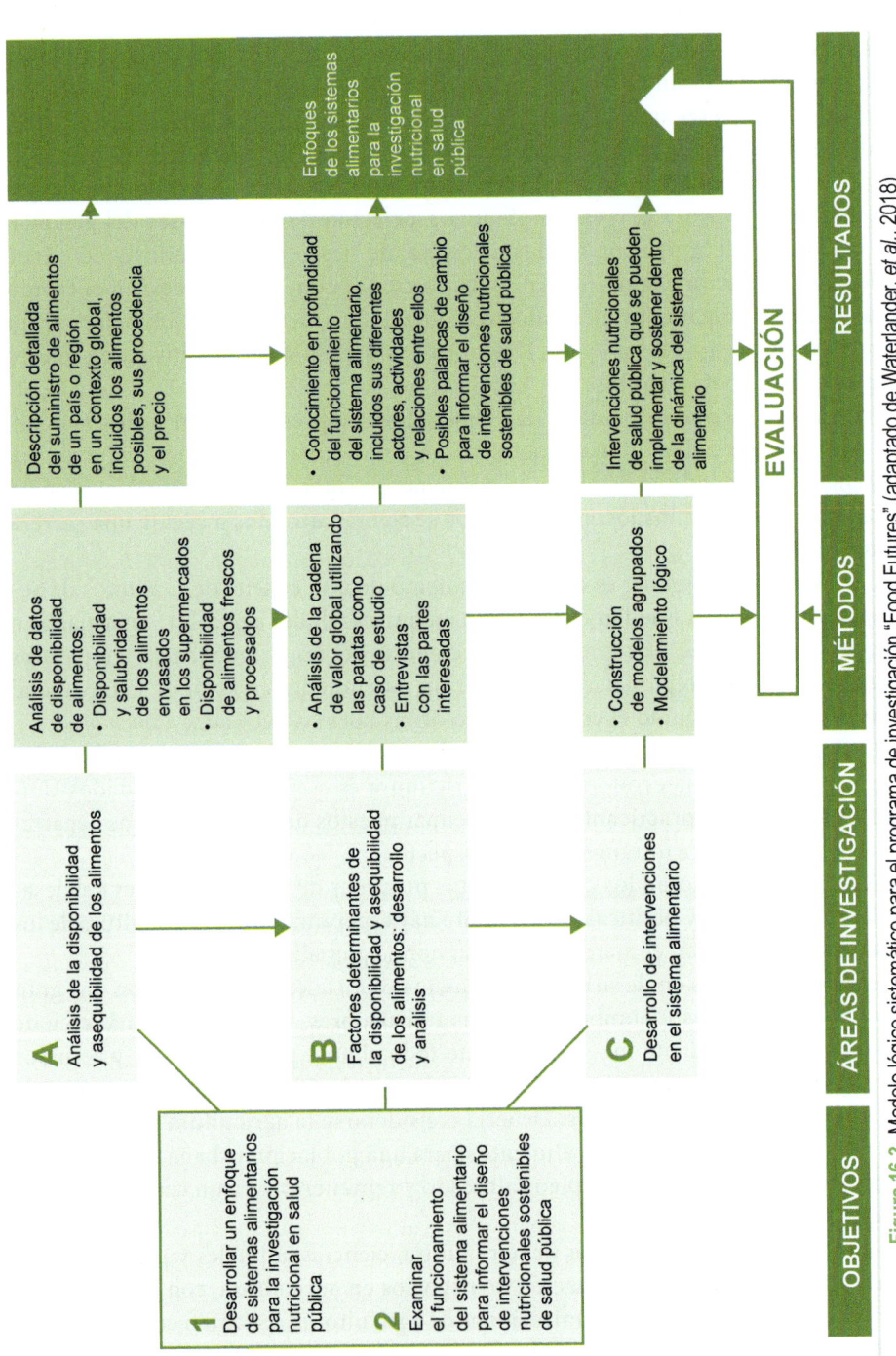

Figura 16.3 Modelo lógico sistemático para el programa de investigación "Food Futures" (adaptado de Waterlander, *et al.*, 2018)

16.4. INVESTIGACIÓN NUTRICIONAL. LA COMIDA DEL FUTURO

Cada vez se reconoce más que debemos avanzar hacia un sistema alimentario más sostenible, especialmente en relación con el crecimiento demográfico y la creciente carga de enfermedades no transmisibles relacionadas con la alimentación. Según la definición de la FAO, las dietas sostenibles son "aquellas dietas con bajo impacto ambiental que contribuyen a la seguridad alimentaria y nutricional y a una vida saludable para las generaciones presentes y futuras". Existe una clara necesidad de una ciencia transdisciplinariar de alto nivel que reúna la agricultura, los sistemas alimentarios, la nutrición, la salud pública, el medio ambiente, la economía, la cultura y el comercio, para informar sobre los elementos vitales de las dietas saludables y sostenibles.

El sistema alimentario es muy complejo y es necesario reconocer esta complejidad para encontrar soluciones a los desafíos nutricionales actuales (obesidad y desnutrición), que no se pueden resolver de forma aislada. Si bien es imposible analizar el sistema alimentario en su conjunto, el uso de estudios de casos específicos puede brindar una buena perspectiva de partes particulares del sistema alimentario y respaldar el desarrollo de intervenciones en el mismo.

La "agricultura biomédica" es un nuevo paradigma, que con un enfoque transdisciplinar involucra a científicos, agrónomos y biomédicos; y tiene como objetivo identificar, desarrollar y producir genotipos específicos de cultivos alimentarios para constituir un modelo de dieta que reduzca el riesgo de enfermedades crónicas (cáncer, enfermedades cardiovasculares, diabetes tipo II y obesidad). Falta conocimiento de cómo los alimentos afectan a la salud humana a largo plazo y de la influencia de la variación genética de los cultivos. La "agricultura biomédica" se centra en cultivos alimentarios básicos, apoyándose en niveles de investigación molecular, celular y animal y la consiguiente evaluación en humanos y utilizando herramientas tecnológicas, informáticas y ómicas.

La Figura 16.3 describe un marco para utilizar y combinar diferentes métodos de sistemas en la investigación sobre nutrición en salud pública; este marco consta de tres fases principales: (1) análisis de la disponibilidad y asequibilidad de alimentos; (2) determinantes de la disponibilidad y asequibilidad de los alimentos; y (3) desarrollo de intervenciones en sistemas alimentarios. Combinadas, estas tres fases permiten una comprensión integral del sistema alimentario, incluido su aspecto, quiénes son los principales actores y cómo se puede cambiar.

16.5. EL RETO DE LA FINANCIACIÓN DE LA INVESTIGACIÓN

Incentivar la investigación sigue siendo un objetivo a perseguir con mayor intensidad, también en los países más desarrollados. Los incrementos de eficiencia que pueden lograrse gracias a los conocimientos ya adquiridos y a los progresos ya experimentados, permiten, en esas regiones obtener resultados adecuados en plazos más cortos. Para los equilibrios financieros en juego, también serán las potencias económicas actuales y emergentes las que tendrán que guiar la innovación y su aplicación en agricultura.

Invertir la tendencia de las inversiones públicas en investigación agrícola de estos últimos años se convierte así en una prioridad para todos los países del mundo, así como la necesidad de favorecer las inversiones privadas. Hay que destacar que el reto de la seguridad alimentaria implica una visión a largo plazo y el uso de recursos financieros de tal calibre que solo se pueden garantizar con una intervención pública contundente y meditada.

El papel de la investigación pública es fundamental en este campo, para permitir a todos el acceso al progreso técnico para mejorar su propio bienestar, y para que las biotecnologías estén al servicio de todos y sean coherentes con las necesidades de la sociedad. Igual de importante será el papel de la información. No se pueden reducir décadas de progreso científico a un debate público, radicalizado desde siempre, en un sí o un no *a priori*, basado en temores que al principio podrían justificarse por las incertidumbres que inevitablemente acompañan la exploración de nuevos espacios de investigación aplicada. La ciencia ha dado pasos de gigante y nos garantiza hoy que los riesgos para algunos organismos genéticamente modificados (OGM) son los mismos que los de los cultivos convencionales. Lo único no convencional son los beneficios para la productividad y en muchos casos, para el medio ambiente.

Según el informe más reciente del Instituto Internacional de Investigación sobre Políticas Alimentarias (IFPRI) relativo al gasto y desarrollo en agricultura, tras una década de trayectoria estancada en los años noventa, de 2000 a 2008 las inversiones públicas en el sector han retornado con fuerza, con un aumento a escala global del 22%. El índice de crecimiento medio anual es del 2,4% y se debe esencialmente a los esfuerzos de las economías emergentes, China, India y Brasil en primer plano. En los países más pobres el dato baja al 2,1% con fuertes oscilaciones de un año a otro. Estados Unidos y Europa están detrás, con una financiación para la investigación relacionada con la productividad agrícola que se ha ido reduciendo progresivamente desde 1980 hasta el crecimiento cero (0,8%), que se registró en el periodo de 2005 a 2008.

La eficacia de este tipo de inversiones se mide en términos de retorno sobre la productividad que a su vez se mide en TFP (productividad total de los factores). Así, los esfuerzos del Estado brasileño al financiar la investigación agrícola desde el año 1970 al 2009 se han traducido en un aumento de TFP del 176% mientras que en China este dato es del 136%.

En los primeros 8 años del presente siglo, los recursos para la investigación privada han aumentado más que los de la pública, un 26% a escala global. En Estados Unidos, históricamente el país más comprometido en financiar este tipo de investigación, hace años que la cuota de las inversiones privadas ha superado la de las inversiones públicas. La tendencia general en las inversiones en investigación, ya sea pública o privada, es la misma en todos los países desarrollados y se manifiesta en una caída del interés por los estudios sobre la productividad, que corresponde, entre otros aspectos, a un aumento de la sensibilidad hacia temas de investigación relacionados con la seguridad alimentaria (*food safety*), las innovaciones en el proceso productivo, el impacto medioambiental de la agricultura y las conexiones del sector primario con el de la energía, de la ciencia médica y de la industria de los materiales. En el sector privado, las inversiones en investigación sobre la producción alimentaria en el mundo ya han superado a las que se hacen en agricultura (9,9 mil millones de dólares frente a 8,3 mil millones en 2008).

Todo esto tiene distintas implicaciones. La premisa de carácter general de la que se parte es olvidar el tema de la productividad. Cuando la agricultura tiene que afrontar otros retos, como las incógnitas de la intensificación de la demanda, de la sostenibilidad de los procesos productivos, de la mitigación del impacto de la alteración del clima y del mantenimiento de la biodiversidad. Ello no parece una decisión con visión de futuro.

La experiencia en estos años nos enseña que, si el sector público se retrae, dejando que el privado presida de forma casi exclusiva algunas áreas de investigación, el resultado es una limitación del ámbito y de los temas sobre los que se lleva a cabo la exploración científica. En última instancia, un empobrecimiento de la acumulación de conocimientos, es decir, del patrimonio que la ciencia pone a disposición de la colectividad. No porque el sector privado sea "malo", sino porque tiene prioridades distintas respecto al público.

Refiriéndonos al ejemplo del que más se habla habitualmente, que es la mejora genética, la lógica de la industria privada es buscar la rentabilidad de la inversión en un espectro de cultivos muy claro: las variedades más extendidas y cultivadas en el mundo, las que tienen el genoma más sencillo de secuenciar y el ADN más fácil de manipular. La investigación privada, además, se inclina a limitar la disponibilidad de nuevas tecnologías y conocimientos a través del secreto comercial y la protección de las patentes. La protección de la propiedad intelectual tiene distintas expresiones y grados de intensidad, y es un instrumento que ha de utilizarse con cautela porque, si por un lado estimula las inversiones, por el otro puede obstaculizar la extensión de los beneficios que la investigación y el intercambio científico procuran a la colectividad.

Según datos del Departamento de Agricultura de Estados Unidos (USDA), de 1981 a 1999, en Estados Unidos los científicos de las 110 universidades más cotizadas para la investigación agrícola compartieron los resultados de sus estudios en casi 200.000 artículos, mientras que en el mismo periodo los investigadores de 200 empresas privadas más comprometidas con el sector publicaron menos de 6.000. Una iniciativa como la del mapeo del genoma del trigo, muy complejo pero importante para el conocimiento de uno de los alimentos básicos de la humanidad, nunca habría podido venir de manos de la industria privada, sino solo del esfuerzo conjunto de las autoridades públicas.

No debe demonizarse a la investigación privada, ya que cumple su parte al desempeñar un papel que, en los mejores casos, se revela complementario al de la investigación financiada por el Estado. Es más, el deseo es que los sectores privado y público puedan colaborar más, también con la sociedad civil, pero para hacerlo hay que relanzar el papel del sector público en proyectos que miren a un horizonte de décadas, no de años.

El sector privado también tiene un papel importante que desempeñar. En el pasado, las empresas de agrobiotecnología se han centrado principalmente en los lucrativos mercados agrícolas en los países ricos, donde la investigación del sector privado representa más de la mitad de toda la investigación agrícola. Recientemente, sin embargo, han comenzado a participar en asociaciones público–privadas para generar cultivos que satisfagan las necesidades de los países más pobres.

Hay que mencionar que los fondos dedicados por el consorcio de centros de investigación CGIAR, que representan el 20% del gasto total en investigación, son críticos porque producen bienes y enfoques públicos e internacionales exclusivamente sobre las necesidades de los países pobres y los pequeños agricultores, en regiones de bajos ingresos del mundo.

Si las financiaciones estatales para la investigación en agricultura se están reduciendo en algunos países, se debe al hecho de que los modelos clásicos de apoyo a la innovación agrícola muestran muchas limitaciones. Las autoridades públicas deberían, también en agricultura, cambiar de marcha y transformar sus políticas de investigación en políticas de innovación. La innovación es algo más compleja que la investigación.

En la Revolución Verde, por ejemplo, se enseñaron los resultados de la investigación a los agricultores solo en algunas zonas del planeta, transformándose en auténtica innovación. Para definir la situación de aquellos que se han beneficiado, en agricultura se habla de "transferencia eficaz de la innovación". Es la visión tradicional de esta transferencia la que hoy está en tela de juicio. Del flujo vertical y unidireccional, desde arriba (en este caso industria, universidad, Estado) hacia abajo (los agricultores y los consumidores); actualmente este tipo de transferencia se interpreta cada vez más como "horizontal" y de intercambio mutuo.

El aumento de la inversión pública en investigación agrícola será crucial para el futuro. Sin embargo, esta inversión representa hasta ahora solo el 5% del gasto total en investigación y desarrollo en ciencia. No obstante, la inversión pública mundial en investigación agrícola está aumentando, pero a un ritmo mucho más lento que en la década de 1970 durante la Revolución Verde.

BIBLIOGRAFÍA

CANALES, C., FEARS, R. 2023. The role of science, technology, and innovation for transforming food systems in Europe. In Science and Innovations for Food Systems Transformation (von Braun, J., Afsana, K., Fresco, L.O., et al., eds.) Springer, 831–848

EHRLICH, P.R., HARTE, J. 2015. Opinion: To feed the world in 2050 will require a global revolution. Proceedings of the National Academy of Sciences, 112(48):14743–14744.

El Solh, M., van Ginkel, M., Ortiz, R. 2013. Innovative agriculture for food security be smart, be systematic. science and policy comment. International Center for Agricultural Research in the Dry Areas, 12 pp.

Fedoroff, N.V., Battisti, D.S., Beachy, R.N., et al., 2010. Radically rethinking agriculture for the 21st century. Science, 327(5967):833–834.

Gascuel-Odoux, C., Lescourret, F., Dedieu, B. et al., 2022. A research agenda for scaling up agroecology in European countries. Agronomy for Sustainable Development. 42(53): 1–18.

HLPE (Panel de Expertos de Alto Nivel en Seguridad Alimentaria y Nutrición). 2020. Seguridad alimentaria y nutrición: elaborar una descripción global de cara a 2030. FAO, Roma. 91 pp.

Hatfield, J.L., Keeney, D.R. 1994. Challenges for the 21st century. In Sustainable agriculture systems (J.L. Hatfield, D.L. Karlem, Eds). Lewis Publishers, Londres, 287–307.

Khondker, M., Umehara, M., Hayashi, H., Omar, M.N.A. 2021. Agriculture, biology, and environment: Twenty first century challenges and opportunities. Agronomy Journal. 113: 671–676.

National Academy of Science. 2021. The challenge of feeding the world sustainably. Summary of the US–UK Scientific Forum on Sustainable Agriculture. Washington, DC. The National Academies Press. 40 pp.

O'Brien, P., Kral-O'Brien. K., Hatfield, J.L. 2021. Agronomic approach to understanding climate change and food security. Agronomy Journal, 113: 4616–4626.

Popescu, G.C., Popescu, M., Khondker, M., et al., 2022. Agricultural sciences and the environment: Reviewing recent technologies and innovations to combat the challenges of climate change, environmental protection, and food security. Agronomy Journal, 114: 1895–1901.

Sonnino, A., Ruane, J. 2013. La innovación en agricultura y las biotecnologías agrícolas como herramientas de las políticas de seguridad alimentaria. In Biotecnologías e innovación: el compromiso social de la ciencia (Hodson, E., Zamudio, T, ed.). Editorial Pontificia Universidad Javeriana, Bogotá, Colombia: 25–51.

Von Braun, J., Afsana, K., Fresco, L.O., et al., 2023. Science for transformation of food systems: opportunities for the un food systems summit. In Science and Innovations for Food Systems Transformation (von Braun, J., Afsana, K., Fresco, L.O., et al., eds.: Springer, 921–938.

Von Braun, J., Afsana, K., Fresco L.O., Hassan, M. 2021. Food systems: seven priorities to end hunger and protect the planet, Nature, 597: 28–30.

Warburtont, M.L., Clay, D. and Turco, R. 2022. The world's most essential industry: food, soils, and crops. CSA News, 67: 20–21.

Waterlander, W.E., Mhurchu, C.N., Eyles, H., et al., 2018. Food futures: developing effective food systems interventions to improve public health nutrition. Agricultural Systems, 160: 124–131.